重大工程环境管理与绿色创新

曾赛星 等 著

科学出版社

北京

内 容 简 介

本书以"重大工程环境管理与绿色创新"为主题，遵循"机理探究—影响评估—机制建立"的研究逻辑，从弃渣场、施工道路、隧道涌水、植被修复四个方面，跨界融合地理信息系统技术、机器学习、云模型、数字孪生、水文分析等方法与技术，系统分析了重大工程建设与运营对项目所在地生态环境的影响机理，识别并评估了重大工程建设与运营过程中的生态环境风险及其演化规律，针对性地提出了重大工程环境管理的整体性框架和技术措施。

本书的研究成果不仅有助于重大工程建设管理者、环保部门以及科研工作者等相关从业人员系统认识重大工程环境管理的重要性、复杂性以及科学性，也明确指出了重大工程环境管理的关键环节与路径，能够为重大工程环境管理与绿色创新相关理论的发展与实践提供支撑和指导。

图书在版编目（CIP）数据

重大工程环境管理与绿色创新 / 曾赛星等著. —北京：科学出版社，2024.9

ISBN 978-7-03-077181-0

Ⅰ. ①重… Ⅱ. ①曾… Ⅲ. ①工程项目管理－环境管理 Ⅳ. ①X322

中国国家版本馆 CIP 数据核字（2023）第 235179 号

责任编辑：陶 璇 / 责任校对：姜丽策
责任印制：张 伟 / 封面设计：有道设计

科学出版社 出版
北京东黄城根北街 16 号
邮政编码：100717
http://www.sciencep.com

北京厚诚则铭印刷科技有限公司印刷
科学出版社发行 各地新华书店经销
*
2024 年 9 月第 一 版 开本：720 × 1000 1/16
2024 年 9 月第一次印刷 印张：22
字数：450 000
定价：258.00 元
（如有印装质量问题，我社负责调换）

前　言

重大基础设施工程（以下简称重大工程）是对国家政治、经济、社会以及生态环境等方面具有重要影响的大型公共工程，是推动工程所在地区乃至国家社会经济快速发展的生命线。重大工程具有工程建设规模大、自然环境艰险复杂、生命周期长以及参与主体众多等基本特征，建设运营过程中可能会对工程所在地区原本的生态环境进行大范围改造，这可能导致土地结构、生态系统循环等发生改变，甚至可能破坏工程所在地区生态系统的平衡。这不仅有可能威胁到重大工程本身的建设与运营安全，而且有可能影响到国家的生态格局与生态安全。因此，在重大工程的全生命周期中，持续性地实施环境管理，将重大工程对生态环境的影响最小化，已成为"重大工程-生态系统"这一复合系统稳定运行的重要支撑。

党的二十大报告中强调："必须牢固树立和践行绿水青山就是金山银山的理念，站在人与自然和谐共生的高度谋划发展。"[①]伴随着中国生态文明建设的推进，重大工程生态环境保护与管理已成为重大工程管理学术研究与实践层面不可回避的重要议题。首先，重大工程环境管理是"厚植生态文明，耕耘美丽中国"的重要组成部分，科学高效地实施环境管理，不仅能够减少资源耗费和环境污染，而且有助于保证重大工程所在地区的生态安全，有效推进生态文明建设和实现美丽中国愿景。其次，重大工程环境管理是完善重大工程理论体系的重要环节，传统"五位一体"的工程管理理论体系理应顺应时代的发展进行变革，在生态环境保护的基础上，形成集"质量、安全、成本、进度、技术与环保"六个工程管理要素于一体的重大工程理论体系。最后，绿色创新是落实重大工程全生命周期环境保护工作的关键举措，能够帮助工程建设者了解"重大工程-生态系统"复合系统的特异性和复杂性，开发有利于环境保护以及促进重大工程可持续发展的新产品、新工艺、新技术、新方案和新制度。由此可见，针对重大工程这一特殊对象，开展重大工程绿色创新与环境管理研究具有空前的紧迫性，这将为重大工程在全生命周期中的环境管理提供科学的指导，具有显著的理论意义和深远的现实价值。

本书立足于我国重大工程环境管理与绿色创新实践，在国内外现有研究的基

---

① 《习近平：高举中国特色社会主义伟大旗帜　为全面建设社会主义现代化国家而团结奋斗——在中国共产党第二十次全国代表大会上的报告》，https://www.gov.cn/xinwen/2022-10/25/content_5721685.htm[2023-12-04]。

础上，整合可持续发展理论、复杂适应系统理论以及绿色技术创新理论，以复杂艰险环境下的重大工程为研究对象，分别对建设阶段与运维阶段的弃渣场生态环境风险评价与分级管理、施工道路生态环境健康监测、隧道涌水流径沿线生态环境风险评价与管理、植被生态风险识别与生态修复决策方法等内容展开深入研究，以期为重大工程环境管理提供支撑，并为政府制定政策提供参考和建议。本书的主要研究工作包括以下五个部分。

（1）重大工程环境管理与绿色创新的内涵解读。围绕重大工程的可持续性、重大工程环境管理的复杂性以及重大工程环境管理中的技术创新三个主要内容展开文献回顾，在理论和实践两个层面上，归纳并总结重大工程现有研究所面对的环境管理与绿色创新挑战。在此基础上，介绍可持续发展理论、复杂适应系统理论以及绿色技术创新理论等本书的主要基础理论，并从管理内涵、对生态环境影响的特征以及环境管理的原则三个方面，对重大工程环境管理进行概述。

（2）重大工程弃渣场选址决策与生态环境风险评估。第一，构建复杂艰险环境地区弃渣场选址评价指标，建立基于层次分析法（analytic hierarchy process，AHP）、熵权法以及风险等级关联度复合云模型的弃渣场选址评价模型，并应用遥感和地理信息系统（geographical information system，GIS）技术获取弃渣场生态环境以及地理信息，以此进行选址。第二，根据弃渣场系统的结构分解和弃渣场系统生态风险的逻辑分类，识别弃渣场系统生态风险的基本事件和中间事件，依靠专家判断推理构建了弃渣场系统生态风险的故障树模型，从而构建贝叶斯网络模型预测和诊断生态风险。第三，基于数字孪生（digital twin）技术，构建重大工程弃渣场的数字孪生模型，从渣场基础安全、气象水文环境等维度建立重大工程弃渣场生态环境风险监测预警指标体系，并结合云模型和组合赋权法对重大工程弃渣场生态环境风险进行监测预警。第四，聚焦于大型弃渣场群，从系统视角构建了其生态环境综合风险评价指标体系，并有针对性地提出了一个基于投影寻踪模型和 k 均值聚类的综合风险评价模型，从而实现弃渣场群生态环境风险的分类分级管理，以便合理分配有限的风险管理资源。

（3）重大工程施工道路生态环境健康监测。第一，结合重大工程施工道路的建设特征以及可比性和可操作性两项基本原则，从工程类别、环境背景、生态环境三个维度，识别出主体工程进度情况、典型施工点位/区域、地形地貌、气象条件、水文状况、土壤、空气环境、生态环境等 12 项施工道路生态环境健康监测指标体系。第二，从监测方案、系统设计框架、功能介绍和应用成效四个方面，构建重大工程施工道路生态环境健康监测系统，有利于提高监测效率和准确性、提升数据处理能力、实现全程监测和控制、及时发现并解决问题和提高工作效率。第三，按照"监测措施—绿化措施—保护措施"的逻辑，提出重大工程施工道路生态环境健康监测与管理体系。

（4）重大工程隧道涌水流径沿线生态风险评价与管理。第一，利用 GIS 技术、水面线法和河流分析系统（hydrologic engineering center-river analysis system，HEC-RAS），识别出不同情境下隧道涌水排放的演变规律，实现不同情境下隧道涌水水量的变化模拟。第二，从隧道建设的全生命周期视角出发，基于遥感生态指数（risk-screening environment indicators，RSEI）和变化向量分析法分析隧道涌水流径沿线生态环境质量的时空分布特性，揭示全生命周期内生态环境的时空演变规律；同时从自然、人为要素等方面构建与涌水相关的生态环境质量驱动力指标体系，利用地理探测器分析研究区生态环境影响因素的作用情况。第三，基于景观生态风险指数融合空间计量分析方法，探究 2000～2020 年隧道涌水流径沿线缓冲区景观生态风险时空动态变化特征，明晰影响其景观生态风险空间异质性的关键驱动因素，并基于最小累积阻力（minimum constraint resource，MCR）模型构建研究区的生态安全格局。第四，从理论视角，构建以政府为主导、施工企业为主体和公众参与的隧道涌水生态安全监管体系，厘清了涌水治理中利益相关者复杂的博弈关系，结合演化博弈模型探讨了关键要素对利益相关者涌水治理策略的影响；从技术视角，总结了隧道工程立项、设计、施工以及运维阶段预防与治理涌水的措施，形成了较为完备的隧道涌水生态环境风险管理对策。

（5）重大工程植被生态风险识别与生态修复决策方法。第一，根据"生态风险识别—风险源挖掘—风险应对策略构建"的逻辑主线，提出"风险识别—风险溯源—风险应对"的重大工程生态风险框架。第二，在大量历史文本数据的基础上，利用三种机器学习模型的互补优势，提出重大工程生态风险识别与应对的模型方法，全面识别重大工程建设过程中可能出现的各类主要风险点和风险源。第三，在区域生态风险识别的基础上，根据不同区域的自然条件和工程扰动情况提出生态修复技术管理方式，结合区域自然条件与修复物种的生长要求，提出差异化的生态修复方案。第四，基于复杂性降解（complexity degradation）的视角，通过融合遥感卫星数据、气象观测站数据、工程相关文本数据等多源异构数据，运用潜在狄利克雷分布、词嵌入模型和随机森林等机器学习模型和算法，优化重大工程生态修复决策过程，最终形成包含生态修复技术和修复植物种类的系统性生态修复方案。

本书的创新性主要体现在以下几个方面。

（1）构建了重大工程环境管理的系统分析框架，完善了重大工程理论体系。本书以重大工程为对象，遵循"机理探究—影响评估—机制建立"的基本逻辑，开展重大工程环境管理与绿色创新研究。这不仅为重大工程生态环境保护工作的展开提供了理论指导，而且将生态环境保护嵌入到传统的重大工程"五位一体"（质量、安全、成本、进度、技术）理论体系中，丰富并完善了以往的重大工程理论体系，将传统理论体系转变为"六位一体"的管理体系。

（2）分析了重大工程在建设或运营过程中对周围生态环境的影响机理。针对弃渣场，提出了基于系统视角的重大工程弃渣场系统灾害风险过程分析框架；针对施工道路，从工程类别、环境背景、生态环境三个维度，建立了重大工程施工道路生态环境健康监测指标体系；针对隧道涌水，分析了重大工程隧道涌水径流演变、涌水流径沿线生态环境要素与生态环境质量、涌水流径沿线土地利用及景观格局的时空演化规律；针对生态植被，识别了重大工程存在的 8 类主要生态风险：栖息地分割、景观破坏、大气污染、噪声污染、土壤污染、隧道涌水、废水污染和水土平衡破坏。

（3）基于工程特征，建立了差异化的重大工程生态环境影响评估体系。具体来讲，包括复杂艰险环境下的弃渣场选址评价体系，基于故障树与贝叶斯网络的生态环境风险预测与诊断模型，重大工程弃渣场生态环境风险监测预警体系，基于投影寻踪与均值聚类的弃渣场群生态环境风险评价模型，重大工程施工道路生态环境健康监测指标体系，重大工程隧道涌水径流水环境风险评估体系，重大工程隧道涌水流径沿线的生态环境质量影响因素分析方法，重大工程涌水流径沿线缓冲区景观生态风险影响因素分析方法。

（4）基于工程特征，提出了具有针对性的重大工程环境管理建议与方案。具体包括，重大工程弃渣场生态环境风险等级分类方案，重大工程施工道路生态环境健康监测与管理体系，重大工程隧道涌水流径沿线生态安全格局优化方案，重大工程隧道涌水流径沿线生态环境风险管理对策，重大工程植被修复决策技术与治理措施等。这不仅有利于重大工程环境管理中宏观视角与微观视角的结合，而且有利于在工程实践中推动不同类型工程环境保护工作的落实。

（5）跨界融合多元技术，实现了对重大工程环境影响的系统分析。本书综合应用地理学中的遥感技术、GIS 技术，生态学中的指标分析，管理学中的复杂系统降解与优化，经济学中的成分分析等不同领域的技术方法，评估了重大工程弃渣场的生态风险，探究了重大工程建设对所在地植被生长的影响过程，揭示了隧道涌水对区域生态环境的影响机理。这不仅为重大工程的环境管理勾勒出了基本框架，同时从多角度分析了重大工程对生态环境的影响，而且构建了匹配不同工程特征与属性的多种类生态环境影响定量评估模型。

本书的研究受到国家自然科学基金资助，为国家自然科学基金专项项目（编号：71942006）的阶段性研究成果。本书由曾赛星负责全面策划及总体设计，李玉龙、杨旭、张静晓、高鑫、陈宏权负责架构设计，贾富源负责总体编辑。曾赛星、高鑫、宋瑞震、南浩楠、陈宏权、贾富源负责第 1、2、3、11、12、13 章撰稿，李玉龙、吴国滨、苏涵、吴静、潘俊昊、侯相宇负责第 4、5 章撰稿，张静晓、刘洋、程莉渊、朱哲负责第 6 章撰稿，杨旭、李琦、刘威、解楠、周月负责第 7、8、9、10 章撰稿。

受限于笔者水平，书中不足之处恳请同行批评指正。

曾赛星

2023 年 11 月

目　　录

第1章　重大工程环境管理导论 ·· 1
  1.1　研究背景与意义 ··· 1
  1.2　研究目标与内容 ··· 5
  1.3　研究方法与技术路线 ·· 10
  1.4　主要创新点 ·· 13
  1.5　本章小结 ·· 14
第2章　重大工程环境管理研究现状分析 ·································· 15
  2.1　重大工程的可持续性 ·· 15
  2.2　重大工程环境管理的复杂性 ······································ 29
  2.3　重大工程环境管理中的技术创新 ·································· 35
  2.4　本章小结 ·· 48
第3章　重大工程环境管理理论 ·· 50
  3.1　相关理论 ·· 50
  3.2　重大工程环境管理概述 ·· 65
  3.3　本章小结 ·· 79
第4章　建设阶段重大工程弃渣场选址决策与风险诊断 ······················ 80
  4.1　基于 GIS 技术与云模型集成的弃渣场选址技术 ····················· 80
  4.2　基于故障树与贝叶斯网络的生态环境风险预测与诊断 ················ 98
  4.3　本章小结 ··· 111
第5章　运维阶段重大工程弃渣场群风险监测与评价 ······················ 113
  5.1　弃渣场工程系统与数字孪生模型 ································· 113
  5.2　重大工程弃渣场生态环境风险监测预警体系 ······················ 115
  5.3　基于投影寻踪与均值聚类的弃渣场群生态环境风险评价 ·············· 128
  5.4　本章小结 ··· 142
第6章　重大工程施工道路生态环境健康监测 ···························· 144
  6.1　重大工程施工道路生态环境健康监测的现状与问题 ················· 144
  6.2　重大工程施工道路生态环境健康监测指标 ························· 146
  6.3　重大工程施工道路生态环境健康监测系统 ························· 150
  6.4　重大工程施工道路生态环境健康监测与管理体系 ·················· 159

6.5　本章小结 ……………………………………………………………… 163

第7章　重大工程隧道涌水径流水文灾害风险研究 ………………………… 164
　　7.1　重大工程隧道涌水径流演变规律 ………………………………… 164
　　7.2　重大工程隧道涌水径流水环境风险评估 ………………………… 169
　　7.3　本章小结 ……………………………………………………………… 176

第8章　重大工程隧道涌水流径沿线生态环境可持续性评价 ……………… 178
　　8.1　重大工程隧道涌水流径沿线的生态环境要素时空演化特征……… 179
　　8.2　重大工程隧道涌水流径沿线的生态环境质量时空变化 ………… 184
　　8.3　重大工程隧道涌水流径沿线的生态环境质量影响因素 ………… 193
　　8.4　本章小结 ……………………………………………………………… 208

第9章　重大工程隧道涌水流径沿线景观生态风险评价 …………………… 210
　　9.1　重大工程隧道涌水流径沿线土地利用及景观格局时空变化……… 210
　　9.2　重大工程隧道涌水流径沿线景观生态风险动态变化 …………… 220
　　9.3　重大工程隧道涌水流径沿线生态安全格局构建 ………………… 229
　　9.4　本章小结 ……………………………………………………………… 238

第10章　重大工程隧道涌水流径沿线生态环境风险管理 ………………… 239
　　10.1　重大工程隧道涌水风险管理理论体系 …………………………… 240
　　10.2　重大工程隧道涌水风险管理技术体系 …………………………… 260
　　10.3　本章小结 …………………………………………………………… 266

第11章　重大工程植被生态风险识别与管理 ……………………………… 268
　　11.1　基于机器学习的重大工程植被生态风险识别 …………………… 269
　　11.2　重大工程植被生态风险溯源与管理 ……………………………… 281
　　11.3　本章小结 …………………………………………………………… 288

第12章　重大工程植被修复决策技术与治理措施 ………………………… 289
　　12.1　多源异构数据驱动的重大工程植被修复决策技术 ……………… 290
　　12.2　重大工程植被修复的治理措施 …………………………………… 301
　　12.3　本章小结 …………………………………………………………… 305

第13章　结束语 ……………………………………………………………… 307
　　13.1　主要结论 …………………………………………………………… 307
　　13.2　实践启示 …………………………………………………………… 311
　　13.3　局限性与未来展望 ………………………………………………… 312

参考文献 ……………………………………………………………………… 315

第1章　重大工程环境管理导论

本章首先阐述本书的研究背景与意义，明确研究的总体目标、主要研究内容以及各部分内容之间的逻辑关系，从而构建本书的整体研究框架与层次结构。在此基础上，本章还介绍了各部分内容所采用的研究方法和手段，并陈述了本书的主要创新点。

1.1　研究背景与意义

重大工程是对国家政治、经济、社会以及生态环境等方面具有重要影响的大型公共工程设施（乐云等，2022）。重大工程对国家经济、政治、社会、科技发展、生态环境保护、公共健康以及国家安全等方面均具有重大的影响，它们的建设能够有效促进工程辐射区域乃至工程所在国家的社会经济发展。因此，重大工程可被视为一个国家经济社会发展程度的标志与名片。随着全球经济的快速发展，世界各国对于重大工程的现实需求也日益提高。中国作为当今世界最大的发展中国家，为了推动社会经济的快速发展并落实城镇化战略，势必在未来很长的一段时间内都将大力推进基础设施建设，其中不仅包括公路、铁路、桥梁等基础设施工程，还包括水利、环保等以用于改善生态环境的基础设施工程。由此可知，由于重大工程的建设会对社会经济的发展具有重要促进作用，那么未来会有更多、更复杂的重大工程将被批准予以建设，重大工程的复杂性、特异性等特征将会表现得更加突出（祁超等，2019；盛昭瀚等，2020）。

重大工程是一类与社会公众关注最为密切的工程，其具有工程建设规模大、工程自然环境复杂、工程生命周期长以及多主体参与等基本特征。首先，重大工程建设规模巨大，通常涉及广阔的地理空间。其次，重大工程自然环境复杂，甚至较多重大工程修建于极端恶劣的自然环境中。再次，由于建设规模大、自然环境复杂以及技术难度高等原因，重大工程建设具有较长的全生命周期。一般来说，重大工程从规划形成到施工完成通常都要经历数年或数十年的时间，从工程运营到工程的生命周期结束，通常会高达数十到数百年时间。这也就表明，在重大工程漫长的生命周期中，工程的建设与运营对自然环境的影响处于不断变化的状态中，需要在重大工程建设的全生命周期中时刻关注对生态环境的影响，并制订适宜的管理方案。最后，重大工程建设难以由单一企业完成，通常涉及规划、咨询、建设、监理、供应商等不同类别的承包商。此外，重大工程建设还受到政府、社会公众等不同利益相关者的监督。这就意味着不同的利益相关者拥有不同的目标偏好与利益诉求，这增加了工程生态环境保护的协调难度与复杂性。综上所述，重大工程所具有的基本特征，反映出重大工程全生命周期中生态环境保护的高难性与复杂性，而从复杂系统视角构建重大工程生态环境保护理论体系与实践方案是保证重大工程实体与生态环境和谐共生的关键。

重大工程在建设过程中不可避免地会对工程所在区域原本的自然生态环境进行大范围的改造，这可能导致区域土地结构、生态系统循环等发生改变，有可能引发工程建设区域的生态环境问题。这不仅有可能威胁到重大工程本身的建设与运营安全，而且有可能影响到国家的生态格局与生态安全。首先，重大工程作为一个极度复杂的大型工程，包含众多不同类型的子项目与标段，如隧道工程、弃渣场建设工程、辅助设施工程等。这些不同类型的工程在施工过程中所产生的生态环境影响具有显著差异性。例如，隧道工程的施工有可能会引发涌水问题，这将打破原有区域水资源循环的平衡；弃渣场工程的施工有可能会带来水土流失、滑坡等问题，这将有可能掩埋区域植被并破坏区域生态平衡；辅助设施工程建设有可能会碾轧周边的植被并破坏其生长环境。由此可知，针对重大工程中不同子工程的施工特征及其对环境的具体影响，结合工程实践以进行差异化的生态环境保护，才能有效地防止重大工程建设所引发的生态环境问题。其次，重大工程建设周期长，工程建设对生态环境的影响存在内隐性、传导性、滞后性和变异性等特征。因此，在重大工程的全生命周期中，持续性地实施环境管理并进行环保绿色创新以最小化重大工程对生态环境的影响，这已成为"重大工程-生态系统"稳定运行的重要支撑与关键保证。

重大工程作为一个国家经济社会发展程度的标志与名片，包含的深刻意义已经不再局限于传统工程管理中质量、安全、成本、进度、技术"五位一体"的理论体系。伴随着中国生态文明建设的推进，重大工程生态环境保护与管理已成为重大工程管理学术研究与实践层面不可回避的重要议题（王金南等，2021），主要原因如下。

首先，重大工程环境管理是"厚植生态文明，耕耘美丽中国"的重要组成部分。随着人类对生态环境重要性认知的逐步加深，世界各国政府逐步开始将可持续发展理念作为国家发展的关键指导思想，将生态环境保护融入工程项目管理活动中，并通过合理的规划和组织以达到工程项目组织的既定生态环境保护目标，进而实现经济、社会与生态环境效益的多方共赢（杨中杰和朱羽凌，2017）。1978年党的十一届三中全会上，我国开始规划制定森林法、草原法以及环境保护法等环保领域重要的法律法规。在2000年11月，国务院印发了《全国生态环境保护纲要》，着重强调"通过生态环境保护，遏制生态环境破坏，减轻自然灾害的危害；促进自然资源的合理、科学利用，实现自然生态系统良性循环；维护国家生态环境安全，确保国民经济和社会的可持续发展"这一列重要理念。在 2007 年党的第十七次全国代表大会上，"把建设生态文明列入全面建设小康社会的目标，要求建设以资源环境承载力为基础、以自然规律为准则、以可持续发展为目标的资源节约型、环境友好型社会"[1]等理念被明确提出来。经过多年的努力，党的十八大正式将生态文明建设与经济建设、政治建设、文化建设、社会建设一同列入"五位一体"的总体布局，要求把生态文明建设融入经济、政治、文化、社会建设的各方面与全过程。因此，"生态文明建设"已经成为我国治国方略中的重要环节，并且形成了生态文明建设"四梁八柱"这一系统的治理体系（尹海涛，2022；诸大建和张帅，2022）。重大工程是众多工程项目的集合体，其建设过程一方面可能导致各类资源的大量消耗，另一方面还可能由于改变原生自然生态环境而对水体、空气、土壤等造成破坏与污染。因此，在重大工程的全生命周期中，科学高效地实施环境管理不仅能够减少资源耗费并降低环境污染，而且有助于保证重大工程所在区域的生态安全。这不仅有利于促进我国生态文明建设的实现，更是实现美丽中国愿景的重要组成部分。

其次，重大工程环境管理是完善重大工程理论体系的重要环节。重大工程复杂性、独特性等特征的存在（杨晓光等，2022），使得重大工程成了工程管理与项目管理领域的重要研究对象。同时，重大工程建设对区域以及国家经济、政治、文化、生态等方面所产生的重要影响，使其成为国家、学界以及产业界的重点关注对象。在传统的重大工程研究中，学者主要围绕重大工程的质量、安全、进度、成本以及技术等五个方面展开研究（盛昭瀚等，2020），进而形成了相对成熟的"五位一体"重大工程管理理论体系。但是，伴随着可持续发展理念的深入人心以及生态环境保护重要性的日益突出（刘耀彬等，2022；欧阳康，2022），在重大工程的全生命周期中，重大工程对生态环境的影响也逐步受到全社会乃至全世界的关注。由此可知，重大工程应该在其全生命周期中始终贯彻"工程与生态环境和谐共生"的整体目标，并通过重大工程的环境管理实现其可持续发展。如果学术界与产业界仍将研究以及实践局限于与业主利益高度关联的内容之上，则难以满足当今时代重大工程建设管理的现实需求。因此，以往重大工程"五位一体"的管理理论体系理应顺应时代的发展与需要进行变革与完善，将生态环境保护纳入到传统的理论体系中，进而形成"六位一体"的重大工程理论体系。

---

[1]《改革开放以来我国生态文明建设》，http://theory.people.com.cn/n1/2019/0114/c40531-30525604.html[2023-12-05]。

　　最后，绿色创新是落实重大工程全生命周期环境保护工作的重要保障。第一，绿色创新能够帮助重大工程建设者更加清晰地了解并掌握工程建设过程中环境问题的形成与变化机理，这将有利于工程建设者有针对性地制订相应的生态环境管理方案。重大工程建设的复杂性不仅表现为实体工程建设本身的复杂性，还表现为工程对周围生态环境影响的复杂性（陈永泰等，2022），更表现为重大工程环境管理活动的复杂性。重大工程建设本身的复杂性以及工程对外部生态环境影响的复杂性的存在，导致工程建设者本身对"重大工程-生态系统"的认知存在一定的局限性，进而使得工程建设者难以在工程规划与设计阶段就完全预料到重大工程未来在建设阶段和运维阶段可能会遇到的各类生态环境保护问题。绿色创新对于解决重大工程实际问题至关重要，其实现过程不仅是工程建设者深入理解"重大工程-生态系统"复杂关系的过程，也是识别环境问题影响因素以及剖析环境问题形成机理的过程，更是掌握环境问题发展与演变规律的过程。这一系列围绕重大工程生态环境保护所进行的理论分析与实践测试，将为工程建设者制订相应的重大工程环境管理方案奠定坚实的基础。第二，绿色创新能够推动重大工程不同参建单位之间的合作，进而提高解决生态环境保护问题的实际效率。重大工程建设过程中所面对的任何一个复杂的环境问题，都难以通过单一的参建单位予以解决（盛昭瀚和于景元，2021）。为了攻克重大工程建设过程中所遇到的各类环境保护问题，需要不断加强业主、承建单位、科研单位、设计单位等不同领域参建单位之间的交流与沟通、发挥不同单位的优势与特长，通过知识创造与技术融合突破绿色创新的瓶颈，进而提高解决重大工程生态环境保护问题的效率。第三，绿色创新能够解决重大工程所面对的具体生态环境保护问题。重大工程的特殊性与一次性意味着不同的重大工程可能会遇到具有显著差异性的生态环境保护问题。这就表明在重大工程的全生命周期中，难以完全套用以往的环境保护管理方案、措施与经验，而需要根据重大工程所面对的实际环境状况以及遇到的现实环保问题，不断调整并优化环境管理方案，这就为绿色创新提供了肥沃的土壤。以港珠澳大桥为例，在港珠澳大桥建设中为了保证白海豚不受到港珠澳大桥建设的影响，催生了无人机巡航与声学监测技术的融合，实现了对白海豚多角度的远程监测。此外，青藏铁路工程建设过程中所面对的多年冻土保护这一严峻的环境保护问题，也为重大工程绿色创新相关理论研究与实践提供了优质的素材。为了保护青藏铁路的冻土环境，建设者推动了"主动降温、冷却路基、保护冻土"的冻土环境保护方案的形成，保证了工程沿线多年冻土的热稳定性与铁路工程的安全性。由此可知，绿色创新能够从多维度推动重大工程环境保护工作的实施。

　　通过以上分析可知，重大工程环境管理不仅是实现我国生态文明建设的重要组成部分，而且能够完善并丰富现有的重大工程理论体系，这具有深远的理论意义。此外，绿色创新的实现是落实重大工程环境管理的重要保障，这将为未来的重大工程在全生命周期中的环境管理提供科学的指导。因此，针对重大工程这一特殊对象，开展重大工程环境管理与绿色创新研究具有极端的严峻性与空前的紧迫性，具有显著的理论与实践意义。

1.2　研究目标与内容

1.2.1　研究目标

本书以可持续发展理论与复杂系统理论为立足点，从重大工程环境管理与绿色创新视角切入，以重大工程为研究对象，重点围绕重大工程对区域生态环境影响及其系统治理这一主题展开研究，期望实现以下具体目标。

（1）针对重大工程弃渣场，构建弃渣场选址评价系统，构建弃渣场在不同阶段（建设阶段、运维阶段）的生态风险与等级评估体系，实现对重大工程弃渣场生态环境影响的最小化与系统管理。本书以重大工程弃渣场为研究对象，从工程建设阶段与运维阶段分析其对周围生态环境的差异化影响并进行系统评估。首先，基于卫星影像、遥感数据，探索复杂艰险环境下重大工程弃渣场生态环境影响的关键因素。其次，综合已识别出的关键因素，利用 GIS 技术绘制出复杂艰险环境下弃渣场选址的禁区与风险综合地图，为弃渣场选址决策提供可视化的辅助决策工具。再次，根据弃渣场所处的复杂艰险环境，并结合弃渣场可能会面对的风险事件与风险场景，预测并诊断故障事件与故障组件可能引发风险的概率；建立系统的生态风险评价指标体系，动态评价和监测复杂艰险环境下重大工程弃渣场的生态环境综合风险，支持重大工程弃渣场运维阶段的生态环境综合风险管控。最后，以重大工程弃渣场群为研究对象，根据不同弃渣场所面对的综合风险环境，实现生态环境综合风险的分级管控与治理，进而合理分配应对风险所需的各类资源。

（2）针对重大工程施工道路，探索施工道路水环境、土壤环境、大气环境、空气环境以及社会环境等的变化规律，构建集检测指标、监测系统与管理措施于一体的重大工程施工道路生态环境健康监测与管理体系。本书首先从工程、背景和生态三个维度，建立了重大工程施工道路生态环境健康监测指标体系，并结合检测方法、监测频次、监测时间、检测设备、监测技术等多个方面，对该指标体系的实践应用提供了较为详细的说明。其次，在确定重大工程施工道路生态环境健康监测方案的基础上，本书设计了重大工程施工道路生态环境健康监测系统框架，希望能够实现生态环境健康监测系统的数据采集与传输、数据处理与存储、数据分析和展示、安全和权限控制、系统管理和运维等功能,从而有效地提高施工方对环境的保护意识和能力,进一步促进环保与施工的有机结合。最后,本书从生态监测措施、环境绿化措施、环境保护措施三个方面,提出重大工程施工道路的生态环境健康监测与管理措施。

(3)针对重大工程隧道涌水,探索重大工程涌水的径流演变规律以及水文灾害风险、评估重大工程隧道涌水流径沿线的生态环境可持续性以及景观生态风险。在此基础上,归纳并提出重大工程隧道涌水流径沿线的生态环境风险管理对策,为治理重大工程隧道涌水的生态环境问题提供适宜的决策方案。本书首先综合应用水文模型以及 AHP 构建隧道涌水径流水环境风险评估算法,实现对径流不同区段的水环境风险评估与等级划分;同时,探索了隧址区植被覆盖度(fractional vegetation coverage,FVC)的变化规律与趋势,以验证隧道涌水径流水环境风险等级分区的合理性。其次,本书以重大工程全生命周期理论为指导,基于 RSEI 和变化向量分析法,研究了隧道沿线生态环境质量的时空分布特征,以揭示全生命周期内案例隧道涌水流径沿线区域生态环境的时空演变规律;同时,从自然、人为要素等方面构建与隧道涌水相关的生态环境质量驱动力指标体系,利用地理探测器分析了研究区域生态环境影响因素的作用情况。再次,本书基于景观生态学理论,提取某重大工程隧道出口处涌水流径沿线不同缓冲区在不同年份的土地利用数据,融合景观生态风险指数和空间计量分析方法,探究隧道出口处涌水流径沿线不同缓冲区内的景观生态风险时空变化特征,并识别了影响其景观风险空间异质性的关键驱动因素。最后,从重大工程隧道涌水管理角度,构建了包括政府监管部门、施工企业以及公众的三方演化博弈模型,探索了隧道涌水管理的最优路径并识别关键影响因素;同时,基于以上研究,提出了重大工程隧道涌水生态环境风险的治理措施与管理方案。

(4)针对重大工程所在地植被保护与生态修复,识别重大工程所在地影响植被生长的关键要素、解析该影响的传导逻辑并建构植被生态修复的复杂决策模型,以促进重大工程生态修复目标的实现,保证重大工程实体与自然生态环境的和谐共生。本书以重大工程为对象,①综合应用爬虫技术与机器学习模型,识别重大工程建设影响植被生长的关键风险要素。②以"风险识别—风险溯源—风险应对"为核心逻辑线索,在风险识别的基础上进一步探究并追溯各类不同生态风险的来源与成因。③综合应用 GIS 与遥感技术,通过对生态、环境、工程建设等多源数据的融合,建立重大工程生态修复数据库,为后期的差异化生态修复决策提供支撑。④融合机器学习与优化模型,从生态修复技术与生态修复植物种类两个维度,构建生态修复技术与物种数据库;同时,构建重大工程生态修复决策模型,通过匹配重大工程所在地不同工点的现实环境条件与实际需求,提供差异化的生态修复方案。⑤将生态风险因素、生态修复技术库、生态修复植物种类库等进行系统融合，将生态修复方案的生成过程进行可视化处理，开发适用于重大工程的决策支持系统。

1.2.2　研究内容

本书的核心研究内容主要呈现于第 3 章至第 13 章，第 1 章为重大工程环境管理导论，第 2 章为重大工程环境管理研究现状分析。以下将简要介绍本书中各个章节的主要内容。

第 1 章为重大工程环境管理导论。第 1 章首先系统分析了本书的实践背景与意义；其次阐述了本书的研究目标与研究内容；再次介绍了本书所采用的主要研究方法并绘制了相应的技术路线；最后陈述了本书的主要创新点。

第 2 章为重大工程环境管理研究现状分析。第 2 章主要围绕重大工程的可持续性、重大工程环境管理的复杂性以及重大工程环境管理中的技术创新三个主要内容展开文献回顾。然后，在文献回顾与分析的基础之上，归纳并总结重大工程现有研究在理论与实践两个层面上所面对的环境管理与绿色创新挑战，进而对现有研究进行客观的评述，以期系统且全面地展示该领域的研究现状。

第 3 章为重大工程环境管理理论。第 3 章首先阐述了本书用到的关键基础理论，主要包括可持续发展理论、复杂适应系统理论以及绿色技术创新理论。其次，在以上理论的指导下，介绍本书的总体研究框架，主要包括重大工程环境管理内涵、重大工程对生态环境影响的特征以及管理的原则。本章主要从理论上对本书进行阐述，并指导以后各章节中的具体研究。

第 4 章为建设阶段重大工程弃渣场选址决策与风险诊断。第 4 章主要以重大工程弃渣场为研究对象，重点关注弃渣场建设阶段的生态环境影响，着重分析弃渣场在重大工程建设阶段的优化选址及其生态环境风险诊断问题。首先，本章对弃渣场的生态环境复杂性进行参数化定义，同时分析复杂艰险环境下弃渣场可能会面对的生态环境风险影响。其次，构建复杂艰险环境下重大工程弃渣场选址的指标体系，并应用云模型实现对弃渣场生态环境风险的系统评价。再次，基于以上弃渣场的生态环境风险评价结果，结合 GIS 技术，实现对重大工程弃渣场的选址。最后，通过对弃渣场工程系统的全面分析，构建该系统的故障树模型；基于故障树模型与贝叶斯网络之间的转换原理，实现对弃渣场生态环境风险的有效预测与诊断。

第 5 章为运维阶段重大工程弃渣场群风险监测与评价。第 5 章重点关注运维阶段的弃渣场。首先展开对运维阶段弃渣场工程系统的全面分析，并构建符合该阶段特征的弃渣场工程系统数字孪生模型。其次，构建重大工程弃渣场的生态环境风险监测预警体系，主要包括构建运维阶段弃渣场生态环境风险监测预警指标体系、获取指标体系中的各项关键数据、经济成本分析、生态风险预警监测方法以及生态灾害预测等内容。最后，通过构建投影寻踪与均值聚类的弃渣场群生态环境风险评价模型，以某重大工程所在地的 50 座弃渣场为例，实现对运维阶段弃渣场群的生态环境风险等级分类评价，并提出差异化的弃渣场生态风险分级管理办法。

第 6 章为重大工程施工道路生态环境健康监测。第 6 章首先以水环境、土壤环境、大气环境、生态环境、社会环境为重点监测目标，考虑破坏程度、污染程度、生物多样性等因素建立重大工程施工道路生态环境健康监测指标；其次，基于监测目标和指标、监测方案设计、监测设备和技术、数据管理系统等方面，对重大工程施工道路生态环境健康监测系统进行了构建，介绍了重大工程施工道路生态环境健康监测的主要功能；最后，提出了生态环境保护的绿化措施，帮助制订具有可持续性的优化方案。

第 7 章为重大工程隧道涌水径流水文灾害风险研究。第 7 章选取中国西南山区典型的山岭隧道为研究对象，探索其隧道涌水特征及其对涌水流径沿线的水环境影响。首先，本章将水文模型与 AHP 进行融合，构建出适用于该隧道的涌水流径水环境评估算法；其次，通过对该隧道径流沿线水环境演变过程的分析，系统评估了涌水径流在不同区段的水环境风险等级，同时将不同的风险等级进行划分；最后，本章对比分析了该铁路隧址区在隧道工程建设前、建设中以及建设后的植被覆盖变化情况，研究了隧址区植被覆盖度的演变规律及其变化趋势，据此以验证该重大工程隧道涌水径流水环境风险等级的科学性与合理性。

第 8 章为重大工程隧道涌水流径沿线生态环境可持续性评价。第 8 章以全生命周期理论、可持续发展理论等为指导，以隧道涌水流径沿线区域的生态环境为研究对象，通过建立包含生态环境因子和施工行为的空间—属性—时序的多维多尺度多源数据集，探索隧道工程全生命周期的涌水动态生态环境变化特征。首先，融合 RSEI 与变化向量分析法，分析了研究区域内生态环境的时空演变规律。其次，从自然因素和人类活动两个维度构建了与涌水相关的生态环境质量驱动力指标体系。最后，应用地理探测器，分析了研究区域内坡度、坡向、到水系的距离、到公路的距离、土地利用类型等影响因素对生态环境的作用机制。

第 9 章为重大工程隧道涌水流径沿线景观生态风险评价。第 9 章基于景观生态学理论，采用典型案例山岭铁路隧道出口处涌水流径沿线缓冲区的土地利用数据，结合景观生态风险指数与空间计量分析方法，探究 2000 年至 2020 年间隧道出口处涌水流径沿线缓冲区景观生态风险时空动态变化特征。在此基础上，明晰影响其景观生态风险空间异质性的关键驱动因素，以期为隧道涌水流径沿线区域的综合风险防范提供决策依据。最后，基于 MCR 模型构建研究区的生态安全格局，根据结果提出可行性建议。

第 10 章为重大工程隧道涌水流径沿线生态环境风险管理。第 10 章以重大工程隧道涌水生态环境风险为切入点，分析了隧道涌水生态环境保护不同主体之间的博弈行为演变过程，并识别影响不同主体策略选择的关键因素，为制定科学合理的隧道涌水治理体系奠定基础。首先，本章以演化博弈模型为基础，分析了政府监管部门、施工企业以及公众之间的三方博弈关系，并构建具体的博弈模型；其次，通过计算隧道涌水生态环境保护不同参与主体之间的复制动态方程，确定不同情境下各主体决策行为的演化特征；再次，利用仿真技术，探索不同因素对各参与主体策略选择的影响程度，并据此识别出关键影响因素；最后，提出适用于重大工程隧道涌水生态环境风险管理的技术体系与不同阶段的管理方案，以为实际的重大工程隧道涌水生态环境风险治理提供决策参考。

第 11 章为重大工程植被生态风险识别与管理。第 11 章以重大工程为研究对象，首先通过文献分析，明确重大工程建设阶段所在地的植被修复现状以及有待于进一步深入研究的问题。其次，综合运用多种机器学习模型，获取以往重大工程的文本数据。通过应用文本分析技术并构建主题模型，实现对重大工程所在地生态风险的识别。最后，通过追溯重大工程在建设阶段的各类生态风险源，根据重大工程建设不同标段的实际建设情况，提出适宜的植被生态风险管理与控制措施，最终形成"风险识别—风险溯源—风险应对"的系统管理方案。

第 12 章为重大工程植被修复决策技术与治理措施。第 12 章以西南地区的某重大工程为例，①综合应用 GIS 技术，实现对该重大工程所在地生态修复区的自然环境数据的提取；结合对该工程的实地调研，整理获得工程扰动数据集。②通过构建融合模型，实现对该工程所在地自然环境数据与实际工程扰动数据等多源异构数据的融合，为后期的生态修复决策提供数据支持。③基于文本挖掘技术，构建生态修复技术与生态修复植物种类的决策矩阵并建立生态修复技术与生态修复植物种类库。④结合以上获得的各类决策数据，构建生态修复决策模型并应用随机森林算法获得最优解；同时，基于云交互平台实现对该工程所在地生态修复决策系统的可视化开发。⑤提出适用于重大工程的差异化植被修复治理方案。

第 13 章为结束语。第 13 章对上述各章的研究内容进行了归纳，提炼并总结了各项研究的主要结论，强调了本书所获得的实践启示，指出了本书的局限性，并提出未来的研究展望。

1.3　研究方法与技术路线

1.3.1　研究方法

本书以复杂艰险环境下的重大工程为研究对象，分别从建设阶段与运维阶段的弃渣场生态环境风险评价与分级管理、施工道路生态环境健康监测、隧道涌水流径沿线生态环境风险评价与管理、植被生态风险识别与生态修复决策技术等研究内容展开深入分析与探索。针对不同的研究内容，本书集合了经济学、管理学、统计学与地理学等不同学科的知识与技术，综合应用文献分析法、空间分析法、爬虫技术与机器学习、模型分析法等研究方法，从不同的层面揭示了复杂艰险环境下重大工程的建设对区域生态环境的影响；同时，基于这些差异化的影响，提出具有针对性的管理方案与办法。因此，针对不同的研究内容，本书采用了不同的研究方法以实现各项研究目标，具体采用的研究方法如下。

（1）文献分析法。该方法主要用于梳理重大工程环境管理以及绿色创新相关研究的发展脉络，重点从重大工程的可持续性、重大工程环境管理的复杂性以及重大工程环境管理的技术创新三个维度展开。通过文献分析，掌握重大工程环境管理领域的现有学术研究以及工程实践的发展状况，从中提炼并总结出现有研究的局限性，以为后续研究指明具体的方向。

（2）空间分析法。该方法主要应用于重大工程建设阶段弃渣场选址、施工道路的生态环境影响、隧道涌水的生态环境风险评估等研究内容中。具体分析如下：首先，在弃渣场选址研究中，应用空间分析分别对生态环境风险等级、生命财产风险等级、水土流失风险等级等内容进行专题图的绘制，再通过空间叠加技术获得弃渣场选址的风险地图。其次，在重大工程建设对所在地植被生长影响的分析中，应用空间分析法探索了工程建设不同时期的植被生长变化，并识别了影响植被生长的关键因子。最后，在隧道涌水的生态环境风险评估中，应用空间分析法以探究隧道涌水沿线的土地利用以及景观格局的时空变化；在充分掌握了涌水沿线生态环境变化的基础上，实现对隧道涌水流径周边不同缓冲区景观生态风险的定量评价。

（3）爬虫技术与机器学习。该方法主要应用于重大工程所在地生态风险识别与生态修复决策方法这两项研究内容中。首先，本书应用爬虫技术从学术论文、专利、专著、报告、统计年鉴与新闻等文本信息中，提取与重大工程生态风险相关的信息，将其分类整理成研究数据并构建基础文本数据库。其次，构建多种机器学习模型识别重大工程所在地的关键生态风险点与风险源；同时，根据生态修复物种的生长环境特征，确定不同生态修复技术的使用范围以及修复植物种类的可利用环境，进而建立重大工程所在地的生态修复技术库与修复植物种类库，为生态修复复杂决策模型的构建提供数据支持。

（4）模型分析法。该方法主要应用于弃渣场风险评估、生态修复决策、隧道涌水生态风险等研究内容中。首先，在弃渣场的相关研究中，构建故障树与贝叶斯网络模型，实现对弃渣场风险的诊断与预测；构建云模型实现对运维阶段弃渣场群生态环境综合风险的评估与预警。其次，在生态修复决策研究中，通过建立基于多源异构数据的生态修复决策模型，实现对不同自然条件与工程扰动条件下的生态修复方案的提取。最后，在隧道涌水生态风险相关研究中，通过构建水质-水动力耦合模型与深度学习模型、生态风险指数模型以及 MCR 模型等，分别实现对隧道施工突发涌水的水环境风险评估、隧道涌水流径沿线不同缓冲区的景观风险评估和主要驱动因素的探究与分析。同时，通过构建包含政府监管部门、施工企业以及公众之间的三方演化博弈模型，探索了不同主体在参与隧道涌水生态环境保护的决策演变过程，并识别了影响不同主体策略选择的关键影响因素。

1.3.2　技术路线

本书以重大工程为研究对象，以"重大工程环境管理与绿色创新"为主题，从弃渣场、施工道路、隧道涌水、植被修复四个方面，针对生态环境保护展开系列研究。具体研究流程如下：第一，系统阐述研究背景与意义、研究目标与内容、研究方法与技术路线。第二，以重大工程的可持续性、重大工程环境管理的复杂性、重大工程环境管理中的技术创新等为核心，展开国内外研究综述。通过系统梳理相关研究进展，客观评估现有研究近况并提出有待于进一步研究的要点，为本书后续章节的研究提供指导。第三，系统阐述重大工程环境管理的基础理论，主要包括可持续发展理论、复杂适应系统理论以及绿色技术创新理论。在以上基本的理论的指导下，结合本书的具体研究内容，剖析重大工程环境管理的基本内涵与特征。第四，针对重大工程弃渣场，围绕建设阶段的弃渣场选址与生态环境风险诊断、运维阶段的弃渣场群生态环境风险评价两个核心问题展开研究。第五，针对重大工程施工便道，围绕施工道路生态环境监测指标、监测系统和管理措施三个方面展开分析。第六，针对重大工程隧道涌水，从涌水径流的水文灾害风险、生态环境风险评价、景观生态风险评估以及生态风险管理与对策研究等问题展开探索。第七，针对重大工程所在地植被修复，从风险识别与管理、所在地植被生长影响评估、生态修复决策技术与治理措施等三个方面展开研究。第八，系统梳理以上本书各章节内容的主要结论、提出具有针对性的管理启示，并阐述本书的局限性以及未来展望。基于以上研究内容，绘制本书的技术路线，具体如图 1-1 所示。

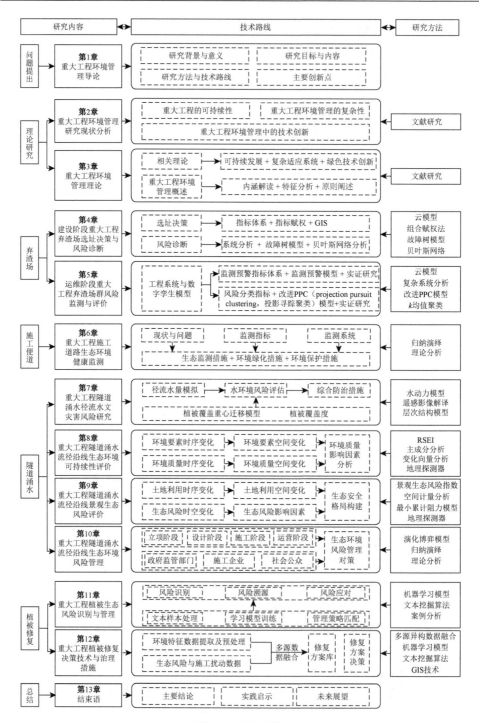

图 1-1 技术路线

1.4　主要创新点

本书围绕"重大工程环境管理与绿色创新"这一主题展开系统研究,主要包括创新点如下。

(1)构建重大工程环境管理的系统分析框架,完善重大工程理论体系。重大工程建设对生态环境的影响具有深度不确定性特征,这一方面表现在工程建设人员对工程建设所引发的生态环境变化的内在机理认识的局限性,另一方面表现在工程建设的外部自然环境的复杂性。因此,要减少重大工程建设对区域生态环境的影响与破坏,则需要遵循"机理探究—影响评估—机制建立"的基本逻辑展开。本书以重大工程为对象,重点关注重大工程建设过程中的弃渣场、施工便道、隧道等重要的工程类型,首先分析其建设或运营过程中对周围生态环境的影响机理;其次通过实地调研与专家访谈等方式明确生态环境影响评估的指标体系,并基于工程的特征提出差异化的评价方法;最后,通过评估各工程对生态环境的时空影响,针对性地提出差异化的生态环境保护方案并构建相应的环境管理机制。这不仅为重大工程生态环境保护工作的展开提供了理论指导,而且将生态环境保护嵌入到传统的重大工程"五位一体"(质量、安全、成本、进度、技术)理论体系中,丰富并完善了以往的重大工程理论体系,将"五位一体"的理论体系转变为"六位一体"的管理体系。

(2)跨界融合多元技术,实现了对重大工程环境影响的系统分析。重大工程建设对生态环境的影响具有复杂性特征,以往研究多从单一角度分析重大工程建设对生态环境的影响,并且定性的研究成果较多。本书综合应用地理学中的遥感技术、GIS 技术,生态学中指标分析,管理学中的复杂系统降解与优化,经济学中的成分分析等不同领域的技术方法,评估了重大工程弃渣场的生态风险、探究了重大工程建设对所在地植被生长的影响过程、揭示了隧道涌水对区域生态环境的影响机理。这不仅为重大工程的环境管理勾勒出了基本框架,同时从多角度分析了重大工程对生态环境的影响,而且构建了匹配不同工程特征与属性的多种类生态环境影响定量评估模型。

(3)针对重大工程中的不同工程项目,提出了具有针对性的差异化环境管理建议与治理方案。重大工程是众多不同类别工程项目的集合体,那么其环境影响也会因为工程项目的不同而体现出差异性。以往的重大工程环境管理相关研究多聚焦于宏观层面的分析与研究,而忽视了不同类型工程项目对生态环境影响的特异性。因此,本书格外关注重大工程中弃渣场、隧道、施工便道等具体工程对生态环境的影响,分别对不同工程的生态环境影响展开分析与研究,并从弃渣场建设阶段与运维阶段、隧道涌水的水质与水量影响以及生态修复技术与修复植物种类等方面提出具有针对性的差异化环境管理建议与治理方案。这不仅有利于重大工程环境管理中宏观视角与微观视角的结合，而且有利于在工程实践中推动不同类型工程环境保护工作的落实。

1.5　本章小结

本章作为本书的导论部分，主要起到提纲挈领的作用，简要介绍了本书的研究背景与研究意义，阐述了研究目标与研究内容，陈述了研究方法并绘制了技术路线，最后提出了本书的主要创新点。

第2章　重大工程环境管理研究现状分析

本章将从以下三个方面对现有文献展开研究评述：①重大工程的可持续性，具体包括重大工程概述、可持续建设的内涵、重大工程的可持续建设等方面；②重大工程环境管理的复杂性，具体包括重大工程的复杂性与冲突性、重大工程的生态环境影响和重大工程环境管理与复杂性决策等方面；③重大工程环境管理中的技术创新，具体包括重大工程技术创新管理、绿色技术创新和重大工程与创新生态系统（innovation ecosystem）等方面。

2.1　重大工程的可持续性

2.1.1　重大工程概述

工程是人们在自然规律和科学原理的指导下，将各种资源整合起来以实现特定目的一种人类活动（盛昭瀚，2009）。工程具有如下几个系统性的特征（PMI，2008；游庆仲等，2009）：第一，工程的活动主体是人，工程进行的过程也是人的活动过程。第二，在人进行资源整合实现工程目标时，不仅涉及实物资源的整合，如建筑材料、工程装备、土地资源等，还涉及非实物资源的整合，如组织管理、进度管理、施工经验等。这种非实物资源的整合恰恰是将实物资源有序结合的知识基础，即资源整合的方法，因此工程管理的过程在工程全生命周期内是不可或缺的。第三，工程在质量、成本和工期的限定下，还涉及复杂多样的利益相关者，如业主、承包方、设计方等。随着工程的不断进行，利益相关方也随之不断变化，他们在工程中呈现出不同的主观意愿，并在有效开展工程活动的过程中融入其意图和习惯，变为工程中的时代价值、组织文化、管理习惯等。整体上看，工程是人造系统（Sheng，2018），在此基础上，人通过对各种资源进行组织和管理，发挥工程这一系统的作用。这也说明，工程从前期的规划设计，到施工建造，再到后期运营维护都离不开管理活动，使管理过程反映到工程的系统层面。当前的工程管理理论大多源于项目管理知识体系，项目管理在 20 世纪 50 年代逐渐兴起，并在几十年的发展中形成了一个由 5 个过程组、10 个知识领域和 47 个过程构成的知识体系，成为产业界不可或缺的重要标准。传统的项目管理方式采用的是一种可预见的、固定的模式，这种模式在

Shenhar 和 Dvir（2007）的研究中得到了广泛应用。但随着工程项目的需求不断变化，重大工程也将迎来低碳化、数字化和智能化的变革，因此过去的项目管理模式将面临时代挑战。在这样的背景下，项目管理需要结合和吸收新的知识和方法，研究热点从传统的质量、成本和资金的管理扩展到了关系、风险和资源的管理（Crawford et al.，2006），工程管理的空间范围和时间跨度也有所变化。英国工程与物理科学研究委员会（Engineering and Physical Sciences Research Council，EPSRC）划分了项目管理理论发展的不同阶段：在 2003 年以及之前的传统项目管理理论体系归为第一代项目管理（project management-1，PM-1）；此后的理论被认为是第二代项目管理（project management-2，PM-2）（Saynisch，2010）。PM-2 是在 PM-1 的基础上，考虑了新时代、新环境下项目管理发展的复杂情况，如数智化、复杂化、节能环保和"双碳"目标等现实需求，其核心是将项目工程看作一种社会过程，不仅包括资源的整合与管理，还有利益相关者之间的交互过程，如政府、企业、公众等多个主体在项目中的不同需求与交互过程。这使传统的项目管理范围更加广泛，更能适应复杂性的工程管理需求，由此形成了基于新场景下的工程管理理论和方法的创新（Winter et al.，2006）。

重大工程的建设在环境保护、技术要求、主体关系等多个层次具有复杂性的特征，这与一般的工程项目明显不同（Liu et al.，2018）。这使得重大工程的项目管理在组织、领导、决策、创新等多个方面超出了传统工程管理的范畴。重大工程的生态环境保护问题也面临新的挑战。与生态保护类似的，还有工程安全问题、社会责任等多个方面的复杂性问题，这些不仅超出了传统工程管理的范围，也超出了工程建设本身的功能范围（Flyvbjerg，2014；Gil and Beckman，2009）。在这样的发展背景下，需要在理论和方法上对传统的重大工程管理体系进一步丰富，以有效指导工程中的管理实践，实现可持续、高质量的建设目标。

重大工程管理的研究是在全球工程建设的规模、复杂性、社会和生态等影响越来越大的情景下出现并发展的。重大工程管理在 20 世纪 90 年代逐步引起关注，并在 21 世纪迅速发展。早期的研究从经济的视角出发，更多的是关注重大工程的成本管理，尤其是建设阶段建造成本。随后，逐步开始扩展到重大工程的生命周期管理，并根据重大工程特征，发展了复杂系统工程管理、重大工程创新生态系统和利益相关者管理等多角度、多层次的重要研究成果。在重大工程的全球化程度不断提高的背景下，工程的技术集成复杂度、跨组织合作难度、施工持续的时间跨度和生态环境影响的程度都在不断增加。Levitt（2007）提出了基于经济、社会和环境的重大工程管理重点，基于复杂性高、建设周期长等特点，提出了重大工程管理理论的研究方向，推动了实现可持续发展目标（图 2-1）。重大工程的复杂性本质上来说，是从工程建设本身的物理复杂性出发，转换为整个系统的复杂性，然后传递为管理的复杂性的过程，其中各种复杂的网络关系在时间和空间的变化下，不断地涌现、演化和治理，最终表现为生态环境、施工技术、组织协作等多个维度的复杂性（van Marrewijk et al.，2008）。重大工程复杂网络的特征与规律性往往隐藏在复杂性的特征之下，如重大工程施工中的生态环境保护与修复、安全风险防范和工程建设的社会责任等。因此现有的工程管理理论和方法都难以解释环境保护、安全风险、资源调度等复杂性问题（Williams et al.，2010）。对重大工程的研究不应该局限于传统仅关注建设过程的工程管理思路，应该在工期、质量和成本的基础上，从全生命周期的可持续发展、全局性规划、系统性决策等视角推进工程管理的不断发展。

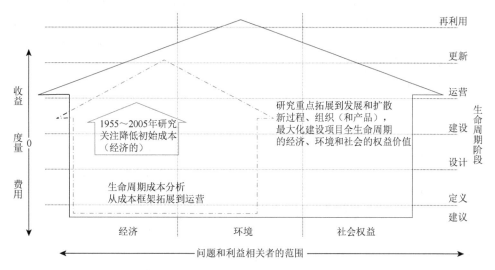

图 2-1　工程管理理论研究发展

资料来源：Levitt（2007）

从项目管理的角度来看，项目可以定义为"为创造独特的产品、服务或成果而进行的临时性工作"。"临时性"是指这些项目拥有明确的起点和终点，但不同于一般的工作任务，它们的时间跨度并不一定很短（PMI，2008）。项目的范围可以非常广泛，包括但不限于新产品的开发、组织流程的改变、研究活动、流程改进，甚至基础设施工程的建设等各个领域（PMI，2008）。重大工程则是一种对国家的经济和社会发展具有巨大意义的基础设施工程项目（邱聿旻和程书萍，2018；盛昭瀚等，2019），如港珠澳大桥工程等。与普通项目和工程不同，重大工程管理面临多方参与、高度复杂、不确定性高、目标多元谱以及需要具备决策鲁棒性等基本特点。需要强调的是，重大工程管理与一般项目管理存在明显的差异。尽管它们都可以归为项目管理的范畴，但由于重大工程的特殊性，包括其在重要性、规模和复杂性等方面的差异，它们需要更为复杂和特定的管理方法。因此，重大工程管理不仅仅是项目管理的一个子集，还是一种独特的管理领域，需要针对其独特性质采用相应的策略和方法。

重大工程是一类独具特征的工程项目。首先，它们以其庞大的规模和巨额的投资而闻名。通常由国家或国家级机构作为主要的决策和资金来源，这些工程项目涉及国家级的决策制定和资源配置。其次，它们常常在复杂的自然环境条件下进行，这要求工程师和专业人员具备高度的技术和环境适应能力。再次，重大工程的生命周期通常非常长，可能需要数十年才能完成和维护。在整个过程中，多个参与主体如政府、企业和社会团体等都参与其中，涉及多种利益关系和协调难题（Sheng，2018）。最后，这些工程对周围地区的社会和经济环境具有深远的影响，不仅改善了人们的生活，还对国家的整体发展产生了积极作用。因此，重大工程被视为基础设施工程的一种，其复杂性和系统性特征使其在社会和经济发展中发挥着重要的作用（邱聿旻和程书萍，2018）。重大工程作为一个重大的人造系统，具有更加丰富的系统性特征。

重大工程相对于一般工程而言，具有更广泛的开放性和紧密的环境关联性。因此，现代社会要求重大工程建设必须追求与生态环境的和谐发展。在规划和论证重大工程时，需要考虑更多复杂的因素。不仅需要评估工程科学原理、技术可行性和经济效益，还需要综合考虑更广泛的社会层面因素。这包括工程对行业、区域和国家发展的推动作用，以及工程对生态环境的改善与保护作用。因此，综合评估重大工程变得更加复杂和困难。重大工程涉及多个参与主体，这不仅指参与人或组织的多样性，还包括这些参与主体所持有的利益诉求的复杂性。这种多元性导致了在共同目标下，不同参与主体具有不同的行为逻辑和价值观，可能引发观念、行为和目标等方面的冲突。此外，重大工程的目标也相当多元化，不仅包括直接的工程目标，还涵盖了文化、环保、健康、法律以及创新等更广泛的目标。这些目标相互依赖并相互制约，使参与主体之间的关系变得更加复杂，也增加了协调难度。最后，重大工程对业主的依赖性较高。业主的理念、偏好和价值观将对最终结果的选择产生重大影响。另外，由于重大工程需要大量资源，包括战略性稀缺资源，对这些资源的整合也可能在过程中暴露出知识、经验和能力等方面的不足，对业主来说是一项巨大挑战。因此，重大工程的复杂性和挑战性要求各方共同努力，以确保项目的成功实施。

重大工程是一个复杂系统，其复杂性不仅表现在显性的方面，如规模、环境、技术和资源，还更强调了系统层面的隐性复杂性。具体而言，重大工程是一个复合的开放性系统，其中包括多元化的参与主体，具有自学习和自适应的能力。工程的建设过程涉及硬资源和软资源的整合，以及这两者的综合利用。重大工程的各个主体、各个阶段和各个环节之间具有全局性和整体性的联系，局部的行为可

能会对整个工程产生影响。因此，应采用复杂系统和复杂性管理思维来应对重大
工程和重大工程管理，以更好地理解和应对其复杂性。

2.1.2　可持续建设的内涵

1987 年，布伦特兰（Brundtland）首次提出了可持续发展的理念，这一概
念立刻在世界各国引发了广泛的关注，并催生了一系列可持续发展倡议。可持
续发展的核心理念是，在满足当前一代人的需求的同时，不应损害后代子孙的
利益，同时要实现经济、环境和社会效益的协同发展。在这个背景下，重大工
程建设成为学者极为关注的焦点，因为它们在发展过程中耗费了大量的资源和
能源。可持续建设的概念可以被理解为可持续性原则在建筑业领域的具体体现
（Kibwami and Tutesigensi，2016）。在 1993 年，《芝加哥宣言》中，国际建筑
师协会（International Union of Architects，UIA）明确提出了建筑行业需要深
化和更广泛应用可持续发展理念的必要性。此后，可持续建设（sustainable
construction）的概念由 Kibert（1994）在首届国际可持续建设会议上提出，他
强调，工程建设的各个阶段，包括从最初的选址和设计，一直到最终的拆除，
都应当以节约能源和有效利用资源的方式进行，以尽可能为人们提供健康和安
全的生活环境，从而实现人类、环境和建筑之间的平衡和可持续发展。可持续
建设被定义为"通过资源的有效利用和生态设计来创造和运营健康的建筑环
境"。Dickie 和 Howard（2000）认为可持续建设是建筑业对可持续发展的重要
贡献，这与 Kibert（2016）的观点相符，后者认为可持续建设应被视为可持续
发展的一部分。联合国世界环境与发展委员会（World Commission on
Environment and Development，WCED）在其报告中也对可持续建设进行了相
关阐述，强调可持续建设对经济、社会和环境三个方面的可持续发展产生了重
要的影响和作用。

van Bueren 和 Priemus（2002）强调了可持续建设的核心概念，即在建设过
程中尽量减少对环境和人类健康的不良影响。另外，Abidin 和 Pasquire（2005）
提出了一系列可持续建设的基本原则，其中包括确保人类健康和与自然和谐相
处，保障子孙的利益，评估社会和环境效益，减少资源和环境破坏，提高建筑
质量，促进社会凝聚力，搜寻技术信息并提升项目效益，以及遵守责任约定。
Abidin（2010）将可持续建设视为建筑业为实现可持续发展所做的重要贡献。
他强调了可持续建设作为一种方式，通过在建设全生命周期内最大限度地节省
资源和降低能源消耗，来保护环境并创造出健康、高效的使用空间。任宏等
（2010）则强调了可持续建设的要求，即在建设项目的各个阶段，包括设计、
建设和拆除等，都需要基于最小化环境影响、最少的资源消耗以及最大的人类

满意度的原则来进行。这种方法通过最小的经济成本、社会成本和环境成本，实现最佳的工程和环境质量。Djokoto 等（2014）总结了可持续建设的关键原则，包括最小化资源消耗、最大限度地实现资源再利用、使用可再生和可循环利用的资源、保护自然环境、创建健康无毒的建筑环境，以及追求高质量的建筑环境。Willar 等（2020）强调了可持续建设的终极目标，即改善环境，通过与社会和经济问题相结合，提高生活质量和工作效率，并创造出健康的工作环境。这一系列观点共同突出了可持续建设的关键概念和原则，以实现环境、社会和经济的协同发展。

可持续建设的核心内涵包括环境保护、社会福祉和经济发展三个关键方面（Huovila，2002；Negash et al.，2021）。首先，环境保护强调减少建筑活动对建筑环境和自然环境的不利影响（Abidin，2010）。建筑环境保护着重于减少工程项目对建筑物和基础设施的影响，如有效处理建筑垃圾等，而自然环境保护则侧重于合理开采和利用自然资源（Huovila，2002）。其次，社会福祉意味着创造出人们感到满足、安全和舒适的居住和工作环境（Lombardi，2001）。这一概念关注建筑环境对人们的生活质量和福祉的积极影响。最后，经济发展指的是可持续建设为项目的利益相关方，如客户和施工方，带来金钱收益。闫绪娴和吴世斌（2009）提到这一概念包括两方面：一是可持续建设能够创造可持续发展的建筑产品，如"绿色建筑"和"低碳建筑"；二是可持续建设形成了一种模式，贯穿规划、设计、运营和建设的全生命周期，符合可持续原则，最大限度地减少对环境的损害。甘晓龙（2014）总结了对可持续建设的不同理解，但强调了三个共通的核心要点。首先，可持续建设关注项目的全生命周期，从规划到设计、运营和拆除，都应符合可持续原则。其次，它以人为核心，旨在为人们创造舒适的环境，强调人的福祉。最后，可持续建设追求经济效益、环境效益和社会效益的协调和统一，以实现可持续发展的综合目标。尽管"可持续建设"与"可持续建筑"、"绿色建筑"和"生态建筑"等概念经常混淆使用，但它们之间存在明显的区别。可持续建设强调的是整个工程项目的全生命周期，而"可持续建筑"、"绿色建筑"和"生态建筑"则是通过可持续建设方法所产生的结果，它们都为建筑行业的可持续发展做出了贡献（施骞和徐莉燕，2007）。

随着可持续建设日益引起人们关注，这一领域的研究范围不断扩大，众多学者对可持续建设进行了深入研究，取得了丰富的成果。这些研究评价主要分为两大类，根据评价对象不同而划分。

第一类研究基于宏观视角的评价方法，旨在构建国家层面的可持续建设评估体系。举例而言，英国最早采用的建筑研究院绿色建筑评估体系（building research establishment environmental assessment method，BREEAM），是一个早期且广泛应用的示范。美国绿色建筑协会提出了能源与环境设计先锋

（leadership in energy and environmental design，LEED）评级体系，已成为衡量绿色建筑设计、建造和运营的行业标准。加拿大开发了名为绿色建筑工具（sustainable building tool，SBTool）的评价系统，这是一种用于评估建筑项目可持续性的工具。此外，一些学者还创建了评估国家可持续建设绩效的指标体系，用以审查各国的可持续发展情况。比如，Huang 和 Hsu（2011）提出了经济、社会和环境三大主题内部的核心集群和 33 个指标，用于评估一个国家在可持续建设方面的表现。Yin 等（2018）以新加坡的建筑业为例，通过设定相应的指标，对可持续建设的理念和实践进行了评估。刘爱芳等（2011）则基于可持续发展的内涵，构建了我国建筑业可持续建设的评估指标，并采用熵值法进行评价，以了解我国可持续建设的发展情况。这些评价方法为国家和地区提供了重要的参考和指导，有助于推动可持续建设的发展。

第二类研究关注于微观视角，旨在建立特定项目的可持续建设评估体系，以更精确地提高建筑项目的可持续性。Hill 和 Bowen（1997）提出了可持续建设的原则和概念框架，将其定义为包括经济、社会、生物物理（与环境相关）和技术等四大支柱。大多数评估指标都建立在这些支柱的基础上。Mateus 和 Bragança（2011）以葡萄牙市区现有的新建和翻新住宅建筑为例，构建了可持续性指标评估体系，并采用 SBToolPT-H 方法对其可持续性进行评估。Shen 等（2010）以中国建筑业为案例，详细描述了在可持续建设实践中进行项目可行性研究所面临的主要挑战，并从 87 个建设项目的可行性研究报告中提炼出 35 个评估可持续建设项目绩效的指标。Yu 等（2015）考虑到我国建筑业的发展，建立了一个评估中国绿色商业建筑发展的指标体系。该体系包括七个类别，涵盖了景观、能源效率、节水、材料和资源、室内环境、施工管理、运营管理等方面，为工程技术人员和管理人员提供了一个监测建设项目过程可持续性的有力工具。陈岩（2009）结合全生命周期理论和系统论等多个研究理论，提出了建设项目可持续发展的内涵，并构建了一个动态评估框架，以更好地理解和评价项目的可持续性。这些微观角度的研究有助于项目层面的可持续建设实践，并为相关领域的决策者提供了有益的指导和工具。

2.1.3　重大工程的可持续建设

1. 可持续建设

到 2050 年，预计全球城市人口将占总人口的 70%。这意味着城市化趋势将继续加速，全球城市将面临更多的挑战和机遇。与此同时，全球基础设施规模也将翻一番，估计需要投资高达 70 万亿美元。这庞大的投资将用于建设新的交通、能源、水资源和通信基础设施，以满足不断增长的城市人口的需求。然而，大规模的建设必须确保可持续的资源和能源供应，以避免资源耗竭和环境破坏。在这方面，中国已经采取了积极的行动，颁布了多项政策文件，要求在建设重大工程项目时考虑可持续性因素。早在 1994 年，《中国 21 世纪议程——中国 21 世纪人口、环境与发展白皮书》首次将可持续发展战略纳入中国经济和社会发展的长远规划。此后，在 1997 年，中共十五大明确将可持续发展战略列为中国"现代化建设中必须实施"的战略，强调了可持续发展在国家发展中的重要性。在 2002 年，中共十六大将"可持续发展能力不断增强"明确为全面建设小康社会的目标之一，进一步强化了中国在可持续发展领域的承诺。党的二十大报告指出："必须牢固树立和践行绿水青山就是金山银山的理念，站在人与自然和谐共生的高度谋划发展。"这是党中央立足全面建成社会主义现代化强国、实现第二个百年奋斗目标做出的重大战略部署。这些政策举措表明中国正在积极应对未来城镇化和基础设施建设的挑战，努力确保这一进程在可持续的框架内发展，保护环境、提高资源利用效率，并促进社会经济的长期稳定发展。

在全球范围内，一系列基础设施管理研究中心应运而生。这些中心包括 2002 年成立于中国香港的建造及基建创新研究中心（Centre for Innovation in Construction & Infrastructure Development，CICD）、2007 年在英国牛津设立的重大项目管理中心（Centre for Major Program Management，CMPM）、2008 年在澳大利亚创立的国际复杂项目管理中心（International Centre for Complex Project Management，ICCPM），以及 2010 年在英国曼彻斯特成立的基础设施开发中心（Centre for Infrastructure Development，CID）。这些中心的设立引起了学术界广泛而深入的关注。研究领域涵盖了重大工程决策、风险管理、项目群协同、全生命周期成本控制等多个方面（Flyvbjerg et al.，2009；Miller and Lessard，2001）。其中，复杂性和可持续性是基础设施管理研究中备受关注的主题（Bosch-Rekveldt et al.，2011；Davies et al.，2009；Flyvbjerg，2014；Levitt，2007）。这些研究中心的建立对于推动基础设施管理领域的发展具有重要意义。

学者常常以重大工程案例来深入探讨如何实现重大工程的可持续性（Liu et al.，2013，2016）。Liu 等（2013）将重大工程的可持续性划分为生态可持续性、社会可持续性和经济可持续性三个方面，如表 2-1 所示；提出了 10 项实现可持续性的关键指导措施；与中央政府共同协调、从项目初期考虑重大工程可持续性问题、加强国际合作、研究与开发（research and development，R&D）投入、目标之间的平衡、系统思维、资源的持续投入、持续监管、发挥非政府组织（non governmental organization，NGO）的作用、战略性人力资源管理。在实现重大工程的可持续性管理时，Liu 等（2016）强调了降低可能引发社会风险的重要性，并提出了社会风险管理模型，以应对社会风险问题，确保工程进展顺利。此外，学者还密切关注重大工程对社会可持续发展的影响，包括积极的区域经济效应（Fan and Zhang，2004；Zheng and Kahn，2013；刘生龙和胡鞍钢，2010；王永进等，2010；杨云彦等，2008；张光南等，2010；张学良，2012）以及潜在的负面环境和社会成本（Peng et al.，2007；Qiu，2007；Stone，2008；Wu et al.，2003）。他们通过深入研究，努力确保重大工程对社会的影响更多地呈现积极面，并寻找方法来减轻不利影响，以促进可持续发展。

表 2-1　重大水电工程的可持续性评价标准

生态可持续性	社会可持续性	经济可持续性
空气和水质量	提高生活质量	资金成本和经常性费用
废物管理	对福利、公共卫生有效和可持续的补偿	减少温室气体排放和提高空气质量
沉淀物运输与腐蚀	流离失所对个人和社区的影响	投资回收期
稀有濒临灭绝的物种	有文化遗产的社区接受保护	
鱼类迁徙	项目的效益公平分配	
水库内的有害物种（动植物）		
健康问题		
施工活动对陆地和水生环境的影响		
独立审计环境管理系统的采用		

资料来源：Liu 等（2013）

　　学界已经展开了广泛的研究，以深入探讨重大工程在经济可持续性方面的诸多问题（Atkinson，1999；Demetriades and Mamuneas，2000；Zheng and Kahn，2013）。这些研究涵盖了对重大工程的经济绩效、经济融合以及对整个行业发展的推动作用等多个方面。然而，需要认识到，重大工程的高度复杂性为可持续性带来了新的挑战（特别是在全球化的背景下）。此时，我们必须考虑新技术的融合以及全生命周期管理对重大工程在经济、社会和环境层面产生的综合影响（Ainamo et al.，2010）。重大工程可持续性的概念要求我们在经济建设的过程中，同时考虑多个关键目标。这些目标包括经济层面的目标，如经济效益，也包括自然环境的保护、社会稳定的维护以及不同利益相关者的需求满足（Levitt，2007；Lin et al.，2016；Zeng et al.，2015）。重大工程往往被视为一个多目标的复杂系统工程，涉及多方利益相关者的参与和利益诉求。在这种情况下，不同目标之间可能会发生冲突和矛盾，进而影响到重大工程的实施和成功（Flyvbjerg et al.，2009；Zeng et al.，

2015）。因此，研究和解决这些目标之间的冲突成了实现重大工程可持续性的一个重要挑战。

为了实现重大工程的可持续建设，相关研究领域主要分为两个关键方向：可持续建设技术研究和可持续项目管理研究。这两个方面的研究都是为了在重大工程中达到更高水平的可持续性。在技术和工艺层面，研究侧重于资源的有效利用，其中包括精益建造（Ogunbiyi et al.，2014）、灰水循环系统的控制策略（Wanjiru and Xia，2017）、智能化建筑设计、可再生能源系统等方面的研究（石铁矛等，2016），这些技术旨在提升建设过程的经济、社会和环境效益。此外，还有研究致力于环境保护，如建筑碳减排材料（Lehmann，2013）、粉尘控制措施（Wu et al.，2016）、温室气体排放降低方法（Hossain et al.，2019）、绿色服务区建设等方面的探讨。这些研究旨在减少对环境造成的负面影响，以实现可持续发展的目标（徐亮等，2017）。这两个研究领域共同提供了多种技术和管理方法，有助于推动重大工程的可持续建设，并为未来的工程项目提供了有力的支持。

在可持续项目管理领域，学者已经进行了广泛的研究，旨在深入探讨各种因素对可持续建设项目的影响。这些因素涵盖了多个关键领域，包括组织的创新与文化（Bamgbade et al.，2015）、领导行为（Tabassi et al.，2016）、建筑项目投资组合的管理框架（Siew，2016）、个体层面的因素（Murtagh et al.，2016）、公众参与（杨秋波和王雪青，2011）以及各类利益相关者（甘晓龙，2014）等。这些研究的主要目标在于更好地理解和提高可持续建设项目的效益和可持续性水平，从而实现更为可持续的项目管理和设计。这些研究的集成旨在为可持续建设项目提供更全面的管理和设计方法，以实现更高水平的可持续性，从而为未来的工程项目提供更为可持续的解决方案。

2. 可持续建设中的利益相关者

利益相关者是指能够影响组织实现其目标，或者受到组织实现目标过程的影响的所有个体和群体（Freeman，1984）。他们对组织的合法性和利益产生直接或间接影响，对组织的生存和发展至关重要（Frooman，1999）。因此，组织的成功需要追求满足所有利益相关者的整体利益，而不仅仅是满足个别主体的利益（Donaldson and Preston，1995）。利益相关者理论将企业的视野从狭窄的组织边界扩展到更广泛的利益相关者边界，将企业视为一个与整个社会系统相互作用的系统（Clarkson，1995）。企业的生存和发展依赖于对各利益相关者需求的回应，需要将各种利益权益诉求纳入决策，而不仅仅是股东的利益（Laplume et al.，2008）。因此，企业可以被看作全体关联利益相关者的集合，其运营需要有效管理和协调各利益相关者之间的关系，特别是对于具有更大影响力的利益相关者，组织必须更加重视满足其需求以确保成功经营。

利益相关者理论是对传统"股东利益至上"观念的批判和反思（Freeman，1994），起源于 20 世纪 60 年代，并在 20 世纪 80 年代后取得显著进展。这一理论的兴起源于西方企业在 20 世纪 70 年代面临伦理、环境和社会责任等问题，导致企业高层管理者对"股东至上"的理念产生怀疑和反思。由于企业界和学术界的需求，特别是弗里曼（Freeman）在《战略管理：利益相关者方法》中提出了实用主义的利益相关者管理方法后，利益相关者理论逐渐成为西方国家认识和理解现代企业治理的重要工具。尽管利益相关者理论引发了激烈争议（Hinings and Greenwood，2002；Margolis and Walsh，2003），与传统的"利益至上"观念存在差异（Jensen，2010；Jones，1995），但学术界和企业界一致认为，它促使企业重新审视其行为对社会产生的影响（Stern and Barley，1996；Weick，1999），并认识到企业应该为所有利益相关者创造价值和财富，而不仅仅是股东（Clarkson，1995）。这一理论的出现激发了企业对社会影响的思考和关注，迫使企业改变传统目标观念，更广泛地考虑社会各方的利益。因此，利益相关者理论与传统企业理论存在明显的区别，如表 2-2 所示。

表 2-2　利益相关者理论与传统企业理论的区别

区别	利益相关者理论	传统企业理论
企业本质	利益相关者关系的联合体	契约的联合体
企业目标	为所有的利益相关者和社会有效地创造财富	所有者（股东）利益最大化
治理模式	通过协商执行各种显性或隐性契约	通过层级和权威行使各种契约关系
两权分布	剩余索取权和剩余控制权分散、对称地分布于企业的物质资本和人力资本所有者中	剩余索取权和剩余控制权集中、对称地分布于物质资本所有者中

利益相关者理论的学术研究最初起源于战略管理领域（Clarkson，1995；Freeman，1984，1994；Frooman，1999），然后逐渐扩展到组织理论（Donaldson and Preston，1995；Jones，1995；Stern and Barley，1996；Rowley，1997）和商业伦理领域（Parmar et al.，2010；Phillips and Reichart，2000），并延伸至社会责任和可持续发展领域（Aguinis and Glavas，2012；Sharma and Henriques，2005；Steurer et al.，2005）。这一理论的研究关注的焦点主要围绕在四个关键方面展开：①利益相关者的定义和重要性辨识；②利益相关者行为及响应；③企业行为及响应；④利益相关者与企业绩效（Laplume et al.，2008）。这些方面反映了组织利益相关者治理

的核心问题，即"3W1H"（who、what、how 和 why）：谁是组织需要关注的利益相关者（who），这些利益相关者有什么利益诉求（what），组织如何满足这些利益相关者的需求（how），以及为什么组织需要关注利益相关者，他们对组织会带来什么影响（why）。总的来说，利益相关者理论的发展和研究已经成为组织管理和治理领域的一个关键议题，有助于组织更好地理解和平衡不同利益相关者的需求，以实现可持续的商业成功。这一理论的不断演进也反映了现代企业面临的新挑战，需要综合考虑多方利益，以取得长期的竞争优势。

对于组织而言，识别和分类利益相关者是回答以下问题的过程：谁是组织需要特别关注的利益相关者（who），以及这些不同利益相关者的利益诉求是什么（what）？根据 Freeman（1984）的定义，利益相关者包括能够影响一个组织实现其目标，或者受到一个组织实现其目标所产生的影响的所有个体和群体。虽然这个概念对于利益相关者的范围有着广泛的包容性，包括股东、债权人、员工、供应商、客户、政府、公众、社区以及其他相关方，但这一概念直观地描绘了组织与利益相关者之间的互动关系，构建了企业战略管理的认知基础，并对利益相关者理论的发展做出了重要的贡献。为了更深入地理解不同利益相关者之间的差异，Freeman（1984）从三个角度来对利益相关者进行分类，包括所有权、经济依赖性和社会利益。例如，企业的股东或股权持有者被视为拥有企业的所有权的利益相关者，而参与企业经营的包括管理人员、员工以及与企业有直接业务往来的消费者、供应商、竞争者等则被看作在经济上依赖于企业的利益者。政府机构、媒体、非政府组织、公众等则被视为与公司在社会利益方面有关系的利益相关者。

在 Freeman（1984）的研究中，利益相关者被定义为所有能够对企业政策和决策施加影响的团体。他根据交易关系的性质，将利益相关者分为两类：直接利益相关者和间接利益相关者。直接利益相关者是那些与企业直接进行市场交易关系的人或组织，包括股东、员工、债权人、客户和供应商等。相反，间接利益相关者是那些与企业没有直接市场交易关系的，如政府、媒体和公众等。Charkham（1992）根据是否存在与企业的合同关系，将利益相关者分为契约型利益相关者（contractual stakeholder）和公众型利益相关者（community stakeholder）两类。契约型利益相关者是那些与企业有明确合同关系的人或组织，而公众型利益相关者则与企业没有明确的合同关系。Clarkson（1995）提出利益相关者是那些在企业中投入了特定的资源，承担了一定的风险的个人或群体。他特别强调了利益相关者投入专门资源的属性，这些资源可以包括实物资本、人力资本、财务资本或其他有价值的资产。克拉克森（Clarkson）的定义将一些集体或个人（如媒体）排除在利益相关者的范畴之外。基于这些观点，Clarkson 提出了两种有代表性的分类方法。首先，他根据利益相关者在企业经营活动中承担的风险类型，将其分为自愿型利益相关者（voluntary stakeholder）和非自愿的利益相关者（involuntary stakeholder），区分标准是他们是否自愿地向企业提供物质或非物质资源。其次，他根据利益相关者与企业的联系紧密程度将其分为首要利益相关者（primary stakeholder）和次要利益相关者（secondary stakeholder）。在实际操作中，Clarkson 提出了利益相关者管理的克拉克森原则（表 2-3），鼓励企业管理者以这些原则为基础制定和执行更具体的利益相关者政策。这些原则被称为利益相关者管理的"原则的原则"，对推动利益相关者管理产生了积极影响。

表 2-3　利益相关者管理的克拉克森原则

原则	具体内容
原则 1	管理人员应该承认所有法律认可的企业利益相关者，并积极了解他们的想法与需求，在制定企业决策和从事经营生产时，适当考虑他们的相关利益
原则 2	管理人员应该与利益相关者广泛交流，认真听取他们的意见和建议，了解他们所认定的企业生产活动给他们带来的风险
原则 3	管理人员应该采取一种敏感的行为过程和行为模式，以应对每一名利益相关者的诉求和力量
原则 4	管理人员应该明确承认利益相关者的贡献与回报，在充分考虑他们各自的风险与弱点之后，公平分摊责任、义务及利益
原则 5	管理人员应该与其他力量（公共组织及私人团体）积极合作，确保将企业经营活动带来的风险、危害减小到最低限度，并对无法避免的危害进行适当补偿
原则 6	管理人员要坚决避免违反基本人权（如生存权）的活动和造成人权危害的风险，对于这一类危害和风险，利益相关者是断然不能接受的
原则 7	管理人员应该承认自己作为企业的利益相关者与作为其他利益相关者利益的法律、道德责任承担人之间的双重角色冲突，承认和强调这一对冲突的形式有很多，如公开的交流、适当的报告、有效的激励及第三方评议（如果需要的话）等

资料来源：Clarkson（1995）

Wheeler 和 Sillanpä̈ä̈（1998）在 Clarkson 的关系紧密性维度基础上，引入了社会性维度，对利益相关者进行分类。他们将利益相关者分为四个主要类别，根据以下标准进行区分：首要的社会性利益相关者，这一类别包括与企业有直接关系，并与具体的人发生联系的利益相关者。他们对企业的社会性活动和决策有直接的影响和互动。次要的社会性利益相关者，这些利益相关者通过社会性的活动与企业有间接关系，虽然他们可能不直接与企业互动，但他们的社会性活动可以对企业产生影响，因此也是重要的利益相关者。首要的非社会性利益相关者，这一类别包括那些对企业有直接影响，但不与具体的人发生联系的利益相关者。他们的主要关注点涉及经济和业务方面的问题，而非社会性因素。次要的非社会性利益相关者对企业有间接影响，他们的关注点主要集中在经济和业务方面，而不是与具体的人相关的社会性问题。这一分类方法的关键思想在于通过细化利益相关者的分类，考虑了他们之间的不同关系紧密程度和关注领域，从而帮助组织更清晰地理解和管理各种类型的利益相关者。

在前人研究的基础上，Mitchell 等（1997）提出了一个关于利益相关者的理论，包括三个关键属性，即合法性、权利性和紧迫性，用以对企业的利益相关者进行分类。他们认为，利益相关者必须具备至少其中一个属性，根据这三个属性的不同组合，将利益相关者分为核心型、危险型和依赖型利益相关者等七个类别，这三个属性的详细利益相关者划分如图 2-2 所示。这一分类方法显著提高了利益相关者理论的可操作性和应用性，为企业提供了一个框架，可以更准确地理解和管理各种类型的利益相关者。此外，陈宏辉和贾生华（2004）在 Mitchell 等（1997）的基础上，进一步发展了利益相关者分类的方法，引入了主动性、重要性和紧急性三个维度，以更精细地划分利益相关者。这个方法进一步完善了利益相关者分类的体系，帮助企业更全面地了解和管理与它们有关的各种类型的利益相关者。这种更加细致的分类方法有助于企业更有针对性地制定策略，满足不同类型利益相关者的需求，同时更好地预测和应对潜在的挑战和机遇。因此，这些理论和方法对于企业的利益相关者管理提供了有力的支持和指导。

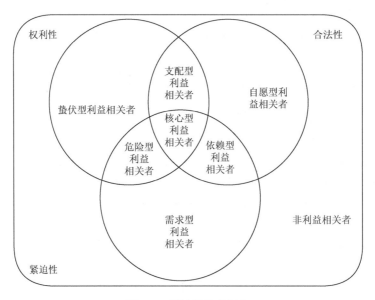

图 2-2　利益相关者划分

资料来源：Mitchell 等（1997）

2.2　重大工程环境管理的复杂性

2.2.1　重大工程的复杂性与冲突性

1. 重大工程的复杂性

重大工程项目的特点包括庞大的投资、长期的生命周期以及众多的利益相关者，这使得它们被视为复杂不确定性和高风险性的大型系统，对经济、环境和社会都产生深远的影响（Flyvbjerg et al.，2003；Miller and Hobbs，2005）。随着工程项目的规模和要素关联不断扩大，人们逐渐认识到工程管理的复杂性，因此复杂性分析成为重大工程管理研究的热门领域。国内外学者深入研究了重大工程项目的复杂性（Kardes et al.，2013；Salet et al.，2013；Sommer and Loch，2004；van Marrewijk，2007），如表 2-4 所示，包括任务、组织、人员、资金以及众多的不确定性因素之间的相互作用（Sommer and Loch，2004；van Marrewijk et al.，2008）。这些因素包括项目规模巨大、时间跨度长、技术领域的高度交叉、涉及众多参与者、跨国地区的合作、不同利益相关者的多样需求、成本变化、国家风险、公众关注和政治因素等（Kardes et al.，2013；Thiry and Deguire，2007；van Marrewijk et al.，2008）。Baccarini（1996）基于差异性和依赖性解析了项目复杂性的概念，并在之后得到了不断的完善与发展（Remington and Pollack，2007；高自友等，2006），针对重大工程的复杂性研究也得以发展（Winter et al.，2006），包括组织互动（Antoniadis et al.，2011）、大型复杂网络（Pauget and Wald，2013）、项目间沟通与复杂性（Mok et al.，2015）等。这些研究为更好地理解和应对这些复杂性因素提供了理论基础，有助于提高重大工程项目的管理和决策质量。因此，深入研究重大工程复杂性对于有效应对这些复杂项目的挑战至关重要。

表 2-4　重大工程复杂性的相关研究

作者	研究主题	研究结论
Barlow（2000）	基于复杂产品系统模型的重大工程复杂性与重大工程创新	工程复杂性和工程供应链碎片化阻碍了工程组织间知识传递，严重阻碍了工程行业的组织学习、标准化和工程创新
Davies 等（2009）	重大工程复杂性与重大工程创新	以伦敦希思罗机场 5 号航站楼为研究对象，提出了工程复杂系统的集成创新模型
Giezen（2012）	重大工程设计阶段复杂性管理	揭示了不同条件下降低重大工程复杂性对于重大工程设计阶段的益处和坏处
Bosch-Rekveldt 等（2011）	重大工程复杂性的解耦	通过成分分析法将重大工程复杂性分为技术复杂性、组织复杂性、环境复杂性三个维度

续表

作者	研究主题	研究结论
Salet 等（2013）	重大工程复杂性与重大工程决策	提出了培养组织学习氛围可以降低重大工程复杂性对于工程的影响
Kardes 等（2013）	国际重大工程复杂性管理和风险管理	识别了重大工程复杂性构成，并提出了重大工程风险管理框架体系
van Marrewijk 等（2008）	公私合营型重大工程的复杂性与工程设计	项目设计和项目文化能有效解决重大工程复杂性、风险等问题

重大工程复杂性的研究主要聚焦于多个关键方面，包括复杂性的表现形式、产生原因、评估方法（Vidal，2011）以及应对策略。学者普遍认为，重大工程复杂性可以在技术、组织、社会和环境等多个层面上体现出来（Antoniadis et al.，2011；Baccarini，1996；Giezen，2012；Kardes et al.，2013；Pauget and Wald，2013；Puddicombe，2012）。这种复杂性源自工程项目目标和利益的多样性（Salet 等，2013），由此带来的不断变化和难以预测的情况，增加了不确定性。因此，对复杂性的评估和有效管理至关重要（Ottino，2004），它可以减少其对工程项目的负面影响。Bosch-Rekveldt等（2011）提出的技术-组织-环境（technical-organizational-environmental，TOE）模型被广泛用来分析构成重大工程复杂性的各个要素。表 2-5 从复杂维度分析了重大工程与其他工程之间的差异。此外，复杂性还包括了与工程规模相关的多个复杂维度。重大工程项目的规模、涉及的各种参与主体的多样性、风险低估以及控制方面的偏差等因素都会导致复杂性的增加（Kardes et al.，2013）。因此，我们认为重大工程复杂性包含四个维度——技术复杂性、组织复杂性、社会复杂性和环境复杂性（Baccarini，1996；Bosch-Rekveldt et al.，2011；Giezen，2012）。综合而言，重大工程复杂性是一个涵盖多个维度的综合性概念，包括了技术、组织、社会和环境等多个方面。深入研究和评估这些复杂性因素，以及采取相应的应对措施，对于成功管理重大工程项目至关重要。只有充分理解并妥善处理复杂性，才能更好地应对工程项目中可能出现的挑战，确保项目的成功实施。

表 2-5　重大工程复杂性特点

复杂维度	一般工程项目	一般复杂工程	中等复杂工程	重大工程
规模	3～4 个团队	5～10 个团队	>10 个团队	多样化团队
时间	<3 个月	3 个月≤时间<6 个月	6 个月≤时间<12 个月	时间≥12 个月
成本	成本<25 万美元	25 万美元≤成本<100 万美元	100 万美元≤成本<1000 万美元	千万美元级别及以上
预算	灵活	较小变化	不灵活	很不灵活
团队构成	内部组建，以前共同承担过工程	内外部共同组建，以前共同承担过工程	内外部共同组建，以前未共同承担过工程	复杂组织结构，能力表现异质性

续表

复杂维度	一般工程项目	一般复杂工程	中等复杂工程	重大工程
合同	简单	简单	复杂	高度复杂
客户支持	强	足够	未知	不足够
工程需求	能理解、简单	能理解、稳定	很难理解、波动	不确定、不停演变
政治目的	无	较小	大，影响核心任务	影响范围巨大，包括国家层面、地区层面、组织层面
沟通	直接	具有挑战	复杂	特别艰难
利益相关者管理	直接	2～3 个利益相关者群体	目标冲突的利益相关者群体	不同类型组织、地区和规制部门等
商业模式变化	对现有商业模式无影响	对现有商业模式进行加强	全新模式和文化实践	破坏原有商业模式和组织文化
风险程度	低	中等	高	特别高
外部约束	无外部约束	中等外部约束	关键目标依赖于外部约束	项目成功依赖于外部组织、地区、国家和规制者
集成度	无集成要求	中等集成度	较高的集成度	极高的集成度
技术	成熟且组织已经成熟应用	成熟但对组织而言是新技术	成熟、复杂并且由外部组织提供	突破式创新，且工程设计新颖
IT（information technology，信息技术）复杂度	成熟运用传统集成系统	基本运用传统集成系统	新开发并运用传统集成系统	全新开发不同集成系统

资料来源：Kardes 等（2013）

注：表中时间、成本的数值范围含下界，不含上界

重大工程复杂性的特征对其在项目的全生命周期中带来了挑战，特别是对经济、社会和环境的可持续发展（Levitt，2007）。传统的项目管理文献主要关注重大工程管理中的成本、工期和质量等方面的项目治理（Atkinson，1999）。然而，近年来，越来越多的研究开始关注与工程环境和伦理问题相关的议题，如风险控制、安全保障、环境保护，以及一系列涉及社会问题的课题，包括生态平衡、工程反腐败等，如安全保障（Fang et al.，2004）、环境保护（Xue et al.，2015）、生态平衡（陆佑楣，2005）、工程反腐败（Kenny，2009；张兵等，2015）。这些问题与重大工程的技术、组织和环境复杂性密切相关，呼吁更综合地考虑重大工程项目的可持续发展和伦理责任。

Giezen（2012）指出，对于重大工程复杂性管理，关键在于从项目的设计阶段开始考虑，因为前期阶段和设计阶段的决策会直接影响到后期建造和运营的复杂性。重大工程通常涉及独特的设计和引入新技术设备，这增加了在项目管理中难以预测的因素。因此，应该在设计阶段采取措施，以减少工程不确定性，从而降低整个重大工程项目的复杂性。Kardes 等（2013）认为解决重大工程复

杂性问题可以从多个方面入手，包括工程训练与学习、项目经理明确的目标、合同管理、项目信息披露与工程透明化、项目参与方之间的合作关系建立以及工程控制和组织承诺等。这些措施有助于促进重大工程项目的顺利进行，有效应对复杂性挑战。

国内学者对重大工程及其复杂性管理非常关注。郭重庆（2007）强调了中国管理学研究应该能够与中国工程管理实践相结合，以解决复杂工程问题，强调了管理学与工程管理的融合。在复杂性分析方面，晏永刚等（2009）运用复杂系统理论，分析了重大工程项目的系统复杂性，着重探讨了项目的系统性质。雷丽彩等（2011）则从大型工程项目复杂决策的不确定性、涌现性、多目标非线性作用以及迭代逼近的动态演化等多个方面分析了大型工程项目决策的复杂性。盛昭瀚（2009）从复杂性科学的角度研究了重大工程项目的"显性"和"隐性"复杂性，并提出了"复杂性降解"的概念和方法，为理解和管理重大工程的复杂性提供了新的视角和工具。这些研究旨在更好地理解和应对重大工程项目中的复杂性挑战。

2. 重大工程的冲突性

重大工程项目不仅面临一般工程的经济目标冲突，如工期、预算、质量等，还面临着显著的社会和环境目标冲突。这些冲突包括工程的社会责任，如促进经济发展、改善居民生活、公共资源配置等。然而，由于社会责任履行不足，这些目标之间的矛盾更加突出。例如，工程建设可能导致环境污染和公众冲突，长期影响环境。解决这些矛盾的关键在于协调和缓解资源消耗、环境影响、项目绩效以及利益相关者的不同需求等冲突。

重大工程项目通常由政府主导，它们需要大量的资本投入和资源耗费，以实现全新的区域经济资源配置。因此，对于这些项目的影响必须以长期的、综合的视角来分析，包括考虑社会和环境方面的正面和负面影响。举例而言，都江堰水利工程，起始于公元前 256 年，至今已经有两千多年的历史，它成功地实现了灌溉和抗洪的功能，促进了成都平原的繁荣（Li and Xu，2006）。相反，切尔诺贝利核电站在 1986 年发生泄漏事故，导致核辐射污染了 15 万平方千米范围内的地区，严重危害了至少 690 万人的健康和安全（Kenny，2009）。这些例子显示出重大工程对区域经济发展、社会进步和环境变化所产生的显著且不可逆转的影响。这些项目所带来的影响通常是显著的，并且具有不可逆转性，因此必须全面考虑其全生命周期的可持续性。

在决策、计划、管理和协调重大工程项目时，需要多个利益相关者之间的战略协同和商业合作。然而，这也可能导致复杂的利益矛盾和社会责任冲突。政府、建筑企业和公众之间的博弈常常引发关注。此外，在政府拥有强势地位而监管较弱的情况下,工程参与组织的行为异化可能对社会责任产生不利影响,如行政干预、公共权力异化、机会主义决策和腐败等问题可能会浮现。重大工程项目的公众利益相关者范围广泛(Li et al.,2013),包括社区和公众。社区可能会直接受到工程影响,他们既可能成为受害者,也可能从工程的经济效益中获益。公众受到工程的间接影响,但他们的评价和态度会影响政府的形象和公信力,从而对工程项目的管理产生重要影响(Li et al.,2013;Ng et al.,2013)。因此,全面考虑和有效管理不同利益相关者的需求和影响对于确保重大工程项目的成功至关重要。

2.2.2　重大工程的生态环境影响

重大工程的建设会给生态环境带来不同程度的重要影响,这一点早已备受关注(Gao et al.,2022;Iligan and Irga,2021;Laurance et al.,2014),如巴西亚马孙地区的公路网络快速扩张带来的森林空间格局变化问题(Gollnow et al.,2018;Laurance et al.,2001)、美国西南部地区的大坝建设导致的动植物栖息地损失等(Palmeirim and Gibson,2021)。在不同的特殊施工条件或极端自然环境下,重大工程引发的生态风险严峻性和复杂性将进一步增加(Peng,2019)。重大工程生态风险的相关研究,主要包括生态风险类型、生态影响范围和影响程度三个方面。在生态风险类型方面,相关研究主要从重大工程造成的动植物栖息地分割(Laborde et al.,2020;Li et al.,2017;Yang and Xia,2008)、景观格局破坏(Ioannidis et al.,2022)、大气污染(Kumar et al.,2019;Qiu,2007)、水土污染(Courtice et al.,2022;Zhang et al.,2012)、噪声污染(Jarup et al.,2005;van Wee et al.,2003)等方面展开。这类研究通过梳理和区分工程中复杂多样的生态风险类型,并深入挖掘导致不同风险的工程致灾因子,进而有针对性地提出生态保护与修复策略,能够直接为具体工程建设中的生态风险管理提供指导。

在重大工程建设的生态影响范围和影响程度方面,相关研究将重大工程实践与生态学的理论方法结合,利用机器学习模型、遥感影像数据和 GIS 技术确定重大工程生态影响的范围和程度及其随时间和空间的变化情况(Sang et al.,2022;Shrestha et al.,2021)。这类研究从宏观角度评估和预测重大工程的生态影响,不仅能直接地反映不同重大工程的生态影响情况,还能为生态环境保护方案的设计提供参考。比如,赫尔宾格(Hoerbinger)在对奥地利的阿尔贝格铁路沿线生态环境进行评价时,将机器学习模型与 GIS 技术相结合,通过遥感影像数据评估铁路沿线单位缓冲区(100 米×500 米)的景观多样性,并提出了不同缓冲区的生态系统服务需求评估(ecosystem service demand assessment,

ESDA），为铁路沿线的植被管理提供决策依据。显然，不同类型的重大工程在不同的时间和空间中，产生的生态影响范围和影响程度有所差异，具有影响大、复杂度高的特点，这是重大工程复杂性的特征之一（Flyvbjerg，2014；Sheng，2018）。基于以上分析可知，重大工程造成的生态风险类型的多样性、生态影响范围与影响程度的不确定性，使得重大工程生态环境影响具有复杂性的特点。

2.2.3　重大工程环境管理与复杂性决策

对区域生态环境的保护情况一直是评价重大工程建设可持续性的重要标准（Huang et al.，2015；Park et al.，2015；Qiu et al.，2020）。为了平衡重大工程建设中的效率和公平并保护环境不被破坏，相关研究已经提出了各种有效的生态补偿措施（Yu and Xu，2016），以在项目建设和运营过程中尽量减少环境影响，恢复场地并补偿剩余影响（Trussart et al.，2002）。在重大工程的建设阶段进行生态修复工程就是一类及时、高效的生态补偿措施（Peng et al.，2007；Qiu，2007）。以铁路工程沿线的植被修复为例，生态修复工程的研究主要包括生态修复技术和修复植物种类两类。在生态修复技术方面，相关研究中一般将其分为四个大类：土壤修复技术（Khalid et al.，2017）、植物修复技术（Merino-Martín et al.，2017）、景观修复技术（Aronson and le Floc'h，1996）和再野生化技术（Lorimer et al.，2015）。在铁路工程中，依托于工程实践的各类具体的技术被广泛地提出和使用（Bullock et al.，2011），如客土喷播技术、植生带技术、生态袋技术、植被毯铺植技术和生态网格技术等。这些生态修复技术的运用，降低了工程建设带来的生态影响，尤其是对动植物栖息地的破坏（Xu et al.，2015）。在修复植物种类方面，相关研究强调生物多样性保护的重要性，通过在时间、空间和生物多样性三个维度考察生态损失和收益，再结合生态修复目标，确定具体的修复行动（Moilanen and Kotiaho，2018；Wissel and Wätzold，2010）。这类生态修复的主要思路是通过组合不同的物种、栖息地、生物群落等，实现生物多样性保护（Bull et al.，2015；Maron et al.，2018）。生态修复技术与修复植物种类的相关研究，为生态影响提供了丰富的解决方案。在此基础上，还需要科学的管理方法，为不同区域匹配合适的生态修复方案。然而，由于重大工程管理具有复杂性（Flyvbjerg，2014），对于重大工程生态修复的决策是一种复杂决策，这与一般的工程项目完全不同（Diamond，1985；Sheng and Lin，2018；Zeng et al.，2022）。对于这类复杂性问题，学者提出了各种应对方法：一类学者提出以"还原论"的方法对复杂性问题进行分解（Giezen，2012；Mihm et al.，2010），另一类强调以"整体论"的方法集成各类技术解决复杂问题

（Locatelli et al.，2014）。针对以铁路工程生态修复为代表的一类重大工程实践中的复杂性问题，Sheng（2018）提出了"复杂性降解"的概念。复杂性降解描述了重大工程管理决策的动态演化过程，通过对复杂性问题的分解，促使决策信息完备性增加、决策过程逻辑性更强、决策结果准确性更高。

2.3　重大工程环境管理中的技术创新

2.3.1　重大工程技术创新管理

　　早期研究关注了重大工程创新的不同方面（表 2-6），着重探讨了建设行业与相关企业的创新推动和限制因素（Blindenbach-Driessen and van den Ende，2006；Eriksson，2013；Larsson et al.，2014）。研究者发现，建设创新的动力可以有组织内部或外部环境的多个来源（Barrett and Sexton，2006；Manley et al.，2009；Rose and Manley，2012）。这些来源包括环境压力（Bossink，2004）、技术能力（Gann and Salter，2000）、知识共享（Eriksson，2013）、业主对承包商的认知（Barrett and Sexton，2006；Ozorhon et al.，2014）以及企业所有权结构（Miozzo and Dewick，2002）。此外，学者也指出，有许多因素限制了建设创新的推进和采纳。这些因素包括高成本要求，需要高度精确性和准确性、项目管理知识的制度化（Keegan and Turner，2002）、特定的创新能力（Manley et al.，2009）以及整合机制（Davies et al.，2009）。特别值得一提的是，建设行业项目的分散和不连续性对组织学习、知识传递和技术吸收产生了显著的负面影响（Engwall，2003；Keast and Hampson，2007）。项目参与者的多样性也使知识产权难以明确定义（Uyarra et al.，2014），从而进一步加剧了创新的限制。

表 2-6　重大工程创新管理相关研究发展历程

发展阶段	主要关注点	代表性研究
第一阶段	建设行业与相关企业的创新驱动与阻滞	Bossink（2004）；Gann 和 Salter（2000）；Keegan 和 Turner（2002）
第二阶段	如何在重大工程项目中学习利用其他项目和行业的经验教训促进新技术采纳	Davies 等（2009）；Gil 等（2012）
第三阶段	如何全面认识重大工程创新活动并通过系统的努力来管理以创造新的价值来源	Brockmann 等（2016）；Worsnop 等（2016）；曾赛星等（2019）

尽管在创新领域已经较早开始相关研究，但大多数研究集中在企业层面，而忽视了项目层面（Ozorhon et al.，2016）。然而，随着 21 世纪的到来，开始有研究关注重大工程项目的创新。不过，早期的研究主要关注如何借鉴其他项目和不同行业的经验（Davies et al.，2009），以及如何理解新技术采纳决策过程（Gil et al.，2012），而没有充分认识到在重大工程中抓住创新机会来创造新的价值来源的重要性（Davies et al.，2014）。尽管如此，近年来的研究已经开始强调在重大工程项目中抓住创新机遇的重要性，这些机遇可以成为新的价值来源。这种新的研究越来越注重项目级别的创新策略和实践，强调了在工程项目中积极促进创新的方法和方法论。这包括通过项目管理的创新、跨学科合作以及积极参与外部创新生态系统，来推动工程项目的创新和成功。

随着重大工程实践领域创新趋势的蓬勃发展，学者开始认识到需要采取系统性的措施来管理这一领域的创新（Davies et al.，2014）并开始深入研究。这方面的研究主要涵盖以下几个方面。

（1）基本特性考察。重大工程创新通常指的是应用于重大工程项目中的新技术知识或实际应用，这些知识或应用与目前的行业做法有所不同（Chen et al.，2020；Davies et al.，2014）。在重大工程实践中，各参与主体往往面临着工程进度、成本、质量以及安全等多方面的制约因素。因此，通常情况下，他们不太主动地去进行创新，而更多地依赖于已有的技术和方法来完成项目目标（Davies et al.，2014；van Marrewijk et al.，2008）。因此，重大工程创新通常是由需求推动的，被认为是目标驱动型的活动（Derakhshan et al.，2019；曾赛星等，2019）。这种创新可能是逐渐改进性的，也可能是根本性、革命性或颠覆性的。它可以表现为实体方面的工程设备或产品创新，也可以表现为虚拟方面的工艺、方法或综合集成系统的创新（Zhu et al.，2018；陈宏权等，2020）。Brockmann 等（2016）深入研究了重大工程创新的多样性、系统性以及部分受制约的因素。与此同时，重大工程创新也具备高度复杂性，这表现在技术整合、组织结构和各方关系等多个方面（Miller et al.，2017；麦强等，2019）。

另外，一些研究已经从不同的角度深入探讨了重大工程创新的问题。在这方面，新技术引入可能会引发重大工程创新的一个悖论（Davies et al.，2014）：为了解决技术问题并提高项目绩效，必须进行创新，但由于不确定性和伴随的成本增加，也会对创新持谨慎态度（Caldas and Gupta，2017）。因此，重大工程中需要维持探索与开发之间的平衡，这需要创新主体具备足够的灵活性，以确保创新活动与项目目标保持一致（Eriksson，2013；Eriksson et al.，2017；Gann et al.，2017）。此外，重大工程创新的动态性也尤为突出。这类工程项目涉及多个不同主体之间的技术整合，但这些主体通常是在工程项目的各个阶段形成的临时组织，每个阶段结束后就会解散。这导致了知识流动和创新合作的中断，从而使得动态演化成为重大工程创新的显著特点（Chen et al.，2018；曾赛星等，2019）。

（2）创新战略研究。Davies 等（2014）确定了在创新推动过程中的四个机会窗口（桥接窗口、参与窗口、扩展窗口和交流窗口），以协助项目管理者制定有针对性的创新干预措施。Dodgson 等（2015）则深入探讨了创新战略的制定、实施以及相关的能力组合，强调协作和联盟对于推动重大工程创新至关重要。此外，Gann 等（2017）也借鉴创新战略文献，提出了帮助管理者识别潜在机会和风险的关键能力，包括搜索甄别、自适应问题解决、测试与试验、战略创新以及新旧平衡等五个方面。Worsnop 等（2016）研究了在重大工程中开放式和封闭式创新之间的相互作用以及如何实现平衡。他们通过案例研究发现，通过创建适当的沟通和交流环境，可以将开放式和封闭式创新结合起来，这包括组织安排和沟通规则等要素。一些学者也强调，考虑到参与主体的多样性，重大工程创新过程中应特别关注系统集成，通过责任划分、关系管理、规程制定等多方面的安排来促进创新资源和要素的整合，从而更好地实现工程目标并提高创新绩效（Davies et al.，2014；DeFillippi and Sydow，2016）。值得一提的是，鉴于重大工程组织的特殊性和动态性，信息技术的支持也变得至关重要（Chung et al.，2009）。建立有效的沟通渠道和知识共享机制，可以促进不同主体之间的协作，从而更好地推动重大工程创新。

（3）关键要素剖析。在重大工程中，创新推手担当着至关重要的角色。他们通过积极地沟通和倡导创新思想，推动着创新的广泛传播和应用。这种积极的推动不仅可以显著提升重大工程的绩效，还能够为经济和社会创造更多的价值（Sergeeva and Zanello，2018）。然而，要实现这种创新推广的成功，创新网络的连通性显得至关重要（Chen et al.，2018）。如果网络中存在断裂和孤立的节点，那么创新的效率和成果可能会受到负面影响。因此，Chen 等（2018）提出深入研究重大工程创新孤岛的形成机理和异质性特征，并从多个维度进行分析。在这个过程中，陈宏权等（2020）引入了全景式创新概念模型，强调了需求导向创新、全过程创新和全主体创新的重要性，同时也突出了与传统企业创新范式的不同之处。这有助于我们更好地理解如何在重大工程中推动创新。他们还提出了重大工程全景式创新的治理逻辑，强调了通过制定合理的策略来实现创新主体之间的竞争与合作的动态平衡。这将为重大工程的创新推广和应用提供有力支持，推动工程领域的不断发展和进步。

重大工程创新管理领域虽然迅速发展，但仍然存在许多未被充分研究的复杂问题。其中一个被忽视的关键问题是创新管理中的主体关系，特别是不同类型的创新主体之间的关系。随着重大工程技术需求的日益复杂，创新的主体已不再仅限于设计和施工方，还包括装备制造、材料供应、信息和数据支持等相关企业和组织（Roumboutsos and Saussier，2014）。这些跨组织、跨行业、跨地区的创新合作关系相互交织，且在重大工程的整个生命周期中持续变化（Brockmann et al.，2016；Chen et al.，2018）。在创新管理中，主体关系变得尤为关键，因为创新通常需要重新组合各种要素（Kaplan and Vakili，2015），可能需要从其他主体那里获取关键资源（Laursen and Salter，2006）或在与其他主体的互动中产生创新（Hargadon，2003；Vakili and Zhang，2018）。越来越多的组织开始认识到与合作伙伴一起进行创新活动的重要性，这有助于促进知识共享、实现互补性，共担复杂性和不确定性带来的风险（de Faria et al.，2010；Dodgson，2014）。创新常常依赖于关系，通常涉及两个或多个主体之间的协作，这已成为公认的事实（Salter and Alexy，2014）。因此，需要深入研究，特别是关于不同类型创新主体之间的关系，以更深入地理解实际创新活动，并提供现代化的理论支持。这将有助于推动重大工程创新管理领域的进一步发展，更好地满足不断增长的复杂性和挑战。

对于重大工程创新治理的系统性研究仍然存在较长的研究路径。与一般工程项目相比，重大工程项目具有更多的维度、层次和阶段（盛昭瀚等，2019；van Marrewijk et al.，2008），其管理实践面临着各种复杂性问题（盛昭瀚，2019）。目前的研究大多是从特定方面或特定特征出发，如重大工程的决策制定、社会责任履行、组织模式等（Ahola et al.，2014；乐云等，2019；李迁等，2019；Ma et al.，2017；Qiu et al.，2019；盛昭瀚等，2020），但却缺乏对整体重大工程治理的系统性研究。在重大工程中，业主不仅需要构建暂时性的组织结构，还需要深度参与各个环节的事务，并协调处理与其他利益相关者之间的关系（盛昭瀚，2020）。由于重大工程创新管理研究刚刚起步，与之相关的治理研究也相对不足。因此，迫切需要进行系统性的治理研究，特别是针对重大工程创新的治理，以更好地应对其复杂性和重要性。这将有助于更全面地理解和应对重大工程项目中的治理挑战，为这些复杂项目的成功实施提供更有效的指导和支持。

2.3.2　绿色技术创新

绿色技术的历史可以追溯到20世纪五六十年代，那个时期，发达国家经历了多起重大环境污染事件，引发了公众的强烈关切。政府受到公众压力，建立了绿色研发机构，致力于研究环境污染问题的解决，并制定了相应的法规。这些早期的绿色技术被称为末端技术，主要用于治理污染，但它们在应用中存在治理成本高的局限性。随着时间的推移，绿色技术逐渐发展演变。到了20世纪70年代，绿色技术开始关注生产过程中的减量化或零排放工艺。1979 年在环境领域内进行国际合作的欧共体理事会通过的宣言，首次提出了无废工艺的概念。这是技术演进的一个重要里程碑。随着资源问题逐渐凸显，绿色技术进一步演化到清洁生产技术阶段，强调从产品设计的源头上控制和消除污染，并实现资源的可回收利用。1984 年，美国国会提出了废物最少化技术的概念，进一步强调减少废物产生的重要性。清洁生产概念也开始逐渐提出，不仅包括清洁技术，还强调整个生产过程的可持续性。1990 年，美国通过了《污染预防法》，将类似清洁生产的技术称为污染预防技术，加强了对这些技术的重视。

　　1992 年，美国联邦政府首次引入了绿色技术的概念，并将其划分为深绿色技术和淡绿色技术两种类别。这些概念快速传播，并得到了学者的不同阐释和研究。绿色技术这个名称紧密联系了人类与自然之间新型关系的概念，强调了一种更为可持续的互动方式，其主要目标在于预防和治理环境污染，以维护自然生态平衡。绿色技术包括了广泛的领域，不仅包括了环境污染治理技术，还包括了清洁生产工艺技术和环境友好型技术等多方面内容。学者也从生态学的角度提出了与绿色技术相关的概念，如生态工厂、生态技术和生态工艺等。此外，还存在其他类似的技术术语，如环境友善技术、环境优先技术和环境技术等。1994 年，布郎（Brawn）和韦尔德（Wield）提出了绿色技术的明确定义，将其描述为遵循生态原理和生态经济规律，致力于资源和能源的节约，减少生态环境污染和破坏，最小化生态负面效应的技术、工艺和产品的总称。

　　学术界对绿色技术创新的定义存在多种观点，因此没有一个统一的认识，不同学者从不同角度进行了不同的界定。一种常见的界定方式是从生产过程的角度考虑，将绿色技术创新视为一个系统性的过程，其中包括对社会观念、生产模式、消费模式以及制度因素等多种制度要素的变革（Freeman，1987）。这种观点强调了绿色技术创新对整个社会和产业结构的影响。另一种界定方式将绿色技术创新视为企业利用创新技术来应对严格的环境法律法规标准的过程（Berry and Rondinelli，1998）。在这个过程中，领先企业可能会积极游说政府提高环境保护标准以维护其竞争优势。还有一种界定将绿色技术创新看作针对绿色产品或绿色制度的创新，其目标是减少产品的生产与消费对自然生态和环境资源的冲击，并提升环境管理效率以达到环境保护的要求（Huang and Shih，2009）。Hopfenbeck（1993）从企业内部的角度出发，结合企业经营业务流程，提出了微观企业绿色技术创新的框架，强调了企业内部创新与绿色技术的结合。许庆瑞和王毅（1999）认为，绿色技术创新可以从产品生命周期的角度考察，包括从绿色技术的概念形成到将相关产品推向市场的整个过程，旨在降低产品生命周期所消耗的资源和成本，以实现更加环保和可持续的产品开发和生产。这些不同的观点和定义反映了绿色技术创新在不同领域和层面上的复杂性和多样性。

　　绿色技术创新是一种具有特定特征的技术创新，不同学者通过总结其主要特点来给出不同的定义。赵细康（2004）认为，绿色技术创新属于技术创新的范畴，将以环境保护为目标的管理创新和技术创新统称为绿色技术创新。这强调了绿色技术创新的核心目标是环境保护。葛晓梅等（2005）的定义则强调了绿色技术创新是将环境保护新知识与相关绿色技术应用于生产经营过程中，以创造新的经济效益和社会效益（环境价值）的活动。这一观点强调了绿色技术创新在创造经济价值的同时，也要注重环境价值的提升。刘勇（2011）指出，传统技术创新虽然可以促进资源节约，但跟不上资源消耗的速度，导致环境问题和生态困境。绿色技术创新的关键目标是释放资源环境压力，分离资源环境与经济社会活动，并让生产者和消费者都从中获益，实现绿色利润。这一观点强调了绿色技术创新对资源和环境的积极影响，同时也强调了其经济效益。总的来说，绿色技术创新被认为对企业、政府和公众都有益处。企业可以通过应用绿色技术提高竞争力和增加利润，政府可以通过改善环境质量、提高公民健康和资源使用的安全性来获得绿色利润，而公众则受益于更多的绿色生活空间、改善的生态服务以及提升的食品、水和空气质量。这一系列的定义和观点突出了绿色技术创新的多重价值和积极影响。

　　绿色技术创新具有两个内在特征，这些特征得到了多数学者的广泛认同。首先，绿色技术创新作为技术创新领域的一个研究重点，拥有技术创新的基本特征。这包括对经济利益的强调，即对利润的追求。在绿色技术创新中，企业通常积极追求经济效益，寻求通过技术创新来提高竞争力、降低成本以及增加利润。这一特点使绿色技术创新与传统的技术创新有着紧密的联系。其次，绿色技术创新强调环境与生态效益，要求技术创新必须节约资源和能源，避免、消除或减轻生态环境污染和破坏。在绿色技术创新中，不仅关注经济效益，还强调了对环境的积极影响。这包括减少资源和能源的浪费，降低对生态环境的不利影响，以及最大程度地减轻对人类健康的危害。因此，绿色技术创新的目标是实现技术创新在多个方面的综合最优化，包括产品的生命周期总成本、资源消耗、生态环境保护和人体健康等方面。总之，绿色技术创新是一项综合性的技术创新活动，既追求经济利益，又注重环境与生态效益。通过在多个领域中进行技术创新、管理创新以及非技术方法的创新，绿色技术创新旨在实现综合最优化，以促进可持续发展和环境保护。

　　绿色技术创新可以从多个维度来理解和定义，其中三个关键维度被广泛认可。首先，技术创新维度：绿色技术创新必须具备技术创新的特征，即它必须是一项创新。这意味着绿色技术创新在技术方面必须具备新颖性和独创性，以与传统技术有所区别。其次，生态技术维度：绿色技术创新的创新对象必须包括有利于改善环境保护和生态的绿色技术。这强调了绿色技术的目标是在技术创新的基础上，为环境提供积极的保护和改善，以降低对自然生态系统的负面影响。最后，经济效益维度：绿色技术创新必须在经济方面具有可行性和营利性。这意味着绿色技术不仅要有环保效益，还要在商业上可持续。它必须为企业带来经济效益，以确保其可持续发展和市场竞争力。

2.3.3　重大工程与创新生态系统

1. 创新生态系统

"生态系统"是由英国生态学家坦斯利（Tansley）首次提出的，它描述了一定空间内的生物群落与非生命环境相互作用而形成的统一整体（Stuart Chapin et al.，2011）。这一广泛的定义包含着深刻的内涵，具有天然的可延展性，因此引发了对社会活动，特别是组织活动的不同思考（Autio and Thomas，2014）。自从 Moore（1993）将"生态系统"引入管理研究领域后，基于生态系统视角的研究不断增加，并分化出不同的主要研究分支（表 2-7）。这些基于生态系统视角的研究正在管理领域迅速发展，表明了这一领域的不断繁荣（图 2-3）。这种逐渐加深的理解和应用生态系统概念的趋势有望在未来为管理实践和决策提供更加全面及可持续的方法与框架。

表 2-7　管理学领域基于生态系统视角的不同研究分支

类型	侧重点	生态系统释义	代表性研究
商业生态系统	单个企业（特别是新创企业）及环境	影响企业及其客户和供应商的组织、机构和个人的社区（Teece，2007）	Teece（2007）；Iansiti 和 Levien（2004）
创新生态系统	焦点创新及支撑它的参与者集合	协作安排，企业通过生态系统将他们自身的产品组合成一个连贯的、面向客户的解决方案（Adner，2006）	Adner（2006）；Adner 和 Kapoor（2010）
平台生态系统	平台以及平台发起者与互补者间的相互依赖	支撑平台发起者及互补者和平台用户共创价值的结构（Autio and Thomas，2014）	Ceccagnoli 等（2012）；Gawer 和 Cusumano（2014）

资料来源：Jacobides 等（2018）

创新生态系统代表着一种典型模式（Iansiti and Levin，2004；Adner，2006），可以被理解为由企业和其他相关实体构成的松散互联网络。在这个生态系统中，这些实体依赖于共享的技术、知识或技能，共同发展创新能力，并通过协作和竞争的方式来共同开发新的产品和服务（Nambisan and Baron，2013）。Autio 和 Thomas（2014）认为创新生态系统由相互关联的组织构成，这些组织与焦点企业或平台相互连接。这个焦点企业或平台充当了整合生产

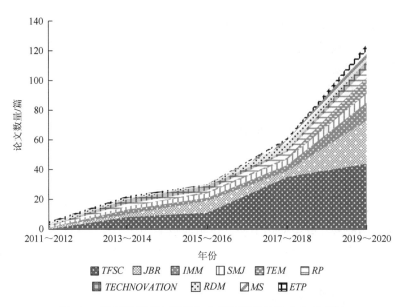

图 2-3 管理学期刊上基于生态系统视角的论文发表情况

资料来源：Web of Science

TFSC = Technological Forecasting and Social Change（《技术预见与社会变革》）；*JBR = Journal of Business Research*（《商业研究学报》）；*IMM = Industrial Marketing Management*（《产业营销管理》）；*SMJ = Strategic Management Journal*（《战略管理学报》）；*TEM = IEEE Transactions on Engineering Management*（《工程管理集刊》）；*RP = Research Policy*（《研究政策》）；*RDM = R & D Management*（《研究与开发管理》）；*MS = Management Science*（《管理科学》）；*ETP = Entrepreneurship Theory and Practice*（《创业理论与实践》）；*TECHNOVATION = Technovation*（《技术创新》）

和消费方的参与者的角色，以创新的方式创造和捕获新的价值。Adner（2017）提出了一种结构主义的方式来定义生态系统，他将其描述为一个综合的结构，需要多方合作伙伴之间的互动，以实现核心价值主张。创新生态系统的核心思想是从仿生学的角度来研究创新主体之间的相互依存和动态演化（Adner and Kapoor，2010）。尽管不同的学者对创新生态系统的概念可能有不同的解释，但他们共同关注的是多个实体之间的协作、竞争以及共同创造价值的重要性。这种模式有助于推动创新并促进新兴技术和解决方案的发展。

众多研究从多个角度深入探讨了企业创新生态系统的特点和功能，如对组织网络（Iansiti and Levien，2004）、技术协作（Adner and Kapoor，2016）、创新平台（Gawer and Cusumano，2014）等，进行了详尽的分析。这些研究不仅着重研究了核心企业与生态系统内部成员之间的关系管理问题，还深入探讨了协作和合作等方面的议题（Alexy et al.，2013；Williamson and de Meyer，2012；宋娟等，2019）。很多学者强调了创新生态系统的核心特质在于参与者之间的相互依存性，特别是他们如何协同合作，以共同创造对最终客户有益的创新。他们特别突出了生态系统内协作的重要性，认为如果协作不足，创新可能会受到制约（Adner and Kapoor，2010；Kapoor and Lee，2013）。创新生态系统的主要目标是捕捉核心产品及其组件与互补产品/服务之间的联系，从而共同为客户提供更多价值（Jacobides et al.，2018）。在企业创新生态系统中，创新主体通过不同的安排影响着他们为最终客户创造价值的能力（Adner，2017），并强调了互动对提高创新能力的关键作用（吕一博等，2015）。已有研究还关注了不同的协作方式对技术投资和商业化能力的影响（Kapoor and Lee，2013），以及知识共享如何影响企业间关系和生态系统的进展（Alexy et al.，2013；Brusoni and Prencipe，2013）。有的研究强调了维护和推动生态系统的健康和生存的重要性（West and Wood，2014）。这些研究为我们提供了对创新生态系统更深入的理解，有助于优化企业创新生态系统的运作和发展。

创新生态系统将价值创造视为其核心功能，与传统的线性、顺序的价值链理论不同，更强调了参与主体之间的协作和共同创造价值的重要性。在创新生态系统中，关键的是将每个参与者的专业能力和核心竞争力融合在一起，以共同创造价值（Autio and Thomas，2014）。Adner 和 Kapoor（2010）通过研究技术依存结构如何影响企业绩效，初步探讨了创新生态系统的价值创造机制。他们发现技术领袖的收益取决于其在生态系统中的位置和不确定性的程度，技术领先的优势在不同挑战下表现出不同的变化。然而，还有许多关于价值创造的问题需要进一步研究，如如何将生态系统中的价值创造融入战略管理的核心（Priem et al.，2013），以及如何从资源基础理论和动态能力理论的角度更深入地理解生态系统价值创造的动态性（de Vasconcelos Gomes et al.，2018）。这些问题将有助于我们更好地理解和优化创新生态系统的运作，以实现更有效的价值创造。

生态系统领导者（ecosystem captain）在塑造和管理创新生态系统的形成和发展中扮演着至关重要的角色（Adner，2006；Dedehayir et al.，2018；Jacobides et al.，2018），他们也被称为基石组织（Iansiti and Levien，2004）或平台领袖（Gawer and Cusumano，2014；Helfat and Raubitschek，2018）。这些生态系统领导者在高科技产业中显得尤为关键，因为他们需要采取战略举措来保持其地位，并从生态系统中获取价值。已有研究着重关注了高科技产业中的生态系统领导者如何运用动态能力来创造和获取价值。这些动态能力包括创新能力、环境扫描与感知能力以及整合能力等（Helfat and Raubitschek，2018）。此外，Gawer 和 Cusumano（2002）还揭示了基于平台的生态系统领导者如何通过有效统一关系来战略性地促进和激发第三方创新，以实现在生态系统中的成功。这些洞察有助于我们更深入地理解生态系统领导者的作用，以及他们在推动创新和价值创造方面所采取的战略措施。

近年来，创新生态系统研究蓬勃发展（de Vasconcelos Gomes et al.，2018），

涵盖了各种不同的研究对象，包括企业创新生态系统、产业创新生态系统（Gawer，2014）、区域创新生态系统（Oh et al.，2016）和国家创新生态系统（Frenkel and Maital，2014）等。在研究内容方面，创新生态系统的内涵与特征（Gobble，2014；李万等，2014）、构成与演化（Nambisan and Baron，2013；柳卸林和王倩，2021）、功能和治理（Adner and Kapoor，2010；解学梅和王宏伟，2020）等各个方面都备受关注，这反映了研究领域的多样性和深度。通过 CiteSpace 关键词共现图谱（图 2-4）的分析，我们可以看到研究领域涉及了商业生态系统、开放式创新、价值创造与获取、利益相关者参与等多个研究流派的融合与发展，表明研究在不同领域之间有着丰富的交叉和综合性。此外，创新生态系统研究的基础包括新制度经济学（Dosi and Nelson，1994；Adner and Kapoor，2016）、战略管理理论（Teece，2007；Hung and Chou，2013）和创新管理理论（Li，2009；Gawer and Cusumano，2014）等不同流派（图 2-5），每个流派都为研究领域带来了独特的贡献和发展（梅亮等，2014）。这些研究的多样性和综合性有助于我们更全面地理解和探讨创新生态系统的各个方面。

创新生态系统研究的繁荣反映了生态学隐喻在理解创新过程中的独特价值。创新的过程可以视为组织或主体对环境变化和扰动的响应和适应过程（李万等，2014）。创新研究的范式逐渐从关注创新系统中要素的构成，转向关注这些要素之间以及系统与环境之间的交互过程（曾国屏等，2013）。这反映了创新研究范式的进化和发展。尽管创新生态系统研究尚未建立成熟的理论体系，但它为许多不同领域的研究提供了新的思路和多元的基础，具有广泛的应用前景。这种跨学科的方法有助于我们更深入地理解创新的本质及其在不同背景下的应用和影响。

2. 重大工程创新生态系统

随着重大工程创新活动的日益复杂化，传统的技术创新管理理论已不再能够有效支持相关实践。因此，需要探索新的视角和理论来应对这一挑战。为了更全面地描述重大工程项目中的动态细节，并揭示重大工程技术创新活动的基本规律，一些学者将创新生态系统理论引入了重大工程创新管理研究领域（曾赛星等，2019）。创新生态系统理论以生态学的视角研究创新活动，强调系统的多样性、适应性和交互性，并具有动态演化性和自主生长性（曾国屏等，2013；de Vaconcelos Gomes et al.，2018）。这些特征与重大工程创新的本质特点相吻合，因此为研究重大工程创新提供了全新的理论框架。这种新的理论视角有助于更深入地理解和解释重大工程创新的复杂性，并为管理和推动这类创新活动提供了更具启发性的方法。

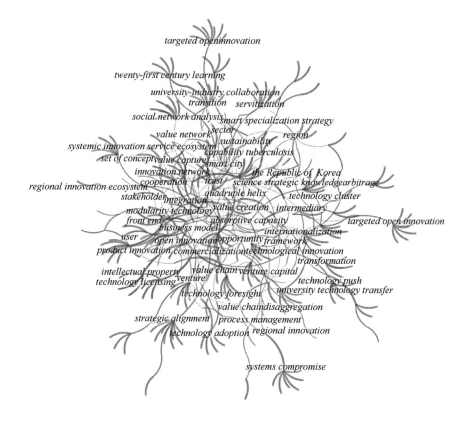

图 2-4　创新生态系统既有研究的关键词共现图谱

资料来源：Web of Science 核心合集数据库（主题词限定为"Innovation Ecosystem"，年份为 2020 年及以前，共计检索出 302 篇管理学论文及综述），图谱由 CiteSpace 绘制生成

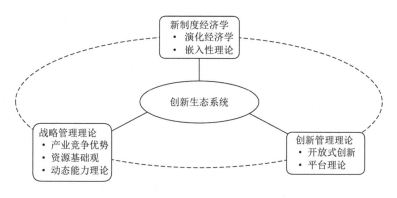

图 2-5　创新生态系统既有研究的主要理论基础

资料来源：梅亮等（2014）

重大工程创新生态系统是指在重大工程技术创新过程中形成的，各类创新主体为解决重大工程面临的技术挑战而形成的多主体联系紧密、交互演化的生态系统（曾赛星等，2019）。这一生态系统具有非线性、动态性和集成性等特征，类似于一个具有生命力和进化能力的平台，它不断发展和演化，以适应不断变化的技术挑战。完备构建和有效运营重大工程创新生态系统对于成功实施重大工程项目和创新主体之间的价值共创非常重要。这种生态系统的构建和运营需要认真考虑各种创新主体之间的互动，以确保技术挑战得到充分应对，并最终实现项目的成功和创新价值的共同创造。

重大工程创新生态系统由五类基本元素构成：活动、创新主体、位置、联结和环境（Adner，2017），这些元素共同决定了生态系统的配置。活动指的是创新主体在创新过程中采取的行动，包括提出新的设计、制定新的质量标准、发明新的施工方法以及开发新的交付模型等（Chen et al.，2018；Lehtinen et al.，2019）。创新主体分为核心主体和支撑主体两种类型。核心主体是直接参与创造价值的关键创新主体（Dedehayir et al.，2018），包括业主组织、设计方、施工方、科研机构等。支撑主体则提供支持和资源，但不直接参与价值创造（Dedehayir et al.，2018）。重大工程创新生态系统的活力源泉以及其重要特征，在于创新主体的多样性、新兴性和相互关联性（曾赛星等，2019）。位置不仅仅是指物理意义上的场所，还包括了更为抽象的定位和角色。位置决定了生态系统内各整体如何相互作用，资源如何流动，以及信息和知识如何传播（曾赛星等，2019）。联结是创新主体之间相互联系的关系，构成了创新生态网络，是信息流动和知识扩散的基本渠道（Zeng et al.，2010）。环境元素包括与创新相关的文化氛围、制度规定和政策等，对重大工程创新生态系统的构建和运作至关重要。这些元素相互作用，共同塑造了创新生态系统的特征和功能，影响着创新活动的成功和价值创造的效果（Chen et al.，2018）。

重大工程创新生态系统的演进通常经历四个阶段，如表 2-8 所示：初现阶段、发展阶段、成熟阶段和更新（或消逝）阶段（Chen et al.，2020）。初现阶段是指在获得项目批准之前，业主进行预创新活动的阶段。这一阶段通常包括项目概念的形成、初步研究和可行性分析等前期准备工作，以确定项目的可行性和潜在的创新机会。进入发展阶段后，生态系统会扩大，吸引更多实体的参与，包括咨询机构、设计方和承包商。在这个阶段，创新活动进一步具体化，技术研发和设计工作加速进行，各参与方之间的合作关系逐渐形成。成熟阶段是指重大工程创新生态系统进一步发展壮大，形成有序组织的平衡结构。在这个阶段，创新活动达到高峰，技术成熟度提高，各参与方之间的合作更加稳定，项目进展相对较为顺利。更新阶段发生在现有参与主体共同进入另一个重大工程的情境下，而消逝阶段则发生在重大工程完成交付后，正式的组织结构解体。这两个阶段与重大工程的生命周期和生态系统的动态演化密切相关。不同阶段之间的界限是模糊的，不同阶段的管理挑战通常会相互关联，因此，对重大工程创新生态系统的有效管理需要灵活适应不同阶段的需求和特点。

表 2-8 重大工程创新生态系统的阶段演进

演进阶段	结构特征	系统活跃度	活跃主体
初现阶段	零星散落	低	业主
发展阶段	孤岛/片状网络	中	业主、设计方
成熟阶段	开放融合、彼此互联	高	承包商、设计方
更新（或消逝）阶段	跨项目迁移	渐低	

资料来源：Chen 等（2020）

学者对于重大工程创新生态系统的构成、特性和角色进行了初步研究，并取得了一些重要的发现。曾赛星等（2019）的研究揭示了重大工程创新生态系统的动态演化特征，引入了创新场的概念，并探讨了创新场对创新力提升的影响机理。他们指出，创新主体在重大工程创新生态系统中通过有机搭配和整合要素资源，形成不同的创新群落，并在不同阶段进行动态演化和重新耦合（Adner and Kapoor，2010）。这一过程中，创新主体之间进行各种交互、共同演化和融合，形成更有效率的关系结构（de Vasconcelos Gomes et al.，2018；Iansiti and Levien，2004），并最终形成动态平衡的创新场。创新场的形成使得重大工程创新生态系统具备吸附能力和扩散能力，从而促进创新资源的整合和系统整体创新力的提升。这些研究成果有助于深化对重大工程创新生态系统的理解，为有效管理和推动创新活动提供了理论依据。

随着技术挑战的不断增加和对重大工程需求的不断多元化，重大工程领域需要不断融合各类新技术，以满足不断增长的要求（Rose and Manley，2012；Woodhead et al.，2018）。这种技术融合和再创新已成为重大工程创新生态系统的显著特点，它涉及跨行业和跨群落的合作与创新。从跨不同项目的角度来看，不同的重大工程具有各自独特的建设特性和技术需求，因此创新主体的构成也会有所差异（Gann and Salter，2000；Rose and Manley，2012）。在不同的创新生态系统中，同一个创新主体可能会承担不同的创新职能或开展不同的创新活动，这使得它在生态系统中具有不同的生态位和生态势（Chen et al.，2018；Engwall，2003）。这种多样性和适应性有助于满足不同项目的需求，并促进创新生态系统的动态演化。

通过分析典型案例和应用归纳理论构建的方法，Chen 等（2020）进行了深入研究，关注了重大工程创新生态系统中生态系统领导者的角色，并解释了生态系统领导者如何在不同阶段参与和管理创新活动。研究发现，通常由深度嵌入到该系统中的业主组织担任重大工程创新生态系统的领导者，他们在系统构建和协调方面发挥着核心作用。值得注意的是，生态系统领导者的角色并不是静态不变的，而是会随着系统的发展和演进而动态变化。在系统的不同阶段，生态系统领导者会履行不同的任务，包括规划创新活动、管理协作关系、资源分配、冲突解决等。这些研究结果强调了重大工程创新生态系统领导者的重要性，以及他们在系统建设和管理中的多样化和动态变化的角色。此外，研究还突出了领导者与各参与主体之间的互动和协作，以推动系统的构建和发展。这对于理解和改进重大工程创新生态系统的运作方式具有重要的启示。

重大工程创新生态系统在多个方面产生积极效应，为重大工程项目的创新解决方案提供了系统性的支持。首先，这些生态系统有助于推动重大工程产业的技术水平提升，通过促进技术的扩散和转移，推动了相关产业技术的进步。这有助于整个产业更好地适应新的技术趋势和创新。其次，重大工程创新生态系统可以提高参与主体的创新能力，帮助他们将这种能力转化为可持续的竞争优势，类似于技术平台效应（Eskerod and Ang，2017；Lehtinen et al.，2019）。这意味着参与者可以更好地利用这些生态系统来开发新的技术和解决方案，从而保持竞争力。此外，作为组织平台和技术平台，这些生态系统还汇集了大量信息和资源（Lehtinen et al.，2019），包括技术、政策和市场信息等，形成了信息和资源的池化效应（Foss et al.，2013；Ozgen and Baron，2007）。这为参与者提供了更广泛的资源和信息来源，有助于更好地支持创新活动。然而，尽管存在潜在机会，现有研究尚未明确解释参与主体如何将这些潜在机会转化为实际收益，并未系统地分析不同的技术平台效应表现差异的原因。这表明在进一步研究中，需要深入探讨如何最大化这些生态系统的潜在优势，并更好地理解其对不同参与者和技术平台的影响。

2.4　本章小结

本章针对现有文献中有关重大工程环境管理与技术创新方面的研究展开回顾与总结，主要研究评述如下。

第一，投资高、周期长、影响大的重大工程环境管理是近些年学术界关注的热点话题。在重大工程治理的文献中，多数研究主要集中在对重大工程在项目管理传统三大目标（成本、工期、质量）的治理上，而对于生态风险识别、环境保护与治理的关注相对较少；大多学者是从自身领域出发，基于某类或某个特殊工程的工程实践展开研究，缺乏对重大工程环境管理核心区域的系统性分析，如弃渣场、隧道涌水、施工便道等。

第二，现有研究对重大工程可持续性的研究还停留在狭窄的重大工程利益相关者管理的概念方面，需要从多视角进行重大工程可持续管理。对于重大工程技术创新还停留在概念阶段，缺乏相关案例分析与实证，尤其缺乏全生命周期不同阶段环境风险的评价指标和评价体系的系统性的深入研究，亟须从复杂系统工程管理的角度分析全生命动态性对于重大工程生态环境的影响。

　　第三，作为物质性建设的重大工程对于国家经济、社会、环境的可持续性具有深远的影响。在重大工程生态环境影响的研究中，现有文献主要从多个角度探讨了铁路工程的主要生态风险受体和受影响程度，大多风险识别是基于某一确定视角下的主要风险类型，再结合过去相关的设计规范和主观的经验判定确定，能够有重点地突出各种生态风险类型，但忽视了生态风险管理的客观性和全面性。因此，需要使用更加客观、系统的技术方法，全面地识别和梳理重大工程的生态风险类型。

第3章 重大工程环境管理理论

　　本章围绕重大工程绿色创新与环境管理相关的理论基础与研究框架展开阐述，是本书的主要的理论分析章节。本章先介绍了本书在具体研究过程中所采用的各个相关理论，以为后续章节的具体研究提供指导。本章还系统地阐述了本书的研究框架，主要包括重大工程环境管理概述、管理原则以及管理框架，全面系统地向读者展示本书后续章节的具体规划与安排，使读者更容易把握本书的研究重点。

3.1　相　关　理　论

3.1.1　可持续发展理论

1. 可持续发展理论的发展历程

　　可持续发展理念古已有之，现代可持续发展理念的萌芽可追溯于美国生态学家 Carson（1962）年出版的《寂静的春天》，该书向全世界深刻揭示了不加节制地使用化肥、杀虫剂等化工制品来提高农业生产效率对生态环境造成的灾难性破坏。该书的出版引起了人们的警醒和广泛的思考，美国经济学家博尔丁于 1966 年提出了"宇宙飞船经济理论"，指出地球只是浩瀚宇宙中的一艘"小飞船"，而人类只是这艘飞船上的乘客，过度消耗飞船上的资源和破坏飞船上的生态环境，最终将会导致飞船的坠毁，因此我们应该从"消耗型"的经济增长模式向"生态型"转变。1968 年，在意大利学者奥雷利奥·佩西和英国科学家亚历山大·金的共同发起下，以研究科学技术革命对人类生存环境的影响，呼吁公众关注全球性危机问题，改善全球管理从而使人类摆脱面临的生态污染、粮食危机、资源枯竭等问题为宗旨的"罗马俱乐部"正式成立，并发表了《增长的极限》。该书指出工业革命以来的快速工业化道路严重破坏了地球生态环境的自我修复能力，现有的资源消耗模式无法支撑人类社会经济的无限增长，提出了从无限增长到可持续增长的发展理念。1972 年，中国、美国、英国等 113 个国家及地区在斯德哥尔摩召开了首届联合国人类环境会议，并发布了《斯德哥尔摩宣言》《人类环境行动计划》等一系列全球环境管理协议，标志着生态环境的持续恶化已经引起了世界各国的广泛关注，开创了人类社会环境保护事业的新纪元。此后，1971 年 18 个国家在伊朗拉姆萨尔共同签署的《湿地公约》、1973 年 80 个国家在美国华盛顿通过的《濒危野生动植物种国际贸易公约》、1974 年联合国世界人口大议和世界粮食会议通过的《世界人口行动计划》和《世界消灭饥饿和营养不良宣言》、1976 年的联合国人类住区会议、1979 年经济合作与发展组织环境部长级会议通过的《关于预见性环境政策的宣言》等国际协议和会议，均极大促进了人们对地球环境和经济增长关系的认识，推动了全球环境保护事业快速发展。

经过长时间的发展与酝酿，"可持续发展"这一概念在 1980 年发布的《世界自然资源保护大纲》中首次提出。该纲要由国际自然和自然资源保护联盟起草，提交联合国粮食及农业组织、联合国教育科学及文化组织、联合国环境规划署、世界野生生物基金会共同审定。该纲要强调经济建设必须与自然环境保护协调发展，世界各国应该制定能够保证自然资源永续利用的经济增长政策。1984 年，联合国成立"世界环境与发展委员会"。WCED（1987）从人口、粮食、物种和遗传、资源、能源、工业和人类居住等方面，详细论述了全世界人民"共同的关切""共同的挑战""共同的努力"。该报告指出："我们需要有一条新的发展道路，这条道路不是仅能在若干年内、在若干地方支持人类进步的道路，而是一直到遥远的未来都能支持全人类进步的道路"，正式提出了"可持续发展"的概念和内涵，并将之定义为"在满足当代人与社会发展需求的前提下，又能保证后代人与社会发展需求的能力或经济增长模式"。1992 年，178 位国家相关代表在巴西里约热内卢召开了"联合国环境与发展大会"，通过了《21 世纪议程》《里约环境与发展宣言》《联合国气候变化框架公约》《生物多样性公约》《关于森林问题的原则声明》等 20 多项全球性的环境保护协议和原则，成立了可持续发展委员会。联合国环境与发展会议的召开标志着可持续发展正式由理论和概念讨论进入世界性的实践行动，世界各国正式进入可持续发展的新时代。

进入 21 世纪后，可持续发展理念迅速在世界各国生根落地。2000 年在美国纽约召开的"联合国千年首脑会议"提出了 21 世纪可持续发展的全球性目标，包括消灭极端贫穷和饥饿、实现普及初等教育、促进两性平等并赋予妇女权力、确保环境的可持续能力、促进全球伙伴关系的发展等。随后，联合国持续召开了系列会议推动可持续发展在全球范围的实践行动，如 2002 年在约翰内斯堡召开的"可持续发展问题世界首脑会议"，2012 年在里约热内卢召开的"联合国可持续发展大会"等。2015 年在美国纽约召开的"联合国可持续发展峰会"通过了《变革我们的世界：2030 年可持续发展议程》，正式提出了 17 项可持续发展目标。同年，《联合国气候变化框架公约》的 200 多个缔约方在巴黎气候变化大会上共同通过了《气候变化巴黎协定》，开启了国际社会全面落实减少温室气体排放行动，增强对气候变化应对能力的新征程。2022 年，"斯德哥尔摩＋50"国际环境会议在反思、庆祝和发展 50 年环境保护行动的基础上，提出了如何基于多边主义应对三重行星危机——气候变化、自然和生物多样性丧失、污染和废物，从而加速实现联合国"行动十年"计划、《变革我们的世界：2030 年可持续发展议程》、应对气候变化的《气候变化巴黎协定》、2020 年后全球生物多样性框架等可持续发展目标。

中国的可持续发展理念可追溯至春秋战国时期的"天人之辩"，道家先哲老子提出的"道法自然"，《周易》提出的"生生不息易变观"，《庄子·达生》论述的"天地者，万物之父母也"，《论衡》阐述的"天人感应""物我感应"等。这些中国传统哲学思想共同讨论了天与人之间和谐统一、相互依存、相互促进的整体性关系。现代可持续发展理念最早萌芽于 1973 年召开的"第一次全国环境保护会议"，该会议通过了全国首部环境保护法规——《关于保护和改善环境的若干规定（试行草案）》，首次提出了环境保护 32 字工作方针——"全面规划，合理布局，综合利用，化害为利，依靠群众，大家动手，保护环境，造福人民"。1983 年，"第二次全国环境保护会议"紧跟国际可持续发展的时代议题，提出了"三同步"发展方针，即经济建设、城乡建设和环境建设同步规划、同步实施、同步发展。随后，中共中央先后颁布并实施了《中华人民共和国环境保护法》《中华人民共和国水污染防治法》《中华人民共和国大气污染防治法》等一系列的环境保护与污染治理法律法规，形成了系统化、整体化的环境保护制度框架。1994 年，中国政府为了履行1992 年联合国环境与发展会议上签署的《21 世纪议程》，成立了中国 21 世纪议程管理中心，并发布了《中国 21 世纪议程——中国 21 世纪人口、环境与发展白皮书》，以推进中国可持续发展目标实现。2015 年，中国外交部与联合国驻华系统共同发布了《中国实施千年发展目标报告（2000—2015 年）》，对 2000 年到 2015 年间中国在脱贫、教育、能源、城市化、经济发展、粮食安全等方面所取得的成就进行了系统的报告，并对可持续发展战略做出了展望。2016 年，在《变革我们的世界：2030 年可持续发展议程》基础上，中国政府率先发布了《落实 2030 年可持续发展议程中方立场文件》，提出了和平发展、合作共赢、全面协调、包容开放、自主自愿、共同但有区别的责任六项可持续发展基本原则。

2. 可持续发展理论的核心思想

近三百年的工业文明给人类社会带来了先进的科学技术、多彩的物质生活、丰富的艺术文化，同时也带来了环境破坏、气候变暖、贫富分化、生物多样性减少、地缘政治摩擦加剧等负面影响（冯雪艳，2018）。可持续发展理念的提出为解决人类社会发展与自然环境保护间的矛盾找到了可行的突破口，其核心思想就是促进人与自然之间的共同进化，人与人、国家与国家、社会与社会之间的协同发展（黄世忠，2021）。可持续发展理论强调人是经济—自然—社会复合系统中的基本组成部分，因此，可持续发展就是要促进经济、自然、社会三个系统之间的协调统一和稳定发展。

（1）经济可持续发展。经济发展是消灭极端贫困和饥饿、确保环境的可持续能力、普及初等教育、促进两性平等并赋予妇女权力、增加就业与实现社会稳定、公共基础设施建设、应对气候变化与自然灾害等目标的根本动力。经济落后是目前发展中国家正在面临的主要困境，以资源消耗为代价的经济发展模式导致了环境恶化，而环境恶化加剧了气候变化和自然灾害对人类身体健康和社会活动的影响，进一步加剧了社会贫困问题，从而形成了不可持续的恶性循环。因此，可持续发展应该以经济增长为前提，而不是以"保护地球"的名义阻止发展中国家的经济发展。但是，经济可持续发展要求改变"高投入、高消耗、高污染"的资源消耗型发展模式，应该从"有没有""有多少"的经济增长模式向"好不好""优不优"的经济发展模式进行转变，更加关注经济发展过程中经济结构转型升级以及民生福祉改善等公平性和包容性议题，从而增加经济发展的资源效率，建立集约型的经济发展模式（牛文元，2012）。

（2）自然可持续发展。可持续发展起源于人类社会对工业化发展道路导致的自然环境破坏与污染的深刻反思，强调经济的增长应该以保护环境和节约资源为前提，保证自然资源不仅能够满足当代人和社会的发展需求，还能够实现后代人与社会的永续发展。现有的研究与实践表明，通过恰当的政府干预、技术应用以及市场手段，能够改变资源消耗型的经济增长模式，从而促进可持续发展目标的实现。因此，我们必须以集约型、可持续的方式利用自然资源，将社会经济活动对自然资源的消耗以及对自然环境的破坏控制在生态环境的承载能力和恢复能力之内。要实现自然的可持续发展应该将自然资源的消耗速度控制在再生速率之内，或者寻找其他资源作为替代或补充。这也就表明，地球环境的承载能力是有限的，如果不限制资源消耗和环境破坏，就无法实现永续的经济发展。因此，可持续发展目标的实现必须承认自然资源对于经济系统和社会系统可持续发展的支撑和服务价值，将自然资源摆在和人类生产生活与社会发展的同等地位上，更加有利于实现人与自然的协调发展（黄裕洪，2021）。

（3）社会可持续发展。学界对"经济增长"和"经济发展"这两个概念的讨论由来已久。学者认为单纯追求产值的粗放型经济增长并不能体现经济发展的本质，"经济发展"的内涵应该能够深刻反映生产结构的变化、民生福祉的增加、社会公平与收入分配、环境保护与污染治理等可持续发展目标（荆文君和孙宝文，2019）。没有实现可持续发展目标的经济增长，就只能被称为"没有发展的增长"。全球各个国家所面临的发展环境、发展问题和发展目标都是不同的，社会的可持续发展要求各个国家结合实际情况制订合理且差异化可持续发展方案，但都要在资源节约和环境保护的基本前提下，以提升民生福祉和健康水平，以及创造一个公平、平等、自由、和谐、开放、包容、幸福的社会环境为根本目标。总的来说，经济可持续发展为可持续发展提供了最基本的物质保障条件、自然可持续发展是可持续发展在人与自然和谐共生方面的具体表现，而社会可持续发展是可持续发展的综合目标。可持续发展理论认为全人类的共同愿景就是实现经济—自然—社会复合系统的健康、协调、持续、稳定、开放和包容发展。

中国在 40 多年的实践中逐渐探索出一条具有中国特色可持续发展道路，形成了以人为本和新发展理念为主的可持续发展理念。以人为本的发展思想将人与自然置于"主客体"的思想框架内，强调"发展为了人民、发展依靠人民、发展成果由人民共享"的可持续发展观念。习近平总书记指出，"必须坚持以人民为中心的发展思想，不断促进人的全面发展、全体人民共同富裕"[①]，这是习近平新时代中国特色社会主义经济思想的根本价值取向也是当前中国经济可持续发展的基本价值取向（韩振峰，2012）。在中国经济发展的新时代新阶段，创新、协调、绿色、开放、共享的新发展理念的提出，是为了应对中国社会矛盾的重大变化以及复杂多变的世界发展格局，并且在引领中国经济可持续发展过程中起到了显著作用（刘呈军等，2020；徐枫，2020）。新发展理念中的"创新"是新发展理念的核心思想，因为历史经验表明制度、科技、理论等方面的创新是引领社会经济发展的"第一动力"；"协调"强调要推动产业结构、城乡差异、区域协调、代际公平以及工业化、数字化、信息化、智能化、现代化、城镇化和服务化等多方面的协调发展，是可持续发展的内在要求；"开放"要求我们积极参与全球经济治理，推动建设开放型世界经济；"绿色"是人民追求美好生活、为子孙后代谋福利的重要体现，形成了循环经济、低碳经济、绿色经济、可持续发展、包容性增长等多种发展理念；"共享"是中国特色社会主义的本质要求，这就要求中国的发展必须坚持"发展为了人民、发展依靠人民、发展成果由人民共享"。此外，中国政府站在世界和平发展的视角，发出了构建"人类命运共同体"的倡导，不仅契合人类共同发展的需求，还强调人与自然环境的关系，为世界提供了应对挑战、共创未来的具体方案（于小植，2023）。

3. 可持续发展理论与重大工程

《变革我们的世界：2030 年可持续发展议程》提出的 17 个可持续发展目标中包括"建造具备抵御灾害能力的基础设施""建设包容、安全、有抵御灾害能力和可持续的城市和人类住区""采用可持续的消费和生产模式"等与重大工程相关的发展目标，为可持续发展理论在重大工程管理中的应用指明了方向。重大工

---

① 《习近平：决胜全面建成小康社会 夺取新时代中国特色社会主义伟大胜利——在中国共产党第十九次全国代表大会上的报告》，https://www.gov.cn/zhuanti/2017-10/27/content_5234876.htm[2023-12-17]。

程本质上是一个"工程造物–自然环境复合系统"，也是通过人类社会活动建造的重大基础设施系统与项目所在地原本的自然环境系统相互作用、相互耦合、相互促进，共同形成了一个新的复杂开放系统（"都江堰水利工程的管理学问题研究"课题组，2023）。重大工程投资规模大、建设周期长、空间范围广、复杂程度高，其建设与运营过程会对周围地区的社会、经济与生态环境造成深远的影响，因此重大工程的可持续发展问题已经引起了学术界和工业界的广泛重视，关注重点逐渐从重大工程对自然环境单一维度的影响逐渐扩展到重大工程对社会、经济与自然环境系统的综合效应（金凤君和陈卓，2023）。

重大工程的经济可持续发展在微观上是指重大工程自身的成本与收益，宏观上是指重大工程对项目所在地经济社会发展的贡献率，强调重大工程对于经济生产要素的聚集扩散，以及对人流、物流、资金流、信息流跨时空配置方式的改变，进而影响区域经济发展的整体性和系统性。对于重大工程经济可持续发展，学者从公共产品的外部性视角分析和测度重大工程的空间溢出效应、空间聚集效应、空间挤入效应、空间挤出效应等，以及时空下空间效应的变化规律（张学良，2012；王姣娥等，2023）。

重大工程的自然可持续发展是指在重大工程的设计、建设与运维阶段执行环境保护措施，尽可能减少重大工程对周围环境的不良影响，促进重大工程和环境系统的协调发展。绿色建筑、绿色施工、绿色运维、绿色工地、低碳建筑、生态住宅、建筑节能等相关概念是可持续发展理论在建筑土木工程领域的实践应用，同样也被引入重大工程领域，倡导通过绿色技术创新，最大限度减少重大工程设计、建造和运维对自然环境和项目所在地的不利影响（王玮萍，2017；王金南等，2021）。

重大工程的社会可持续发展是通过重大工程的建设运维，增加地方就业岗位，促进区域经济发展，改善人民交通条件和生活质量等（孙海玲和李旭伟，2013；孟俊娜等，2016；王姣娥等，2023）。实践中，重大工程的建设运维承担着比较重要的社会责任，包括项目投资收益责任、国有资本保值责任、劳动安全责任、环保责任、服务用户责任、社会稳定责任等（Zeng et al.，2015）。对社会责任的忽视或者治理不当，可能引发重大工程社会风险和社会危机，因此重大工程社会稳定风险评估和管理逐渐引起学术界和工业界的重视，这是重大工程规避和降低社会稳定风险，履行社会责任的重要途径（曹峰等，2013）。

3.1.2　复杂适应系统理论

1. 复杂适应系统理论的发展历程

由霍兰德于 1994 年提出的复杂适应系统理论，发源于系统科学与复杂性科学，总体上经历了"旧三论"（第一代系统科学）、"新三论"（第二代系统科学）、"复杂适应系统理论"三个演进阶段。"旧三论"为系统科学与复杂性科学的形成与发展构建了三个关键性概念：系统、信息与控制，分别对应一般系统论、信息论和控制论，推动了系统工程、管理科学、运筹学等学科领域的快速发展。奥地利生物学家贝塔兰菲于 1947 年出版了《关于一般系统论》，提出了用"系统""复杂性""整体性"等一系列概念来理解研究对象内部结构与环境要素之间的作用机理与互动规律，强调"整体大于部分之和"，倡导以整体论和系统论为基础的研究方法，摒弃还原论将研究对象简单分解为相互独立的个体的逻辑思维（范冬萍，2018）。美国数学家香农分别于 1948 年、1949 年发布了《通信的数学理论》和《噪声下的通信》，正式创立了信息论这门学科，主张采用数学工具研究分析信息的测度、传输、储存、转换以及使用等通信系统中普遍存在的共性规律，提出了"信息熵"这一概念来度量信息的不确定性。一般来讲，系统的不确定性越低，信息熵也就越低；反之，信息熵就越高。美国数学家诺伯特·维纳于 1948 年出版了《控制论——或关于在动物和机器中控制和通信的科学》，主张在通信与控制、信息反馈与适应性、信息反馈与学习、信息反馈与进化、信息反馈与自组织等方面考虑通信系统与有机体的共性规律，即根据有机体神经信号的传递与利用机制来认识与控制通信系统，创立了系统、调节、控制、反馈、稳定性等经典控制论的核心概念与分析方法。一般系统论、信息论和控制论分别发源于生物科学、通信科学与自动化科学，其中一般系统论为系统科学提供了可行的方法论指导，而信息论和控制论则从信息的角度为复杂系统的认识与管理提供了切实可行的方案与途径（范冬萍和黄键，2021）。

以一般系统论、信息论和控制论为主导的系统科学"旧三论"主张运用整体性、反馈控制、等级结构、逻辑同构等基本概念，寻求能够解释所有复杂系统结构、功能运行规律的一般模式、原则与规律（顾新华等，1987；何杏清，1989）。"新三论"则以远离平衡态、处于混沌边缘的复杂开放系统为研究对象，探究其在可逆与不可逆、稳定与不稳定、有序与无序、线性与非线性、确定性与不确定性、平衡与不平衡、对称与非对称等状态之间不断演化的动力机制或支配原理。"新三论"包括耗散结构理论、协同论和突变论三个核心理论。耗散结构理论由比利时物理学家伊利亚·普里戈金于 1969 年在国际"理论物理与生物学会议"上发表的《结构、耗散和生命》一文中正式提出，揭示了远离平衡态系统的演化动力学。耗散结构理论认为处于远离平衡态的开放系统，通过与外部环境不断交换物质、信息与能量，使系统内部结构中的某一或某些参量突破临界值，进而从混沌无序的系统结构演化为稳定有序的系统结构，这种结构需要不断与外部环境交换能量和物质来维持，并被称为"耗散结构"。协同论由德国物理学家赫尔曼·哈肯于 1971 年首次提出，并在 1977 年出版的《协同学导论》中对其进行了系统的阐释与分析。协同论最重要的贡献是在大量吸收耗散结构理论的基础上，通过对各种社会的或自然界的、有生命或无生命的、宏观的或微观的复杂系统进行大量类比和科学分析，揭示了复杂系统从混沌无序状态向稳定有序状态演化的动力机制，即复杂系统内部组成要素或子系统之间的相互协调、相互作用与相互制约。突变论由法国数学家勒内·托姆于 1972 年在其发表的《结构稳定性与形态发生学》一书中正式提出，并建立了系统突变的七种基础模型。突变论认为处于混沌无序状态的复杂系统在吸收外界物质、能量时，首先会恢复至原本理想的稳定有序状态，如果外部干预力度过大导致系统无法完全吸收，系统就会通过连续相变或非连续相变两种方式发生突变。总的来讲，"旧三论"促进了汽车、轮船、飞机、计算机、手机等产品的发明与运用，而"新三论"的发展则为世界提供了大数据、互联网、物联网（internet of things，IOT）、人工智能、信息系统等信息技术。"旧三论"旨在对物理世界进行控制，而"新三论"则是为了建立一个智能的世界。

纵观系统科学的发展历史可以发现，"旧三论"以人造工程系统为主，"新三论"以热力学系统为主，均不太关注生物与社会经济系统中具有适应能力和主动性的微观主体，以及微观主体之间、主体与外部环境之间的相互作用所导致的系统分形、涌现等现象。基于此，美国物理学家霍兰德于 1994 年在圣塔菲研究所（The Santa Fe Institute）成立十周年之际，发表了关于"隐秩序——适应性造就复杂性"的公开演讲，正式提出了"复杂适应系统理论"，标志着第三代系统科学的建立。复杂适应系统理论在吸收一般系统论、耗散结构理论、协同论、突变论、分形理论、奇点理论等相关理论的基础上，主张从具有适应性和自组织能力的系统主体的视角，重点探索生物和社会经济系统的混沌、非线性、不确定性、共同演化等复杂性问题（谭跃进和邓宏钟，2001）。霍兰德认为生物和社会经济系统是由可以通过具象规则描述、相互作用的适应性主体及其作用关系所构成的，而主体的适应性表现为通过不断地积累、学习和吸收经验知识，来调整自身的行为方式和互动规则，进而使主体能够适应不断变化的外部环境，并最终促进复杂系统在宏观或整体层次的功能演化和变迁（陈禹，2001）。复杂适应系统理论已被广泛应用于不同学科，如管理学领域的复杂领导理论（Uhl-Bien and Arena，2018）、供应链复杂性管理（Nair and Reed-Tsochas，2019）、复杂系统管理（盛昭瀚和于景元，2021）、创新生态系统（曾国屏等，2013）等；社会学领域的社会涌现理论（Sawyer，2001）、社会复杂适应系统（Keshavarz et al.，2010）、社会网络理论（李金华，2009）；生命科学领域有生命系统理论（Capra and Luisi，2014）等。

中国的系统科学最早可追溯于《周易》中以阴阳、五行、八卦为基础概念的宇宙构成思想，老子提出的宇宙演化思想——"道生一，一生二，二生三，三生万物"，庄子提出的系统自组织思想萌芽——"人之生，气之聚也；聚则为生，散则为死"。他们统一运用整体、演化以及关联的观点来解释宇宙的形成与发展。在工程上，中国古代李冰修建的四川都江堰水利枢纽工程是我国古代系统思想的一次伟大实践。在医学上，《黄帝内经》提出了"天人相应"的治疗原则，主张将人体视为有机整体，强调人体各个部分之间的紧密联系。但是，我国古代的系统思想始终没有发展成为系统科学，直到1978年，钱学森和许国志、王寿云三人在《文汇报》发表了《组织管理的技术——系统工程》一文，明确提出系统工程是解决我国组织管理水平低这一问题的关键技术手段，正式创立了系统工程的中国学派（钱学森等，2011），标志着以工程实践为基础导向的中国系统科学的正式建立。1979年，钱学森又发表了《组织管理社会主义建设的技术——社会工程》，主张采用系统工程思想解决国家尺度上的"大系统"组织管理问题（钱学森和乌家培，1979）。1986年，钱学森以"系统学讨论班"的形式开始了我国系统科学思想的深化工作，并提出了著名的"综合集成方法"（于景元，2014）。1990年，钱学森、于景元、戴汝为在《自然杂志》上发表了《一个科学新领域——开放的复杂巨系统及其方法论》，阐述了"开放的复杂巨系统"这一概念，提出了"综合了人的智慧、软硬设施构成的高度智慧化的人机系统"这一方法论体系。经过多年的理论研究与实践应用，系统工程思想及其理论体系已经渗透到教育、农业、军事、科技、建筑、网络、交通、文化、社会等各个领域，在指导中国系统工程实践方面展示出巨大的潜力和价值，成为当今世界广为人知的高频词之一。

2. 复杂适应系统理论的核心思想

1）复杂适应系统的核心概念

尽管学者针对不同的生物或社会经济系统提出了不同的理论见解，但对复杂适应系统的三个核心概念形成了普遍共识：主体、环境和相互作用，即复杂适应系统是主体以及环境通过相互作用而涌现形成的（Nair and Reed-Tsochas，2019）。

（1）主体。复杂适应系统理论认为构成复杂适应系统的主体具有通过学习经验知识来调整行为方式，从而适应环境变化的能力，这种能力被称为适应性能力，是复杂适应系统区别于其他复杂系统的关键特征（苗东升，2016）。系统主体的适应性行为一般可以通过"刺激—反应"规则来进行描述，即当环境特征及其变化作为输入刺激到系统主体时，主体会通过调整其行为来体现自身的行为特征以及与其他主体和环境的关系特征，这种复杂的对应关系就是复杂适应系统试图理解的主体适应性行为规则。

（2）环境。环境是系统主体及其相互作用的基本载体，也是构成复杂适应系统的重要基础，因此复杂适应系统是一种开放的复杂系统。它能够与自身所处的环境通过交换物质、信息和能量，不断发生联系和相互作用，进而促使系统不断向更好适应环境的状态进行演化。由此可见，复杂适应系统具有动态性，因为系统主体需要根据不断变化的环境采取适应性行动策略。伴随着环境的变化，系统总是处于形成、演化、突变、分形、涌现等非平衡状态下，我们可以根据环境与主体之间的"刺激—反应"规则对复杂适应系统的发展和变化规律进行分析和预测。

（3）相互作用。复杂适应系统是在系统主体之间、系统主体与所处环境之间的互动过程中涌现形成的，这种互动表现为主体之间和主体与环境之间的相互作用关系。复杂适应系统的多层次结构导致这种这些相互作用关系表现为跨层次、非线性等大规模"纠缠"特征，因此在复杂适应系统中可能出现"原因的微小变化可能导致结果的巨大变化，整体大于部分之和，系统在不同标度下具有自相似性质，确定性系统中的随机运动，远离非平衡态，混沌的边缘"等混沌现象。但历史总是会留下痕迹，即使预测复杂适应系统的行为是困难的，但"刺激—反应"规则为我们指明了方向（刘洪，2004）。

2）复杂适应系统的基本特征

除了主体、环境和相互作用三个核心概念之外，复杂适应系统还具有七种基本特征，具体如下（侯汉坡等，2013）。

（1）聚集。复杂适应系统理论认为单独的个体在复杂环境中的生存难度较大，但是众多个体通过相互作用"黏合"在一起时，就会涌现出具有协调性、适应性、存续性和自组织的复杂适应系统。比如，工人聚集形成企业，企业聚集形成产业，不同产业的聚集形成国民经济。

（2）非线性。复杂适应系统理论认为由于主体具备学习经验知识和调整行动方式的主动性和适应性能力，因此主体之间以及主体与环境之间的关系不是简单叠加的线性关系，而是具备乘数效应的非线性关系。比如，1998 年太平洋上出现的"厄尔尼诺"现象就是大气运动引的"蝴蝶效应"。

（3）要素流。流是指复杂适应系统主体之间以及主体和环境之间的信息、物质和能量等要素的流动。复杂适应系统理论认为"刺激—反应"规则建立在要素流的基础上，要素的流入与流出都可以在系统层面产生乘数效应和再循环效应。比如，资源流动效率决定了区域社会经济的发展程度。

（4）多样性。复杂适应系统是由众多个体通过相互作用形成的，而每个个体都具备差异化的知识结构、行为方式、发展诉求和社会关系，因此在微观层面表现出多样性。个体差异越小，则越容易聚集形成复杂适应系统；个体差异越大，系统则会分化在宏观层面形成多样性。

（5）标识。复杂适应系统理论认为主体间的相互作用不是随机的，而是通过标识来识别和选择建立关系的其他主体，因此标识是不同主体之间建立联系时表征其适应性的特征或能力。标识能够促进主体之间的相互作用，促使系统内聚集现象和层次结构的产生。

（6）内部模型。内部模型是系统主体在历史事件中所积累、学习、总结和形成的决策依据和行为机制，复杂适应系统内的每个主体都具备相应的内部模型。由于外部环境是不断变化的，因此系统主体的内部模型也需要不断地调整和升级，以促进复杂适应系统不断向高阶复杂系统演化。

（7）积木。积木是人们对复杂事物进行分解的产物，积木机制是复杂适应系统内部模型和主体适应性规则的基本构成元素。复杂适应系统伴随环境改变而演化的过程就是不同积木不断拆分重组的过程，而系统复杂性就来源于积木的分解和整合。比如，街道上的树木、车辆、道路、房屋等部分就是城市系统的积木块。

与霍兰德的复杂适应系统理论不同的是，以钱学森系统工程思想为代表的中国学派在理论内涵、方法体系、实践形式等层面提出了差异化的学术主张（范冬萍，2018），其核心思想可以提炼为五个方面。第一，顶层设计。为了把社会系统工程应用到国家宏观层次的组织管理中，主张构建总体设计部对社会经济系统的结构、功能和环境进行整体性、概括性的总体分析、总体论证、总体设计、总体协调，从组织领导上体现民主集中制和党的领导，从软硬件技术上体现人的智慧与科学技术的综合集成，为社会系统工程提供纲领性的指导思想。第二，科学管理。钱学森系统工程思想依据航天航空系统工程的发展经验，将社会经济系统界定为复杂的巨系统，提出了这个系统的管理方法，即"从定性到定量的综合集成方法"，以形象思维作为经验判断，以逻辑思维作为精密论证，对宏观社会经济系统进行科学管理。第三，自主创新。钱学森认为科技创新应该发扬"两弹"的精神传统，依靠严密的组织，协同攻关；参与国际交流合作的同时，把握对外交流的恰当尺度；培养创新人才，加强思想教育（李月白，2022）。第四，全国协作。在中国航天创建过程中，钱学森一直强调协同攻关、总体设计，提倡集思广益、协同创新的学术发展道路，并将其应用于社会系统工程理论与实践之中，吸引了大量从事各行各业的专家与学者共同推进社会系统工程思想与理论体系的创新与发展。第五，综合集成。钱学森提出了"从定性到定量的综合集成研讨厅体系"这一实践形式，用以指导"从定性到定量的综合集成方法"这一方法体系在社会系统工程中的实践应用，主张系统集成人类知识与信息体系以及计算机等现代化工具，是一种高度智能化、集成化、系统化的方法论体系。

3. 复杂适应系统理论与重大工程

由于内部关联性强、项目独特性强、技术难度大、不确定性因素多、综合效应深远等特征，重大工程往往表现出非常高的复杂性，而传统项目管理方法已经不足以应对重大工程日益增加的复杂性，中国学者尝试引入复杂适应系统理论对重大工程进行理论探讨和实践管理，进而提出了具有中国特色的复杂系统管理理论（盛昭瀚和于景元，2021；杨晓光等，2022）。2014~2018 年，由南京大学牵

头，哈尔滨工业大学、同济大学、华中科技大学、上海交通大学共同承担的国家
自然科学基金重大项目——"我国重大基础设施工程管理的理论、方法与应用创
新研究"，在盛昭瀚、安实、乐云、王红卫和曾赛星等我国重大工程管理领域的
著名学者的积极推进下，围绕重大工程决策治理体系与治理能力现代化、"政府-
市场二元作用"下的重大工程组织模式、互联网＋重大工程、重大工程社会责任、
工程红利及"一带一路"与重大工程等主题开展研究，构建了体现中国特色、中
国风格、中国气派的重大工程管理理论体系（盛昭瀚，2019）。该理论体系由"思
维原则—核心概念—基本原理—科学问题—方法论与方法体系"这一完整的学理
链构成：第一，任何重大工程本质都是一类人造复杂系统，因此，必然在重大工
程管理活动中产生一类根据复杂性思维才能解决的复杂性管理问题；第二，重大
工程管理理论包括重大工程-环境复合系统、复杂性、深度不确定和情景 4 个基
础性概念，以及主体与序主体、管理平台、多尺度、适应性和功能谱 5 个专题
性概念；第三，复杂性降解、适应性选择、多尺度管理、迭代式生成、递阶式
委托代理 5 个基本原理；第四，重大工程管理涉及组织模式与动力学分析、深
度不确定决策、金融、技术管理、现场综合控制与协同管理、复杂性风险分析与
控制 6 个主要的科学问题；第五，系统论、综合集成方法、全景式质性分析方法、
情景耕耘、联邦式建模是分析重大工程的主要方法。

3.1.3　绿色技术创新理论

1. 绿色技术创新理论的发展历程

"创新"的基本概念与思想最早出现在美国经济学家约瑟夫·熊彼特于
1912 年出版的《经济发展理论》一书中，并于 1939 年在其出版的《经济周期》
以及 1942 年出版的《资本主义、社会主义与民主》中全面、系统地论述了创新
理论的经济学思想。熊彼特将创新与经济发展绑定在一起，认为创新就是企业通
过重新组合生产要素和生产条件，为生产体系建立新的生产函数，从中获取利益，
并将经济发展解释为"执行生产要素与生产条件的新组合"（丁娟，2002）。熊彼
特的创新理论强调科技创新与科技进步在社会经济发展过程中的关键性作用，侧
重于讨论和分析企业规模、市场结构、经济发展与技术创新之间的相互结合的方
式、机制与效应等，提出了技术扩散、企业创新、经济周期与技术创新、市场结
构与技术创新等技术创新理论模型。比如，美国经济学家埃德温·曼斯菲尔德于
1961 年发表了《技术变迁与模仿效率》，提出了技术推广理论或技术模仿理论，
解释了技术创新与技术模仿之间的关系与区别，讨论了技术模仿比例、技术创新
效益、技术创新投资额对于企业收益的作用（Mansfield，1961）。美国经济学家拉

杰德·门斯于1975年出版的《技术的僵局》一书中，提出了基础创新、改进型创新和虚假创新三种技术创新的模式。美国经济学家肯尼斯·约瑟夫·阿罗在1962年出版的《经济福利与发明的资源配置》，比较了完全竞争和完全垄断两种市场结构对技术创新的影响，解释了什么样的市场结构更有利于技术创新。此外，道格拉斯·诺思认为经济发展的关键是设定一种能够有效刺激人或组织的机制体制，并在其出版的《西方世界的兴起》《制度、制度变迁与经济绩效》《美国过去的增长与福利：新经济史》等系列书籍中，全面系统地论述了该思想，并创立了制度创新学派。20世纪90年代以后，全球进入经济一体化发展时期，英国经济学家克里斯托夫·弗里曼将李斯特的国家专有因素传统与熊彼特的技术创新理论结合起来，于1987年出版了《技术政策与经济绩效：日本国家创新系统的经验》，正式提出了国家创新系统理论。该理论认为国家制度的安排与推进，有助于推动企业或其他组织等创新主体高效开展技术与制度的创新、扩散、变迁与应用（张凤海和侯铁珊，2008）。同时，伴随着社会科学的空间化，马瑞兰·弗尔德曼于1994年出版了《创新地理学》，创新理论进入了新的发展阶段，并逐渐演化出区域创新、创新网络、创新集群等相关概念（吕拉昌等，2016）。

传统的创新理论聚焦于企业、组织或国家的经济效益与增长，忽略了自然环境对创新活动的规制作用。随着全球工业化进程的不断加深，以资源消耗和环境污染为代价的经济增长模式严重损害了地球生态环境的自我修复能力，有限的地球资源已经无法支撑人类社会经济的无限增长。人们逐渐意识到实现可持续发展的重要意义，并提出了绿色创新、生态创新、可持续创新、绿色技术创新、绿色技术、低碳技术、环保技术等一系列与生态环境有关的创新概念，以期在提高社会生产力和促进社会经济发展的同时，实现社会经济与自然环境的协调发展（张韵君和刘安全，2021）。绿色创新是一个比较泛化的术语，学术界尚未针对其概念和内涵形成比较统一的主张。绿色创新相关概念最早出现在克劳德·福斯勒与彼得·詹姆斯于1996年出版的《推进生态创新：创新与可持续发展的突破性学科》，并将生态创新定义为"显著减少环境影响并且能够给企业和相关消费者增加价值的新产品、新技术和新工艺"（Fussler and James，1996）。克劳斯·雷宁斯在2000年发表了《重新定义创新——生态创新研究与生态经济学的贡献》，将生态创新定义为"有利于环境保护以及促进社会经济可持续发展的新的或者改进后的过程、做法、制度或产品，涉及技术、组织和制度的创新"（Rennings，2000）。肖显静和赵伟（2006）认为环境技术创新涉及三层含义：以环保为目的的技术创新、以经济发展为目的的环境技术创新、具备环境效益的技术创新。OECD（2009）将生态创新定义为"新的或者改进后的产品或服务、生产过程、组织结构以及机制体制的创造以及推进活动，这些活动能够为社会经济与自然环境的协调发展提供支持"（OECD，2009）。王馨和王营（2021）指出绿色创新是"为了应对环境问题，并达到特定环保目的及可持续发展目标，开展节能、污染预防、废物回收等方面的企业绿色产品设计和流程创新，以及组织管理上的支持和创新的实施"。赵辉（2022）认为"绿色技术创新是围绕绿色技术系统的技术、工艺和产品进行的创造或改进行为，包括促进环境和经济协调发展的管理创新和技术创新"。王思博和庄贵阳（2023）认为"生态技术创新是以生态环境改善为前提，通过提升资源配置、利用效率，为生态环境管理者、生产者、消费者间和谐共生关系形成提供有利条件，推动经济社会绿色发展"。

2. 绿色技术创新理论的核心思想

绿色技术创新理论主张在技术创新、改进与使用过程中，与生态保护、环境治理、可持续发展、包容性发展、绿色发展等发展理念有机结合，在考虑技术工艺与产品服务对自然环境的综合效应的同时，也要保证技术工艺效率以及产品服务质量的提升，从而实现自然环境、社会经济、科技进步之间的协调发展。从传统的技术创新再到绿色技术创新，这种从资源消耗型到绿色集约型的革命性转变，体现在以下几个方面。

（1）双重外部效应。所谓绿色创新的双重外部效应，指的是创新溢出效应对技术、知识市场表现出正向的外部性，而自然环境的"公共物品"属性使得创新同样对外部环境表现出正向的外部效应。一方面，当新的技术或知识在市场中开始应用时，在技术模仿、复制效应的作用下，新的技术或知识会逐渐演变为公共知识，并推动新一轮的技术创新，从而形成绿色创新的正外部性。另一方面，绿色创新旨在实现自然环境与社会经济的协调发展，在政府干预作用下，生态技术与知识在扩散过程中会逐渐将消极的环境破坏作用内部化为创新或管理成本，为自然环境带来正向的外部效应。为了实现绿色创新的双重外部性，需要政府部门在税收减免、资金扶持、人才支持等方面实施倾向性政策，降低创新企业的创新成本，提升创新企业的创新动力。

（2）技术推动和市场拉动效应。绿色创新的双重外部性导致了技术推动效应和市场拉动效应对绿色创新的双重作用。大多数以产品或服务为导向的技术创新，具备拟解决的问题简单、目标设定单一、产品范围狭窄、技术效率提升水平低导致的"反弹效应"等特性，无法应对自然生态系统的复杂性，因此技术创新在推动社会经济发展的同时，出现了较多的环境问题。这也就使得以生态环境保护为导向的技术创新所带来的环境效益远高于组织、制度层面的创新。另外，学者普遍认为市场需求与公众压力也是促进绿色创新的重要驱动力。然而，市场力量对于绿色创新的驱动作用有限，加之公众为环境保护支付绿色创新成本的意愿也较低，因此绿色创新往往需要政府出台相应的环境政策予以刺激与支持。

（3）制度推拉效应。由绿色创新的双重外部效应与技术推动和市场拉动效应可以看出，政府干预与环境管治政策对绿色创新具有非常重要的作用。技术推动模型指出技术创新是从基础研究开始，经历应用研究、开发研究、生产、销售、应用等多个环节，并始终维持一种线性关系，而市场拉动模型则将技术创新的过程修正为从市场需求出发，经历应用研究、开发研究、生产、销售、应用等环节的线性过程。由此可见，绿色创新往往是由技术和市场共同引发的，而绿色技术创新一定会引发制度层面的创新，进而引发政府管理经济社会方式的重大变革。为了引导新技术、新知识、新发展的出现，制度设计应该为技术创新预留足够的空间与保障，并在技术应用环节清除不合时宜、不适应生产力发展的冗余，为新一轮的技术创新开辟空间。

3. 绿色技术创新理论与重大工程

绿色技术创新是指在技术创新过程中以降低能源与材料消耗，减少自然环境污染，提升生态环境治理能力，从而实现人与自然和谐共生为目标导向，对产品工艺、组织架构、管理制度等方面进行的探索、改进以及应用。绿色技术创新理论在重大工程领域的探索与应用体现在绿色建筑、低碳建筑、绿色施工、装配式建筑等多个方面。

（1）绿色建筑。绿色建筑的"绿色"，并不完全是指建筑绿化、屋顶花园等传统意义上的绿色，更多的是指能够充分利用自然资源修建建筑物，并且建筑的建设与使用均不会对环境造成严重损害的一种抽象化表达或象征。一般来讲，绿色建筑要求在施工建设阶段应尽量减少对项目所在地生态环境的破坏，尽可能采用绿色建材、绿色能源、绿色建造方式来平衡建筑工程与生态环境的矛盾关系；在建筑的运营维护阶段，绿色建筑能够充分利用自身的空间结构、设计形态和建筑功能优势以及太阳能等可再生能源，降低对传统化石能源的消耗（仇保兴，2009）。由此可见，减量、重用和循环是绿色建筑的三个基本原则，这与重大工程环境管理的主要目标不谋而合（王金南等，2021）。具体来讲，减量原则是指减少重大工程建设运营过程中对能源与物质材料的消耗，重用原则是指促进混凝土模具等施工器械的标准化生产与规范化应用，循环原则是指有计划地将施工废弃物、施工垃圾等变为可以利用的材料，实现施工废弃物的资源化利用。

（2）低碳建筑。《中国建筑能耗研究报告（2022 年）》对 2020 年中国建筑行业的建筑材料生产、建筑施工以及建筑运营维护阶段的能源消耗和二氧化碳排放总量进行统计计算，2020 年中国建筑行业建设全过程二氧化碳排放总量为 50.8 亿吨，占全国各行业二氧化碳排放总量比例依旧高达 51%。由此可见，建筑行业实现发展方式绿色转型还任重道远，需要从建筑材料生产运输、施工建造以及建筑运营维护等建筑寿命周期的各个阶段推进碳减排行动，而低碳建筑这一建设理念的提出恰好顺应了可持续发展目标下建筑行业的发展需求（许珍，2012）。低碳建筑理念在重大工程建设运营过程中的应用体现在以下几个方面：减少建筑材料、构件和设备的制造、加工过程中的碳排放；减少建筑材料、构件和设备运输、配送过程中的碳排放；减少施工准备以及建造建筑物过程中的碳排放；减少建筑维护和使用过程中的碳排放。

（3）绿色施工。绿色施工要求工程建设者在保证工程进度、成本、质量、安全等基本要求的情况下，尽可能减少对自然资源与建筑材料的消耗以及对自然环境的负面影响，从而实现节能、环保、减碳等环境管理目标（王金南等，2021）。为了改善传统施工方式能源消耗大、环境污染严重的现状，绿色施工主张采用建筑构件集成化设计、工厂化生产、模块化安装与一体化装修的建设方式，通过与BIM（building information model，建筑信息模型）、CIM（common information model，公共信息模型）、机器人、物联网、云计算等现代信息技术相结合，实现建设方式向现代化、工厂化、智能化、集约化的转变。除此之外，绿色施工也强调积极采用工程总承包、全过程工程咨询等更加集约的组织管理模式，通过加强工程建设上下游企业之间的合作，来实现资源的优化配置和合理利用。

（4）装配式建筑。装配式建筑是通过标准化设计、工厂化生产、装配化施工，一体化装修和信息化管理，整合建筑工程的研发设计、生产制造、现场装配等全产业链，实现建筑产品节能、环保、全周期价值最大化的可持续发展的新型建筑生产方式（高晓明等，2020）。装配式建筑能够在保证工程质量、降低人力成本以及提高施工效率的同时，实现节能环保、减少环境污染等目标。一方面，装配式建筑的预制构件工厂的生产模板可以循环使用，极大减少了实现现场的脚手架和模板作业，具有显著的循环经济特征。另一方面，大量的生产作业均在工厂进行，施工现场的湿作业较少，能够减少噪声、尘土等污染。

3.2　重大工程环境管理概述

3.2.1　重大工程环境管理内涵

随着全球工业化和城市化进程的不断加速，重大工程项目的兴建已成为现代社会发展的不可或缺的一部分。然而，这些工程项目往往伴随着大规模资源开采、土地利用变更、环境污染和生态系统破坏等问题，给生态环境带来了巨大挑战。因此，重大工程生态环境保护与治理变得至关重要，其目的在于实现重大工程建设与生态环境的协同共生，进而实现工程与环境的可持续发展。

重大工程包括大型基础设施项目，如高速公路、大桥、水电站、核电站、城市规划和大型工业园区等。这些项目通常需要占用大量土地、水资源和能源，同时产生大量废物和排放物。如果不采取适当的生态环境保护与治理措施，将对生态系统、水资源、大气质量和生物多样性等方面造成严重影响。因此，重大工程在其全生命周期中会遇到众多的环境保护挑战，具体包括：土地资源的影响、水资源的影响、生物多样性的影响、大气污染、废弃物与排放物处理等。

一是土地资源的影响。重大工程建设通常需要大量的土地用于建设，包括用于工程建设项目、临时道路、辅助工程等。这种由工程建设所导致的土地占用会改变原有的土地使用用途，可能涉及农田、森林、湿地等不同类型的土地资源。首先，重大工程建设会改变土地的利用方式。例如，将农田、草地、森林等不同的土地类型转变为工业用地，这可能导致农业生产减少、粮食安全问题以及土地资源的浪费。其次，重大工程建设可能对土壤质量产生负面影响。工程建设过程中可能会释放有害的化学物质，导致土壤污染，影响土壤质量。此外，重大工程建设所导致的土地利用变化和不合理的土地管理可能导致土壤退化，包括侵蚀、盐碱化和贫瘠化等问题。最后，重大工程建设会改变工程周边原本的生态系统。例如，湿地和森林被清理用于建设，湖泊和河流被改道，导致生态系统失去原有的生境。此外，土地资源的碎片化也会影响生态系统的完整性和稳定性。

二是水资源的影响。重大工程建设往往伴随着大规模的水资源需求、水质变化和水体管理挑战，具体表现如下。首先，重大工程建设通常需要大量的水资源，包括用于施工、工业用水和冷却等。这可能导致周边地区的水资源短缺，尤其是在干旱地区或水资源本来就稀缺的地方。其次，重大工程建设的过程中可能会引发水质污染。例如，施工期间的废水排放、土壤侵蚀和化学品泄漏等，这会对水体质量产生直接负面影响，威胁到生态系统和供水安全。此外，重大工程项目可能改变周边水体的水文和地质特征，如河流流速、地下水位和水文循环，从而影响生态系统的健康和造成周边社区的洪涝风险。因此，为了确保重大工程建设与水资源的可持续协同发展，需要在规划、设计和实施阶段采取一系列专业性和权威性的水资源管理措施，包括水资源评估、环境影响评价、废水处理和生态系统恢复等，以最大限度地减少负面影响，保护水资源和其可持续性利用。

三是生物多样性的影响。重大工程建设对生物多样性，尤其是植被的影响是显著且复杂的。这类工程通常需要大规模土地占用和改变，导致原有植被遭受直接破坏和生态系统的破碎化。这种破坏不仅导致了植被物种的丧失和生态系统功能的损失，还可能引发连锁反应，影响整个生态平衡。具体表现如下。首先，重大工程的土地占用通常涉及大面积的土地清理和平整，这会导致原有植被的彻底破坏。例如，森林可能被砍伐，湿地可能被填充，草原可能被开垦，导致原生植被的大规模丧失。这对于许多野生植物和栖息地中的动物种类构成了威胁，尤其是对于那些依赖特定植被类型的物种。其次，重大工程建设通常伴随着土地利用的变化，如将原本的自然植被改为工业与建设用地。这种土地利用的改变会导致生态系统结构和功能的改变，可能无法满足某些植物物种的生存需求，从而引发物种的外来入侵或绝灭。再次，重大工程建设还可能导致土壤侵蚀、水体污染和气候变化等因素的变化，进一步损害植被健康。例如，施工过程中的土壤侵蚀可能导致土壤质量下降，使植被难以生存。排放物和废水的污染可能导致水体污染，对水生植被造成伤害。此外，工程项目可能导致大气中的污染物排放增加，对植被的健康产生不利影响。最后，工程建设可能引发生态系统的破碎化，即原本相连的生态系统被分隔开来，导致物种难以迁徙和繁衍。这对一些依赖大范围迁徙的动物种类构成了生存威胁。

四是大气污染。重大工程建设对大气污染的影响是一个值得关注的问题。这类工程通常伴随着大规模的机械设备使用、交通运输活动以及能源消耗，这些活动都可能导致大气中的污染物排放增加，对空气质量产生不利影响，具体表现如下。首先，重大工程建设通常需要大量的机械设备，如挖掘机、运输车辆和发电机组，这些设备燃烧燃料产生废气排放，其中包括颗粒物、氮氧化物、硫氧化物和挥发性有机化合物等有害物质。这些污染物可以对大气质量产生直接的负面影响，如颗粒物会引发雾霾，氮氧化物和挥发性有机化合物可能导致臭氧层的生成，对人体健康和生态系统造成危害。其次，重大工程建设的交通运输活动也是大气污染的重要源头，车辆排放的尾气包含一系列有害气体，如二氧化碳、一氧化碳、氮氧化物和挥发性有机化合物，这些气体在大气中反应产生臭氧和细颗粒物，对空气质量和人类健康构成威胁。最后，重大工程建设通常需要持续不断的能源供应，如电力和燃料，这涉及能源生产和消耗的过程，可能导致温室气体排放增加，加剧气候变化问题。

五是废弃物与排放物处理。在重大工程建设过程中，产生的废弃物和排放物污染问题是一个备受关注的环境挑战。这些工程通常伴随着大规模的土地开发、建筑施工、机械运作和能源消耗，导致大量废弃物和排放物的产生，对环境和生态系统造成负面影响，具体表现如下。首先，废弃物主要包括建筑垃圾、工程废料、危险废物和化学废物等多种类型。不合理处理和处置废弃物可能导致土地和水资源的污染。例如，建筑垃圾填埋场可能渗漏有害物质，危险废物的不当处置可能引发环境灾害。此外，大量的废弃物堆积还会占用大面积的土地，对土地资源造成浪费。其次，重大工程建设通常伴随着大量的机械设备运行和交通运输活动，这些活动产生的排放物包括大气污染物（如颗粒物、氮氧化物和挥发性有机化合物）、水污染物（如废水和废渣）以及噪声污染。这些排放物不仅对大气质量产生直接影响，导致空气污染和雾霾问题，还可能对水体质量和水生态系统造成损害，同时对人类健康和生态平衡构成威胁。此外，噪声污染也可能引发社会问题，如居民的生活质量下降和噪声危害。

由以上分析可知，重大工程建设对生态环境的影响是巨大的，保护生态环境在重大工程建设与运营过程中是至关重要的。为了实现重大工程建设与生态环境的和谐共生，必须采取一系列专业性和综合性的措施和方法。目前，在重大工程建设与运营过程中常用的措施与方法如下。

1. 环境影响评估

环境影响评估是重大工程规划期的关键步骤，用于评估重大工程项目对生态环境的潜在影响。通过环境影响评估，可以识别工程建设与运营过程中潜在的环境问题，并制定相应的控制和缓解措施。环境影响评估主要包括以下关键步骤。①前期调查和基线数据收集。在环境影响评估开始之前，必须对重大工程途经区域进行前期调查，收集关于该重大工程所在地区的基线数据，包括土壤、水质、气候、生物多样性等方面的信息。这些数据将作为后续评估环境影响的基准。②环境影响分析。该步骤的核心是评估重大工程项目可能产生的各种环境影响，如土地占用、水资源利用、空气质量、噪声、生态系统和社会影响等。评估过程需要运用专业知识和模型工具，以定量和定性的方式分析影响，并提出建议的控制和缓解措施。③制订环境管理计划与保护措施。基于环境影响评估结果，制定环境保护措施和改进方案，以最大限度地减少潜在的负面影响。这可能包括改进工程设计、采用清洁技术、减少噪声和粉尘排放、废物管理计划以及社区参与计划等。

2. 水资源管理计划

制订并实施水资源管理计划，这是确保水资源可持续利用的关键。该计划应考虑工程项目对水资源的需求，以及当地水资源的可用性。它还应包括水资源监测、水质控制、用水效率提升和水资源保护措施。该计划中的关键内容如下。①雨水管理与排水控制方案制订。重大工程项目应采用雨水管理系统，以减少雨水径流对自然水体的冲击，尤其是在重大铁路工程中隧道工程极有可能引发隧道内的突涌水情况。隧道突涌水极易将原本封存于山体中的污染物带入到地表水体中，进而影响水环境。因此，该方案的制订包括收集和再利用雨水，以减少对公共供水系统的需求。此外，改善重大工程排水系统，确保有效排水，防止洪水和水污染也至关重要。②水质监测与保护措施的制定。建立水质监测体系，定期监测重大工程建设对水体质量的影响。如果发现水质问题，应迅速采取纠正措施，以避免进一步的污染。此外，应采取适当的措施来防止土壤侵蚀、沉积物运输和化学品泄漏等问题，以减少水质污染风险。③水体生态恢复措施的制定。如果工程项目对水体生态系统产生了不可避免的影响，应制订生态恢复计划，包括湿地保护、水生植物修复和鱼类保育等措施，以恢复水体的生态平衡。综上，保护水资源是重大工程建设和运营过程中不可或缺的任务。通过综合考虑水资源管理、水质监测、水质恢复等方面的措施，可以确保工程项目对水资源的合理利用，同时最大限度地减少对水资源的负面影响，实现水资源的可持续管理。这些措施需要专业性、科学性和合规性，以确保水资源在工程项目中得到充分保护。

3. 土地生态环境保护计划

土地是生态系统的重要组成部分，重大工程项目建设往往需要占用大面积的土地。以下是保护土地生态的措施与方法。①生态保护区划。在重大工程项目规划阶段，应尽可能详尽地识别和保护关键的生态敏感区域，如湿地、森林、自然保护区等，以确保这些区域不受重大工程建设活动的直接影响。②土地再生与重建。为了保证重大工程的顺利建设，大型机械化装备的运输需要建设大量的临时道路与辅助工程。这些工程的建设会直接改变工程区域内原本的土地结构。那么，对于已经受到破坏的土地，应采取土地再生和重建措施，包括植被重建、土壤修复和生态系统恢复，以恢复土地生态功能。③生态廊道设计。重大工程建设范围大，极有可能会导致原本居住于工程建设区域内各类动物迁徙路线的分隔，这将影响动物的迁徙与繁衍。因此，应该掌握工程建设区域内活动的主要珍稀动物以及它们的迁徙路线，并通过设计生态廊道的方式保证其能在不同的季节顺利地迁徙与繁衍。

4. 大气污染控制计划

由于重大工程建设需要采用大量的机械化装备，所以在机械运行过程中不可避免地会产生大量的污染气体。因此，需要结合工程施工情况以及施工区域的自然环境特征，制订适宜的大气污染控制计划，具体措施如下。①精细排放控制。实施精细排放控制措施，对重大工程施工过程中的大气污染物排放进行实时监测和控制，以确保排放的气体符合建设区域当地的各项环境保护法规。②空气质量监测。建立空气质量监测系统，定期监测重大工程建设区域附近大气污染物的浓度，以及对周边环境和人类健康可能产生的影响。③清洁能源和低排放技术采用。工程建设的大型机械设备可尝试采用清洁能源，如太阳能和风能，以减少温室气体排放。此外，应使用低排放技术，如燃烧控制和废气净化设备，以降低工程机械设备使用过程中大气污染物的排放数量。

5. 废弃物和排放物管理计划

重大工程建设和运营会产生大量废弃物和排放物，以下是有效处理废弃物和排放物的管理方法。①制订可持续废物管理计划。实施可持续废物管理计划，包括废弃物分类、再利用、回收和安全处置，以减少重大工程建设对填埋场的依赖，进而降低土地资源浪费。②合理规划弃渣弃土场。重大工程建设通常会存在大量的土石方工程，这些工程的实施将会产生大量的弃渣弃土。合理地规划弃渣弃土场，将能够有效地处理这些建设废物，同时减少由水土流失所引发的生态环境问题。③废物减量和资源回收。通过采用生产工艺的优化和废物减量措施，减少废弃物的产生。同时，鼓励资源回收和再利用。例如，对于重大工程建设所产生的弃渣弃土，可以尝试采用新的工艺将弃渣进行再利用，如进行制砖、造路等。

综上，重大工程建设与运营过程中的生态环境保护需要全面考虑，通常涵盖土地、水资源、大气、废弃物等多个方面。只有通过综合性的措施和方法，才能实现工程项目的可持续发展，同时保护和维护珍贵的自然环境。这些措施需要专业性、科学性和合规性，以确保生态环境在工程项目中得到充分保护。由于重大工程的特异性，在掌握了通用的生态环境保护技术之外，还需要根据工程的独特性制订差异化的保护策略与方案。

3.2.2 重大工程对生态环境影响的特征

由于重大工程的建设不可避免地要对区域原始的自然生态环境进行大范围的改造，如改变原本的土地利用类型与结构、改变区域生态系统循环过程等，这将把工程建设区域的生态环境系统由稳定状态转变为激发状态。如果在工程建设过程中未能将生态环境进行系统的治理，这不仅为未来的工程建设与运营埋下了隐患，还有可能因为区域生态环境的急剧恶化而威胁到我国的生态安全。因此，系统解析重大工程建设对生态环境影响的基本特征，对于挖掘其中的内在机理具有重要的帮助。本节将从复杂性特征、深度不确定性特征、多尺度性特征三个维度进行分析与阐述。

1. 复杂性特征

由前述理论分析可知，复杂性是重大工程本身的根本特征，而这一根本特征同时也是重大工程建设对生态环境影响的根本特征。这类复杂性主要表现在重大工程建设自然环境的复杂性、重大工程建设对自然环境影响机理的复杂性以及重大工程生态环境保护与治理的复杂性等三方面。

（1）重大工程建设自然环境的复杂性。重大工程通常建设于自然环境复杂甚至自然条件极其恶劣的环境中，这就导致不同类型的重大工程在立项与规划阶段，就需要全方位、立体式地了解工程建设区域的自然生态环境状况，如地质环境（工程建设区域是否经过断裂带）、国家或者地方的生态环境保护区（工程是否穿越生态环境保护区）、珍贵野生动植物栖息地（工程建设是否会影响珍稀动物的生存环境、是否有珍稀植物需要移栽）、水源地与水资源保护区（工程建设是否会影响水源地的水量与水质）等。在工程建设阶段，由于重大工程由若干不同类型的子项目构成，如重大铁路工程可能包含桥梁工程、隧道工程、辅助设施工程等，而不同的子项目建设区域的自然环境可能具有明显的不同，这就意味着要解析不同子项目对生态环境的具体影响具有极端的复杂性。由此可知，重大工程建设自然环境的复杂性贯穿于这个工程的全生命周期，只有从复杂性角度充分地认识自然环境，才能有效地实施对其的系统治理与保护。

（2）重大工程建设对自然环境影响机理的复杂性。重大工程建设对自然环境影响机理的复杂性主要体现在不同类型子项目与自然环境的交互作用不同。例如，青藏铁路工程作为世界知名的"高原铁路"，其建设面临着高原冻土、生态环境脆弱等世界级铁路生态环境保护难题。在冻土问题上，参与青藏铁路建设的科研单位在清水河、北麓河、沱沱河等冻土区进行大量的科学实验，探索出青藏铁路工程建设将会导致高原冻土区"冰/水—冷热—土"的动态变化机理及冻土风险传导过程，并且发现工程建设诱发冻土灾害的内外部因素，这为后期科研人员由传统增加热阻的被动保护冻土的思路，转向基于生态系统韧性理论的主动保护提供了科学依据。在此基础上，工程科研人员创造性地提出了"主动降温、冷却路基、保护冻土"的冻土灾害防治思想。在植被保护问题上，青藏铁路工程建设者跳出传统的植被人工培育思路，挖掘工程所在地植被生长的内在规律，按照"人工播种—改善土壤肥力—培育植被自然演替能力"的逻辑，提出了高原草甸、草原再造的新模式。由此可知，重大工程建设对自然环境的影响机理随着外部环境的不同、工程项目的不同、面对的问题不同而发生改变。这就意味着工程建设者需要在工程实践的基础上，全面探究工程对环境影响的内部机理，这才能为提出适宜的环境保护与治理方案奠定扎实的基础。

（3）重大工程生态环境保护与治理的复杂性。重大工程环境保护与治理工作的落实是一项复杂的系统工程，其复杂性通常涉及管理主体的复杂性、技术开发与管理的复杂性、主体资源整合能力的复杂性等。首先，管理主体的复杂性源于重大工程环境保护工作实施主体多样性与多元化。一般而言，重大工程环境保护工作的实施涉及政府、业主、环保设计与规划、环保监理、承包商、供应商以及社会公众等。这一主体集合增强了与环境管理相关的各项资源整合的能力，但同时不可避免地带来了多元价值观与多元利益并存的现实困境。这正是形成重大工程环境管理复杂性的关键原因之一。其次，技术开发与管理的复杂性主要源于工程实践对适宜的环保技术创新的现实需求。重大工程的独特性使其环境保护也同时具有类似的特征，即难以照搬以往重大工程的环境保护技术方案来解决当前重大工程所面对的环境保护问题。这就意味着需要根据重大工程实践的需要，通过创新开发出适合于当前环保问题的新式技术。但是环保技术创新与管理本身就具有复杂性特征，进而就导致重大工程环保技术的开发与管理复杂性的形成。最后，主体资源整合能力不足的复杂性主要来源于资源整合难度大以及缺少完备的环保资源两方面。在面对一些重大工程环保问题时，重大工程建设主体具有解决相应环保问题的必要资源，但是整合难度非常大。例如，如何把工程建设数据、自然环境数据、专家经验以及智慧资源等多源异构数据进行系统整合；如何将政府与企业、企业与企业、企业与个体、个体与个体之间的环保行为进行系统整合与协调，以清晰地划定环保责任并履行环保义务等。这一系列的整合与协调过程就充分包含着复杂性特征。此外，对于一些新出现的重大工程环境保护问题，工程建设主体并不具备完整的工程资源。这时工程主体需要首先解决的问题是如何能够获取相应的资源，然后再进行系统整合，这将直接关系到环保问题是否能够顺利解决。例如，当重大工程建设面对新出现的环境保护问题，而现有的技术并不能解决当前的实际需求时，工程业主需要构建专项环保工作技术创新平台，将不同行业或领域的专家、承包商等单位集成在该创新平台中，通过群策群力的方式推进环保技术创新以及相应环保治理方案的制订等。这一过程包括制定环保技术创新战略、设计并构建环保创新平台、建立环保管理机制并编制各项环保管理方案等活动，不可避免地将进一步增加相应的复杂性。

由此可知，重大工程管理主体的复杂性、技术开发与管理的复杂性、主体资源整合能力的复杂性等共同形成了重大工程环境保护与治理的复杂性特征。对于该复杂性特征的深度认识与解析，将对设计并制定重大工程环境保护工作流程具有极大的帮助。

2. 深度不确定性特征

"不确定"是管理学研究的常态，在管理的计划、组织、领导、控制等全管理过程中都有差异化的表现。通常，管理学中的"不确定性"是指"不能肯定、不能断定、难以决断或者难以预料"的情况，通常包括：由管理人员认识能力与掌握的信息不全所导致的不确定性，也即主观不确定性，以及管理问题与现象自身所具有的客观机理，而该机理可能导致多种结果的客观不确定性。

复杂性是重大工程的首要特征，而包含在复杂性中的不确定性也深刻地影响着重大工程的环境管理。因此，本节将从重大工程自然环境形成的不确定性以及重大工程环境管理主体认知能力不足所形成的不确定性分析等两方面展开分析与研究。

1) 重大工程自然环境形成的不确定性

由前述分析可知，重大工程通常建设于自然环境异常复杂的地区，如建设于江河海洋或者高山峻岭地区。同时，由于重大工程可被分解为不同类型的子工程与子项目，如隧道工程、桥梁工程与人工岛屿工程等，这些不同类型工程建设地区的自然环境异常复杂（如水文地质状况复杂、气候条件恶劣、局部地区的自然灾害频发）。这种自然环境复杂性就蕴含着严重的不确定性，进而造成重大工程建设与运营过程中的外部不确定性。回顾我国建设的众多重大工程，其建设都遇到了严重的自然环境不确定性，如青藏铁路工程建设于我国青藏高原腹地，途经青海湖、穿越关角隧道、横跨可可西里、翻越唐古拉山，工程所在地的自然环境极端复杂。青藏铁路翻越高山的最高处达到 5072 米，工程沿线有 100 多条地震断裂带，其中 23 条为深大活动断裂带，地震烈度为 7～9 级，是世界上最复杂的地震带。同时，青藏铁路沿线分布着大量的冻土，风火山隧道全部位于永久冻土层以内，是世界上海拔最高、冻土区最长的高原永久冻土隧道，地下冰厚达到 150 多米。此外，青藏高原高寒缺氧、干燥、风大、紫外线辐射强烈、自然疫情多，为工程建设带来了各类意想不到的不确定性。港珠澳大桥作为世界上最长的跨海大桥，其建设区域的自然环境同样复杂，并形成了深度的不确定性。港珠澳大桥位于中国广东珠江口伶仃洋海域内。珠江是仅次于长江、黄河的我国第三长河，在其下游珠江三角洲地区有八道口门入海，被称为"珠江八门"，平均每年有大约 7100 万吨的泥沙将通过八道口门进入大海。珠江口的伶仃洋内存在大量的淤泥，这对大桥的建设施工形成了巨大的挑战。此外，港珠澳大桥建设于外海、风大浪高，几乎每年都要经历台风的侵袭。由以上工程实践可知，重大工程建设区域自然环境的复杂性将会引发一系列的客观不确定性，该不确定性与人的主观认识能力无关。它是事物或者现象的一种客观属性，除非事实与现象自身的内在机理发生变化，否则该不确定性不会发生改变或者消失。这类客观不确定性的存在，给重大工程环境管理带来了一系列待解决的难题。

2）重大工程环境管理主体认知能力不足所形成的不确定性

一般来说，重大工程建设与管理的主体对于一个在规划期间的重大工程或者建设初期的重大工程，通常处于经验、知识以及能力的缺乏状态；同时，由于此时重大工程还处于"工程虚体"的状态中，则工程建设与管理者所掌握的与工程环境保护相关联的各类信息也十分不足。重大工程的独特性意味着新建的重大工程不可能与过去已经建设的工程完全相同，这就意味着工程建设者与管理者无法完全照搬以往已建工程的环境管理方案、流程与制度，而需要根据待建或者新建重大工程的实际环保需求，设计与之相适应的环保方案。这类因重大工程环境主体认识不足而形成的不确定性主要表现如下。

对管理主体而言，不同的重大工程所面对的环境问题具有特异性，一定存在新的难以预见的环境和不确定信息；同时，也一定存在环保技术、环保管理知识等方面的欠缺。其中有一部分的不确定性可能在工程环境管理的过程中能够被管理主体所理解、掌握与吸收，进而形成一定的环保管理经验以用于未来的工程建设中；但是也有一部分不确定性，可能在工程中突然产生、突然消失，甚至在工程建设结束也无法让工程建设者清晰理解其环境问题形成与消失的机理，这也就意味着环保管理人员将无法理解与掌握这部分内容。以上现象的出现与重大工程环境管理中的深度不确定性具有显著的关联性。如果重大工程的自然环境没有表现出那么强烈的客观不确定性，那么工程环境管理主体能够通过工程实践掌握那些可能存在的不确定因素以及不确定的类型；同时，环境管理主体可以通过对自身已掌握的环保知识与能力的匹配过程，进一步明确自身尚缺乏的环保技术、知识与能力，这将为后期补充相应的缺项提供一个明确的路径。那么在这样的不断反馈中，重大工程环境管理主体能够通过自学习的方式不断提高自身的环保能力，进而适度削弱自身认知不足所导致的不确定性。但是，目前重大工程建设区域的自然环境越发复杂，这为重大工程环境管理主体带来了更多的不确定性。这些新产生的不确定性难以让重大工程环境管理主体理解并掌握自然究竟缺乏哪些环保技术、知识与能力，进而无法通过自学习或者寻求帮助以降低这类不确定性。这一类不确定性的存在，将为重大工程全生命周期的环境管理带来困难并埋下隐患。

通过以上分析可知，重大工程环境管理的深度不确定性主要表现在外部自然环境形成的客观不确定性以及由于重大工程环境管理主体的认知不足所形成的主观不确定性。重大工程环境管理的不确定性比一般意义上的管理不确定性要更加复杂，这将给重大工程环境管理的具体实施带来许多新的问题与挑战。

3. 多尺度性特征

重大工程的多尺度特征是指将重大工程环境管理活动中的管理特征与要素进行细分，以在不同次序或者层次上探究解决环境管理问题的理论与方法。重大工程环境管理的多尺度分析对于解析相关环境管理问题的内部结构、寻求问题解决方案具有重要的理论与实践意义。因此，本节将从时间多尺度、空间多尺度、复杂多尺度以及管理主体多尺度等方面进行重大工程环境管理多尺度性特征的解析。

1）时间多尺度

时间多尺度是从时间维度来对重大工程环境管理的多尺度特征进行解析。众所周知，当今建设的重大工程通常都具有百年甚至数百年的预期生命，那么在不同的时间概念下可以将重大工程的环境管理全过程进行时间维度上的拆分。重大工程的规划与建设阶段所耗费的时间在重大工程的百年生命周期内占比较小，那么可以将工程规划与建设阶段视为重大工程的小时间尺度，而在该阶段重大工程环境管理的重点在于工程规划阶段的环境评价、工程建设阶段的环境监督、控制与管理等工作。与此相比，重大工程的运营期可以被视为中时间尺度，因为工程运营时间占有其全生命周期中较高的比例，那么在该时间尺度下，工程运维阶段的环保后评价、环保监控等管理工作则成为其核心。此外，由于重大工程建设与运行对区域生态环境的影响并不完全是即时显现的，有的环境影响可能要经过数十甚至数百年才能反映出来。因此，在从时间维度进行多尺度分析时，需要结合环境效应的外显时间进行考察。例如，重大工程中的隧道突涌水问题就是在小的时间尺度中就能外显的，而重大工程对区域植被生长、碳排放、气候的影响可能需要更长的时间才能显现出来。这就意味着重大工程环境管理时间维度的多尺度性一方面需要根据工程生命周期进行划分，以明确不同工程阶段应该重点关注的重大环境问题并探索其解决方案；另一方面还需要根据工程建设所导致环境影响的外显时间，明确在工程全生命周期内可能会由时滞而导致的环境问题。

2）空间多尺度

重大工程环境影响的空间尺度主要表现在环境影响的空间范围上，工程建设与运营引发的环境问题可能是影响范围的差异而导致空间多尺度特征的形成。重大工程环境影响的空间多尺度特征可以从工程实体规模以及其所导致的环境影响范围上两方面展开分析与研究。

首先，空间多尺度表现在重大工程的工程实体规模巨大，其自身就形成了一个巨大的空间实体，进而在工程建设与运营中会遇到具有显著空间异质性的自然环境，这将给重大工程环境管理方案的制订以及环保技术的研究带来诸多困难与挑战。例如，中国修建的南水北调工程，其建设目标是要缓解中国水资源空间分布不均匀而形成的水资源短缺问题。于是，该工程分为东线、中线以及西线三个子工程，其中东线工程途经江苏、山东与河北三省，中线工程横穿河南、河北、北京与天津四省市，重点解决部分省市的水资源短缺问题，为沿线十几座大中型城市提供了生产生活以及工业农业用水。西线工程目前处于建设前的论证阶段，尚未开始建设。西线工程计划从四川调水支援黄河上中游的青海、甘肃、宁夏、内蒙古、山西、陕西等严重干旱缺水的西北省区，缓解黄河上游水资源严重短缺的问题，有效促进黄河治理与战略性开发。

其次，空间多尺度还表现在重大工程建设所导致的环境影响范围上，即不同工程建设所形成的环境影响在不同尺度上的表现具有差异性。总体而言，由于重大工程庞大的建设规模与体量，从任何角度与维度产生的生态环境影响都是巨大的，即使在工程某个极小的物理空间中产生的生态环境影响，也极有可能通过生态环境系统之间的关联作用而逐步拓展、释放，甚至衍生到更加广阔的地理空间中。因此，对于重大工程建设所产生的生态环境影响，需要从不同范围的空间尺度上进行分析与探索。

因此，重大工程建设的空间多尺度性不仅表现在工程本身跨越大尺度的空间范围，而且其产生的生态环境影响也在不同的空间尺度表现出不同的现象并引发差异化的环保问题。因此，从空间多尺度角度理解重大工程建设对生态环境产生的影响，将有利于为后期的环境保护奠定坚实的基础。

3）复杂多尺度

复杂性作为重大工程的根本特征，也是重大工程环境管理的出发点。由前文分析可知，复杂性渗透在重大工程环境管理的各个层次与维度中，似乎复杂性是重大工程环境管理的整体性度量；但是在实际工程的建设过程中，重大工程不同项目与不同标段所遇到的环境不同，需要将整体层面的复杂性进行分解。同时，根据不同工程遇到环境问题的实际情况，制定出适宜的环境管理对策与方案。那么，将重大工程环境管理的复杂性从整体性层面逐步降解至不同的工程层面，则体现了复杂多尺度性。

以重大铁路工程为例，其建设通常会涉及桥梁、隧道、辅助工程设施、弃渣场等不同的建设子项目，而不同子项目所遇到的环境问题也不同。对于桥梁与隧道工程而言，突涌水是在工程建设中经常遇到的环境问题。突涌水问题的出现，一方面会改变地区原本的水循环，破坏地下水与地表水之间的稳定状态；同时，突涌水的出现还会带来重金属、高温水等特殊情况，这些突涌水如果没有科学合理的处理，极有可能随着涌水流径污染工程建设地点周围的自然环境，如水环境、植物生长环境等。因此，在治理隧道突涌水的过程中，需要将这一复杂性过程进行分解，通过注浆堵水、超前排水、涌水清污分流以及设施涌水沉淀池等方式降低隧道突涌水对周围生态环境的影响。对于辅助工程而言，辅助设施工程的建设能够有效地推动施工进度，但是在大型作业机械运行以及施工便道的建设过程中，仍然有可能改变区域地表的植物生长环境，进而导致设施施工便道地区的植被死亡而难以再生。因此，施工辅助设施在建设过程中的线路选择、建设前的植被移栽以及建设后的植被修复方面等方面都需要进行环境管理。一方面，施工便道的建设需要尽量避开自然保护区以及连片濒危植物的生长地区，尽量减少工程建设对它们自然生长环境的影响；另一方面，施工便道建设前需要采用植被表土移栽、保存与培育等方式，提高原本该地区植被的存活率；在工程建设基本结束后，通过植被回栽等生态修复方式，恢复原本施工便道的自然生态环境。对于弃渣场而言，弃渣场在极端环境下极易造成水土流失等灾害，弃渣弃土的流失将会掩埋其周边的植被；如果弃渣场设置得距离河流、湖泊等水源地较近，水土流失后的弃土弃渣也极有可能流入以上水源地中，进而污染当地的水资源。因此，在设立弃渣场时需要考虑到其产生水土流失时的影响范围，并尽量避开在水源地附近设立弃渣场。同时，要及时做好弃渣弃土的固定、弃渣场周边的生态修复工作，尽量减少弃渣场的水土流失。

由以上分析可知，重大工程建设环境管理的复杂性多尺度渗透在环境管理工作的各个部分。尽管复杂性是重大工程环境管理最根本的特征，但仍可以从复杂性讲解的视角将复杂性进行多尺度分解；同时，在不同的尺度下，重新认识其复杂性并制订适宜的环境管理方案，这样将有利于推进工程建设过程中的环境管理工作。

4）管理主体多尺度

重大工程环境管理的科学规划以及高效实施难以通过单一的管理主体实施，而需要不同尺度管理主体的通力合作与协同才能实现环境管理的目标。因此，从管理主体的多尺度角度探索重大工程环境管理的实施，将有助于划分环境责任并为制订具体以及明晰的环境管理方案提供支撑。

由于重大工程参建单位的多元化，形成了复杂的环境管理组织模式，其中包括政府、公众、环境评估单位、环境设计单位、环境监理单位等。不同的组织对于重大工程环境管理的实际需求也存在差异，其中政府通常作为重大工程的业主，它希望在工程建设过程中实现工程效益与环境效益的双丰收，并在环境管理工作的实施过程中承担领导、组织与控制等作用；公众作为重大工程建设所导致环境影响的直接作用对象，在具体的环境管理工作实施过程中通常作为监督主体加入其中；环境评估单位主要负责重大工程建设前、建设中以及建设后的各个阶段的环境评估工作，同时出具相应的环评报告；环境设计单位需要根据工程的环境需求，负责环保技术管理、编制环保工作规划与环保计划、对环保工程设施进行审查等工作；环境监理单位主要受到重大工程业主的委托，依据环境影响评价文件、环境保护行政主管部门的批复以及环境监理合同，对重大工程项目建设实行环境保护监督管理。

由于不同参与重大工程环境管理的主体职责存在差异，各环境管理主体的权责不同，那么其所承担的环境管理任务也有所差异。要保证重大工程环境管理工作的有效实施，需要科学分割不同环境管理主体的权利与责任，同时将不同的环境管理方案进行有序组织与融合，这样才能保证重大工程环境管理的有序实施。

3.2.3　重大工程环境管理的原则

重大工程环境管理的指导原则涵盖了一系列专业性、科学性和综合性的原则，旨在平衡经济发展与生态环境保护，确保重大工程项目的可持续性。关键的基本原则如下。

1. 可持续性和综合性管理原则

可持续性和综合性是重大工程环境管理的核心原则。它要求在整个工程项目的生命周期内，综合考虑社会、经济和环境因素，以实现经济发展和环境保护的双赢局面。具体来说包括以下方面。①综合规划和管理。在重大工程项目规划和设计阶段，业主需要综合考虑资源利用、生态系统保护、社会影响等多个因素，确保重大工程项目各方面的可持续性。②生命周期分析。重大工程建设和运营时间跨度长，则其环境管理需要在工程的全生命周期内进行系统性分析，进而评估重大工程项目对区域生态环境的长期影响，包括建设、运营和废弃阶段。③多方利益平衡。重大工程环境管理需要工程各方的相互配合与协助才能实现相应的环保目标，而难以由单一的主体完成。因此，重大工程环境管理的相关决策应平衡不同利益相关者的需求，包括政府、企业、社会组织和社区等。

2. 资源高效使用和循环利用原则

资源高效使用和循环利用原则旨在减少重大工程建设过程中的资源浪费和环境污染，进而提高资源的可持续利用率。具体而言包括以下方面。①详细的资源评估。在重大工程项目中进行资源评估，以确定关键资源的实际需求，同时寻找可替代的、更环保的资源。②废弃物管理。制订重大工程实施废弃物管理计划，主要包括废弃物减量、分类、再利用和安全处置等，进而降低废弃物对环境的影响。③循环利用。鼓励在重大工程环境管理过程中采用循环经济模式，包括资源回收和再利用，以最大限度地减少新资源的消耗。

3. 社会参与和及时沟通原则

重大工程环境管理不仅需要业主与各参建单位的有效配合，还需要社会公众的积极参与，而及时沟通与交流是保障社会公众自身权益并增强业主与各参建单位环境管理合法性的重要手段。具体而言包括以下方面。①公众参与原则。重大工程业主以及各标段的负责单位应尽可能地鼓励社会公众参与到重大工程的环境管理决策中，同时应该向社会公众提供翔实且透明的信息，及时听取社会公众的意见，并积极进行响应反馈。②社区合作原则。重大工程业主以及各标段的负责人应当与工程所在地的各类基层社区建立积极的合作关系，开展社区参与和沟通活动，确保重大工程项目不仅满足工程建设需求，而且符合社会期望。同时，通过社会宣传，也能及时向社会公众传递重大工程建设运营过程中的环境管理工作实施情况以及实际的效果。③教育和培训原则。重大工程业主以及各标段负责人应当向工程建设者不定期地提供相关的环保培训并进行环保教育，确保工程项目的相关人员具备环境保护知识和技能。

4. 监测和合规原则

监测和合规原则是重大工程环境管理的重要保障，有助于确保重大工程项目的执行符合法规和相应的行业标准。具体而言包括以下几个方面。①构建重大工程环境监测体系。建立全面的重大工程环境监测体系，跟踪环境参数和工程项目的执行情况，包括水质、空气质量、废弃物管理和生态恢复等方面。这不仅能实时反馈工程建设过程中的环境状况，而且有利于施工单位及时发现环境异常问题并采取相应的保护措施，进而降低工程建设对生态环境的影响。②合规性审查。重大工程建设可能会跨越多个不同的行政区，不同的行政区对于环境保护的法律法规以及地区标准可能存在一定的差异。那么，在工程建设与运营过程中，必须确保重大工程项目遵守国家和地方的环保法规和标准，如果发现问题，应立即采取纠正措施。

5. 持续改进和创新原则

持续改进和创新原则要求重大工程建设者不断寻求环保技术和方法的创新，以适应不断变化的工程建设环境。具体而言包括以下几个方面。①评估和改进原则。重大工程业主应要求不同标段负责人定期进行环境管理工作的阶段性评估和改进，寻找新的环保技术和方法，以确保重大工程项目在整个生命周期内保持高水平的环保性能。②绿色设计与施工原则。重大工程的绿色设计与施工可能需要在工程建设过程中反复进行，进而选择最适宜的方式展开施工工作。对于绿色设计，工程建设方应尽量选择环保友好的建筑材料和技术，进而降低工程项目对环境的负担。对于绿色施工，工程建设方应采用环保、安全的施工方式与方法，减少工程建设过程中产生的环境问题。③创新技术应用原则。重大工程的环境管理需要持续性地推动研发并探索相应的环保创新技术，如可再生能源、可降解材料和生态工程，以减少对生态环境的影响。

综上所述，重大工程环境管理的指导原则是确保工程项目可持续性和环境保护的基础。这些原则强调了综合性治理、资源高效利用、社会参与、监测合规以及持续改进与创新等多个方面的重要性。通过积极应用这些原则，可以实现重大工程建设和环境保护的双赢，为未来的可持续发展奠定坚实的基础。

3.3　本　章　小　结

本章主要围绕重大工程环境管理基础理论展开分析，首先，从可持续发展理论、复杂适应系统理论以及绿色技术创新理论等方面展开，解释了以上这些理论是如何指导并应用于重大工程环境管理过程中。其次，本章通过对重大工程生态环境管理的概述，分析了目前重大工程建设可能会引发的生态环境问题以及相应的管理方法。再次，从复杂性、深度不确定性以及多尺度性等三个角度阐述了重大工程建设对生态环境影响的基本特征。最后，基于重大工程建设过程中环境保护的实际经验，提炼了重大工程环境管理的原则，主要包括可持续性和综合性管理原则、资源高效使用和循环利用原则、社会参与和及时沟通原则、监督与合规原则以及持续改进和创新原则等。本章的理论研究为后文的重大工程环境管理在不同维度的具体探索奠定了理论基础。

第4章 建设阶段重大工程弃渣场选址决策与风险诊断

4.1 基于 GIS 技术与云模型集成的弃渣场选址技术

在复杂艰险环境下，重大工程弃渣场将面临频发的地质、气象灾害。弃渣场选址不当，将大大增加设计缺陷、增加设计防护成本，同时也将给施工增加挑战，而选址不当也将给长周期的维护管理增加巨大风险和防护费用。传统的弃渣场选址将主要依靠勘察手段和卫星照片相结合的方法来完成，选址难度大而且耗费巨大人力和物力，同时也增加勘测人员的安全风险。为了最大程度地辅助弃渣场选址决策，本节将开展应用遥感和 GIS 技术获取弃渣场生态环境以及地理信息，并将云模型技术与 GIS 技术集成用于面向弃渣场生态环境风险的选址方法研究。该方法作为弃渣场选址的初选辅助决策工具，将极大程度地减少勘察工作，提升弃渣场选址的效率、节约选址时间与费用，降低勘察人员野外工作风险。

4.1.1 复杂艰险环境下的弃渣场选址指标体系

根据复杂艰险环境下重大工程弃渣场选址的需要，以及相关文献、专家经验与知识、环境实际情况，本章提出了一个复杂艰险环境地区的弃渣场选址综合风险评价因子集，如图 4-1 所示。

根据图 4-1，第一步识别出的 0-1 型风险因子也被定义为风险禁止性因子，其中 0-1 型风险因子包括但不限于：生态环境保护区、断裂带位置、出渣口高程和地质风险频发区。在 0-1 型风险因子之外的因子被称为风险不确定性因子。风险不确定性因子包括但不限于：弃渣场基础安全类风险因子、气象水文环境类风险因子、空间地理位置类风险因子和生态恢复与人类影响类风险因子等四大类风险因素，其中每种类型下又包含若干种具体的风险因子。其中，弃渣场基础安全类风险因子包括高程、坡度等，气象水文环境类风险因子包括年降水量、汇水面积和风速等，空间地理位置类风险因子包括河网距离、设施距离和路网距离等，生态恢复与人类影响类风险因子包括土壤类型和人口密度等（肖玮和田伟平，2021；中铁第四勘察设计院集团有限公司，2019；肖玮，2020）。基于此，根据图 4-1 设置完成的评价指标体系，对指标体系中各指标含义的解释见表 4-1。

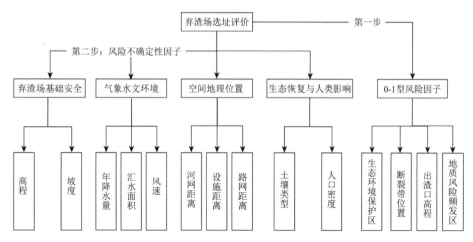

图4-1　弃渣场选址综合风险评价因子集

表4-1　各指标体系详细内容和参考依据

评价指标	设置指标的依据和动态监测需求	参考依据
高程 （单位：米）	在弃渣场基础安全方面，多数的弃渣场评价方法中只设计坡度指标，而复杂艰险高寒山区环境的重大工程项目地势崎岖，弃渣需求量大，每个弃渣场的高程数量有较大差异。复杂艰险山区多属高海拔地区，生态环境脆弱，高程主要体现弃渣场的生态风险。高程指标比较稳定，在地质时间尺度才有较大的变化，不需要进行动态监测	《高海拔地区建筑工程施工技术指南》（2019年中国铁道出版社）
坡度 （单位：度）	坡度是弃渣场评价的常用指标，是影响弃渣场建设和运营安全的重要指标。根据常规的弃渣场评价和复杂艰险环境弃渣场建设运用的实际需要，坡度是影响弃渣场安全的重要因素。坡度指标的设置是很有必要的。坡度在没有受到灾害影响和人类影响的情况下不会有太大变化，动态监测的要求为在出现上述情况时重新测量并记录即可	《水土保持综合治理规划通则》（GB/T 15772—2008）
年降水量 （单位：毫米）	降雨下渗后，渣土体内自表层向下形成饱和带，浸润线以上渣土体容重增大、抗剪参数减小，导致边坡渣土体滑动力增大，抗滑力减小，边坡稳定性安全系数降低。容易导致滑坡和坍塌，产生较大的安全风险。年降水量数据一年获取一次，可以通过当地气象站或者自行设置监测点进行动态监测	①《水土保持综合治理规划通则》GB/T 15772—2008 ②《生产建设项目水土流失防治标准》（GB/T 50434—2018）
汇水面积 （单位：千米²）	汇水面积又称作集水面积，指的是降雨流向低洼地带而形成的区域的大小。汇水面积对地表径流的生成和土壤的水土流失有重要影响。容易导致安全风险和生态风险。汇水面积随降水和地形的改变而变化，进行动态监测需要每个月通过卫星云图获取数据，然后通过ArcGIS软件计算汇水面积	《水土保持综合治理规划通则》（GB/T 15772—2008）
风速 （单位：米/秒）	在风力的作用下，地表的土壤会发生风蚀作用，不仅会影响堆砌的渣土的稳定性，还会在风蚀过程中释放尘土，污染生态环境，危害生命健康。但是需要较大的风力才会对弃渣场的表面产生足够的影响，所以风速的风险较小	《土壤侵蚀分类分级标准》（SL 190—2007）
河网距离 （单位：米）	弃渣场较适宜设置在地形相对平缓的洼地和平原地区，在与河网较近的地区往往有较合适的候选地区。距离河网谷地较远将导致弃渣场建设成本增加，主要导致经济风险。河道在较长的时间周期内才出现改变，一般不需要进行动态监测	《水土保持综合治理规划通则》（GB/T 15772—2008）

评价指标	设置指标的依据和动态监测需求	参考依据
设施距离（单位：米）	在全国各地遍布大量的重要设施，复杂艰险山区周边的重要设施分布广泛，弃渣场占用重要设施场所或者发生灾害影响重要设施。破坏设施不仅给工程形象带来负面影响，还会给工程建设带来较大的经济处罚。会产生较大的经济风险。设施距离一般不会改变，只需要在保护区划定范围变动时进行重新监测即可	《城市综合交通体系规划标准》（GB/T 51328—2018）
路网距离（单位：米）	与道路距离太长会导致运输成本过高，甚至需要额外铺设运输道路，特别是在渣土量较大的重大工程情况下，与路网的距离是弃渣场评价的重要指标。主要导致的是经济风险。在工程建设时会不断建造临时运输道路，需要在一周之内监测一次，确保数据精确	①《中华人民共和国公路法》②《公路工程施工安全技术规范》（JTG F90—2015）
土壤类型	重大工程建设中堆积的大量弃渣会导致土地表面裸露，对当地的脆弱的土壤条件造成破坏，不同土壤类型的生态恢复工作成本和复杂程度是不同的，同时土壤类型也会影响地基的密实程度、场地排水能力等关键工程指标。不同土壤类型对应不同的生态风险和安全风险。土壤类型在工程施工的过程中可能会发生改变，需要在工程建设期间不断进行动态监测	《土壤侵蚀分类分级标准》（SL 190—2007）
人口密度（单位：人/千米²）	在弃渣场水土流失以及人类活动对弃渣场生态环境的交互作用影响过程中，人口密度能反映复杂艰险环境下的弃渣场对人类的潜在影响程度。主要导致弃渣场的安全风险。人口密度的变化随着出生率、死亡率和迁移率而改变，上述数据一般半年或者一年计算一次，动态监测方面也随着一年监测和调整一次	《公路桥梁和隧道工程施工安全风险评估指南（试行）》
生态环境保护区	在全国各地遍布大量的生态环境保护区，复杂艰险山区周边的保护区不仅数量多，分布密集，而且面积广阔，弃渣场占用保护区或者发生灾害影响保护区生态环境。破坏保护区不仅危害环境，还会给工程建设带来较大的经济处罚，会产生较大的生态风险和经济风险。保护区距离一般不会改变，只需要在保护区划定范围变动时进行重新监测即可	《自然保护区工程项目建设标准（试行）》
断裂带位置	断裂带是地壳中相对薄弱的部分，其活动性可能导致地面突然的位移，这对于建立在其上方或附近的弃渣场构成了直接的威胁。一旦发生活动，可能引发滑坡或塌陷，严重影响弃渣场的稳定性。主要导致弃渣场的安全风险。断裂带位置比较稳定，在地质时间尺度才有较大的变化，不需要进行动态监测	《地质灾害危险性评估规范（GB/T 40112-2021）》
出渣口高程	一般弃渣场所处位置的高程需要低于出渣场高程，高程较低的弃渣场减少了因高度差引发的滑坡风险，尤其是在复杂艰险山区更为重要，而且避免了爬坡运送渣土，减少运输的成本和风险。主要导致弃渣场的安全风险和经济风险。出渣口高程一般随着工程进展不断更新，需要在工程每一次开挖新的出渣口时监测一次	《水电工程弃渣场设计规范（NB/T 35111—2018）》
地质风险频发区	在地质风险频发区建设弃渣场存在多方面的风险和问题，这些地区通常伴随着滑坡、泥石流、地面塌陷等自然灾害的高风险，在这些地段找到安全合适的弃渣场预选地相对困难，而且需要较高的技术水平和维护成本。主要导致弃渣场的安全风险和经济风险。根据地质灾害的潜在危害程度和影响范围，监测级别可分为常规监测、加强监测和重点监测，三个级别对应的监测频率为一年、一季度和一个月，以确保在不同情况下都能做出及时响应	《地质灾害危险性评估规范（GB/T 40112-2021）》

1. 0-1 型风险因子

0-1 型风险因子评价标准只有是、否两种，无须划分等级，环境保护区、断裂带、高于弃渣口的区域为绝对不能作为选址的区域。从应用 GIS 的可视化分析来看，当弃渣场位于环境保护区、断裂带、高于弃渣口的区域其发生风险为 100%。

2. 风险不确定性因子

按照指标实测值划分区间，对应区间建立"恶劣—危险—临界—良好—理想"的五级标准，分别对应不同表征数值，包括高程、坡度、河网距离、路网距离、年降水量、风速、汇水面积、土壤类型、设施距离、人口密度在内的风险不确定性因子的具体参数值在五个风险偏好标准上均有不同的发生概率。

3. 本节中新增的指标类型

针对高原山区复杂艰险环境，本节提出且要保护的新增风险因子及其说明如下（吴伟东等，2019；中铁第四勘察设计院集团有限公司，2019）。

高程：现有弃渣场的建设几乎没能涉及海拔 3000 米及以上的高度，而海拔越高生态环境越脆弱，对于海拔 3000 米及以上的弃渣场所面临的生态脆弱、恢复难度大等挑战，未能在弃渣场选址的过程进行充分考虑。此外，高程越高，建设难度越大，也可能导致建设者身体健康风险增加，同时也对水土保持产生影响。

坡度：在复杂艰险环境下，特定区域的弃渣场选址不得不在一定坡度的基础上进行，而随着坡度的增加弃渣场所面临的生命财产、水土流失、生态环境风险也将不断增大，现有弃渣场的选择大多选择平整或者坡度很小的区域，而未能考虑或覆盖所有坡度下的弃渣场选址以及坡度对风险类型及风险等级的影响。

风速：海拔越高的地区，生态环境越脆弱，风速对弃渣场表面的生态恢复以及弃渣场地表水土保持具有重要影响，现有弃渣场风险评价指标未能考虑风速因子对弃渣场包括生态环境、水土保持在内的综合风险。

人口密度：既有弃渣场选址主要考虑远离居民聚集区或者城镇，并设定缓冲区，而综合人口密度能够考虑的人口流动以及弃渣场发生风险不确定性等特征，弃渣场风险发生所导致的人口伤亡以及财产影响，更具有综合性，更适合风险发生概率较低的弃渣场风险综合评价。

4.1.2　风险不确定性因子处理

1. 划定不同类型风险因子赋值所对应的风险等级区间

考虑到复杂艰险环境下弃渣场风险可能导致不同的风险类型发生，而且每个风险因子的具体参数值对应的风险类型不同也存在风险等级的不一致。为此，在风险因子的风险等级划分上，将生态环境、生命财产和水土流失三种风险类型划分不同的风险等级。根据建设经验、专家经验、文献以及相关规范，应对风险影响不确定性因子的赋值区间进行风险等级隶属度划分，对应风险等级划分结果如表4-2所示。

表 4-2　考虑风险类型差异的风险不确定因子赋值区间对应的风险等级划分

风险因子	风险类型	风险等级关联度划分区间				
		高（Ⅴ）	中高（Ⅳ）	中（Ⅲ）	中低（Ⅱ）	低（Ⅰ）
高程/千米（F1）	生态环境	[3.0, 4.0)	[2.8, 3.0)	[2.6, 2.8)	[2.4, 2.6)	[0, 2.4)
	生命财产	[3.5, 4.0)	[2.9, 3.5)	[2.2, 2.9)	[1.5, 2.2)	[0, 1.5)
	水土流失	[3.6, 4.0)	[3, 3.6)	[2, 3)	[1, 2)	[0, 1)
坡度/度（F2）	生态环境	[60, 90)	[45, 60)	[30, 45)	[15, 30)	[0, 15)
	生命财产	[60, 90)	[40, 60)	[30, 40)	[20, 30)	[0, 20)
	水土流失	[50, 90)	[35, 50)	[25, 35)	[15, 25)	[0, 15)
风速（米/秒）（F3）	生态环境	[1.6, +∞)	[1.2, 1.6)	[0.8, 1.2)	[0.4, 0.8)	[0, 0.4)
	生命财产	[1.6, +∞)	[1.4, 1.6)	[1, 1.4)	[0.5, 1)	[0, 0.5)
	水土流失	[1.6, +∞)	[1, 1.6)	[0.9, 1)	[0.3, 0.9)	[0, 0.3)
年降水量/分米（F4）	生态环境	[10, +∞)	[8, 10)	[5, 8)	[2, 5)	[0, 2)
	生命财产	[10, +∞)	[7, 10)	[5, 7)	[4, 5)	[0, 4)
	水土流失	[10, +∞)	[8, 10)	[5, 8)	[3, 5)	[0, 3)
汇水面积/千米²（F5）	生态环境	[1, +∞)	[0.8, 1)	[0.4, 0.8)	[0.1, 0.4)	[0, 0.1)
	生命财产	[1, +∞)	[0.9, 1)	[0.6, 0.9)	[0.2, 0.6)	[0, 0.2)
	水土流失	[1, +∞)	[0.8, 1)	[0.5, 0.8)	[0.2, 0.5)	[0, 0.2)
设施距离/千米（F6）	生态环境	[0, 1)	[1, 2)	[2, 4)	[4, 5)	[5, +∞)
	生命财产	[0, 2)	[2, 3)	[3, 4.5)	[4.5, 5)	[5, +∞)
	水土流失	[0, 1.4)	[1.4, 2.4)	[2.4, 3)	[3, 5)	[5, +∞)
路网距离/千米（F7）	路网距离（F7，生态环境）	[0, 0.1)	[0.1, 0.2)	[0.2, 0.5)	[0.5, 1)	[1, +∞)
	路网距离（F7，生命财产）	[0, 0.4)	[0.4, 0.6)	[0.6, 0.8)	[0.8, 1)	[1, +∞)
	路网距离（F7，水土流失）	[0, 0.3)	[0.3, 0.6)	[0.6, 0.9)	[0.9, 1)	[1, +∞)
河网距离/千米（F8）	河网距离（F8，生态环境）	[0, 0.1)	[0.1, 0.2)	[0.2, 0.5)	[0.5, 1)	[1, +∞)
	河网距离（F8，生命财产）	[0, 0.3)	[0.3, 0.6)	[0.6, 0.8)	[0.8, 1)	[1, +∞)
	河网距离（F8，水土流失）	[0, 0.5)	[0.5, 0.8)	[0.8, 0.9)	[0.9, 1)	[1, +∞)
人口密度/（人/千米²）（F9）	人口密度（F9，生态环境）	[100, +∞)	[50, 100)	[20, 50)	[10, 20)	[0, 10)
	人口密度（F9，生命财产）	[100, +∞)	[70, 100)	[40, 70)	[20, 40)	[0, 20)
	人口密度（F9，水土流失）	[100, +∞)	[85, 100)	[35, 85)	[25, 35)	[0, 25)
土壤类型/（克/千克）（F10）	土壤腐殖质量（F10，生态环境）	[0, 6)	[6, 25)	[25, 30)	[30, 70)	[70, 100)

风险因子	风险类型	风险等级关联度划分区间				
		高（V）	中高（IV）	中（III）	中低（II）	低（I）
土壤类型/（克/千克）（F10）	土壤腐殖质量（F10，生命财产）	[0, 5)	[5, 25)	[25, 40)	[40, 63)	[63, 100]
	土壤腐殖质量（F10，水土流失）	[0, 8)	[8, 25)	[25, 45)	[45, 83)	[83, 100]

2. 应用云模型计算各风险因子对应不同风险等级的风险关联度

1）计算各风险因子对应不同风险类型下的风险等级区间的云模型数字特征

对于弃渣场风险因子的定量实测值 x，在云模型中 x 的分布满足以下参数要求：$x \sim N(\mathrm{Ex}, \mathrm{En}'^2)$，同时 $\mathrm{En}' \sim N(\mathrm{En}, \mathrm{He}^2)$，则对应的云模型数字特征为（Ex, En, He），其中：Ex 为 x 在特定风险等级区间的数学期望；En 为熵，用以衡量 x 的不确定性；He 为超熵，用以衡量 En 的不确定性。基于上述云模型构建发生器，计算 x 对于数字特征为(Ex , En , He)的云模型关联度 $\mu(x)$ 为

$$\mu(x) = \exp[-(x - \mathrm{Ex})^2 / (2\mathrm{En}'^2)] \tag{4-1}$$

以风险因子 i 为例对所述发生器原理进行说明。

对于不同的风险因子 i 具有不同的实测值 x_i，计算得到不同的云模型关联度 μ_i，其中，$i = 1,2,\cdots,I$，μ_i 通过式（4-1）计算得出。

同时，对于每种风险因子 i 的实测值 x_i，在不同的条件下可以得到不同的数值。以 n 为例，当具有 n 个不同的 x_i 值时，则可以计算得到 n 个不同的关联度值 μ_i。令每一对 (x_i,μ_i) 为一个云滴 $\mathrm{drop}(x_i,\mu_i)$，重复计算 n 次得到 n 个云滴，构成该风险因子 i 的风险发生关联度概率密度分布，即该风险因子 i 的云模型。

将 I 个风险因子对应的不同风险类型的关联程度进行划分，等级标记为 j，$j = 1,2,\cdots,J$。由云模型"3En 规则"，任意第 i 个风险评价因子对应等级 j 在区间 $(S_{ij\min}, S_{ij\max})$ 上云模型数字特征为 $(\mathrm{Ex}_{ij}, \mathrm{En}_{ij}, \mathrm{He}_{ij})$，其中 $i = 1,2,\cdots,I$；$j = 1,2,\cdots,J$。每个风险因子 i 对于特定风险类型的第 j 等级的风险等级，都具有一个云模型 $(\mathrm{Ex}_{ij}, \mathrm{En}_{ij}, \mathrm{He}_{ij})$，则对于特定风险类型下所有风险因子在所有等级下共生成 $I \times J$ 个内部分别具有 n 个云滴 $\mathrm{drop}(x_{ij}, \mu_{ij})$ 的云模型。要得到云模型，则先需要计算云模型对于不同风险因子在特定风险类型下对于不同风险等级的数字特征。

如表 4-2 所示，风险因子个数选取 10 个，风险等级划分为"高""中高""中""中低""低"等五级风险，则本节中 $I = 10$，$J = 5$。以目标区域 50 千米×50 千米的区域为例，根据 0-1 型风险因子排除不可作为样本点区域后，分析面

积大大缩小，减少了分析计算工作量。同时考虑到选址计算的效率和选址精度的需要，根据弃渣场样本点的面积不超过 1 平方千米的原则，将剩余风险不确定区域面积划分为 330 个样本点，推导出样本点区域边长为 925 米，面积为 0.8556 平方千米，符合要求。为此以 0.8556 平方千米为单位，根据数字高程模型（digital elevation model，DEM），使用 ArcMap 软件识别获取目标区域 330 个样本点的风险因子实际值，然后通过标准化处理，可以得到用于云模型计算分析的各样本点的 x_{ij} 值。

2）计算各风险因子针对不同风险类型对应风险等级的 Ex_{ij}、En_{ij} 与 He_{ij}

需要分别计算云模型的三个数字特征，分别包括：数学期望 Ex_{ij}、熵 En_{ij}、和超熵 He_{ij}。计算过程如下。

（1）计算各风险因子针对不同风险类型对应风险等级的第一云模型数字特征 Ex_{ij}。本步骤中，所述 Ex_{ij} 计算公式如下：

$$\text{Ex}_{ij} = (S_{ij\min} + S_{ij\max}) / 2 \tag{4-2}$$

对于单边界的情况，如 $[S_{ij\max}, +\infty)$ 或 $(-\infty, S_{ij\min})$，依据风险因子实测值 S'_{ij} 的上下限确定缺省边界。

（2）计算各风险因子对应风险等级的第二云模型数字特征 En_{ij}。

（3）本步骤中，所述 x 服从 $N\left(\text{Ex}_{ij}, \text{En}_{ij}'^2\right)$；收益型因子（如河网距离、路网距离等，该因子值越大，弃渣场安全性越高）：当 $j=1$ 时，$\text{En}_{ij} = \dfrac{\text{Ex}_{i,j+1} - \text{Ex}_{ij}}{6}$；当 $1 < j < J$ 时，$\text{En}_{ij} = \dfrac{\text{Ex}_{ij} - \text{Ex}_{i,j-1}}{3}$；当 $j = J$ 时，$\text{En}_{ij} = \dfrac{\text{Ex}_{ij} - \text{Ex}_{i,j-1}}{6}$。

成本型因子（如高程、坡度、人口密度、汇水面积等，该因子值越大，弃渣场安全性越差）：当 $j=1$ 时，$\text{En}_{ij} = \dfrac{\text{Ex}_{ij} - \text{Ex}_{i,j+1}}{6}$；当 $1 < j < J$ 时，$\text{En}_{ij} = \dfrac{\text{Ex}_{ij} - \text{Ex}_{i,j+1}}{3}$；当 $j = J$ 时，$\text{En}_{ij} = \dfrac{\text{Ex}_{i,j-1} - \text{Ex}_{ij}}{6}$。

3）确定各风险因子对应等级的第三云模型数字特征超熵 He_{ij}

En'_{ij} 服从 $N(\text{En}, \text{He}^2)$，$\text{He}_{ij}$ 通过

$$\text{He} = \sqrt{(S^2 - \text{En}^2)} \tag{4-3}$$

得出，式（4-3）中，S^2 为样本点对应 En 的样本方差。

本节中，风险因子选取 10 个；在每种风险因子下，所述风险类型包括生态环境、生命财产和水土流失三种，在三种风险类型下，分别划分五个等级计算云模型的数字特征即参数，将各个风险因子针对不同风险类型的风险等级关联度云参数 $(\text{Ex}_{ij}, \text{En}_{ij}, \text{He}_{ij})$ 列入表 4-3。

表 4-3　各风险因子针对不同风险类型的风险等级关联度云参数

评价标准

风险因子	风险识别等级	高（V）			中高（IV）			中（III）			中低（II）			低（I）		
		Ex	En	He	Ex	En	He	Ex	En	He	Ex	En	He	Ex	En	He
高程（F1）	生态环境	3.0800	0.0300	0.0040	2.9000	0.0667	0.0030	2.7000	0.0667	0.0030	1.3000	0.4450	0.061	0.0000	2.1000	0.0509
	生命财产	3.0300	0.0300	0.0010	2.8000	0.0667	0.0030	2.4500	0.0667	0.0020	1.2000	0.4251	0.0333	0.0000	2.2000	0.0801
	水土流失	2.9800	0.0400	0.0040	2.7500	0.0591	0.0020	2.3500	0.0591	0.0040	1.0000	0.3333	0.0459	0.0000	1.9000	0.0411
坡度（F2）	生态环境	75.0000	7.9000	0.3000	52.5000	8.5000	0.1000	37.5000	4.5000	0.0100	15.0000	4.9900	0.0330	0.0000	14.8000	0.0100
	生命财产	75.0000	8.6000	0.1000	50.0000	8.3000	0.2000	35.0000	2.8000	0.0300	15.0000	5.6000	0.0210	0.0000	14.3000	0.0300
	水土流失	70.0000	8.5600	0.1000	42.5000	7.3000	0.2000	30.0000	3.5100	0.0600	12.5000	4.8700	0.0400	0.0000	14.1200	0.0300
风速（F3）	生态环境	2.2500	0.1417	0.0200	1.4000	0.1333	0.0100	1.0000	0.1333	0.0100	0.4000	0.1333	0.0330	0.0000	0.0667	0.0090
	生命财产	2.2500	0.1250	0.0100	1.5000	0.1000	0.0100	1.2000	0.2333	0.0100	0.5000	0.1667	0.0240	0.0000	0.0833	0.0100
	水土流失	2.2500	0.1583	0.0300	1.3000	0.1167	0.0300	0.9500	0.1667	0.0200	0.4500	0.1500	0.0310	0.0000	0.0750	0.0090
年降水量（F4）	生态环境	0.9750	0.0125	0.0020	0.9000	0.0833	0.0100	0.6500	0.1000	0.0090	0.2500	0.0833	0.0100	0.0000	0.0417	0.0050
	生命财产	0.9750	0.0208	0.0010	0.8500	0.0833	0.0300	0.6000	0.1167	0.0080	0.2500	0.0833	0.0100	0.0000	0.0417	0.0040

续表

| 风险因子 | 风险识别等级 | 评价标准 |||||||||||||||
| | | 高（V） ||| 中高（IV） ||| 中（III） ||| 中低（II） ||| 低（I） |||
		Ex	En	He	Ex	En	He	Ex	En	He	Ex	En	He	Ex	En	He
年降水量（F4）	水土流失	0.9750	0.0125	0.0020	0.9000	0.0833	0.0400	0.6500	0.1944	0.0050	0.2000	0.0667	0.0200	0.0000	0.0333	0.0040
	生态环境	2.8050	0.3175	0.0070	0.9000	0.1000	0.0100	0.6000	0.1500	0.0040	0.2000	0.0333	0.0020	0.0000	0.0167	0.0010
	生命财产	2.8050	0.3092	0.0050	0.9500	0.0667	0.0100	0.7500	0.1500	0.0090	0.3000	0.2231	0.0010	0.0000	0.0500	0.0020
汇水面积（F5）	水土流失	2.8050	0.3175	0.0050	0.9000	0.0833	0.0200	0.6500	0.1333	0.0100	0.2500	0.0833	0.0010	0.0000	0.0417	0.0020
	生态环境	0.5000	0.1667	0.0300	1.5000	0.5000	0.0330	3.0000	0.5000	0.0330	2.5000	1.7900	0.1000	0.0000	0.8950	0.1000
	生命财产	1.0000	0.2500	0.0500	2.5000	0.3333	0.0570	3.5000	0.3333	0.0340	2.5000	2.4167	0.1000	0.0000	0.7083	0.3000
设施距离（F6）	水土流失	0.7000	0.2000	0.0200	1.9000	0.2667	0.0350	2.7000	0.0667	0.2100	2.5000	1.3333	0.2000	0.0000	0.6667	0.3000
	生态环境	0.0500	0.0167	0.0030	0.1500	0.0667	0.0020	0.3500	0.1333	0.0100	0.5000	0.0310	0.0200	0.0000	0.3750	0.0200
	生命财产	0.2000	0.0500	0.0090	0.5000	0.0667	0.0030	0.7000	0.0667	0.0300	0.5000	0.1800	0.0100	0.0000	0.1417	0.0100
路网距离（F7）	水土流失	0.1500	0.0500	0.0060	0.4500	0.1000	0.0020	0.7500	0.8213	0.0200	0.5000	0.1679	0.0100	0.0000	0.1201	0.0200
	生态环境	0.0500	0.0167	0.0050	0.1500	0.0667	0.0100	0.3500	0.1333	0.0020	0.5000	0.7500	0.0100	0.0000	0.3750	0.0100
河网距离（F8）	生命财产	0.1500	0.0500	0.0040	0.4500	0.0833	0.0300	0.7000	0.0722	0.0040	0.5000	0.3300	0.0200	0.0000	0.1500	0.0300

续表

风险因子	风险识别等级	评价标准														
		高（V）			中高（IV）			中（III）			中低（II）			低（I）		
		Ex	En	He	Ex	En	He	Ex	En	He	Ex	En	He	Ex	En	He
河网距离（F8）	水土流失	0.1500	0.0500	0.0040	0.4500 0	0.1000 0	0.0300	0.7500	0.0833	0.0020	0.5000	0.3300	0.0200	0.0000	0.1500	0.0300
	生态环境	109.500	5.7500	10.1000	75.0000	13.3333	2.1000	35.0000	6.6667	0.9000	10.0000	3.3333	0.5000	0.0000	1.6667	0.3000
人口密度（F9）	生命财产	109.500	4.0833	7.9000	85.0000	10.0000	4.5000	55.0000	11.6667	1.7000	20.0000	6.6667	0.2000	0.0000	3.3333	0.7000
	水土流失	109.500	2.8333	5.7000	92.5000	10.8333	5.1000	60.0000	14.1667	1.4000	17.5000	5.8333	0.3000	0.0000	2.9167	0.5000
	生态环境	3.0000	2.0833	0.3100	15.5000	4.0000	0.2600	27.5000	4.1667	0.1300	35.0000	11.6667	0.3300	0.0000	5.8333	0.2500
土壤类型（F10）	生命财产	2.5000	2.0833	0.2100	15.0000	5.8333	0.4400	32.5000	7.9556	0.3900	31.5000	17.1670	0.1400	0.0000	8.5333	0.7300
	水土流失	4.0000	2.0833	0.3700	16.5000	6.1667	0.4500	35.000	7.9981	0.4200	41.5000	21.3330	0.5500	0.0000	10.6670	0.9800

3. 生成各风险等级云图并计算关联度

1）生成云图

根据各风险因子的云模型参数，通过 Matlab 编程生成各风险因子云模型图。根据云模型参数，可以得到不同风险因子标准化后的云模型。如图 4-2 至图 4-4 所示，为高程风险因子标准化后分别对应生态环境、生命财产和水土流失的云模型示意图，横轴为期望值（expected value），纵轴为隶属度（membership），图 4-2 至图 4-4 中从左至右分别为低风险、中低风险、中风险、中高风险和高风险所对应的正态云图。

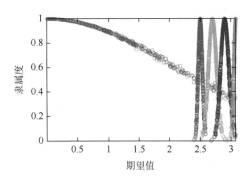
图 4-2　高程～生态环境正态云图

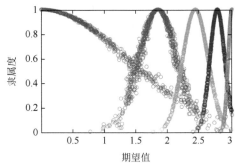
图 4-3　高程～生命财产正态云图

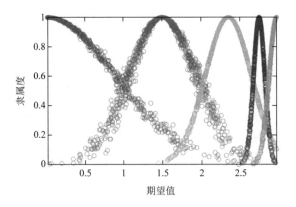
图 4-4　高程～水土流失正态云图

2）计算关联度

根据所述云模型及标准化后的风险因子值 x_{ij}，计算第 i 个风险因子对应的第 m 种风险类型（包括生态环境、生命财产、水土流失）的第 j 个风险等级的风险关联度。用于计算各风险因子针对不同风险类型对应的目标区域任意样本点在不同风险等级的关联度 $\mu_{i_m,j}(x)$ 的计算公式如下：

$$\mu_{i_m,j}(x) = \exp[(-x_{i_m,j} - \mathrm{E}x_{i_m,j})^2 / (2\mathrm{En}_{i_m,j}^2)] \qquad (4\text{-}4)$$

根据式（4-2）、式（4-3）、式（4-4）和表 4-3，可计算任意样本点对应的 $\mu_{i_m,j}$。

本节中目标区域的所有样本点，对应不同风险因子针对生态环境、生命财产、水土流失风险类型的风险等级关联度平均值如表 4-4 所示。例如，目标区域所有样本点的高程（F1）可能导致弃渣场发生高生态环境风险的关联度是 0.1042、发生高生命财产风险的关联度是 0.1672，发生水土流失高风险的关联度是 0.1233。其他风险因子和等级含义类同。

表 4-4　目标区域所有样本点各风险因子对应不同风险等级下的关联度

风险因子	风险识别等级	评价标准				
		高（V）	中高（IV）	中（III）	中低（II）	低（I）
高程（F1）	生态环境	0.1042	0.0613	0.3475	0.2877	0.1993
	生命财产	0.1672	0.1107	0.3201	0.2144	0.1876
	水土流失	0.1233	0.0923	0.3729	0.2441	0.1674
坡度（F2）	生态环境	0.0911	0.2671	0.1595	0.0593	0.4230
	生命财产	0.0721	0.2198	0.1894	0.0755	0.4432
	水土流失	0.1068	0.2756	0.1655	0.0671	0.3850
风速（F3）	生态环境	0.0533	0.1381	0.6103	0.0553	0.1430
	生命财产	0.0470	0.1242	0.6352	0.0617	0.1319
	水土流失	0.1037	0.1485	0.6002	0.0431	0.1045
年降水量（F4）	生态环境	0.0451	0.2192	0.5233	0.1471	0.0653
	生命财产	0.0787	0.2310	0.5091	0.1773	0.0039
	水土流失	0.0371	0.2279	0.5094	0.1575	0.0681
汇水面积（F5）	生态环境	0.0544	0.2010	0.1559	0.5570	0.0317
	生命财产	0.1033	0.2103	0.1329	0.5433	0.0102
	水土流失	0.0349	0.2331	0.1129	0.5692	0.0499
设施距离（F6）	生态环境	0.1359	0.0210	0.4311	0.4022	0.0098
	生命财产	0.1021	0.0410	0.3988	0.3623	0.0958
	水土流失	0.1125	0.2470	0.4035	0.2217	0.0153
路网距离（F7）	生态环境	0.0051	0.0183	0.2147	0.3328	0.4291

续表

风险因子	风险识别等级	评价标准				
		高（Ⅴ）	中高（Ⅳ）	中（Ⅲ）	中低（Ⅱ）	低（Ⅰ）
路网距离（F7）	生命财产	0.0093	0.0323	0.1677	0.3752	0.4155
	水土流失	0.0032	0.0291	0.1473	0.3467	0.4737
河网距离（F8）	生态环境	0.0047	0.0912	0.1955	0.3849	0.3237
	生命财产	0.0139	0.0785	0.2319	0.3540	0.3217
	水土流失	0.0194	0.2134	0.2421	0.3426	0.1885
人口密度（F9）	生态环境	0.0192	0.2033	0.1081	0.3756	0.2938
	生命财产	0.0241	0.2405	0.0879	0.4185	0.2290
	水土流失	0.2230	0.1937	0.1178	0.3875	0.0780
土壤类型（F10）	生态环境	0.1172	0.3762	0.2901	0.1164	0.1001
	生命财产	0.1305	0.3319	0.3099	0.0998	0.1279
	水土流失	0.1094	0.3597	0.2891	0.1194	0.1084

本节中，为避免某一位专家主观判断的随机性，选取 N 名弃渣场建设与运营管理专家，构建 N 个判断矩阵，分别计算 N 个专家判断下的权重，并计算一致性，通过一致性检验后，将 N 个专家的风险类型判断的权重进行加权运算，作为最终的计算各风险因子复合生态环境、生命财产、水土流失三种风险类型的单个风险因子综合云模型的权重。以选取 $N=5$ 个专家为例，这里的选择仅仅作为一种举例，并不是构成对本节研究的限定，在其他实施例中，也可以选择 $N=7$ 或 $N=10$ 或其他专家数量。

以风速对生态环境、生命财产和水土流失影响的风险类型重要度权重为例，重要度比较根据 AHP 的原理选择 1-9 度比较法（衡量特定因子所致的一种风险相对于另一种风险发生重要度的大小，以最终确定三种风险类型的重要度权重）。

第一位专家用于确定生态环境风险、生命财产、水土流失风险三种风险重要度的两两比较矩阵如下：

$$C^i = (C_{mm'})_{3 \times 3} = \begin{bmatrix} c_{11} & c_{12} & c_{13} \\ c_{21} & c_{22} & c_{23} \\ c_{31} & c_{32} & c_{33} \end{bmatrix} = \begin{bmatrix} 1 & 3 & 6 \\ \dfrac{1}{3} & 1 & 3 \\ \dfrac{1}{6} & \dfrac{1}{3} & 1 \end{bmatrix} \quad (4\text{-}5)$$

式中，$C_{mm'}$ 为 m 风险类型相对于 m' 风险类型的重要程度，依据前述 1-9 度比较尺度法确定；反之风险类型 m' 相对于 m 的重要度为 $1/C_{mm'}$ 来表示，即 $C_{m'm}=1/C_{mm'}$，$C_{mm}=C_{m'm'}=1$，m 和 m' 分别为 $1,2,\cdots,M$。本节，$M=3$，1、2、3 分别代表生态环境风险、生命财产风险、水土流失风险。得到比较矩阵后，可以通过式（4-6）：

$$C^i W_i = \lambda_{\max} W_i \tag{4-6}$$

计算求得特定风险因子对应各种风险类型的相对重要度权重向量 $W_i=\{w_{i1},w_{i2},\cdots,w_{im},\cdots,w_{iM}\}, m=1,2,\cdots,M$。本节，$M=3$，则 $W_i=\{w_{i1},w_{i2},w_{i3}\}$ 代表风险因子 i 对应生态环境风险、生命财产风险、水土保持风险三种风险类型的相对重要度权重向量。$\lambda_{\max}$ 为矩阵 C^i 的最大特征根。此外，为了确保判断矩阵 C^i 具有良好的一致性，需要计算一致性检验指标 CR 判定 C^i 是否能够通过一致性检验。CR 可通过式（4-7）计算得到。

$$CR = \frac{(\lambda_{\max}-t)（t-1）}{RI} \tag{4-7}$$

式中，t 为比较指标数（当计算风险类型权重时，t 为风险类型数，$t=3$；当后续计算风险因子权重时，t 为风险因子数，$t=10$）；RI 为随机一致性指标，可以通过查阅随机一致性检验表（表 4-5）获得。一般认为 CR $\leqslant 0.1$，判断矩阵通过一致性检验。

表 4-5 随机一致性检验表

项目	值												
t 阶	3	4	5	6	7	8	9	10	11	12	13	14	15
RI 值	0.52	0.89	1.12	1.26	1.36	1.41	1.46	1.49	1.52	1.54	1.56	1.58	1.59

资料来源：Saaty（1987）

第一位专家的 CR $=0 \leqslant 0.1$。

因此第一位专家的权重向量通过检验，且 $W_i=\{60\%,30\%,10\%\}$。

以此类推得到的其他四位专家关于风速相对于生态环境、生命财产和水土保持权重的专家评判结果的权重向量和一致性检验结果如表 4-6 所示。

表 4-6 权重向量和一致性检验指标 CR

专家	三种风险类型权重（W_1、W_2、W_3）	一致性检验指标 CR
第二位专家	68.740%、18.296%、12.964%	0.002
第三位专家	68.732%、16.554%、14.714%	0.015
第四位专家	58.332%、26.542%、15.126%	0.022
第五位专家	64.795%、22.987%、12.218%	0.002

　　五位专家的权重矩阵均通过检验，为此风速对应的生态环境、生命财产、水土流失的三种风险重要度，通过加权处理得到的最终权重为：64.120%、22.876%、13.004%。

　　重复上述操作完成其他 9 个风险因子的风险类型重要度综合权重计算，如表 4-7 所示。

表 4-7　风险因子的风险类型重要度综合权重

风险因子	风险类型		
	生态环境	生命财产	水土流失
风速	64.120%	22.876%	13.004%
设施距离	50.898%	32.165%	16.937%
高程	35.751%	34.712%	29.537%
年降水量	38.059%	21.502%	40.440%
人口密度	33.206%	56.199%	10.595%
河网距离	40.172%	19.169%	40.659%
路网距离	25.963%	41.770%	32.267%
土壤类型	50.965%	9.978%	39.057%
坡度	27.805%	40.390%	31.805%
汇水面积	20.857%	40.266%	38.877%

　　根据表 4-7 的计算结果和每个风险因子对应不同风险类型的云模型，通过加权计算得到各风险因子的风险等级关联度综合云模型。计算公式如下：

$$\mu_{ij} = \sum_{i_m=1}^{I} W_{i_m} \times \mu_{i_m,j} \tag{4-8}$$

　　相应所有样本点的风险等级平均关联度计算结果见表 4-8。

表 4-8　风险等级平均关联度

评价因子	高（V）综合关联度	中高（IV）综合关联度	中（III）综合关联度	中低（II）综合关联度	低（I）综合关联度
高程（F1）	0.1317	0.0876	0.3455	0.2493	0.1858
坡度（F2）	0.0884	0.2507	0.1735	0.0683	0.1263
风速（F3）	0.0584	0.1363	0.6147	0.0552	0.1355
年降水量（F4）	0.0491	0.2253	0.5146	0.1578	0.0532
汇水面积（F5）	0.0665	0.2172	0.1299	0.5562	0.0301

评价因子	高（Ⅴ）综合关联度	中高（Ⅳ）综合关联度	中（Ⅲ）综合关联度	中低（Ⅱ）综合关联度	低（Ⅰ）综合关联度
设施距离（F6）	0.1211	0.0657	0.4160	0.3588	0.0384
路网距离（F7）	0.0062	0.0276	0.1733	0.3550	0.4378
河网距离（F8）	0.0084	0.0978	0.2257	0.3618	0.2683
人口密度（F9）	0.0435	0.2232	0.0978	0.4010	0.2345
土壤类型（F10）	0.1155	0.3653	0.2917	0.1159	0.1061

4.1.3　结合 AHP 和熵权法计算综合权重

基于 AHP 计算风险因子的 AHP 重要度权重时，还是以 $I=10$ 个风险因子为例，先构造 10 个风险因子重要度比较的判断矩阵，如式（4-9）所示。

$$R = \begin{bmatrix} r_{1,1} & \cdots & r_{1,i} & \cdots & r_{1,10} \\ \cdots & & \cdots & & \cdots \\ r_{i,1} & \cdots & r_{i,i} & \cdots & r_{i,10} \\ \cdots & & \cdots & & \cdots \\ r_{10,1} & \cdots & r_{10,i} & \cdots & r_{10,10} \end{bmatrix} \tag{4-9}$$

根据式（4-6）计算不同风险因子 AHP 重要度权重 $W^r = \{w_1^r, w_2^r, \cdots, w_i^r, \cdots, w_I^r\}$，$i=1,2,\cdots,I$ 代表风险因子类型。此外，为了确保判断矩阵 R 具有良好的一致性，需要计算一致性检验指标 CR 判定 R 是否能够通过一致性检验，以 $I=10$ 为例，参见表 4-5 进行判断。

本节，仍然以 5 位相关专家为例，对 10 个风险因子重要度权重进行基于 AHP 的专家评判，得到的风险因子的 AHP 重要度权重为

$$W^r = w_1^r, w_2^r, \cdots, w_i^r, \cdots, w_I^r \tag{4-10}$$

W^r 可用于与熵权的复合，构造复合所有风险因子的风险等级关联度云模型。基于熵权法计算风险因子的熵权时，过程如下。

1. 数据标准化

先将所有弃渣场样本点各个风险因子实际值进行标准化处理。假设给定了 I 个风险因子 $X_1, X_2, \cdots, X_i, \cdots, X_I$，其中 $X_i = \{x_{i1}, x_{i2}, \cdots, x_{ik}, \cdots, x_{iK}\}$，括号内为 K 个样本对应的风险因子 i 的实际赋值。本节中，$I=10$，x_{ik} 对应 $K=330$ 个样本的 DEM 实际值。

为了便于计算处理，还需对样本实际值进行标准化处理。假设对各风险因子值标准化后的值为 $Y_i = \{y_{i1}, y_{i2}, \cdots, y_{ik}, \cdots, y_{iK}\}$，其中 i 表示风险因子类型，k 表示样本点的数字序号（如 1 至 330），则 y_{iK} 表示第 k 个样本点的风险因子 i 进行 0~1 归一化操作后得到的值，归一化操作的公式如下：

$$y_{ik} = \frac{x_{ij} - \min(x_i K)}{\max(x_i K) - \min(x_i K)} \tag{4-11}$$

2. 计算第 i 个风险因子对应第 k 个样本值占该风险因子的比重

本步骤中，通过式（4-12）：

$$P_{ik} = \frac{y_{ik}}{\sum\limits_{k=1}^{K} y_{ik}} \tag{4-12}$$

进行计算第 k 个样本值占该风险因子 i 的比重 P_{ik}，其中 $i = 1, 2, \cdots, I$；$k = 1, 2, \cdots, K$。

3. 求各风险因子的信息熵

根据信息论中信息熵的定义，一组数据（本例为风险因子）的信息熵为

$$e_i = \frac{-1}{\ln k} \sum_{k=1}^{K} P_{ik} \times \ln P_{ik} \tag{4-13}$$

式中，e_i 为风险因子的信息熵。

4. 计算信息熵冗余度

本步骤中，通过式（4-14）：

$$d_i = 1 - e_i \tag{4-14}$$

计算信息熵冗余度 d_i，其中 $i = 1, 2, \cdots, I$。

5. 确定各风险因子的熵权

通过式（4-15）：

$$w_i^s = \frac{d_i}{\sum\limits_{i=1}^{I} d_i} \tag{4-15}$$

计算所有基于熵权法的风险因子的熵权 $W^s = \{w_1^s, w_2^s, \cdots, w_i^s, \cdots, w_I^s\}$。

6. 根据 AHP 重要度权重和熵权计算风险因子重要度综合权重

本步骤中，为了综合专家主观重要度权重（即为本节中的 AHP 重要度权重）

和熵权法确定的客观权重（本节称为熵权），设置主客观权重调整系数 α，风险因子重要度权重确定模型为

$$W = \alpha W^r + (1+\alpha)W^s \tag{4-16}$$

式中，W^r 为通过 AHP 计算的衡量各风险因子在不同风险等级下的主观权重；W^s 为通过熵权法计算的客观权重；W 为组合权重；α 为主客观权重折中系数或调整系数，α 越大，表示 AHP 确定的权重对综合权重的影响越大；反之，则表示熵权法确定的权重对综合权重影响大，本节权重折中系数确定为 0.5。

4.1.4　绘制多因子作用下弃渣场选址风险综合地图以及各专题图

1. 综合地图和专题图绘制思路

基于单一风险因子风险等级关联度集成云模型和考虑变权的风险因子重要度权重，构建复合多风险因子和多风险类型的风险等级关联度复合云模型，绘制多因子作用下弃渣场选址风险综合地图以及各专题图（韦立伟等，2016；中铁第四勘察设计院集团有限公司，2019）。

2. 建立复合云模型

根据前述复合权重和任意风险因子的风险等级关联度集成云模型，可得复合多因子与多风险类型的任意风险等级关联度复合云模型：

$$\mu_j = \sum_{j=1}^{J} \left[(\alpha W_j^r + (1-\alpha)W_j^s) \times \mu_{ij} \right] \tag{4-17}$$

式中，$i = 1, 2, \cdots, I$，$j = 1, 2, \cdots, J$。

本节将风险等级划分为 5 个等级，即 $J = 5$，为此根据关联最大准则，确定特定目标样本点的风险等级即为关联度。

最大值对应的风险等级，确定依据为 $\max\mu_j = \max\{\mu_1, \cdots, \mu_j, \cdots, \mu_5\}$，以此在 ArcGIS 软件中即可绘制综合风险地图。

根据上述计算方法，得出任意单个风险因子的生态环境、生命财产和水土流失综合风险专题地图。根据对 $\mu_{i_m j}$ 的定义和风险关联度最大化准则，选任意选址样本点的 $\max\mu_{i_m j} = \max\{\mu_{i_m 1}, \cdots, \mu_{i_m j}, \cdots, \mu_{i_m 5}\}$（其中 $i = 1, 2, \cdots, I$，$m = 1, 2, \cdots, M$，$j = 1, 2, \cdots, J$）作为任意样本点的特定风险因子对应不同风险类型的风险等级，即可根据 ArcGIS 绘制响应风险因子对应风险类型的专题地图。

根据前述计算过程，利用 ArcGIS 也可给出任意风险因子的集成生态环境、生命财产、水土流失的综合风险专题地图。任意选址样本点特定风险因子的生态环境、生命财产、水土流失复合风险等级确定方法如下：

$$\max \mu_{i_m j} = \left[\sum_{i_m=1}^{I} (w_{i_m} \times \mu_{i_m 1}), \cdots, \sum_{i_m=1}^{I} (w_{i_m} \times \mu_{i_m j}), \cdots, \sum_{i_m=1}^{I} (w_{i_m} \times \mu_{i_m J}) \right] \quad （4\text{-}18）$$

为了更全面地展示目标区域针对生态环境、生命财产、水土流失等特定风险类型的情况，可以根据风险因子重要度权重计算出各风险类型，复合所有风险因子的分类型风险专题地图辅助决策。任意样本点的生态环境、生命财产、水土流失风险复合多因子的风险等级计算公式如下：

$$\max(\mu_j^m) = \max \left[\sum_{i_m=1}^{10} (w_{i_m} \times \mu_{i_m 1}), \cdots, \sum_{i_m=1}^{10} (w_{i_m} \times \mu_{i_m j}), \cdots, \sum_{i_m=1}^{10} (w_{i_m} \times \mu_{i_m 5}) \right] \quad （4\text{-}19）$$

式中，w_{i_m} 为最终的基于 AHP 和熵权法确定的风险因子重要度复合权重。

3. 绘制各专题图完成弃渣场选址

根据综合风险地图以及综合风险地图绘制过程中产生的各专题图，结合具体工程位置及工程量，完成弃渣场选址。

根据最终获取的叠加专题图可获取 6 处适合建造弃渣场的区域，其中 1 号地区是由公路和尼洋河包围起来的平地，位于 LZ 市郊，2 号地区是市郊一处较大草原，3 号地区是山地之间的较缓和的谷底，4 号地区是一处雪山的缓坡，5 号地区是河岸边的狭长平原，6 号地区是鲁朗镇周边的平地，已经建造了弃渣场。总的来说除了 4 号地区有一定风险，其他 5 处都是可供选择的弃渣场建造地。

对照区域内现实中已经建造完成的弃渣场，鲁朗弃渣场、白木隆布曲弃渣场、尼池村弃渣场，仲堆 1 号弃渣场在可接受等级范围内，而东九曲弃渣场在此范围之外，可能是数据的精确度没有达到要求而导致的误差，也可能是评价指标和操作方法还需要继续改进。

4.2 基于故障树与贝叶斯网络的生态环境风险预测与诊断

重大工程弃渣场在完成设计工作后，在如何判断弃渣场的潜在设计风险方面，目前还缺乏相应的理论模型和决策支持工具，而与此同时，当弃渣场发生灾害事故后如何诊断事故的原因同样也需要理论模型和决策工具作为支撑。贝叶斯理论作为成熟的系统故障分析工具，在其他工程系统的风险预测和风险诊断已经有了成熟和成功的应用，但是在弃渣场风险诊断还未得到尝试。为了更好地认识弃渣场和理解弃渣场系统的结构要素以开展应用贝叶斯理论进行风险预测与诊断建模，本节将故障树模型与贝叶斯网络模型相集成，构建重大工程弃渣场生态环境综合风险预测与致灾诊断模型，并基于现实 SZHA 弃渣场开展风险诊断与预测实证建模，以期支持重大工程的弃渣场系统风险预测与致灾诊断建模与决策。

伴随交通强国建设，穿越西部地区的公路、铁路等线性基础设施重大工程需要建设大量隧道和安置隧道洞渣的弃渣场。在自然环境和人类活动的共同影响下，很多选址在复杂艰险环境地区的大规模弃渣场因潜在的崩塌、滑坡、泥石流风险对水土保持、生态环境和生命财产产生巨大威胁。降低大型弃渣场的建设与运维风险对于避免水土流失与保护生态环境，保障周边区域生产活动和生命财产安全非常重要。在《中华人民共和国国民经济和社会发展第十四个五年规划和2035 年远景目标纲要》提出建设交通强国的背景下，伴随复杂艰险环境地区的交通基础设施建设，铁路、公路等线性基础设施重大工程，在穿越地势起伏大，地形复杂的地区，将产生大量隧道弃渣（Lin et al.，2015）。一方面推动西部交通基础设施的重大工程建设必然会导致复杂艰险环境地区的弃渣场规模、数量的增加，另一方面弃渣场的建设与运维管理不善将导致水土流失、生态环境破坏，甚至是生命财产的损失。然而，当前有关重大工程建设过程中弃渣场的风险管理研究还存在不足，急需更多的方法，诊断与预测弃渣场风险，为重大工程弃渣场的风险管理与决策提供支撑。

4.2.1　弃渣场工程系统分析与故障树模型构建

1. 弃渣场系统构成要素与环境风险因素分析

弃渣场作为一类典型构筑物，主要用来处置不能资源化利用的隧道洞渣以及各类弃渣。重大工程建设往往面临复杂的生态环境，而且弃渣场的建设需要经过选址、设计和施工及验收等环节。特别是在复杂艰险环境下，为避免弃渣场发生水土流失以及产生生态环境破坏，还需对弃渣场竣工验收后进行监测。一般来说，不论是建设阶段还是运行维护阶段的弃渣场出现塌方、滑坡或者发生泥石流等灾害风险，核心因素都是因为弃渣场的结构系统遭受了超出其承受能力的外部能量作用，或者因为弃渣堆体的含水量过饱和液化，在重力或者外力的作用下产生滑移导致。根据对大多数弃渣场系统本身的理解和导致弃渣堆体过饱和以及外力追加的能量输入的环境分析，基于系统视角的重大工程弃渣场系统灾害风险过程分析框架如图 4-5 所示。

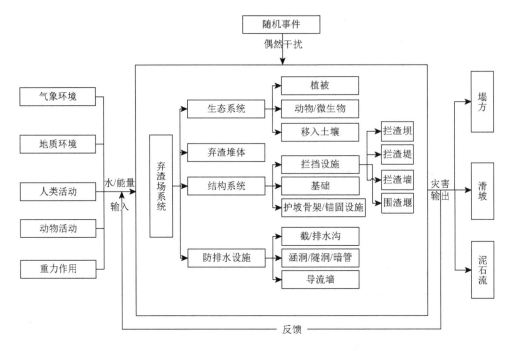

图 4-5　重大工程弃渣场系统灾害风险过程分析框架

弃渣场系统的外部环境包括气象环境、地质环境、人类活动、动物活动和重力作用，其中气象环境、地质环境和人类活动是导致弃渣场系统水和能量输入的主要因素，而动物活动以及重力作用又对水、能量输入产生重要影响。弃渣场系统本身则主要由生态系统、弃渣堆体、结构系统和防排水设施组成，其中结构系统主要抵抗能量作用使弃渣场保持稳定状态，而生态系统和防排水设施对弃渣堆体的含水量安全具有重要意义。根据上述对弃渣场系统的认识，可以为应用故障树和贝叶斯网络进一步开展重大工程弃渣场的灾害风险诊断和预测工作提供支撑基础。

根据弃渣场系统的结构分解和弃渣场系统风险故障的逻辑分类，参考重大工程全寿命周期建设特点，重大工程弃渣场从建设到运营经历了建设阶段和运营维护阶段，其中建设阶段包含了决策选址、设计、施工、竣工等子阶段。在这一系列过程中重大工程弃渣场的安全风险受到气候、地质等自然环境因素和勘察、设计、施工、监理以及监管等行为因素的影响。依照重大工程全寿命周期的时间顺序，识别自然环境与管理行为因素故障，将 SZHA 弃渣场作为重大工程弃渣场的分析案例，综合分析产生风险的"故障"因素，构建弃渣场系统风险故障树模型。首先将弃渣场滑坡作为顶事件，其次进一步将风险故障因素分为建设和运营问题两个中间事件；进一步从工程环境的角度深入分析建设问题和运营问题两个中间事件产生的原因。依次类推，逐层深入识别分析中间事件及其发生的原因，得到更加详细具体、具有针对性的基本事件。弃渣场系统风险因素故障树的 11 个管理行为不当的基本事件如表 4-9 所示。

表 4-9　弃渣场系统风险的基本事件及其定义

节点编号	节点名称	节点中文解释
X_1	设计单位施工图纸不合格	图纸设计单位套用施工图纸，没有对施工图纸进行计算、检验、校核，导致无效施工图纸被使用
X_2	监管机构监管不严格	监管机构对弃渣场的建设监管和弃渣场正式运营后的日常运营监管不严格，未能发现问题，或发现问题未能严格执法
X_3	监管机构建设许可违规审批	弃渣场建设开工前监管机构对弃渣场的选址、建设许可等审批管理不符合要求，使得弃渣场在不满足国家规定的条件下开始建设
X_4	建设单位选址不当	建设单位在对弃渣场选址决策时未能充分考虑地形因素和当弃渣场堆填体滑坡、塌方等灾害发生对周围自然环境、人类生活生产区域的威胁
X_5	施工单位准备不充分	施工前未严格处理场地，如未完全排除场地积水，未能对场地土体进行全面加固等
X_6	设计单位对辅助设施设计不全	设计图纸中忽略截洪沟、盲沟排水设施的作用，排水系统和其他辅助功能设施设计数量不足，未能达到设施正常运转所需数量
X_7	运营单位日常维护不到位	弃渣场投入运营后运营单位未能定期对弃渣场的设备设施进行维护修缮，或设备设施出现问题时未能及时进行维护或更换
X_8	运营单位管理人员责任意识淡薄	运营人员发现弃渣场日常运营违规时隐瞒不报，视而不见，或人员面对紧急情况的应对能力和知识不足，不能正确地控制、终止突发情况
X_9	施工单位堆放弃渣不合理	在堆放弃渣前未检查场地是否符合弃渣堆放条件，渣土没有采取晾晒或混合干土填埋等措施便直接填入场内或渣土超量超高堆填
X_{10}	施工单位堆填体碾压不实	弃渣堆填体没有进行紧密压实，密实度低
X_{11}	监测机构失责	监测机构未能及时监测到灾害发生或监测到灾害隐患且未能及时向有关部门汇报情况并采取措施

2. 弃渣场系统风险故障树模型构建

鉴于故障树方法的成熟程度，有关故障树基本符号和具体应用可参考相关文献，这里不再赘述。弃渣场系统最终的风险发生，一定是系统的物理组件发生失效所导致的，而管理行为不当往往是产生风险的主导因素。根据故障链传递的特征，可分为管理行为故障传递链和系统物理组件故障传播链以及行为和组件混合传播链。具体在从顶事件到基本事件的分析过程中，要强化可能导致上级事件发生的下级事件分类识别的逻辑严谨性，避免同级事件定义出现重叠，也要避免同级事件并集之后未能覆盖全部的因素事件。为了避免故障分析出现遗漏，可遵循

图 4-6 的故障事件识别分析逻辑框架，识别故障因素，依靠专家判断推理因素之间的关联关系，构建弃渣场系统的故障树模型。

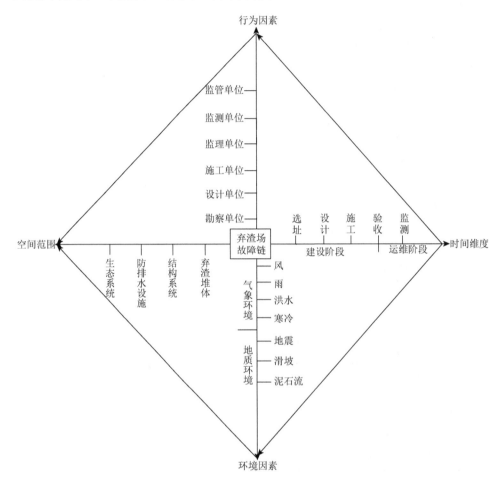

图 4-6　弃渣场系统故障事件识别分析逻辑框架

表 4-9 是以 SZHA 弃渣场为例，根据管理行为不当的故障因素分类识别出的弃渣场系统风险基本事件。对于弃渣场系统风险故障因素而言，导致弃渣场系统风险的故障因素远不止表 4-9 中的行为，对于每一个弃渣场参与单位，还可能有更多的行为不当可能导致系统风险。为了将顶事件和基本事件之间建立起更好的逻辑映射，有助于重大工程弃渣场的风险管理，进一步地，根据专家咨询经验，梳理了一个包含四级的故障树体系，其中弃渣场风险作为唯一的顶事件在第一级，基本事件 $X_1, X_2, \cdots, X_{11}$ 作为第四级，根据 SZHA 弃渣场的灾害调查报告，有关第二级、第三级等其他中间事件详见表 4-10。

表 4-10　弃渣场系统风险的中间事件和定义

节点编号	节点名称	节点中文解释
A_1	建设问题	在弃渣场的建设阶段产生了一直伴随着弃渣场的、对弃渣场安全性有不利影响的问题
A_2	运营问题	弃渣场建成并正式开始运营后，在弃渣场的运维阶段产生了影响弃渣场安全的隐患，并且这些隐患一直没有被解决
A_3	设计问题	在弃渣场建设施工前的设计阶段出现了会对弃渣场安全产生不利影响的问题，但是直到设计成果被投入建设，这些问题依然没有被解决
A_4	施工问题	在弃渣场进行建设施工时发生了对弃渣场安全产生隐患的问题并且这些问题到施工结束都没有被解决，伴随着弃渣场一直存在
A_5	运营管理问题	在弃渣场建成并正式开始运营后，在弃渣场的日常经营过程中由于管理不当产生了威胁弃渣场安全的隐患，而且这些隐患没有被消除，一直存在
A_6	弃渣堆放问题	在渣土入场堆放到渣土成为堆填体堆放在场内的这一过程中出现了影响弃渣场安全的问题
A_7	灾害控制问题	没能预警灾害发生，且灾害发生后没能控制或阻止灾害的扩大
A_8	图纸问题	弃渣场按照不合格的图纸建设
A_9	选址问题	对弃渣场的风险防控和灾害控制有严重隐患的地理位置被确定为弃渣场的建设位置
A_{10}	施工质量问题	弃渣场的建设施工质量存在问题如偷工减料、不符合质量要求，为弃渣场增添了安全风险隐患
A_{11}	设施问题	有关设施设备通过验收未能及时维护，在灾害发生时设施设备的功能不能正常发挥从而进一步导致灾害风险的发生
A_{12}	灾害发生应对不当	灾害风险发生时弃渣场有关部门和人员未能用正确的应急方法应对突发灾害，缺乏应急预案与现场处置能力
A_{13}	灾害发生预警失败	监测与预警机制或装置失效，未能及时对灾害风险影响的单位和个人发出及时的预警通知

　　此外，需要说明的是要使建立的故障树模型具有实用性，即在实际应用时发现的每一个对弃渣场产生风险的事件都能没有歧义地被确定为故障树中的唯一事件，就要确定故障树模型中的每一事件的范围边界，也就是定义每一事件的具体所指内容。在确定基本事件的同时，基本事件的范围也被确定，而对于中间事件同样需要进行详细定义（表 4-10）。依据表 4-9 和表 4-10，根据对基本事件和中间事件的关联分析和逻辑归类，可将不同的弃渣场系统风险事件转化为一个因果连续的故障树模型，如图 4-7 所示。图 4-7 中，"＋"代表"或"门，意为两个事件之间互不影响，只要有其中一个事件发生就会影响上层事件发生；"×"代表"与"门，意为只有两个事件同时发生才会对上层事件的发生产生影响。

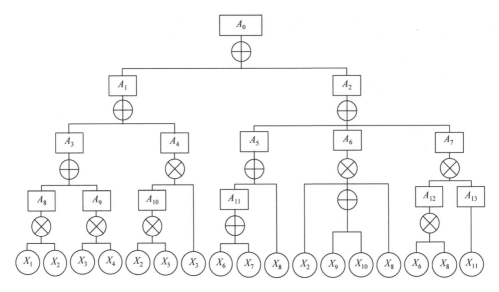

图 4-7　弃渣场系统风险因素故障树模型

　　根据图 4-7，弃渣场系统风险可以根据时间阶段，分为建设问题和运营问题两个故障原因。建设问题 A_1 分为设计问题 A_3 和施工问题 A_4 两个故障因素，而 A_4 的故障因素又是中间事件 A_{10} 和基本事件 X_3 的合集构成，施工质量问题 A_{10} 又是由 X_2、X_5 两个基本事件的合集所致。同理可以理解其他中间事件、基本事件与顶事件的故障关系。依照国家法律法规，在施工结束时必须对目标工程进行质量检验，而施工质量问题发生必然涉及质量检验人员的监管失效。调查报告指出，SZHA 弃渣场在开工建设前对施工场地并未充分准备，场地存有积水，没有严格进行土体加固，从而对工程的建设质量产生了不利影响。通过故障树模型，则更形象、准确地表达了调查报告描述的内容。这样更有助于进行弃渣场系统风险的管理与应对。

3. 基于故障树模型的分析

　　根据弃渣场系统的故障树模型，可以进行结构重要度分析（张攀科和罗帆，2018）。所谓结构重要度分析，是不考虑基本事件发生的概率，从结构角度分析风险传递的过程中每一基本事件对顶事件发生的影响程度。结构重要度的计算方法如下：

$$I_{\varphi}(i) = \frac{1}{k}\sum_{j=1}^{n}\frac{1}{R_j} \qquad (4\text{-}20)$$

式中，I_{φ} 为结构重要度；k 为结构重要度包含的最小割集数；n 为包含第 i 个基本事件的最小割集数；R_j 为包含第 i 个基本事件的第 j 个最小割集的基本事件数。计算结构重要度首先要确定每一基本事件的最小割集。最小割集是凡能导致顶上事件发生的最低限度的基本事件的集合。在最小割集里任意基本事件都不能去掉，否则就不能被称为最小割集。依据布尔代数法简化故障树并求出最小割集。设弃渣场产生风险为 A_0，用布尔代数法得到如下等式。

$$\begin{aligned}
A_0 &= A_1 + A_2 = A_3 + A_4 + A_5 + A_6 + A_7 \\
&= A_8 + A_9 + A_{10}X_3 + A_{11} + X_8 + (X_9 + X_{10})X_8X_2 + A_{12}A_{13} \\
&= X_1X_2 + X_3X_4 + X_3X_5X_2 + X_7 + X_6 + X_8 + X_9X_8X_2 + X_{10}X_8X_2 \quad (4\text{-}21) \\
&\quad + X_6X_8X_{11} \\
&= X_1X_2 + X_3X_4 + X_3X_5X_2 + X_7 + X_6 + X_8
\end{aligned}$$

式中，导致弃渣场风险因素产生的最小割集有 6 个，即顶事件发生的途径有 6 个，分别为 X_1X_2，即设计单位施工图纸不合格和监管机构监管不严格同时发生；X_3X_4 为监管机构建设许可违规审批和建设单位选址不当同时发生；$X_3X_5X_2$ 为监管机构建设许可违规审批和施工单位施工准备不充分以及监管机构监管不严格同时发生；X_7 为运维单位日常所维护不到位；X_6 为设计单位对辅助设施设计不全；X_8 为运营单位管理人员责任意识淡薄。进一步可得最小割集的结构重要度。其中：

$$I_\varphi(X_3) = \frac{1}{6} \times \left(\frac{1}{2} + \frac{1}{3}\right) = \frac{5}{36}; \ I_\varphi(X_1) = \frac{1}{6} \times \frac{1}{2} = \frac{1}{12}; \ I_\varphi(X_7) = I_\varphi(X_6) = I_\varphi(X_8) = \frac{1}{6} \times 1 = \frac{1}{6};$$

$$I_\varphi(X_4) = \frac{1}{6} \times \frac{1}{2} = \frac{1}{12}; \ I_\varphi(X_5) = \frac{1}{6} \times \frac{1}{3} = \frac{1}{18}; \ I_\varphi(X_2) = \frac{1}{6} \times \left(\frac{1}{2} + \frac{1}{3}\right) = \frac{5}{36}。$$

所以有结构重要度的排序为

$$I_\varphi(X_7) = I_\varphi(X_6) = I_\varphi(X_8) > I_\varphi(X_3) = I_\varphi(X_2) > I_\varphi(X_1) = I_\varphi(X_4) > I_\varphi(X_5) \quad (4\text{-}22)$$

根据结构重要度分析，可以得到运营单位日常维护不到位（X_7），设计单位对辅助设施设计不齐全（X_6），运营单位管理人员责任意识淡薄（X_8）最容易导致弃渣场产生风险。

4.2.2　故障树模型转化为贝叶斯网络的基本原理

1. 故障树向贝叶斯网络模型转化

将故障树转化为相应的贝叶斯网络，是将故障树中的事件转化为贝叶斯网络中的节点，但在故障树中多次出现的事件在贝叶斯网络模型中仅用一个节点表示即可。将故障树中事件之间的连接关系转化为贝叶斯网络中节点之间的有向弧，并将故障树中的"与"门和"或"门的逻辑关系转化为节点的条件概率关系。图 4-8 为故障树转化为贝叶斯网络的原理示例。

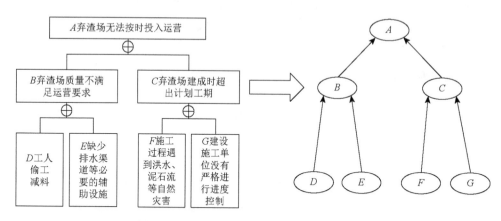

图 4-8   故障树转化为贝叶斯网络的原理示例

在图 4-8 中 A、B、C、D、E 均为二值事件，即当事件发生时概率为 1，事件不发生时概率为 0，则故障树中"与"门和"或"门的逻辑关系向贝叶斯网络中的中间节点的条件概率转化算法如表 4-11 所示。

表 4-11   故障树转化为贝叶斯网络的逻辑转化关系算法规则

A 与 B, C	B 与 D, E	C 与 F, G
$P(A=1|B=0, C=0)=0$	$P(B=1|D=0, E=0)=0$	$P(C=1|F=0, G=0)=0$
$P(A=1|B=0, C=1)=1$	$P(B=1|D=0, E=1)=0$	$P(C=1|F=0, G=1)=1$
$P(A=1|B=1, C=0)=1$	$P(B=1|D=1, E=0)=0$	$P(C=1|F=1, G=0)=1$
$P(A=1|B=1, C=1)=1$	$P(B=1|D=1, E=1)=1$	$P(C=1|F=1, G=1)=1$
$P(A=0|B=0, C=0)=1$	$P(B=0|D=0, E=0)=1$	$P(C=0|F=0, G=0)=1$
$P(A=0|B=0, C=1)=0$	$P(B=0|D=0, E=1)=1$	$P(C=0|F=0, G=1)=0$
$P(A=0|B=1, C=0)=0$	$P(B=0|D=1, E=0)=1$	$P(C=0|F=1, G=0)=0$
$P(A=0|B=1, C=1)=0$	$P(B=0|D=1, E=1)=0$	$P(C=0|F=1, G=1)=0$

根据上述转化原理，将弃渣场风险因素故障树初步转化为节点没有条件概率的弃渣场系统风险因素贝叶斯网络如图 4-9 所示。

2. 贝叶斯网络的深化与条件概率的确定

初步构建贝叶斯网络模型后，当有足够的数据的情况下，需要对模型进行结

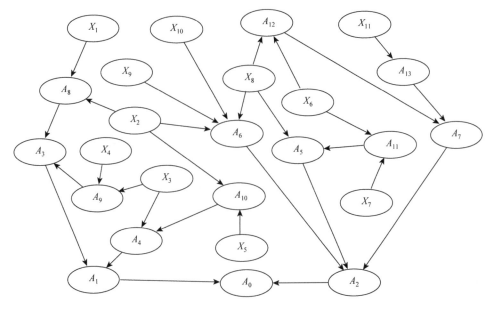

图 4-9　弃渣场系统风险因素贝叶斯网络模型

A_i 为中间事件节点编号、X_j 为基本事件节点编号

构学习和参数学习，以确保模型的准确性。结构学习是指借助已知数据和先验知识，运用特定算法提取变量之间的内部拓扑结构的过程（Lan et al.，2021）。参数学习就是在给定贝叶斯网络条件下，确定各节点条件概率分布的过程（高晶鑫等，2015）。参数学习的算法主要有三种，分别为最大似然估计、期望最大化和梯度下降（Hu et al.，2016）。

在无法利用数据确定弃渣场的结构和参数的情况下，本节建立的贝叶斯模型略过了结构学习，默认根据故障树转化的贝叶斯网络是最终结构。不通过数据分析确定参数，而是通过专家评议的方式确定贝叶斯网络中每一节点的风险概率。专家评议是指工程领域专家经过实地考察，参考地理、水文、气候资料，在确定根节点发生概率的前提下，通过专家讨论和独立评议对于特定子节点事件发生可能性（概率）的判断。专家评议的核心是相信专家的专业判断，同时专家数量的增加可以在一定程度上消除专家偏好对特定子节点事件的发生概率高低的影响，但需要对专家的判断结果进行综合处理。对于多位专家的不同判断结果进行综合处理的方法有很多，如加权平均、中值法、模糊评判、云模型等。本节所述的子节点发生条件概率的方法如下：①将节点风险大小依次按照高、中高、中、中低、低五个模糊属性划分为五个风险等级，然后由评判专家对风险等级进行隶属度划分；②在此基础上，五个风险等级进一步对应[0.8, 1]、[0.6, 0.8)、[0.4, 0.6)、[0.2, 0.4)、[0, 0.2)，之后由评判专家在对应隶属度区间

进一步给定一个风险分值，作为该专家给出的贝叶斯条件概率；③汇总所有专家的评价结果，然后求取平均值作为该节点风险发生条件概率的基准值；④适当放大基准值，以基准值与最大风险评价结果的平均值作为贝叶斯网络中各节点的条件概率，以用于总体网络计算。由于节点代表的事件是二值事件，当确定了节点发生的概率后，在父节点相同的条件下，节点事件不发生的概率也能确定。例如，针对以 SZHA 弃渣场为例构建的贝叶斯网络模型，本节选择五位相关专家根据上述规则进行风险概率评判，确定灾害发生预警失败在监测机构失责发生的条件下发生的概率为 0.96，在没有发生的条件下发生的概率为 0.1。进一步，根据二值事件特性，确定了 A_{13} 在 X_{11} 的条件下不发生的概率，即 $P(A_{13}=0\,|\,X_{11}=1)=0.04$，$P(A_{13}=0\,|\,X_{11}=0)=0.9$。以此类推，将得到的节点的条件概率输入到贝叶斯网络中，即可确定全部节点的概率。最后得到贝叶斯网络所有节点的概率分布如图 4-10 所示。

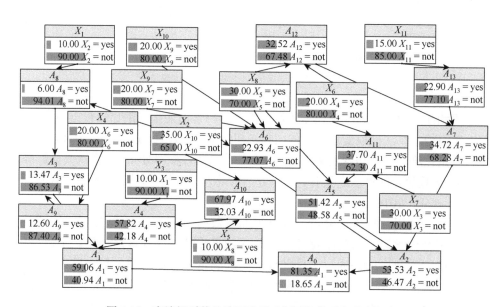

图 4-10　弃渣场系统风险因素贝叶斯网络模型和节点概率

A_i 为中间事件节点编号、X_j 为基本事件节点编号；yes 表示节点事件发生，not 表示节点事件不发生；节点内的数据除以 100 表示真实概率

需要指出的是图 4-10 所确定的贝叶斯网络，其结构来自 SZHA 弃渣场确定的故障树模型，但是其节点概率并非针对 SZHA 弃渣场本身，而是所邀请专家基于自身工作经验和专业知识给出的判断。在实际操作过程中，不同的重大工程弃渣场风险诊断与风险预测推理可以构成不同的故障树结构模型以及生产不同的贝叶斯网络。

4.2.3　生态环境风险预测与诊断实证

1. 基于贝叶斯网络的弃渣场系统风险预测推理

基本因素是指故障树模型中确定的基本事件在贝叶斯模型中相对应的节点，但为了加强贝叶斯网络对实践的指导性，这里增加了中间事件对顶端节点风险发生的预测分析。为了更好地说明预测推理原理，这里用 A_1、A_2 代替 A_0，分析不同的节点事件概率变化对 A_1 建设问题和 A_2 运营问题发生的影响。依次将除 A_1、A_2 的其他节点状态设置为 1，预测 A_1 和 A_2 变化后的概率如表 4-12 所示。

表 4-12　预测推理中各节点风险变化对 A_1 和 A_2 变化的影响

基础事件节点	基础事件节点的影响		中间事件节点	中间事件节点的影响	
	A_1 建设问题预测结果	A_2 运营问题预测结果		A_1 建设问题预测结果	A_2 运营问题预测结果
X_1 设计单位施工图纸不合格	71.48%	53.53%	A_3 设计问题	85.31%	54.27%
X_2 监管机构监管不严格	38.38%	56.85%	A_4 施工问题	90.60%	52.59%
X_3 监管机构建设许可违规审批	72.46%	53.53%	A_5 运营管理问题	59.06%	76.28%
X_4 建设单位选址不当	64.84%	53.53%	A_6 弃渣堆放问题	54.48%	79.15%
X_5 施工单位准备不充分	36.62%	53.53%	A_7 灾害控制问题	59.06%	86.01%
X_6 设计单位对辅助设施设计不全	59.06%	71.58%	A_8 图纸问题	74.42%	55.80%
X_7 运营单位日常维护不到位	59.06%	63.03%	A_9 选址问题	76.51%	53.53%
X_8 运营单位管理人员责任意识淡薄	59.06%	78.15%	A_{10} 施工质量问题	76.61%	52.48%
X_9 施工单位堆放弃渣不合理	59.06%	62.27%	A_{11} 设施问题	59.06%	69.77%
X_{10} 施工单位填体碾压不实	59.06%	64.52%	A_{12} 灾害发生应对不当	59.06%	79.95%
X_{11} 监测机构失责	59.06%	70.24%	A_{13} 灾害发生预警失败	59.06%	71.15%

2. 基于贝叶斯网络的弃渣场系统风险诊断推理

为了深化贝叶斯网络模型的应用，还可以应用已经构建好的贝叶斯网络模型诊断推理哪些节点对弃渣场产生风险更加敏感。诊断推理类似前述预测推理的逆过程，仍以建设问题和运营问题为分析对象，分别设定两节点的风险概率为 1，可以得到网络中各节点的后验概率。设定建设问题发生概率为 1 后，贝叶斯网络节点的概率变化情况如图 4-11 所示，其中概率没有发生变化的节点未在图中显示条件概率。

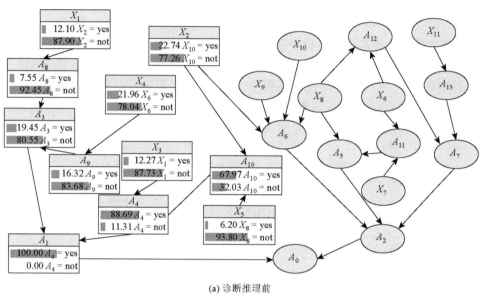

(a) 诊断推理前

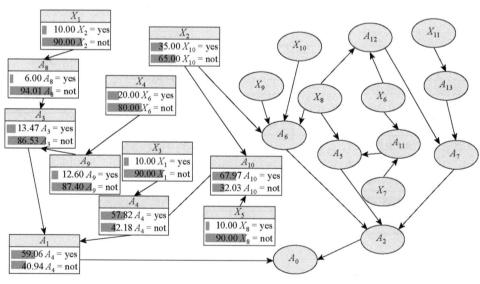

(b) 诊断推理后

图 4-11　设定 A_1 建设问题风险发生后各节点风险敏感程度的诊断推理结果

A_i 为中间事件节点编号、X_j 为基本事件节点编号；yes 表示节点事件发生，not 表示节点事件不发生；节点内的数据除以 100 表示真实概率根据已经建立好的贝叶斯网络，将 A_1 建设问题或 A_2 运营问题的风险概率设定为 1 后，分析其他节点的风险发生概率变化敏感度，可以用来逆向识别哪些事件对弃渣场系统风险最为敏感，找出对弃渣场产生风险影响最大的基本事件并着重处理，以提高降低弃渣场产生风险发生的效率。将 A_1 建设问题和 A_2 运营问题的风险发生概率分别设定为 1，各基本事件对应节点的先验概率，后验概率以及后验概率对先验概率的变化率如表 4-13 所示。

表 4-13　A_1 和 A_2 设定为 1 后各基本事件对应节点的概率变化

节点	A_1 对应的基本事件概率变化			A_2 对应的基本事件概率变化		
	先验概率	后验概率	变化率	先验概率	后验概率	变化率
X_1 设计单位施工图纸不合格	10.00%	12.10%	21.00%	10.00%	10.00%	0
X_2 监管机构监管不严格	35.00%	22.74%	−35.03%	35.00%	37.17%	6.20%
X_3 监管机构建设许可违规审批	10.00%	12.27%	22.70%	10.00%	10.00%	0
X_4 建设单位选址不当	20.00%	21.96%	9.80%	20.00%	20.00%	0
X_5 施工单位准备不充分	10.00%	6.20%	−38.00%	10.00%	10.00%	0
X_6 设计单位对辅助设施设计不全	20.00%	20.00%	0	20.00%	26.75%	33.75%
X_7 运营单位日常维护不到位	30.00%	30.00%	0	30.00%	35.33%	17.77%
X_8 运营单位管理人员责任意识淡薄	30.00%	30.00%	0	30.00%	43.80%	46.00%
X_9 施工单位堆放弃渣不合理	20.00%	20.00%	0	20.00%	23.27%	16.35%
X_{10} 施工单位堆填体碾压不实	20.00%	20.00%	0	20.00%	24.11%	20.55%
X_{11} 监测机构失责	15.00%	15.00%	0	15.00%	19.68%	31.20%

4.3　本 章 小 结

本章综合考虑复杂艰险环境下重大工程所处特殊情景，建立了包含高程、坡度、风速等 10 个指标在内的弃渣场选址综合风险评价指标体系。本章提出的指标体系全面，在满足常规弃渣场选址评价需要的同时，也为复杂艰险环境中弃渣场的生态环境风险评价提供了有效工具。在此基础上，本章针对评价指标权重，采用了集成 AHP 和熵权法的组合赋权法，使得到的指标权重兼顾主观性和客观性，更具合理性。同时，本章使用云模型解决了评价指标在不同风险等级的隶属度存在模糊性的问题，实现了定量的实际数值和定性的评价等级之间的转换。在保证结果可信度的前提下，极大地提高了数据拟合的效率，实现了弃渣场选址评价结果的可靠与高效。实证结果也表明本章集成 AHP、熵权法和云模型等评价方法，能够为弃渣场选址和管理指明方向，具有重要的理论意义和实践价值。

此外，本章以重大工程建设过程中涉及的大型弃渣场的风险预测与管理为背景，基于系统视角，提出了重大工程弃渣场系统风险发生的逻辑框架，并根据弃渣场的全寿命周期阶段划分，在时间维度上将导致弃渣场产生风险的问题分为建设阶段和运维阶段两大类，然后将导致弃渣场系统风险的故障因素分为管理行为和自然环境两类因素，给出了识别影响或导致弃渣场系统风险事件发生的逻辑框架。在此基础上，通过风险事件的逻辑关联和归因分析，进一步定义弃渣场系统风险的顶事件、中间事件和基本事件，构建弃渣场系统风险因素故障树。根据弃渣场系统风险因素故障树，给出了计算导致弃渣场系统风险产生的各基本事件和中间事件的结构重要度方法，并进一步说明了将故障树转化为对应的贝叶斯网络结构模型的操作方法和原理。并借助专家评判方法，确定父节点对其子节点的条件概率，进而构建出完整的弃渣场系统的贝叶斯网络风险分析模型。用于弃渣场系统风险分析的贝叶斯网络不但能够直观地呈现风险因素间的关联关系，还可以对影响弃渣场系统风险因素进行预测推理和诊断推理，为分析各风险事件对弃渣场系统产生风险的影响程度和弃渣场系统风险发生时识别各风险事件的重要程度提供了一个参考工具。

考虑到重大工程弃渣场的现实风险数据积累不足且每座弃渣场的风险因素和系统结构的差异，本章选择了 SZHA 弃渣场作为案例进行实证分析，开展故障树建模并作为确定贝叶斯网络结构建模的基础，然后结合专家评判法确定节点之间的条件概率，以构建最终的贝叶斯网络风险分析模型。旨在说明如何应用故障树和贝叶斯网络的集成方法开展弃渣场系统的事前风险预测和事后风险原因诊断，本质是对专家经验知识的推理应用，而根据 SZHA 弃渣场的调查报告所识别出来的风险事件（故障）原因，也值得作为其他类似重大工程弃渣场开展风险管理的参考。

第5章 运维阶段重大工程弃渣场群风险监测与评价

5.1 弃渣场工程系统与数字孪生模型

在工业领域，数字孪生技术并不是一种全新的技术，它是系统建模与仿真应用的重要形式，是在物联网、大数据、云计算、人工智能等计算机技术应用背景下，系统建模与仿真应用技术发展的新阶段。数字孪生技术通过建立与研究对象相同的数据模型，在计算机上实现对现实世界的观察与模拟。

对于运维阶段的弃渣场工程数字孪生技术来说，信息化系统提供了工程的运行状态信息，反映了真实世界中的工程的运行状态。借助弃渣场工程建设阶段的设计资料与 GIS、BIM 和系统动力学等技术，可在计算机中搭建模拟所研究的弃渣场的数据模型。基于该模型，可对物理实体的变化规律进行预测并验证、优选调度运行决策。

5.1.1 弃渣场工程系统要素分析

弃渣场作为一类典型构筑物，主要用来处置不能资源化利用的隧道洞渣以及各类弃渣。重大工程建设往往面临复杂的生态环境，而且弃渣场的建设需要经过选址、设计和施工及验收等环节。特别是在复杂艰险环境下，为避免弃渣场发生水土流失以及产生生态环境破坏，还需对弃渣场竣工验收后进行监测。一般来说，不论是建设阶段还是运行维护阶段的弃渣场出现塌方、滑坡或者发生泥石流等灾害风险，核心因素都是因为弃渣场的结构系统遭受了超出其承受能力的外部能量作用，或者因为弃渣堆体的含水量过饱和液化，在重力或者外力的作用下产生滑移导致。根据对大多数弃渣场系统本身的理解和导致弃渣堆体过饱和以及外力追加的能量输入的环境分析，基于系统视角的重大工程弃渣场系统灾害风险过程分析框架如图4-5所示。第4章已对该系统进行了详细分析，故不再赘述。

弃渣场系统的外部环境包括气象环境、地质环境、人类活动、动物活动和重力作用，其中气象环境、地质环境和人类活动是导致弃渣场系统水和能量输入的主要因素，动物活动以及重力作用又对水、能量输入产生重要影响。弃渣场系统本身则主要由弃渣堆体、结构系统、生态系统和防排水设施组成，其中结构系统主要抵抗能量作用使弃渣场保持稳定状态，而生态系统和防排水设施对弃渣堆体的含水量安全具有重要意义。

5.1.2　弃渣场工程系统数字孪生模型构建

随着新一代信息技术（如云计算、物联网、大数据等）与制造业的融合与落地应用，世界各国纷纷出台了各自的先进制造发展战略，如美国工业互联网和德国工业 4.0，其目的之一是借力新一代信息技术，实现制造物理世界和信息世界的互联互通与智能化操作，进而实现智能制造。与此同时，在制造强国和网络强国战略背景下，我国也先后出台了《国务院关于积极推进"互联网+"行动的指导意见》和《关于加快传统制造业转型升级的指导意见》等制造业国家发展纲领性文件。此外，党的十九大报告也明确提出"加快建设制造强国，加快发展先进制造业，推动互联网、大数据、人工智能和实体经济深度融合"，其核心是促进新一代信息技术和人工智能技术与制造业深度融合，推动实体经济转型升级，大力发展智能制造。因此，如何实现制造物理世界与信息世界的交互与共融，是当前国内外实践智能制造理念和目标所共同面临的核心瓶颈之一。

数字孪生是以数字化方式创建物理实体的虚拟模型，借助数据模拟物理实体在现实环境中的行为，通过虚实交互反馈、数据融合分析、决策迭代优化等手段，为物理实体增加或扩展新的能力。作为一种充分利用模型、数据、智能并集成多学科的技术，数字孪生面向产品全生命周期过程，发挥连接物理世界和信息世界的桥梁和纽带作用，提供更加实时、高效、智能的服务（陶飞等，2018）。

弃渣场建设面临跨山、跨江、跨海和跨境的挑战，迫切需要突破高原高寒高海拔、跨江越海等地区地理地质环境复杂、工程艰巨、施工安全风险高、安全运维难等难题。常规以现场人员密集型作业为主的建设和运维模式难以满足高水平高质量建设管理要求，亟须"信息化减人更高效、智能化少人更高质、自动化无人更安全"的变革性技术手段。数字孪生通过物理世界与虚拟世界的精准映射和虚实互动，成为支援弃渣场建设的新途径。由于复杂艰险环境跨越广大的区域，建设周期长、地形高差大、地质灾害隐患多、生态保护任务重，工程线路—结构—环境耦合作用下的综合优化选线设计和经济—环保—安全等多目标智能搜索、工程全线—隧道桥梁等控制性工程—施工工点多层次的施工安全质量进度智能管控、健康安全运维精准管理等，急需工程及其沿线环境全时、全域、全要素、高精度数字孪生模型支撑。

全时指时间域，既包括设计、建造和运维生命周期，也包括如隧道施工的爆破、开挖、支护等作业周期；全域指多粒度的空间域，地理上包含地上、地下、地表，管理上包含全线、标段、工区，构造上包含系统、单元、构件；全要素指全生命周期所有业务涉及的要素。例如，在最关键的施工建造期间，数字孪生模型在空间域一般划分为 3 个典型尺度进行不同要素、不同时间分辨率的实景三维建模与数据组织：①区域尺度，全线指挥调度需要综合考虑沿线全域范围的工程设施、地理、地质、生态、人员、机械、灾害等要素；②工程尺度，诸如隧道、桥梁等工程既要更精细地考虑工程结构本身及其与周围环境之间的多场耦合作用过程，还要综合考虑影响工程安全质量进度的人、机、料、法、环等要素的时空变化；③施工面尺度，在施工过程中要在线处理大量来自机械装备、监测传感器和超前预报的实时数据，动态进行安全质量风险评估、工序工艺工期跟踪—诊断—预测、进度推演与计划优化调整等工作。从规划设计到施工建设和运维的全生命周期不同阶段，数字孪生模型存在不确定性变化，需要持续不断地迭代更新。在数年甚至十多年长周期的施工建设过程中，工程及其周围环境可谓日新月异，海量多源异构的天空地测绘和监测数据与持续不断的施工过程数据智能化融合处理成为巨大挑战，如图 5-1 所示。

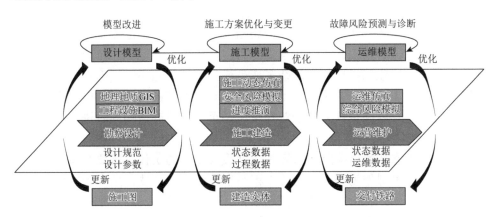

图 5-1　数字孪生模型及其迭代更新

资料来源：朱庆等（2022）

5.2　重大工程弃渣场生态环境风险监测预警体系

伴随《中华人民共和国国民经济和社会发展第十四个五年规划和 2035 年远景目标纲要》提出的要持续推进新型基础设施、新型城镇化、交通水利等重大工程（即"两新一重"）建设，西部地区的交通基础设施工程项目建设规模也日益增加。以成兰铁路为例，成兰铁路穿越众多高海拔且生态环境脆弱的高原地区，其隧洞弃渣处置需要大量弃渣场。这些弃渣场地处复杂艰险环境，如缺乏规范的管理手段或有效的监测评价，将面临更为严峻的生态环境综合风险威胁。姑且不论复杂艰险环境地区的弃渣场管理难度，即使在平原和城市地区，弃渣场的监测管理不善带来的风险损失就足以让我们教训深刻。弃渣场风险监测预警需要考虑多种潜在风险，包括工程安全风险、水土流失风险、生态风险等。其中工程安全风险指的是弃渣场在建设和运营过程中可能造成人员和财产方面的损害；水土流失风险指的是弃渣场崩滑流导致土壤和水分流失的风险；而生态风险则是指生态系统受到系统外一切构成威胁的要素作用的可能性。综上，弃渣场生态环境综合风险的定义除包括工程安全风险、水土流失风险以及生态风险之外，还包括上述风险对生产生活的直接和间接影响，是弃渣场在多个方面潜在风险的综合体现，这对于复杂艰险环境地区的弃渣场建设而言也更具现实意义。

目前已有多种方法用于弃渣场的风险监测预警工作。李玉龙和侯相守（2022）运用故障树与贝叶斯网络集成的方法，结合专家决策，对单个弃渣场系统的风险进行诊断与预测。韦立伟等（2016）以新建重庆至万州铁路为例，基于 AHP，构建了弃渣场潜在危险性层次模型，对弃渣场的潜在危险性进行了评价研究。顾小华等（2021）结合弃渣场相关规定和生产实践要求，对弃渣场进行了综合评价。这些工作均以工程安全为主，对生态环境综合风险考虑较少。此外，生态环境监测指标数据复杂多变且变化周期长短不一，但目前的方法多以静态监测为主，仅少数采取了动态监测，且监测范围较小，常以单个或几座弃渣场为主，难以满足重大工程对几十座甚至上百座弃渣场同时进行风险监测和评价的需要。

弃渣场生态环境风险监测预警是一项极其复杂的工作，需要开发和引入更多的方法。云模型作为一种新型的工程系统风险评估方法，虽尚未应用于弃渣场项目，却早已广泛应用于其他工程项目。王建波等（2022）基于云模型理论构建了城市深基坑工程施工风险评价模型。杨子桐等（2019）提出了堤防工程的风险指标体系和云模型评价方法，并给出了详细的风险评价流程。谢定坤等（2020）集成连续区间数据的有序加权平均（continuous interval argument，ordered weighted averaging，C-OWA）算子与云模型，构建了大型桥梁施工变更方案的评价方法。Chen 等（2012）将云模型应用于旱灾风险评估中，并与神经网络等方法进行了比较，显示了该方法的优越性。云模型在近年发展飞速，主要原因在于该方法可以很好地将定性的概念转化为定量的数值，能够更加直观地进行分析和评价（李德毅和刘常昱，2004）。此外，更关键的是，云模型能够给出各个风险因素在不同风险等级上的概率分布，克服了其他方法只能让一个风险因素对应一个风险等级的不足。弃渣场风险发生的可能性及其对应的风险等级往往具有模糊性，因此，云模型非常适用于对重大工程弃渣场进行风险评价。尤其是在对复杂艰险环境中的弃渣场生态环境综合风险认识不足、缺乏完善的评价指标体系的情况下，风险因素指标赋值与风险等级的对应关系存在模糊性，用云模型来刻画风险因素的不同风险等级尤为适合。为此，引入云模型方法对复杂艰险环境下重大工程弃渣场生态环境风险进行监测预警。首先，构建针对弃渣场生态环境综合风险监测预警的指标体系，并提出针对单一风险因素评价的云模型；其次，为了克服主、客观赋权各自的不足，集成 AHP 和熵权法对指标进行组合赋权，并运用云模型得出各风险因素在不同风险等级的隶属度，从而刻画弃渣场的生态环境综合风险；最后，以某重大工程所在地有代表性的 56 座弃渣场为例，进行了模型应用的实证分析。

5.2.1　生态环境风险监测预警指标体系

1. 监测指标体系构建

穿越复杂艰险环境地区的重大工程弃渣场的生态环境综合风险监测预警指标体系应能够综合、全面反映其风险特征，且数据具有可获取性。为了建立能够满足大多数场景的弃渣场监测预警需求，结合相关文献、专家经验和现实案例，不仅考虑了常规弃渣场评价所使用的指标，还着重引入了复杂艰险高原山区环境下重大工程弃渣场所需要重点考虑的指标，如植被分级、保护区距离、坡度、高程以及风速等。

结合《水利部生产建设项目水土保持方案变更管理规定（试行）》和《高速铁路环境保护、水土保持设施竣工验收工作实施细则》等文件、规范的要求，以及相关文献（李玉龙和侯相宇，2022；韦立伟等，2016；Okagbue，1986；肖玮和田伟平，2021）中有关弃渣场评价的常用指标，并综合考虑高原山区复杂艰险环境的特殊地理、气候条件，建立了包括弃渣场基础安全在内的 4 个一级指标和涵盖高程、坡度、风速等 10 个二级指标的弃渣场生态环境综合风险监测预警指标体系，如图 5-2 所示。其中，二级指标的含义见表 5-1。

2. 风险等级隶属度划分

《水土保持工程设计规范》（GB 51018—2014）将弃渣场风险划分为五个级别。参照这一标准，将弃渣场的预警标准划分为五个等级，依次为理想（Z1）、良好（Z2）、临界（Z3）、危险（Z4）、恶劣（Z5）五级，兼顾可操作性和数据分析工作量，将不同指标的风险等级区间划分如表 5-2 所示。

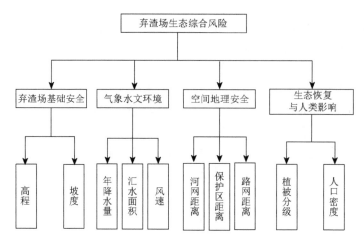

图 5-2　弃渣场生态环境综合风险监测预警指标体系

表 5-1　指标释义、参考依据及性质

评价指标	指标的设置依据和动态监测需求	参考依据	性质
高程 （单位：千米）	多数弃渣场风险评价中只涉及坡度指标，而复杂艰险高原山区的重大工程弃渣多位于高海拔、低温环境地区，加之隧洞弃渣量巨大，植被一旦被破坏恢复十分困难。高程越高，气温越低，所处生态环境就越脆弱。高程指标随地质年代变迁才有较大的变化，在工程项目的全生命周期内不需要进行动态监测	《高海拔地区建筑工程施工技术指南》（2019年中国铁道出版社）	正相关
坡度 （单位：度）	坡度是影响弃渣场风险的重要指标（孙朝燊，2019），但常规环境条件弃渣场坡度带来的危害远低于复杂艰险环境的弃渣场，因此必须重视高陡大坡度对弃渣场崩滑流灾害的影响。坡度指标越大，崩滑流风险越大，水土流失带来的生态环境风险就越大。坡度在没有受到地质灾害影响的情况下变化不大，只需要在灾害发生后重新测量记录即可	《水土保持综合治理规划通则》（GB/T 15772—2008）	正相关
风速（单位：米/秒）	在风力的作用下，地表的土壤会发生侵蚀作用，不仅会影响堆砌渣土的稳定性，还会在风蚀过程中释放尘土，污染生态环境，危害生命健康（贺志霖等，2014）。高海拔、低温环境下，风力越大对弃渣场表面植被恢复产生的负面影响就越大，考虑风蚀的特点，风速监测以年均风速为宜	《土壤侵蚀分类分级标准》（SL 190—2007）	正相关
年降水量 （单位：毫米）	降水下渗后，浸润线以上渣土体的容重增大、抗剪参数减小，导致边坡渣土体的滑动力增大，抗滑力减小，边坡稳定性安全系数降低（乌云飞等，2022），崩滑流导致水土流失风险增大，进而增加生态环境风险。（累计）降水量越大、降水时间越长，风险越高。降水量可以根据气象站或者自行设置监测站点，按照每次进行动态监测的结果评估当次降水导致的风险，也可以按照年降水量进行跟踪监测，表征一段时期内的崩滑流风险。这里忽略了一定程度上降水对植被恢复的积极作用	①《水土保持综合治理规划通则》（GB/T 15772—2008）②《生产建设项目水土流失防治标准》（GB/T 50434—2018）	正相关
汇水面积 （单位：千米²）	汇水面积指的是降水流向低洼地带而形成的区域大小。汇水面积对地表径流的生成和土壤的水土流失有重要影响。汇水面积会随降水和地形的改变而变化，面积越大，弃渣场发生崩滑流，从而导致水土流失等生态环境风险的可能性就越大。汇水面积结合降水特点可根据卫星遥感影像，通过DEM建模应用ArcGIS等软件进行动态监测	《水土保持综合治理规划通则》（GB/T 15772—2008）	正相关

续表

评价指标	指标的设置依据和动态监测需求	参考依据	性质
保护区距离（单位：千米）	我国非常重视生态环境保护，复杂艰险山区的自然保护区不仅数量多，而且分布密、面积广，相关规范均规定弃渣场原则上不得设置在保护区内，且距离越远对保护区生态环境影响越小。保护区距离一般不会改变，当改变时根据保护区划定范围进行重新监测即可	《自然保护区工程项目建设标准（试行）》	负相关
路网距离（单位：千米）	弃渣场距离道路主干道越近运输成本越低，而一旦发生崩滑流风险会破坏路网以及威胁行驶车辆，既会导致财产与生命健康损失，又会破坏路网附近植被。忽略运输成本和时间因素，认为距离路网越近其生态环境综合风险越大。工程建设中路网和弃渣场的边界均在不断变化，可每周监测一次，竣工后可一年更新一次	①《中华人民共和国公路法》②《公路工程施工安全技术规范》(JTG F90—2015)	负相关
河网距离（单位：千米）	弃渣场较适宜设置在地形相对平缓的浅洼地和平原地区，如果距离河网较近，河水上涨会威胁弃渣场安全，同时弃渣场崩滑流会堵塞河道形成堰塞湖，产生更高的风险，危害生态环境。为此，认为弃渣场距离河网越近，生态环境风险越高。与路网距离类似，工程建设中可每周监测一次，竣工后可一年更新一次	《水土保持综合治理规划通则》(GB/T 15772—2008)	负相关
人口密度（单位：人/千米²）	人口密度能反映复杂艰险环境下的弃渣场崩滑流等对人类生命安全的威胁程度，也反映人类活动对弃渣场所处生态环境的影响。人口密度越大，人类活动越密集，弃渣场被影响和人类面临的风险威胁越大，人口密度相对稳定，一般半年或者一年监测一次即可	《公路桥梁和隧道工程施工安全风险评估指南（试行）》	正相关
植被分级	一般弃渣场建设完毕后会用原渣场地表植被土壤进行覆盖，渣场所处区位的植被类型是生态环境的反映，植被恢复和生长能力也会影响土壤密实程度和场地排水能力。根据植被恢复和保水能力确定了植被类型对应的生态环境风险分级。周围植被在工程施工的过程中可能会发生改变，可每月监测一次，运维过程中植被改变的速度较慢，按照一年一次的频率进行动态监测即可	《土壤侵蚀分类分级标准》(SL 190—2007)	根据植被特点判断

表 5-2　预警指标体系和等级划分

评价指标	评价标准				
	理想（Z1）	良好（Z2）	临界（Z3）	危险（Z4）	恶劣（Z5）
高程/千米	[0, 0.6)	[0.6, 1.2)	[1.2, 1.8)	[1.8, 2.4)	[2.4, +∞)
坡度/度	[0, 5)	[5, 10)	[10, 20)	[20, 30)	[30, +∞)
风速/（米/秒）	[0, 0.5)	[0.5, 1)	[1, 1.5)	[1.5, 2)	[2, +∞)
年降水量/毫米	[0, 100)	[100, 200)	[200, 500)	[500, 1000)	[1000, +∞)
汇水面积/千米²	[0, 0.2)	[0.2, 0.4)	[0.4, 0.6)	[0.6, 0.8)	[0.8, +∞)
保护区距离/千米	[20, +∞)	[10, 20)	[5, 10)	[2, 5)	[0, 2)
路网距离/千米	[1, +∞)	[0.5, 1)	[0.2, 0.5)	[0.1, 0.2)	[0, 0.1)
河网距离/千米	[20, +∞)	[10, 20)	[5, 10)	[2, 5)	[0, 2)
人口密度/（人/千米²）	[0, 10)	[10, 20)	[20, 50)	[50, 100)	[100, +∞)
植被分级	阔叶林	针叶林、针阔叶混交林	灌丛、高山植被	草原、草甸	荒漠

5.2.2　生态环境风险监测预警模型

根据构建的弃渣场生态环境综合风险监测预警指标体系，应用 ArcGIS 和遥感影像获取相关数据。通过云模型，绘制各指标在不同风险等级的正态云示意图，得到各指标在不同等级下的隶属度，然后通过熵权法和 AHP 对指标进行组合赋权。最后将组合权重与单因素风险等级隶属度相结合得到弃渣场的综合风险等级隶属度，用以进行弃渣场的生态环境风险监测预警研究。具体步骤如下。

1. 弃渣场生态环境综合风险单因素监测预警云模型构建

以往对于弃渣场风险发生概率的确定没有考虑实际情况中的模糊性。使用云模型处理模糊性的问题，可以实现定量的实际数值和定性的评价标准之间的转换。云模型是通过云的计算描述随机性与模糊性的一种模型，包含期望（Ex）、熵（En）、超熵（He）三个主要数字特征，反映到云图上如图 5-3 所示。图 5-3 以风速为例，展示了弃渣场生态环境综合风险单因素的正态云示意图。图 5-3 中不同灰度的正态云图对应不同的风险等级，其纵轴代表隶属度，横轴代表期望值，从左至右分别为理想、良好、临界、危险和恶劣风险等级对应的正态云图，五个云图各自的最高点对应的期望值代表五个风险等级的 Ex，En 与云图的跨度成正比，而 He 与云的厚度和离散程度成正比。使用正向正态云发生器，计算了弃渣场各评价指标在不同风险等级对应的三个数字特征，并由此得到对应的云。

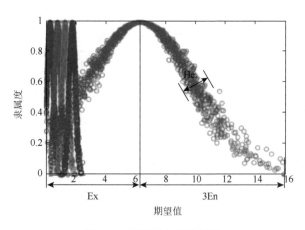

图 5-3　风速正态云示意图

根据研究和实际分析的需要，对云模型数字特征的计算可做出调整，在尽可能拟合原云模型数字特征的基础上，结合监测预警指标体系和风险等级划分，参照顾小华等（2021）的研究将 Ex 的计算公式改进如下：

$$\mathrm{Ex} = \frac{Z_{\max} + Z_{\min}}{2} \tag{5-1}$$

式中，$Z_{\max}$ 与 $Z_{\min}$ 为对应的某个指标在某个预警等级的上下边界，只存在上边界的情况时以实际值中的最大值 $S_{\max}$ 为上边界来计算 Ex。

同时将 En 计算公式修改得到：

$$\mathrm{En} = \frac{Z_{\max} - Z_{\min}}{2.355} \tag{5-2}$$

超熵 He 反映的是熵 En 的不确定程度，取值一般比 En 小一个到两个数量级（李涛等，2019），这里取

$$\mathrm{He} = 0.1\mathrm{En} \tag{5-3}$$

由此得到云模型隶属度的计算公式为

$$y(x) = \exp\left[-\frac{(x - \mathrm{Ex})^2}{2(\mathrm{En}')^2}\right] \tag{5-4}$$

式中对于指标的实际值 x，有如下关系：$x \sim N(\mathrm{Ex},(\mathrm{En}')^2)$，$\mathrm{En}' \sim N[\mathrm{En},(\mathrm{He})^2]$。

由于 $\mathrm{En}' \sim N[\mathrm{En},(\mathrm{En}')^2]$ 中 He 的数值一般比 En 小一个到两个数量级，所以可以将 En′ 由 En 来近似替代，得到改进后的隶属度计算公式：

$$y(x) = \exp\left[-\frac{(x - \mathrm{Ex})^2}{2(\mathrm{En})^2}\right] \tag{5-5}$$

现在只需要将计算得到的云模型数字特征代入式（5-5）即可计算每个风险指标在不同风险等级的隶属度。

2. 组合赋权

AHP 是通过有经验的专家构建判断矩阵，从而确定指标权重以反映其重要性，是一种主观赋权法。熵权法是通过各指标的一致性程度来计算信息熵，进而得到各指标的权重，反映的是指标参数变化的敏感度，属于客观赋权法。组合赋权法将主观赋权法和客观赋权法相结合，兼具了两种方法的特点，不仅反映专家的主观判断，还能表现出客观的计算信息。

本节使用主观的 AHP 和客观的熵权法组合确定指标权重。熵权法得到的权重 W_i 是根据预警指标实际值的离散程度所确定的客观权重，不受主观评价的影响，有时会导致低估一些实际上可能对弃渣场生态环境风险有较大影响的指标，所以需要结合主观评价的 AHP 确定的权重值 U_i，确保最终预警结果的主客观综合性。由于 AHP、熵权法及其组合使用方法都很成熟，这里不再赘述，可以参考黄桂林和魏修路（2019）的文献。

对于组合权重的计算常采用线性加权法，设组合权重为 V_i，其计算公式如下所示：

$$V_i = \alpha W_i + (1-\alpha)U_i \qquad (5\text{-}6)$$

式中，α 为线性加权系数，根据实际情况可以在 $[0,1]$ 之内进行选择。由于线性加权法的线性加权系数 α 需要尽可能满足所有评价指标的需要，适用于常规情况下小规模且数量较少的弃渣场评价与分析。在重大工程的弃渣场生态环境风险监测预警时，确定线性加权系数 α 的难度较大，所以采取每个指标相乘后归一化处理的方式，确保每个指标都可以综合 AHP 和熵权法两方面权重。改进后的综合权重计算方法如式（5-7）所示：

$$V_i = \frac{W_i U_i}{W_1 U_1 + W_2 U_2 + \cdots + W_i U_i}, \quad i = 1,2,\cdots,n \qquad (5\text{-}7)$$

3. 风险预警结果确定

设各预警指标对应不同等级的隶属度为 L_{ij}，其中 $i = 1,2,3,\cdots,10$，代表 10 个预警指标，$j = 1,2,3,4,5$，代表理想、良好、临界、危险、恶劣 5 个评价等级；设综合风险在某一评价等级的隶属度为 M_j，则有

$$M_j = \sum_{i=1}^{10} V_i L_{ij} \qquad (5\text{-}8)$$

最后根据最大隶属度原则可以确定弃渣场的最终风险预警结果。

5.2.3 生态环境风险监测预警实证研究

本节以某重大铁路工程所在地的 56 处弃渣场为例。这些弃渣场地处我国西南部，地势条件崎岖，生态环境脆弱，环境保护区密布，气候条件恶劣，符合复杂艰险条件下重大工程弃渣场的特征，适于应用本节所述的指标体系进行实证分析，并验证所提风险监测预警方法的科学性。

1. 监测数据来源

实证分析旨在通过案例展示所提弃渣场风险监测预警模型的应用步骤。一方面，由于各个指标数据的动态监测周期不一致，本节的各项数据主要为截至 2022 年 2 月的近一个周期内的相关数据。另一方面，部分指标的近期数据无法获得，本节将采用历史数据进行代替。具体数据监测时间点或周期如表 5-3 所示。

表 5-3　各指标监测数据获取时间

指标	年降水量	风速	人口密度	河网距离	路网距离	保护区距离	高程	坡度	汇水面积	植被分级
监测时间（年、月）	2019.05	2022.02	2020.11	2020.12	2022.02	2022.02	2020.12	2020.12	2020.12	2022.02
获取途径	中国气象数据网（https://data.cma.cn）	VORTEX网站（https://interface.vortexfdc.com）	WorldPop网	经过水文分析的DEM数据	OpenStreetMap网站，通常缩写为OSM，（https://www.openstreetmap.org）	物联英卡网（https://www.510link.com）	卫星图像数据（TIFF格式）转化得到DEM数据	DEM数据处理的坡度数据	经过水文分析的DEM数据	《1：1 000 000中国植被图集》

2. 云模型评价

1）划分预警标准

采用表 5-2 所示的风险等级划分标准，以展开后续的监测预警分析。

2）计算云模型数字特征

风险因素的云图绘制和风险等级隶属度的计算，需要以每个预警指标的五个评价等级的数字特征为基础。结合表 5-2 的评级等级划分，确定各指标在不同风险等级的上边界 $Z_{\max}$（当不存在上边界时用最大实际值 $S_{\max}$ 替代）和下边界 $Z_{\min}$，计算得到各指标对应五个预警等级的数字特征如表 5-4 所示。

表 5-4　各指标不同等级下的云模型数字特征

评价指标	等级划分														
	理想			良好			临界			危险			恶劣		
	Ex	En	He	Ex	En	He	Ex	En	He	Ex	En	He	Ex	En	He
高程	0.30	0.26	0.03	0.90	0.25	0.03	1.50	0.26	0.03	2.10	0.26	0.03	3.74	1.14	0.11
坡度	2.50	2.12	0.21	7.50	2.12	0.21	15.00	4.25	0.43	25.00	4.25	0.43	39.14	7.76	0.78
风速	0.25	0.21	0.02	0.75	0.21	0.02	1.25	0.21	0.02	1.75	0.21	0.02	6.26	3.61	0.361
年降水量	50.00	42.46	4.25	150.00	42.46	4.25	350.00	127.39	12.74	750.00	212.31	21.23	2028.13	873.14	87.31
汇水面积	0.10	0.09	0.01	0.30	0.09	0.01	0.50	0.09	0.01	0.70	0.09	0.01	0.88	0.07	0.01
保护区距离	32.23	10.39	1.04	15.00	4.25	0.43	7.50	2.12	0.21	3.50	1.27	0.13	1.00	0.85	0.09
路网距离	12.12	9.44	0.94	0.75	0.21	0.02	0.35	0.13	0.01	0.15	0.04	0.01	0.05	0.04	0.01
河网距离	58.90	33.04	3.30	15.00	4.25	0.43	7.50	2.12	0.21	3.50	1.27	0.13	1.00	0.85	0.09

续表

评价指标	等级划分														
	理想			良好			临界			危险			恶劣		
	Ex	En	He	Ex	En	He	Ex	En	He	Ex	En	He	Ex	En	He
人口密度	5.00	4.25	0.43	15.00	4.25	0.43	35.00	12.74	1.27	75.00	21.23	2.12	1089.74	840.54	84.05
植被分级	0.50	0.43	0.04	1.50	0.43	0.04	2.50	0.43	0.04	3.50	0.43	0.04	4.50	0.43	0.04

根据表 5-4 的数字特征运用正向正态云发生器和 Matlab 软件绘制正态云图，除了图 5-3 用作举例的风速之外，其余 9 个指标的正态云图如图 5-4 所示。

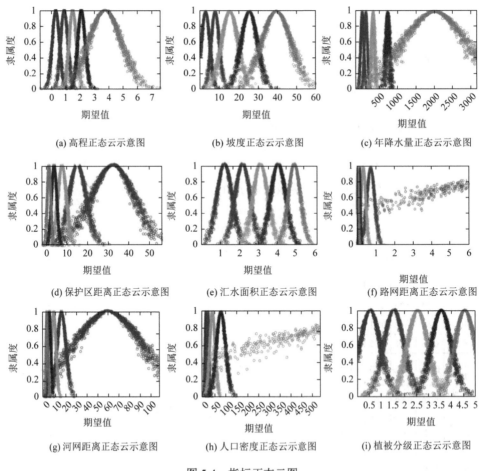

(a) 高程正态云示意图   (b) 坡度正态云示意图   (c) 年降水量正态云示意图

(d) 保护区距离正态云示意图   (e) 汇水面积正态云示意图   (f) 路网距离正态云示意图

(g) 河网距离正态云示意图   (h) 人口密度正态云示意图   (i) 植被分级正态云示意图

图 5-4 指标正态云图

各分图从左至右分别为理想、良好、临界、危险和恶劣对应的正态云图；路网距离，河网距离和保护区距离等数值越大越理想的指标与数值越小越理想的指标云图顺序相反

3）隶属度计算

将各弃渣场的各个指标的数字特征代入计算云模型隶属度的公式后进行归一化处理，即可得到各评价指标对应五个评价等级的隶属度，56 座弃渣场各指标的等级隶属度平均值如表 5-5 所示。

表 5-5　各预警指标对应评价等级的隶属度

评价指标	评价等级隶属度				
	理想	良好	临界	危险	恶劣
高程	0.081	0.414	0.132	0.064	0.309
坡度	0.168	0.201	0.325	0.169	0.137
风速	0.134	0.184	0.039	0.024	0.619
年降水量	0.238	0.078	0.171	0.268	0.245
汇水面积	0.128	0.495	0.289	0.049	0.039
保护区距离	0.280	0.272	0.248	0.141	0.059
路网距离	0.524	0.110	0.155	0.115	0.096
河网距离	0.602	0.214	0.099	0.056	0.029
人口密度	0.146	0.064	0.211	0.154	0.425
植被分级	0.138	0.135	0.211	0.231	0.285

3. 基于 AHP-熵权法的组合赋权

1）基于 AHP 计算指标权重

（1）填写判断矩阵。邀请四位专家对指标重要性进行评判。四位专家均从事重大工程弃渣场的风险评价和运维监测工作或研究，包括施工单位负责弃渣场建造和管理的专家一位，高校工程类专业研究弃渣场风险评价的教授一位，设计研究院从事弃渣场设计的专家一位，水利部门从事水土保持监管的专家一位。根据专家建议填写判断矩阵。

（2）计算权重值、特征根和 CI 值。根据判断矩阵通过 AHP 计算得到特征向量，将计算所得权重值 U_i（$i=1,2,3,\cdots,10$）和最大特征根 $\lambda_{\max}$ 总结如表 5-6 所示。

表 5-6　AHP 和熵权法计算组合权重结果

评价指标	特征向量	AHP 权重值 U_i	最大特征值 $\lambda_{\max}$	CI 值	信息熵值 e	熵权法权重 W_i	组合权重 V_i
年降水量	0.397	3.970%	10.187	0.021	0.8919	10.25%	4.61%
风速	0.209	2.094%			0.9331	6.34%	1.50%
人口密度	0.704	7.036%	10.187	0.021	0.7480	23.89%	19.04%
河网距离	0.835	8.350%			0.9371	5.97%	5.64%

续表

评价指标	特征向量	AHP 权重值 U_i	最大特征值 $\lambda_{\max}$	CI 值	信息熵值 e	熵权法权重 W_i	组合权重 V_i
路网距离	0.822	8.221%			0.7890	20.00%	18.61%
保护区距离	1.031	10.309%			0.9267	6.95%	8.11%
高程	1.052	10.523%	10.187	0.021	0.9452	5.20%	6.19%
坡度	1.687	16.870%			0.9355	6.11%	11.67%
汇水面积	1.975	19.750%			0.9681	3.02%	6.75%
植被分级	1.288	12.877%			0.8706	12.27%	17.88%

（3）一致性检验。计算得到 CI = 0.021，代入 $n = 10$，查询 RI 值表格，得到 RI = 1.49 由 CI 与 RI 确定 CR = 0.014＜0.1，满足一致性检验的要求，表明 AHP 计算得到的指标权重可以使用。

2）基于熵权法计算权重

根据 56 处弃渣场对应各评价指标的实际值，计算各个指标的信息熵，信息熵值和熵权法权重如表 5-6 所示。

3）组合权重计算

将通过熵权法计算得到的权重和通过 AHP 计算得到的权重代入式（5-7）中，得到每个指标的组合权重值如表 5-6 所示。

从表 5-6 中可以看出，两种方法计算得出的指标权重存在一定的差异。这是因为 AHP 得到的权重主要基于专家的主观判断，而熵权法确定的权重则由指标数值变异程度的大小所决定。以人口密度指标为例，AHP 得到的权重值为 7.036%，而熵权法得到的权重值为 23.89%，说明人口数据的变异程度比较大，但是主观上对于弃渣场的影响程度并不高。如果分别使用两种方法，结果会有较大的差异，而组合赋权法将两种方法确定的权重进行综合更具可靠性。

4）结果与分析

（1）风险监测预警结果。将风险预警指标的组合权重及其风险等级隶属度代入式（5-7）可得弃渣场群体生态环境综合风险的等级隶属度，结果如表 5-7 所示。

表 5-7　综合风险的等级隶属度结果

评价等级	理想	良好	临界	危险	恶劣
综合确定度	25.29%	17.98%	20.65%	14.63%	21.45%

同时也可以根据需要计算特定弃渣场各预警指标在不同风险等级的隶属度，以及单座弃渣场综合风险的等级隶属度。以所选案例中的三座弃渣场为例，计算结果如表 5-8 所示。

表 5-8　三座弃渣场各预警指标在不同评价等级的隶属度

评价指标	评价等级														
	MDS（01）					BTS（04）					XMZ（05）				
	理想	良好	临界	危险	恶劣	理想	良好	临界	危险	恶劣	理想	良好	临界	危险	恶劣
高程	0.007	0.731	0.296	0.001	0.068	0.999	0.056	0.000	0.000	0.010	0.114	0.965	0.000	0.032	0.038
坡度	0.000	0.000	0.318	0.703	0.074	0.000	0.002	0.061	0.999	0.008	0.001	0.314	0.004	0.603	0.001
风速	0.000	0.000	0.000	0.000	0.741	0.116	0.961	0.000	0.031	0.305	0.000	0.000	0.000	0.000	0.995
年降水量	0.001	0.315	0.568	0.042	0.116	0.981	0.039	0.004	0.053	0.075	0.000	0.878	0.000	0.000	0.408
汇水面积	0.004	0.611	0.396	0.001	0.000	0.000	0.000	0.871	0.188	0.005	0.003	0.582	0.001	0.423	0.000
保护区距离	0.927	0.008	0.000	0.000	0.000	0.000	0.023	0.002	0.506	0.074	0.311	0.000	0.894	0.000	
路网距离	0.649	0.000	0.000	0.000	0.000	0.445	0.011	0.010	0.170	0.663	0.448	0.020	0.987	0.315	0.045
河网距离	0.376	0.864	0.049	0.000	0.000	0.234	0.014	0.787	0.071	0.164	0.569	0.116	0.000	0.000	0.000
人口密度	0.608	0.004	0.027	0.002	0.432	0.932	0.024	0.003	0.046	0.434	0.933	0.024	0.003	0.046	0.434
植被分级	0.000	0.000	0.000	0.002	0.501	0.000	0.000	0.063	0.000	1.000	0.000	0.000	0.063	0.000	1.000
综合风险	22.78%	30.19%	14.89%	1.54%	30.60%	20.91%	16.59%	23.26%	6.99%	32.25%	15.36%	18.11%	11.12%	16.76%	38.65%

注：MDS（01）、BTS（04）、XMZ（05）代表综合风险为恶劣的三个弃渣场

（2）预警结果分析。由表 5-7 可得，某重大工程所在地的 56 座弃渣场整体的综合风险监测预警在理想、良好、临界、危险和恶劣等级的隶属度分别为 25.29%、17.98%、20.65%、14.63%、21.45%。根据最大隶属度原则，本节认为截至 2022 年 2 月，该重大工程的弃渣场群生态环境综合风险监测预警结果为理想。对于弃渣场座体而言，MDS（01）、BTS（04）和 XMZ（05）三座弃渣场根据最大隶属度原则，综合风险都为恶劣，需要重点监测和管控。

同时，结合各个预警等级隶属度和指标权重的计算结果，也可以对弃渣场风险管控提出改进意见。一方面，根据表 5-5，针对预警结果为临界、危险和恶劣的指标，应优先对相关风险因素进行管控。另一方面，依据表 5-6，风速、年降水量的组合权重值较小，仅分别为 1.50%、4.61%，而路网距离、人口密度和植被分级的组合权重值达到 18.61%、19.04% 和 17.88%，表明路网距离、人口密度和植被分级这三个指标重要性较高，须在弃渣场运维阶段的风险监测管控过程中重点关注，并采取必要的优化措施。

5.3　基于投影寻踪与均值聚类的弃渣场群生态环境风险评价

根据《中华人民共和国国民经济和社会发展第十四个五年规划和 2035 年远景目标纲要》，中国将在"十四五"期间加快建设交通强国，加强出疆入藏、中西部地区、沿江沿海沿边战略骨干通道建设。然而，重大交通基础设施工程弃渣场所带来的负面影响引起了广泛关注，尤其是隧道开挖产生的弃渣，除少量资源化利用（郑钧潆，2017；李建明等，2020）外，以弃渣场形式弃置为主。弃渣场的管理不仅发生在建设过程中（钟晓英等，2018），竣工后仍需投入大量的资源进行运营维护和日常监测（周杨，2020）。弃渣自身的物理力学性质特殊（尹小涛等，2021），难以与原有土壤融合，尤其是位于复杂艰险地区的弃渣场，在气象条件、地质灾害等不确定因素的综合作用下，更容易发生滑坡、泥石流等地质灾害（史东梅等，2021），导致水土流失，破坏生态环境，甚至危及人民群众的生命财产安全。特别地，重大交通基础设施工程多需要穿越复杂艰险且生态环境脆弱的地区，其弃渣场数目众多、散布广泛，且面临的风险因素更加复杂。因此，无论是建设过程，还是运营维护期间，都有必要在充分考虑建设与维护资源约束的情况下，对大规模弃渣场群的潜在生态环境综合风险进行分级分类管理。

当前，多数与弃渣场风险相关的研究都聚焦于单座弃渣场，较少考虑资源有限下的弃渣场群的管理。对于单座弃渣场，相关研究侧重于对其系统本身的刻画，集中在边坡稳定性评价（李薇等，2021）和水土保持措施设计（宋立旺等，2018）等，而建设在复杂艰险环境地区的弃渣场，不但数量众多，单座弃渣场弃渣量大，而且堆置多，极易形成高陡边坡。此外，各座弃渣场的地质情况各异，还需要考虑降水入渗、地震干扰等复杂生态环境的影响（林文华等，2020；洪振宇等，2021），所以难以将单座弃渣场风险管理技术直接应用到弃渣场群的风险管理过程中。尤其是，当弃渣场群内弃渣场数目较多、类型多变、分布离散且处在生态环境条件复杂的艰险地区时，运营监测费用高且人工管理能力发挥和设备监测的使用都受到制约。为此，有学者基于工程安全分析，选取影响弃渣场稳定性的变量指标，建立弃渣场风险等级评价模型，开展了弃渣场群的危险性评价工作。通过梳理弃渣场风险研究范式，弃渣场群的风险分级评价研究更加侧重于分析工程系统安全，选取弃渣场系统构件作为评价因子，在此基础上采用 AHP（韦立伟等，2016）、灰靶模型（张薇和鲍学莫，2020）、极限平衡法（肖玮和田伟平，2021）等方法开展评价。然而当前，有关大规模弃渣场群的生态环境综合风险评价研究尚且不足，尤其缺乏对弃渣场群生态环境场景分析、指标体系建立、数据获取以及评价方法选择的相关研究与实践。

因此，急需开发出一个能够切实有效地评价弃渣场群生态环境综合风险的方法，从而批量、快速且准确地对弃渣场群内的弃渣场进行分级分类，以集中风险应对资源，对高风险弃渣场进行有针对性的管理。

当前有关工程系统风险评价的方法，如贝叶斯网络（Han et al.，2019）、事故树（徐玉华等，2020）、AHP（Lyu et al.，2020；Koulinas et al.，2021）、云模型（汪明武等，2021）、系统动力学（白礼彪等，2021）等方法均适用于弃渣场的风险评价，然而上述方法存在参数复杂、主观性高等问题，且评价过程烦琐，更适用于单座弃渣场的风险管理，不能高效实现弃渣场群的批量评价。为此，有学者开始应用数据降维或聚类分析等方法来探讨弃渣场群的风险等级。例如，吴伟东等（2019）基于 PPC 提出了一种弃渣场的综合风险评价方法，但该研究侧重于刻画弃渣场自身的系统特征风险而并未考虑弃渣场所处生态环境，尤其是复杂艰险环境下的弃渣场建设与生态环境风险之间的关联关系。数据降维的本质是将数据从高维空间映射到低维空间，能够降低数据处理的复杂度（Raia et al.，2021），进而更好地开展风险分级管理工作。此外，聚类分析可以根据数据特征对研究对象进行分类。一方面，聚类分析可以将极端数据聚为单独的几个类别，实现对异常情况的挖掘；另一方面，聚类分析将大群体划分为几个小群体，可以达成对大样本群体进行细分的目的，以便更好地进行大群体分类管理。常用的聚类方法有 k 均值聚类（Shi and Zeng，2014）、模糊 C 均值聚类（高新波等，2000）、层次聚类（孙吉贵等，2008）等。其中，k 均值聚类能对大型数据集进行高效分类，且较层次聚类法速度更快（孙吉贵等，2008），也因此在风险管理中有所应用。比如，Shi 和 Zeng（2014）根据某化工园区的环境风险指标，应用 k 均值聚类方法将研究区域划分为了五个子区域，并介绍了子区域内的共同特征，以及区域间的差异，从而有助于分区风险管理，便于决策者在降低风险干预的设计中将有限的资源分配到不同的子区域中。

为此，本章将在辨识复杂艰险环境下弃渣场所面临的生态环境综合风险因素的基础上，构建风险评价指标体系及分级标准，并基于改进的 PPC 模型和 k 均值聚类算法，建立适用于重大工程弃渣场群生态环境综合风险评价的模型并开展实证研究，以期为中国重大工程弃渣场群的生态环境综合风险评价与分级分类管理工作提供科学依据。

5.3.1　弃渣场生态环境风险分类指标体系构建

中国西部重大交通基础设施工程绝大多数要穿越高山峡谷等复杂艰险环境地区，其弃渣场建设面临着与常规条件下不一样的风险因素。这种特殊的生态环境综合风险本质上是复杂的气象水文环境、艰难的高寒高海拔建设环境、险峻复杂的自然地理条件与弃渣场本身高大的堆置容量和高度的交互作用，导致的潜在水土流失与表土植被易被破坏且难以恢复。为了更好地推理得到弃渣场生态环境综合风险评价指标体系，以支持复杂艰险环境下重大工程的大规模弃渣场群的分级管理，本章从系统视角出发，将弃渣场视为一个工程系统，并在此基础上分析其结构系统组成和环境所带来的风险因素。

1. 重大工程弃渣场生态环境综合风险影响因素识别

弃渣场作为典型的工程构筑物系统，其发生生态环境破坏的风险因素可以归纳为两大类。一是其自身的结构系统组件发生失效导致风险发生。对于弃渣场本身而言，其生态环境综合风险发生的结果是弃渣土体本身发生崩塌、滑坡和泥石流，弃渣场的占地面积和弃渣堆置量构成了度量潜在弃渣场系统自身风险大小的关键因素。二是外部环境因素变化促使弃渣场系统发生风险。外部环境系统可以从气象、水文、地理以及人类活动等多个方面去表征。气象因素可以细分为降水、冻融等多个因素；地形地貌和水文存在一定重叠关系；人类活动以及其他因素也可以通过不同的细分因素进行表述。为此，综合现有文献、专家访谈结果和作者的实际调研，将有关弃渣场的典型风险因素及其释义列于表 5-9。

表 5-9　重大工程弃渣场生态环境综合风险因素与风险影响释义

风险因素	因素分解	具体释义
弃渣场系统	弃渣堆置量	弃渣场的弃渣堆置量，其堆置量越大潜在于泥石流、滑坡和塌方发生所带来的水土流失和表土植被破坏风险就越高
	弃渣场占地面积	弃渣场堆置弃渣需要的占地空间、占地面积越大，潜在植被破坏风险越高，总容量不变占地面积越小意味堆置高度越大，风险越大
	弃渣含水率	弃渣含水率是影响土体力学性质的重要指标，边坡稳定性系数随着弃渣土体含水率增大而变化，总体趋势为先减小，后增大，增大到峰值后急剧衰减，影响边坡稳定性
	表土厚度	弃渣场建设剥离出的表土应重新应用于竣工弃渣场，用于土壤改良、绿化等，表土厚度越大，对后期植被恢复越有利，能够有效抵御地质灾害，促进植被恢复和抑制滑坡、泥石流
	其他物料土力学性质	孔隙水压力比、天然容重、内摩擦角、边坡角、黏聚力等物料土力学性质是影响弃渣场边坡稳定性的重要因素，如孔隙率降低、抗剪强度降低，弃渣场边坡的稳定性也随之降低
	支挡结构	挡渣墙、拦渣堤、拦渣坝及围渣堰等拦挡结构及框格护坡、干砌石护坡、植物护坡等支护结构未按规定布设或承载土体失效将导致塌方灾害
气象因素	降水	连续强降水或极端暴雨会导致弃渣场一定深度范围内的土体含水量增加，高含水率土层的强度指标降低会严重影响弃渣场稳定性
	气温	季节性反复冻融将对土体边坡稳定性产生损伤；冻害易导致挡墙等拦挡设施产生贯通裂缝；消融易导致岩土体性质变化，引发滑坡灾害，影响弃渣场稳定性

续表

风险因素	因素分解	具体释义
气象因素	风况	风蚀导致渣土中的细粒物质减少，粗粒物质增加，同时伴随土壤有机质和养分的损失，导致植被恢复困难，加重流水和风力的双重侵蚀
地形地貌与水文因素	山坡	一般情况下弃渣场应建于缓坡且坡度不宜超过 25 度，随着坡度增加而增加崩塌、滑坡和泥石流风险
	平地	弃渣场位于平缓地面时较为稳定，当受潜在暴雨或者洪水等水体影响时应设置围渣堰拦挡洪水
	河流及湖泊	弃渣场位于河流、湖泊管理范围内时，应事先开展行洪安全论证，距离河流湖泊越近潜在风险越大
	沟道	弃渣场位于沟道内时，不宜设置在汇水面积和流量大、沟谷纵坡陡、出口不易拦截的沟道
	库区	不得已情况下弃渣场选址在未建成库区时，应考虑水库建成后蓄水对弃渣场的影响
地质因素	地震	地震发生易导致弃渣场坡体裂缝以及工程防护设施损坏，与降水耦合作用容易引发滑坡、泥石流等次生灾害，破坏稳定性
	滑坡	在不良地质条件地段，在地震、强降水等作用下，极易发生大型、巨型滑坡，导致生态环境破坏、水土流失和生命财产损失
	不稳定斜坡	弃渣场周边山体存在不稳定斜坡时，会增加滑坡、崩塌发生的风险；弃渣场位于不稳定斜坡时，弃渣场整体稳定性会降低
	泥石流	在地震、强降水等作用下，在泥石流易发区，易诱发泥石流灾害，泥石流的冲刷会破坏弃渣场水土保持设施，破坏生态环境
环境敏感因素	环境敏感区	高原山区森林植被类型多样，自然保护区、风景名胜区、森林公园、地质公园等环境敏感区众多，弃渣场选址应尽量避免
	土壤和植被	高原山区土壤层较薄、质地轻、砾石含量高、粗屑性强，表土资源稀薄，植被恢复困难加大水土流失和生态环境破坏的风险
	高程	随着高程的增加，气温、含氧量等条件的改变，将增加建设难度，影响工程质量，同时也对植被生长、土壤有机质含量产生影响
人类活动	交通分布情况	弃渣场所处区域路网越密集、距离路网越近，其潜在风险对交通的破坏就越大，同时交通活动对弃渣场生态影响也就越高
	人口密度	弃渣场所处区域人口密度越大，代表人类活动越频繁，潜在生态影响就越大，而风险发生对生命财产的威胁就越大
	敏感区距离	弃渣场距离自然保护区、村庄与城镇距离越近不但对生命财产威胁越高，而且对生态环境影响也越大

　　建立重大工程弃渣场生态环境综合风险评价指标体系的关键是识别出可以度量并能够获取数据的指标体系，最大程度地表征和度量上述表 5-9 中的风险因素的大小，然后应用相应的方法展开评价。表 5-9 中的风险因素是开展此工作的基础。

2. 重大工程弃渣场生态环境综合风险评价指标体系

目前针对弃渣场风险管理实际，尚未形成成熟可选择或者可参照的权威标准指标体系。根据表 5-1 所列的弃渣场生态环境影响因素,识别表征风险等级的指标的挑战在于两个方面:一是某些指标本身是不可观测的;二是指标可观测但数据不易获取。对于前者,无法观测的指标只能选择放弃;而对于后者则重在权衡其获取的经济性和便捷性。通过查阅目前对弃渣场建设管理相关且有重要影响的各类规范标准:《生产建设项目水土流失防治标准》(GB/T 50434—2018)、《水土保持工程设计规范》(GB/T 51018—2014)、《铁路工程岩土分类标准》(TB 10077—2019)、《水土保持综合治理规划通则》(GB/T 15772—2008),以及相关的研究文献(肖玮等,2021;吴伟东等,2019;徐瑞池,2020;王慧敏等,2022)、专利(中铁第四勘察设计院集团有限公司,2019),从生态环境综合风险以及数据可获得的角度出发,对照表 5-1 所列的评价指标,本章根据人类活动、弃渣场系统、自然环境三个分类,共选择出如图 5-5 所示的 18 个指标用于刻画弃渣场的综合风险,以验证本章所提出的方法。

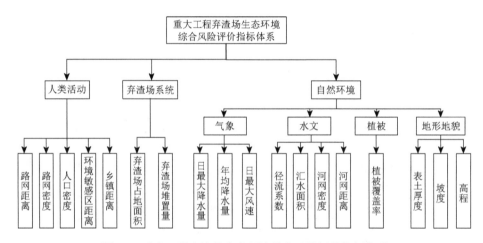

图 5-5 重大工程弃渣场生态环境综合风险评价指标体系

对比表 5-9 和图 5-5,图 5-5 并未能充分反映表 5-9 所列的综合风险因素,如弃渣或者表层土壤的含水率是相对衡量弃渣场渣土潜在风险的重要指标之一,但是从现有工程实践来看,除了进行专门的施测工作,无法通过其他渠道获得该数据。为此,本节放弃了该项指标。但需要说明的是,本章以可获得数据的指标对大规模弃渣场群进行风险等级分类评价,本质上是为了科学合理地在不同风险等级的弃渣场之间分配有限的风险应对资源。从方法上看,本章所引入的数据降维方法并不受指标数量的限制;从应用上看,虽然并未穷尽所有的指标,但能够达到评价分类用于有限资源分配的目的。未来根据研究的需要和数据的获取情况,可以不断丰富用于风险评价分类的指标体系,开展相关评价研究,本章这里着重探讨一种新的方法学引入和对现有可获取指标数据的实证研究。

5.3.2 投影寻踪与均值聚类原理

1. 弃渣场分级评价：改进的 PPC 模型

Friedman 和 Tukey（1974）提出一维 PPC 模型的建模基本思想是"使样本点在整体上尽可能分散，并形成若干类别，类别与类别之间尽可能分开，而类别内样本点尽可能密集"。因此，为了实现对弃渣场群内弃渣场的分级，本章以此思想为依据，选择经典 PPC 模型开展弃渣场群生态环境综合风险评价，其基本原理是通过寻找高维数据投影的最优方向，将其投影到低维空间，观察低维投影数据的散布特征从而分析高维数据结构，以处理复杂的多指标问题（Tang et al.，2021），具有指标权重客观、主观干扰小、计算速度快、计算结果准确等优点。投影寻踪模型在弃渣场分级评价领域已有应用，具体步骤可参考吴伟东等（2019）的研究。PPC 模型的核心步骤在于确定窗宽半径以及构造和求解投影指标函数。然而，在吴伟东等（2019）的研究中，在这两方面均存在不足。一是未充分探讨窗宽半径 R 值设置的合理性和科学性。二是传统遗传算法求解最优投影指标函数存在收敛提前、解的精度差、运算速度慢、局部最优等缺点。为此，本节针对以上两点不足进行了改进。

1）多方案比较的窗口半径 R 设定

根据投影寻踪原理，经典投影指标函数中使用局部密度 D_z 约束投影点在低维空间中的散布。要实现样本投影点尽可能地在局部密集，就必须确定合理的窗宽半径 R，R 值的不同取值将显著影响 PPC 模型的最优化结果。通过查阅文献，当前 R 值的设定方案主要包括四种，如表 5-10 所示。

表 5-10 投影寻踪模型设置方案

方案类型	窗宽半径 R 值	含义或依据	潜在不足
经典方案	$0.1S_z$ 其中 S_z 为投影值的标准差，z 为投影值	Friedman 和 Tukey（1974）依据经验设定 R 值并被广泛应用于各类评价及预测研究中	直接使用经验值可能会导致结果偏差
中间适度值方案	$\frac{r_{max}}{5} \leq R \leq \frac{r_{max}}{3}$，式中 r_{max} 为投影特征间的距离的最大值	熊聘和楼文高（2014）、王军武等（2019）根据投影寻踪思想观察窗宽半径变化对分类结果的影响得出的经验值	也是一种经验值，存在潜在偏差
较大值方案	$r_{max} \leq R \leq 2m$（m 为指标个数）	王顺久等（2002）经推导后得出，通常取 $R = m$	可能无法在一维空间中对数据进行分类
k 均值聚类方案	$R = r(i, j)_{(\rho)}$ 其中 $\rho = \sum x_i x_j \ 1 \leq i, j \leq k, i \neq j$ $x_1, x_2, \cdots, x_k$ 为样本数	裴巍等（2016）假定不同类样本之间的最小距离大于类内样本之间的最大距离，使用 k 均值聚类算法改进了值的计算方式。吴伟东等（2019）也应用此方法进行尝试	支撑理论不充分，方案前提假设存在缺陷

本章基于上述四种确定合理 R 值的方案，选取 $R = 0.1 S_z$、$R = \dfrac{r_{\max}}{5}$、$R = m$、$R = r(i, j)_{(\rho)}$，分别计算相应的最佳投影方向和一维投影值，比较不同 R 值对弃渣场生态环境综合风险评价结果的影响，并利用合理 R 值开展后续评价研究。

2）基于 RAGA 求解最优投影指标函数

对于给定的弃渣场样本数据集，弃渣场生态环境综合风险投影指标函数只随着投影方向的变化而变化。求解最佳投影方向的目标就是能够最大可能反映高维数据的数据特征结构，由此构建的目标函数是以投影方向为优化变量的复杂非线性优化问题。为了确保实现全局优化和达到高效运算的目的，本章选择基于实数编码的加速遗传算法（real-coded accelerating genetic algorithm，RAGA）进行优化计算。RAGA 的基本原理是模拟生物学中适者生存规律和种群内部染色体交换机制，通过迭代循环的逐步调整，优化变量的寻优区间，将其缩小至一定范围以达到增加解的精度的目的。该方法在一定程度上能够克服传统遗传算法收敛提前、解的精度差、运算速度慢等缺陷。鉴于 RAGA 的成熟性，这里不再赘述，可参考相关文献（金菊良等，2000）。

2. 弃渣场分类评价：k 均值聚类

k 均值聚类是一种传统的有监督的聚类算法，它通过距离来评估个体间的相似度，并根据相似度将样本数据进行分类（孙琦宗等，2022），是应用最广、效率最高的一种聚类算法。为了识别弃渣场的不同类别，从而进行更好的风险分类管理，本节基于弃渣场的生态环境风险指标数据，对弃渣场群内的各个弃渣场进行聚类分析，从而将在各个生态环境风险指标类似的弃渣场归为一类。

1）基于手肘法的 k 值确定

手肘法（elbow method，EM）是一种观察不同聚类类别数（k 值）所解释的误差平方和的方法。该方法的基本思想是当再增加一个聚类数量也无法更好地建模数据时，便可以确定最佳的 k 值。误差平方和是根据聚类类别数绘制的，最初的聚类类别能够涵盖较多的信息，但是 k 值达到某个点后，边际增益将会急剧下降，并在图中呈现出一个拐点（蒋铁铮等，2020）。该点即为最佳 k 值，此为"肘部准则"。具体方法是令聚类类别数从 $k = 2$ 开始，并依次加 1，同时计算相应误差平方和，在某个 k 值时，误差平方和的下降幅度骤减，并在后续过程中达到平台期。此时的 k 值即为最佳聚类类别数。具体的操作步骤可参考相关文献（蒋铁铮等，2020）。

2）聚类结果的分析

经过 k 均值聚类后，弃渣场群被分为了几个类别。结合聚类结果，根据最终聚类类别的标签进行分组，可以了解到原始数据各个类别的中心（平均值）。平均值在一定程度上反映了该类别群体的整体情况，但需要进一步回顾原始数据进行鉴别，确定同类别内个体间差异较小，但类别间差异较大的特征。这样才能够充分掌握同类别内个体的共性，以及不同类别间的差异性，从而采取更具针对性的风险管理策略。

5.3.3　弃渣场生态环境风险等级分类评价实证

1. 数据来源

为了验证上述评价方法的可靠性与科学性，本章选取某交通基础设施工程所在地的 50 座弃渣场构成的弃渣场群开展实证研究。该段线路具有高海拔、大高差等特殊地质背景，具有典型复杂艰险环境的特征，而且由于弃渣场数量众多，迫切需要根据维护资源数量进行分级分类管理。根据图 5-5 的指标体系，研究团队于 2021 年 1 月至 2021 年 6 月间，依托线路施工组织设计资料，获取了弃渣场地理位置、面积和弃渣容量等数据，并结合公开的统计资料，运用 ArcGIS 标定弃渣场位置，应用精度为 30 米的遥感影像构建 DEM，通过坡度、水文、路网、植被分析等获取了刻画 50 座弃渣场的生态环境综合风险评价的样本数据。具体的评价指标数据来源及处理如表 5-11 所示。

表 5-11　评价指标数据来源及处理

评价指标	数据来源及处理
路网距离、路网密度	从开源地图网站（OpenStreetMap）获取项目所在地区的路网相关数据，并导入 ArcGIS，使用欧式距离获得弃渣场到路网的线性距离，使用线要素分析功能，获取路网密度数据
人口密度	从 WorldPop 网站获取人口密度栅格数据，导入 ArcGIS 后在指定区域中对人口密度按照指标进行重分类
环境敏感区距离	从物联英卡网站获取资源保护区位置信息，明确环境敏感区的区域范围，于 ArcGIS 中绘制面要素，使用欧氏距离以计算弃渣场距离环境敏感区的线性距离
乡镇距离	结合百度地图（https://map.baidu.com）和项目所在地的官方地图，获取乡镇经纬度数值，导入 ArcGIS，选择使用欧氏距离计算乡镇距离弃渣场的线性距离
弃渣场占地面积、弃渣场堆置量	根据当地弃渣场施工组织设计资料和弃渣场卫星图在 ArcGIS 中绘制弃渣场面要素数据，使用计算几何功能，得到弃渣场面积；从施工组织设计资料中直接获取堆积量
日最大降水量/年均降水量	从中国气象数据网获取弃渣场点相应数据
日最大风速	在 VORTEX 网站定位弃渣场点，获取风速数据
径流系数	在《1∶1 000 000 中国植被图集》中查阅弃渣场所在地植被类型，根据各类型植被系统平均径流系数，确定各座弃渣场区域的径流系数
汇水面积	对经过水文分析的 DEM 数据进行矢量化后，于面要素中的汇水区域文件查询汇水面积数据
河网距离、河网密度	使用 Open Street Map 水文分析中生成的河网数据，并导入 ArcGIS，使用欧式距离获得弃渣场到河网的线性距离；使用 ArcGIS 的线要素分析功能，获取河网密度数据
植被覆盖度	从数据禾网站（https://www.databox.store）获取弃渣场点的植被覆盖度栅格数据
表土厚度	从弃渣场施工组织设计资料中直接获取
高程、坡度	运用 ArcGIS 将带高程的卫星图像数据（TIFF 格式）转化为 DEM 数据，定位弃渣场点，查询高程数据，并进一步运用坡度分析工具获取坡度栅格数据

2. 改进 PPC 模型的弃渣场群风险分级评价

1）运算步骤

首先，利用极差归一法对样本初始矩阵进行归一化处理，消除不同指标量纲的影响；其次，设置局部密度的窗宽半径分别为 $R = 0.1S_z$、$R = \dfrac{r_{max}}{5}$、$R = m$、$R = r(i, j)_{(\rho)}$，计算样本一维投影值 $z(i)$ 的标准差 S_z 和局部密度 D_z，构造投影指标函数 $Q(a)$；最后，使用 RAGA 优化投影指标函数。应用 RAGA 时，本章设定父代初始种群规模为 $N = 400$，交叉概率为 $P_c = 0.8$，变异概率 $P_m = 0.2$，优化变量个数 $m = 18$，变异方向所需要的随机数 $M = 10$，加速次数 $C_i = 20$，生成初始父代种群后，执行选择、交叉以及变异进化操作，两代进化后再根据适应度评价排序，选取前 20 个优秀个体，求得优化函数最大值。

2）不同 R 值的运算结果对比分析

根据上述运算步骤，通过 Matlab 编程运算得到不同 R 值下弃渣场样本的 PPC 结果，具体如图 5-6 所示。

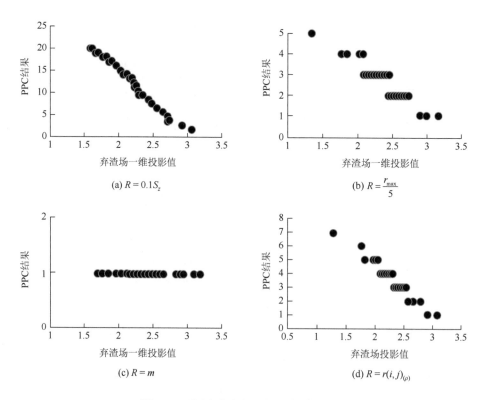

(a) $R = 0.1S_z$

(b) $R = \dfrac{r_{max}}{5}$

(c) $R = m$

(d) $R = r(i, j)_{(\rho)}$

图 5-6　不同窗宽半径下的降维聚类效果

（1）当 $R = 0.1$、$S_z = 0.03$ 时：如图 5-6（a）所示，50 座弃渣场的 PPC 结果弃渣场投影点分散在 20 个点团内，不同点团之间标准差为 0.33。相比于其他三种方案，在空间上较为分散，但点团的局部密集性较差，其中 8 个点团内只包含一个样本，没有实现样本投影点在局部的尽可能密集，样本一维投影值的准确性也受到严重影响。在 R 值取经典值的情况下，相当一部分投影点之间的距离 $r(I, j) > R$，导致单位阶跃函数 $u(R - r(I, j)) = 0$，进而使得局部密度 $D_z = \sum_{i=1}^{n}\sum_{j=1}^{n}(R - r(I, j))u(R - r \ (I, j)) = nR + 2\sum_{i=1}^{n}\sum_{j=i+1}^{n}(R - r(I, j))u(R - r(I, j))$ 近似于 nR（楼文高等，2017），投影指标函数值 $Q(a) = S_z \times D_z$ 近似于 $0.1nS_z^2$，此时优化投影指标函数只实现了投影点的标准差最大化，而无法反映投影点的局部密集性。因此，选取经典值 $0.1S_z$ 应用于本章所研究的弃渣场生态环境综合风险评价结果不够理想。

（2）当 $R = \dfrac{r_{\max}}{5}$ 时：由于本章将弃渣场群生态环境综合风险等级划分为 5 级，依据中间适度值方法的原则将 R 值设定为 $\dfrac{r_{\max}}{5}$，以满足弗里德曼（Friedman）所述 R 值应尽可能使投影点分散在有限点团内（一般为 3～5 个）的思想。结果显示，当 $R = \dfrac{r_{\max}}{5} = 0.36$ 时，局部密度达到 333.63，目标函数值为 102.33，弃渣场投影点分布在 5 个窗口内，实现使所有样本投影点整体上尽可能分散，局部尽可能密集。此外，还与 $R = \dfrac{r_{\max}}{4}$、$R = \dfrac{r_{\max}}{3}$ 分别进行了对比，结果表明窗口内样本的分布情况均没有 $R = \dfrac{r_{\max}}{5}$ 合理，不能实现直接将弃渣场划归为 5 类的目标。图 5-6（b）的特点是窗口内出现单个样本的情况，分析可能是由弃渣场样本数量较少，组成结构不均匀所致，若增加样本数量，提升样本丰富性，该取值的合理性将进一步凸显。相对于其他方案，选择 $R = \dfrac{r_{\max}}{5}$ 构建的 PPC 模型更加合理。

（3）当 $R = m$ 时：计算结果表明，当 $R = m = 18$ 时，投影点之间的最大距离 $r_{\max} = 1.44$ 远小于窗宽半径，此时所有投影点聚集在同一个点团内，并未实现弃渣场样本的有效分类。因此，不能选取较大值方案构建投影寻踪模型。

（4）当 $R = r(i, j)_{(\rho)}$ 时：计算结果表明，当 $R = r(i, j)_{1754} = 0.258$ 时，采用 k 均值聚类能够将样本分为 5 类，分类后的样本数为 19、16、11、2、2，但此时的 R 值并不等于该方法所假设的不同点团间投影点之间距离的最小值，即 $r(i, j)_{\min} = 0.023$。此外，一维投影值的分类结果表明，同一点团内投影点之间的距离存在大于不同点团投影点之间距离的情况，这与"点团之间距离必定大于点团内距离"相矛盾。为此,应用 k 均值聚类改进 R 值不如中间适度值方案（ $R = \dfrac{r_{\max}}{5}$ ）更合理。

综上,本节认为最佳 R 值为 $\dfrac{r_{\max}}{5}$,相对应的最佳投影方向为（0.204, 0.187, 0.199, 0.184, 0.148, 0.242, 0.279, 0.082, 0.145, 0.070, 0.379, 0.086, 0.063, 0.254, 0.349, 0.343, 0.295, 0.337）。

3. 弃渣场群生态环境综合风险分级评价结果

为了确定一维空间下的弃渣场生态环境综合风险等级隶属度区间,本章根据表 5-9 将生态环境综合风险评价指标中的每一个风险等级的区间数据基于最佳投影方向,从高维空间投影至一维空间,得到各风险等级的投影取值范围如表 5-12 所示。

表 5-12　一维空间下弃渣场生态环境综合风险等级标准隶属度区间划分值

项目	值				
风险等级	I 级	II 级	III 级	IV 级	V 级
投影值	(3.012, 3.845]	(2.487, 3.012]	(1.920, 2.487]	(1.168, 1.920]	(0, 1.168]

将 50 座样本弃渣场一维投影值与表 5-12 弃渣场风险等级评价标准进行对比,得出弃渣场样本风险等级如表 5-13 所示,表中投影值越小,风险等级越大风险排序强化管控优先位次越靠前。根据表 5-13, 50 座样本弃渣场中有 6 号、37 号、38 号、47 号 4 座弃渣场处于 IV 级风险水平。此外,分析结果也表明,目前该弃渣场群内无 V 级风险弃渣场,这表明该工程在选定弃渣场地点时,充分考虑了各个场区的生态环境,从而保证了决策的合理性。

表 5-13　弃渣场风险等级表

样本编号	投影值	风险等级	风险管控优先位次	样本编号	投影值	风险等级	风险管控优先位次
1	2.410	III	31	8	2.354	III	28
2	2.087	III	8	9	2.155	III	10
3	2.247	III	18	10	2.253	III	19
4	2.024	III	5	11	2.216	III	17
5	2.438	III	34	12	2.096	III	9
6	1.762	IV	2	13	2.532	II	41
7	2.177	III	12	14	2.492	II	37

续表

样本编号	投影值	风险等级	风险管控优先位次	样本编号	投影值	风险等级	风险管控优先位次
15	2.693	II	46	33	2.365	III	29
16	2.213	III	15	34	2.403	III	30
17	2.212	III	14	35	2.285	III	23
18	2.279	III	21	36	2.453	III	36
19	2.050	III	6	37	1.337	IV	1
20	2.885	II	48	38	1.828	IV	4
21	2.326	III	27	39	2.072	III	7
22	2.445	III	35	40	2.216	III	16
23	2.269	III	20	41	2.320	III	24
24	2.430	III	33	42	2.522	II	39
25	2.692	II	45	43	2.321	III	25
26	2.322	III	26	44	2.419	III	32
27	2.614	II	44	45	2.194	III	13
28	2.176	III	11	46	2.498	II	38
29	3.147	I	50	47	1.828	IV	3
30	2.729	II	47	48	2.989	II	49
31	2.562	II	42	49	2.523	II	40
32	2.579	II	43	50	2.279	III	22

4. 指标重要性分析

应用 PPC 模型和 k 均值聚类能得到各指标对降维聚类的敏感性,从计算结果看,评价指标的最大权重与最小权重之比达到了 3∶5,说明指标之间的重要性有较大差异。如图 5-7 所示,在本章的 18 个风险评价指标中,权重大于 0.1 的指标有 4 个,分别是路网密度、植被覆盖度、表土厚度和弃渣场占地面积;权重在 0.08 到 0.1 之间的指标为弃渣场堆置量;权重介于 0.05 和 0.08 的指标为河网距离、河网密度、环境敏感区距离等。其余指标对于降维聚类结果影响不显著,属于非敏感性指标,其中高程和年均降水量指标相对敏感。

需要指出的是这里指标敏感性并非指标对于弃渣场生态环境综合风险影响的重要度,如汇水面积被视为对弃渣场综合风险影响最重要的指标,但是其敏感性却比较低,核心原因在于 50 座弃渣场均处于复杂艰险环境下,汇水面积的数据值均比较接近而且在实际选址的过程中已经做了充分考虑,所以对聚类结果的影响不够显著。

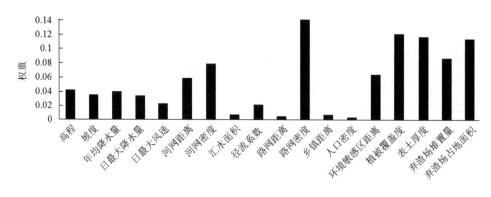

图 5-7　指标重要性横向比较

5. 基于 k 均值聚类算法的弃渣场群风险分类评价

1）运算步骤

首先，在 SPPS 22.0 软件中执行 k 均值聚类分析，并令聚类类别数 k 依次取值 2～50。其次，统计不同 k 值对应的误差平方和，并根据手肘法确定最佳聚类类别数。最后，根据最佳聚类类别数对应的分类结果，确定弃渣场群内各座弃渣场的所属类别，并回顾原始数据分析类别内共性和类别间差异性。

2）聚类数确定

对采集到的弃渣场各个风险指标数据进行 k 均值聚类分析。不同 k 值对应的聚类效果如图 5-8 所示。由图 5-8 曲线的肘部位置所对应的聚类数可知，该弃渣场群生态环境风险数据对应的最佳聚类数为 $k=6$。

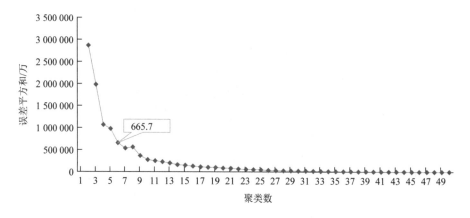

图 5-8　手肘法确定最佳聚类数

6. 弃渣场群生态环境综合风险的分级分类评价结果

通过整合基于改进的 PPC 模型的风险分级结果和基于 k 均值聚类的弃渣场分类结果，统计了 50 座弃渣场所属类别及其对应的风险等级，根据实证研究结果，本章对各类型弃渣场的特点进行了总结归纳，并用其核心特点命名对应弃渣场类型。另外，本章对各个类别内重点弃渣场的生态环境风险进行了剖析，并提出了针对弃渣场类别或重点弃渣场的风险管理建议。

1）Ⅰ类：人口密度 + 高程

在该类别下，有 28 号和 33 号两座弃渣场，且风险等级均为中风险。相较于其他类型弃渣场，其显著特点为人口密度极大，但却高程低。此外，该类弃渣场距离河网较近，且无可剥离的表土，故而在这些方面存在较高风险，但却也在坡度、弃渣场占地面积、乡镇距离等方面风险水平较低。各类因素的综合效果，导致了 28 号和 33 号弃渣场是一个风险高低因素并存的矛盾体，使其生态环境综合风险水平处于中等水平。因此，尽管该类弃渣场是一个中风险弃渣场，但是却不容忽视其在人口密度及无可剥离表土等方面的较高风险。

2）Ⅱ类：乡镇距离

该类弃渣场的共同特点是距离乡镇较近（介于 2.4～4.4 千米）。在该类别下，有 30 号、22 号和 37 号三座弃渣场，且在风险等级评级上存在较大差异，分别为中低风险、中风险和中高风险。造成该差异的主要原因在于各弃渣场的植被覆盖度和弃渣场堆置量不同。30 号弃渣场因为具有较高的植被覆盖度（0.8），因此处于中低风险水平。37 号弃渣场因弃渣场堆置量较大而处于中高风险水平，应重点投入相应的风险管控资源。根据 PPC 模型确定的指标权重可知，植被覆盖度和弃渣场堆置量是影响弃渣场风险评级的敏感性指标之一，表明敏感性指标能够显著影响同类别弃渣场的风险评级结果。

3）Ⅲ类：年均降水量

在该类别下，主要有 42 号、21 号、23 号和 45 号四座弃渣场，其主要共同特征是年均降水量极大。此外，该类弃渣场在其他各风险指标上存在一定差异。其中，42 号弃渣场风险水平低于其他三座弃渣场的主要原因在于其表土厚度较高。这与 PPC 模型结果一致，表明了表土厚度这一敏感性指标在影响弃渣场风险评级中的重要性。

4）Ⅳ类：路网距离

该类下所属 10 座弃渣场在高程、坡度、年均降水量、日最大风速以及路网距离等方面极为相似。除路网距离较近外，其余因素均处于中风险水平。因此，综合看来，该类弃渣场整体风险水平仍处于中风险水平。32 号弃渣场相较于本类别内其他弃渣场，其距离环境敏感区较远，故生态环境综合风险较低。6 号弃渣场属于中高风险水平的原因在于无可剥离表土和弃渣场面积大。此结果同样与 PPC 模型确定的关键敏感性风险指标结果一致。

5）V类：日最大降水量

该类别下的有 15 座弃渣场，占弃渣场群总数的 30%。该类别下所属弃渣场在各个指标上均存在一定程度的差异，而主要共同点在于日最大降水量较小。因此，该类别下属弃渣场的风险等级各异。其中，38 号和 47 号弃渣的风险等级为中高水平。具体而言，38 号弃渣场主要是由坡度较高和乡镇距离较近所致，而 47 号弃渣场则在表土厚度和植被覆盖度等方面存在较大风险。因此，针对 38 号和 47 号弃渣场需要重点关注，并应集中较多的风险管理资源对其进行管控。

6）VI类：河网距离

近三分之一的弃渣场属于该类别，其共同点在于河网距离较远（均值为 9.99 千米）。该类别反映了弃渣场群体的普遍特点，风险水平也都处于中低水平和中等水平。但是在管理该类型弃渣场时，不能被其较低的风险评级所迷惑，而应尤其注意显著不同于其他弃渣场的个体。比如，17 号是弃渣场堆置量最多、占地面积最大的弃渣场，尽管其生态环境综合风险水平属于中风险，但仍然应该格外关注。

5.4　本　章　小　结

本章结合相关文献、规范和专利，并综合考虑复杂艰险环境下重大工程所处特殊情景，建立了包含高程、坡度、风速等十个指标在内的弃渣场生态环境风险监测预警指标体系。在此基础上，集成了 AHP、熵权法和云模型等多种方法，提出了一种面向弃渣场生态环境综合风险的监测评价法。实证结果表明所提方法能够有效处理针对弃渣场群、弃渣场个体、弃渣场不同指标等三种不同层次的风险监测和等级评价问题。此外，实证结果也表明组合赋权法确定的指标权重能够为重点风险因素的管理和优化指明方向，具有重要的理论意义和实践价值。同时，本章采用动态监测视角，在系统梳理和识别弃渣场生态环境风险评价指标的基础上，剖析了各个指标在工程建设和运维阶段的动态变化规律，结合弃渣场项目实际情况，提出了各个指标数据的动态监测周期，为弃渣场风险的动态监测提供了指导。

此外，本章聚焦于大型弃渣场群，从系统视角构建了其生态环境综合风险评价指标体系，并有针对性地提出了一个基于改进 PPC 和 k 均值聚类的综合风险评价模型，从而实现对弃渣场群生态环境风险的分类分级管理，以便合理分配有限的风险管理资源，得出如下结论和启示。

（1）在弃渣场群分级分类风险管理方面：本章实证研究案例样本中，50 座弃渣场被分为了 6 类，每类都具有不同程度的共同特征。通过对比 k 均值聚类确定的类别特征和 PPC 模型确定的风险分级敏感性因素可以看出，非敏感性指标水平决定了各弃渣场因何归属同一类别，而敏感性指标水平则决定了同类别内不同弃渣场风险等级水平的差异。因此，在弃渣场分级分类风险管理过程中，需要对同类型弃渣场关注其在敏感性因素方面的差异。比如，6 号与其他 9 座弃渣场因路网距离因素近似而同属Ⅳ类，但 6 号弃渣场为占地面积 32 公顷的大型弃渣场，属于中高风险弃渣场。在实际的弃渣场群风险管理工作中，应高度重视这座弃渣场，分配更多风险应对资源，加固工程防护措施。

（2）在生态环境综合风险因素辨识方面：本章的 18 个风险评价指标中，权重大于 0.1 的指标有 4 个，分别是路网密度、植被覆盖度、表土厚度和弃渣场占地面积；权重在 0.08 到 0.1 之间的指标包括弃渣场堆置量；权重介于 0.05 和 0.08 的指标为河网距离、河网密度、环境敏感区距离等。其他指标对风险分级评价结果影响不显著。在影响生态环境综合风险的因素辨识过程中，应区分敏感性因素和非敏感性因素，并针对敏感性因素从工程、生态环保技术和运行监测等方面采取有效管控措施。

（3）在弃渣场群风险评价模型构建方面：首先，针对风险分级评价，本章通过比较不同窗口半径确定方案和采用 RAGA 改进了 PPC 模型。此外，针对弃渣场分类评价，本章采用了基于手肘法的 k 均值聚类算法，有效确定了最佳分类数量，并实现了对弃渣场群的分类。通过对分级和分类评价方法的改进与结合，本章构建的弃渣场的生态环境综合风险评价模型，克服了采用传统方法的主观性影响，并从样本数据结构特征出发，获得更加客观、准确、真实的评价结果，为重大工程的风险评价和管理模型构建提供了参考。

第6章　重大工程施工道路生态环境健康监测

6.1　重大工程施工道路生态环境健康监测的现状与问题

6.1.1　施工道路生态环境健康监测现状

1. 重大工程施工道路生态环境现状

重大工程项目是关系国家经济、政治、社会、科学技术、生态环境、公共卫生和安全等发展的重要载体，施工道路则是重大线性工程建设的后勤保障，不仅是运输设备、人员、物资原材料的永久性或临时性的汽车运输通道，同时也提供建设运营后的设备维护、应急救援或地方需求等服务。道路网络对周边景观的切割，深刻影响着施工道路景观生态格局的整体性和生物活动过程，重大工程施工道路生态环境十分脆弱，特别是涉及国家自然保护区的复杂艰险山区，存在着自然灾害频发、生态环境敏感脆弱、施工周期超长等问题，在复杂的地形地质和多变的气候条件下，施工条件十分欠缺。

在重大工程施工道路的施工建设阶段，伴随着各种机械以及物料进入施工现场，进而产生大量的噪声、废气和水污染，导致土壤结构破坏、水土流失加剧等问题，对所在地的生态环境造成严重影响，甚至有可能导致生物多样性锐减，破坏生态系统平衡。道路施工完成后仍然会受到车辆的碾压，这对于周围的生态环境产生严重影响。特别是对于自然保护区的生态系统，物质循环和能量转换过程非常缓慢，一旦生态环境遭到破坏，可能需要很长时间甚至可能无法恢复。

当前，我国经济已经从高速增长阶段转向高质量发展阶段，生态环境风险逐渐成为重大工程施工道路给环境带来影响的重要评估指标之一（Zhang et al.，2023），是衡量区域和景观尺度生态可持续性的有效途径（田雅楠等，2023），为风险控制预警和环境保护决策的制定提供前期准备。随着生态保护政策的实施和生态文明建设的重视，加强生态建设与风险管控成为保障社会经济健康发展的必然趋势。生态环境风险是指自然原因或人类活动引起的，导致环境质量下降和生态服务功能受损，从而对人类健康、自然环境与生态系统产生损害的可能性。其中，施工道路沿线生态环境风险按生态环境要素可分为水环境、土壤环境、大气环境、生态环境、社会影响五个风险类型，其风险影响评价旨在帮助政府、企业和公众，在实施建设项目之前，预测和评估可能的环境影响，并提出适当的环境保护措施，以确保道路施工的可持续发展（张静晓等，2023）。

2. 生态环境监测与评价现状

在新一代信息技术革命的助推下，生态环境监测已然成为国家生态文明建设和"双碳"目标下的重中之重，也是当下时代发展的必然趋势。在我国，生态环境监测水平不断发展和提高，基本形成了大气、水、土壤等领域的监测网络系统，根据实际需求不断完善监测功能，如我国初步构建了一套融合了地面监测、卫星遥感、航空遥感、互联网等技术的生态环境监测系统。生态环境大数据治理能力的持续提升，推动了水、大气、土壤、生态等相关数据的整合，以及有关数据资源交换与共享标准体系的发布，初步应用于人工智能、统计分析和系统建模等大数据方法分析水污染治理、区域大气污染治理、环境影响评价以及环境风险管理等领域（王运涛等，2022）。

生态环境系统的监测与预警能力的加强，影响着地方政府环境治理能力，决定着治理成效，是生态环境治理体系和治理能力现代化的关键所在（熊雪锋等，2023）。不断提高重大工程施工道路环境监测的可得性、及时性、准确性，有利于兼具经济、社会、生态三方面的综合效益，如提升施工质量、支持政策决策和促进可持续发展等。殷亚秋等（2023）通过遥感收集地形、气象等数据，综合考虑人类活动和区域生态敏感性等因素，建立生态保护区人类活动影响评价指标体系和模型对人类活动影响程度评价分级；陈晓辉等（2021）基于 Landsat 影像，运用全局空间自相关、地理加权回归分析法，构建 RSEI 代表矿区的生态环境质量状况并进行动态监测；Duan 等（2022）和 Yang 等（2021）构建湿地生态风险评估框架研究湿地风险评价体系，防止部分高危风险湿地进一步恶化，倡导加强管理。由此可见，周边区域的生态环境监测与评价逐步受到国内外关注，并在生态保护区、矿区、湿地等区域都有了相关生态环境监测。

6.1.2　施工道路生态环境健康监测问题

重大工程道路施工建设该如何融入遥感技术、大数据分析、GIS 等新一代信息技术，构建一个监测要素全面、数据丰富、方法智能的施工道路生态环境监测与预警系统（刘举庆等，2023），进而实现有效的施工道路环境影响评价？这个问题是极其复杂和烦琐的，目前有如下挑战亟待解决。

（1）目前对重大工程施工道路的研究存在零散和不足的问题，多数研究只针对某个具体工程本身进行分析，而没有充分重视配套工程如施工道路等的研究。此外，对重大工程施工道路沿线生态环境影响因素的系统性分析和科学归类也较为缺乏。随着重大工程施工道路规模的不断扩大，其对周边生态环境的影响也日益显著。因此，当前需要迫切需要解决的问题包括对施工道路建设和施工所带来的生态环境风险进行影响评估，并最大程度地降低其对生态环境的影响。

（2）施工道路生态环境监测涉及生态要素众多、时间跨度大且连续性强、地域范围广且多尺度，部分系统的人工监管模式难以满足当下高精度、高时效的监测和治理需求，且现有生态环境监测分析平台缺失、功能单一、监测要素不全面等现实问题与日益增长的信息化建设需求的矛盾日益突出，无法支撑施工道路沿线生态环境大范围、多要素、长时序、高频次监测与分析。

（3）优化评价体系不够全面，不同领域可能具有不同的评估要求的情况下，评价体系应该考虑到各种不同类型的指标和评估标准，考虑到重大工程施工道路环境的特点和需求，以便更全面、客观地评价所需的优化，因此要求部分针对重大工程施工道路的评价体系应具有一定的灵活性和扩展性。

6.2　重大工程施工道路生态环境健康监测指标

重大工程施工道路生态环境健康监测首先需要明确监测目标和指标。自然界中水、土、气、声和生态等环境要素的状况是由许多物理、化学指标来反映的。因此，应根据重大工程施工道路所处的地理环境和实际情况，以水环境、土环境、空气环境、声环境、生态环境为重点监测目标，考虑破坏程度、污染程度、生物多样性等因素建立三级指标体系，以便及时掌握重大工程施工道路的建设对路域生态环境的影响，从而有效控制重大工程施工道路对生态环境的过度破坏。

1. 指标选取原则

为了确保所建立的指标体系全面反映重大工程施工道路生态环境，在进行监测指标的建立时应遵循以下两个基本原则。

一是突出区域地域特点和重大工程施工道路的建设特点原则。重大工程施工道路是跨越不同生态系统的线性建设项目，因此对生态环境产生的影响也会因地域不同而有所差异，这要求指标体系必须具有地域性（匡星等，2009）。然而，重大工程施工道路生态环境健康监测是一项区域性的大面积调查工作，如果将所有反映生态环境特征的指标都列入监测范围，将会导致指标数量过多，从而使指标体系规模变得庞大。此外，各个指标的信息也可能存在重叠，不具有代表性。因此，需要选择能够全面且显著反映地区生态环境特征的指标，同时这些指标还能显著反映地域生态环境的特点。

二是可比性、可操作性原则。在选取指标时，需要确保这些指标适用于不同的研究地域和研究阶段，并保证每个指标的表达意义和用途在各研究地域和阶段维持一致，在思考研究理论基础的同时，也必须考虑实际操控的可行性和现实数据的支持能力。

2. 监测指标选取

研究参考生态环境监测常规指标，并综合考虑重大工程施工道路的特点，根据原则以及遥感监测数据获取的需求，构建一个施工道路生态环境监测指标体系。该指标体系分为三个级别，其中一级指标分为工程指标、背景指标和生态指标。

工程指标是重大工程施工道路生态环境健康监测的关键指标，结合重大工程施工道路的指标选取应具有区域性，工程指标的二级指标选取有主体工程进度情况、临时工程进度情况和典型施工点位/区域。背景指标是影响生态环境的自然因子，包括地形/地貌、气象条件、水文状况、土壤等指标，间接影响着生物的生理特质（李爱军等，2004）。生态指标是综合评价生态环境质量的指标（匡星等，2009），包括水环境、土环境、空气环境、声环境、生态环境等二级指标。综上，重大工程施工道路生态环境健康监测指标体系方案设计如图 6-1 所示，部分简称详见6.3.1 节中生态环境健康监测方案部分。

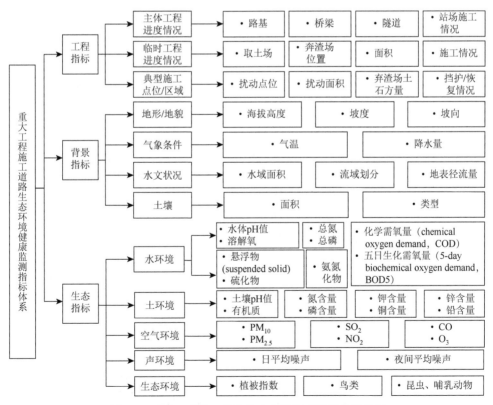

图 6-1　重大工程施工道路生态环境健康监测指标体系

　　由于不同的监测目标和指标需要采取不同的监测方案，主要的指标获取方法有遥感获取、倾斜摄影、现场勘察、网站搜索或部门咨询等多种方法。监测频次和监测时间应当结合实际情况和监测目标的特点进行确定，有些指标需要高频率的监测，而有些则可以适当降低监测频次。指标体系的监测需要包括监测方法、监测结果、分析和评估等内容，便于管理者理解和使用，重大工程施工道路生态环境健康监测指标体系方案设计如表 6-1 所示。通过监测和分析指标的变化趋势，可以实时了解沿线生态环境的变化动态，有利于对可能出现的环境破坏问题及早发现和采取正确的措施预防，同时为数据管理系统的建立提供坚实的理论基础，提高数据采集、处理、存储和共享等功能的有效管理和利用。

表 6-1　重大工程施工道路生态环境健康监测指标体系方案设计表

一级指标	二级指标	三级指标	监测方法	监测频次	监测时间
工程指标	主体工程进度情况	路基、桥梁、隧道、站场施工情况	地面监测＋遥感监测	每月 1 次	施工期间、施工结束后 3 个月、施工结束后 6 个月、施工结束后 12 个月
	临时工程进度情况	取土场、弃渣场位置、面积、施工情况	地面监测＋遥感监测	每月 1 次	施工期间、施工结束后 3 个月、施工结束后 6 个月、施工结束后 12 个月
	典型施工点位/区域	扰动面积	地面监测＋无人机监测	每月 1 次	每个阶段均进行监测
		扰动点位、弃渣场土石方量、挡护/恢复情况	无人机监测	每月 1 次	每个阶段均进行监测
背景指标	地形/地貌	海拔高度、坡度、坡向	DEM 数据下载	每 6 个月 1 次	工程开工前、施工期间、施工结束后 3 个月
	气象条件	气温、降水量	沿线气象站数据	每 6 个月 1 次	工程开工前、施工期间、施工结束后 3 个月
	水文状况	水域面积、流域划分、地表径流量	遥感监测、DEM 数据源推导、水文部门收集	每 6 个月 1 次	工程开工前、施工期间、施工结束后 3 个月
	土壤	面积、类型	土地部门收集	每 6 个月 1 次	工程开工前、工期间、施工结束后 3 个月
生态指标	水环境	水体 pH 值、溶解氧、总氮、总磷、COD、BOD5、悬浮物、硫化物、氨氮化物	选用在线水质分析仪器，实时监测水质参数，并通过定期采集样品送往实验室进行分析	每月 1 次	施工期间、施工结束后 3 个月、施工结束后 6 个月、施工结束后 12 个月
	土环境	土壤 pH 值、有机质、氮含量、磷含量、钾含量、铜含量、锌含量、铅含量	选用土壤采样器和实验室分析仪器，对采集的土壤样品进行分析	施工前、施工结束后 3 个月、施工结束后 6 个月、施工结束后 12 个月	每个阶段均进行监测

续表

一级指标	二级指标	三级指标	监测方法	监测频次	监测时间
生态指标	空气环境	PM_{10}、$PM_{2.5}$、SO_2、NO_2、CO、O_3	选用在线空气质量监测仪器和气象站，实时监测空气质量指标，并记录相关气象信息	每月 1 次	施工期间、施工结束后 3 个月、施工结束后 6 个月、施工结束后 12 个月
	声环境	日平均噪声、夜间平均噪声	选用噪声计等专业仪器，实时监测噪声水平	施工期间、施工结束后 3 个月、施工结束后 6 个月、施工结束后 12 个月	每个阶段均进行监测
	生态环境	植被指数、鸟类、昆虫、哺乳动物	利用遥感技术、激光扫描技术等手段，对施工前后生态环境进行对比分析，实现对生态环境的数字化监测	施工前、施工结束后 3 个月、施工结束后 6 个月、施工结束后 12 个月	每个阶段均进行监测

3. 监测设备和技术

准确可靠的监测设备和技术对于研究环境问题、预测未来趋势和评估环境管理策略的有效性至关重要。因此，投资开发和实施使用最先进、最可靠的可用设备和技术的监测计划迫在眉睫。为确保监测数据的准确性和可靠性，项目根据监测方案选用了合适的监测设备和技术来获取全面、准确的信息如表 6-2 所示和表 6-3 所示，为采取保护措施提供可靠的数据支持，这对于保护环境和资源、促进社会发展、建设更加和谐的社会和自然环境具有重要意义。

表 6-2　重大工程施工道路生态环境健康数字化监测设备选用表

环境类别	监测设备
水环境	渗透压监测仪、氨氮检测仪、COD 测定仪、生化需氧量（biochemical oxygen demand，BOD）速测仪等
土环境	遥感技术设备、土壤水分测定仪、土壤酸度检测仪等
空气环境	气态污染物分析仪、气体浓度检测仪、空气质量检测仪、环境气象传感器、大气降水采样器等
声环境	声级计、噪声检测仪、声级记录仪
生态环境	无人机遥感技术、环境监测仪器、生态环境遥感系统、激光雷达

表 6-3　重大工程施工道路生态环境健康数字化监测技术选用表

监测技术	具体内容
遥感	卫星图像和航空摄影等遥感技术可用于监测重大工程施工道路的植被覆盖、土地利用变化和其他生态指标
物联网传感器	物联网传感器可以安装在重大工程施工道路上,以监测各种生态参数,如空气质量、噪声水平和土壤湿度
地理空间制图	GIS 等地理空间制图技术可用于绘制和分析重大工程施工道路的生态状况,从而有助于确定关注领域并为管理决策提供信息
环境 DNA	用于检测土壤、水和其他环境样本中特定物种的存在,辅助监测重大工程施工道路的生物多样性,并评估重大工程施工道路对当地生态系统的影响
机器学习	训练机器学习算法来分析大量生态数据并检测模式是否异常,识别潜在的生态风险并指导管理决策

总体而言,用于重大工程施工道路生态环境健康数字化监测的具体设备和技术的选用取决于实际需求和具体监测指标,以及可用资源和技术基础设施,合理的技术使用有助于确保以生态可持续的方式设计、建造和管理重大工程施工道路。

6.3　重大工程施工道路生态环境健康监测系统

6.3.1　施工道路生态环境健康监测方案

1. 施工道路生态环境健康监测方案内容

1)监测点的选择

重大工程施工道路生态环境健康监测的监测点选择是解决环境污染的重中之重,根据其监测目标的不同可以分为以下四点。

一是水环境监测布点,主要是指对地表水的环境监测。根据现场调查情况,调查涉及施工道路附近的居民代表性小区作为水环境监测点,并在施工期间开展水环境监测工作。二是空气环境监测布点。依托项目的大气污染源主要包括施工期间的沥青烟、拌和站、锅炉、施工便道等涉及环境空气质量的位置,在这些位置设立监测点。三是声环境监测布点。在选择监测布点时,应根据工程评价情况,在工程路域内(如学校、居民点等)筛选出若干个有代表性的声环境敏感区,要结合现场实际,在每个敏感区域分别选择适合的声音环境监测点进行监测,此外在研究表明有动物出没的区域要对声环境监测点适当调整。四是生态环境敏感区监测布点。以重点自然保护区为主,按环境敏感度划分野生动物栖息地、自然生态区、桥梁隧道区。在施工期间对桥梁、隧道等施工区域进行视频监控时，对现场施工动态信息要及时掌握，发现问题要及时整改，对生态保护要有针对性地制定措施。

2）监测指标的选择

为了能够更加全面地监测重大工程施工道路生态指标，特别是工程建设影响下的生态环境状态，具体的环境监测指标要从水环境、声环境和生态环境等方面进行研究。首先，水环境监测指标包括 COD、BOD5、污水悬浮物、污水中氨氮（NH_3-N）、污水中石油类污染物污水酸碱程度（pH 值）等。此外，还需根据不同污水类型对溶解氧、总磷、总氮等进行测定。其次，空气环境监测指标包括颗粒物、沥青烟、有毒有害气体等，其中，根据颗粒物的直径大小，颗粒物有可吸入颗粒物（PM_{10}）和细颗粒物（$PM_{2.5}$）。再次，针对建筑工地噪声监测选择声环境监测指标，工地的噪声采用噪声检测仪对施工区域的运行噪声进行监测，同时对工地后场周围的交通噪声进行必要的监测。最后，生态环境敏感区监测指标主要对生态路所在区域内的生物多样性进行监测，如遥感和视频监测路域野生动物保护区及路域植被。

3）监测频率和时长

为了确保重大工程施工道路生态环境的健康，监测工作的频率应当足够高。通过高频率的监测，我们可以及时捕捉到环境变化的情况，以便在变化发生的早期采取预防性措施和应对措施，以防止环境污染的发生。此外，监测的时间跨度应该包括施工前、施工期间以及施工完成后这三个时间段，以充分衡量不同阶段对路域环境的影响。在监测方面，除了水环境、空气环境、声环境和生态环境敏感区外，还应特别关注生物多样性的变化情况，包括物种数量和分布、种群数量和结构、生境面积和类型等方面。此外，气象和气候也是重要的监测指标，应该监测温度、降水量、风速、风向等气象指标以及气候变化趋势等，以了解路域环境的变化情况，为环境保护和管理提供更准确的数据支持。同时，监测数据的处理和分析也是至关重要的，应该采用现代化的技术手段，如大数据分析、人工智能等，以提高监测效率和数据精度，更好地服务于生态环境保护和管理。

4）数据处理和分析

在进行重大工程施工道路生态环境健康监测数据的处理和分析时，应该采用多种统计学方法，如均值、标准差等，以获取准确的结果。此外，对监测数据与标准或法规要求进行比较也是必要的，以评价施工对路域环境的影响程度。同时，采取其他技术分析手段，如时间序列分析、空间分析等，也可以更有效地深入分析其影响，进而制定更精准的措施和方法来应对环境变化。

5）应采取的措施

在重大工程施工道路生态环境健康监测中，若监测结果显示施工对路域生态环境产生了不利影响，则应采取及时有效的措施进行缓解。具体而言，这些措施包括：采用符合环保标准的材料，减少对环境的污染；通过降噪设备和施工方式的调整，减少施工噪声对周边居民和野生动物的干扰；改善施工所释放的气体、固体和液体废弃物，采用合理的处理方式，如焚烧、填埋、回收等，减少对周边环境的影响；加强垃圾处理，建立垃圾分类、回收体系，减少对周边环境的污染；减少施工过程中对水源的污染，改善污染水源的质量，如建立沉淀池、设置排水管道等。

6）监测设备

根据监测目标及对象的不同，可以选择四种不同的监测设备。

（1）空气监测设备：为了对监测点进行空气环境监测，选取气象监测仪和简易一体机扬尘及噪声监测设备分别对施工期扬尘的空气污染物进行监测。

（2）噪声监测设备：主要采用简易一体机扬尘及噪声监测设备对监测点进行声环境量级监测。

（3）水质监测设备：在生态路建设期间，主要采用污水检测仪对施工道路水域监测点进行水质实时监控，对建设期间运输、施工等作业对水资源的影响以及后场对水环境的影响进行监督管理，避免产生较大的环境污染和生态破坏。

（4）生态环境敏感区监测：为了全面了解重大工程施工道路生态环境的变化，对生态环境敏感区环境影响的监测应该采用多种手段相结合的方式。一方面采取网上监控，通过定性定量相结合的方式开展监控，使得监控数据准确全面。另一方面，运用遥感和视频监控相结合的方式，对工程路域植被类型、数量、植被覆盖率和野生动物种类、数量等进行监测，及时获取大范围、全方位的生态环境数据。同时辅以高倍望远镜、照相机、摄像机等相关人工监测协同观测，掌握重大工程施工道路生态环境变化情况。

2. 重大工程施工道路生态环境健康监测的量化

建立生态环境健康监测系统是保障重大工程施工道路生态环境健康的重要措施。通过技术手段，可以实时监测生态环境的变化，及时发现环境污染和生物灾害等问题，并采取措施进行应对，保障生态环境的健康。

技术手段可以选择传感器网络、遥感技术、生物多样性监测等以下六个技术手段。一是 GIS 技术，为了量化路域生态环境，可以首先建立一个包括自然资源、生态系统、生物多样性等多个方面的指标体系。这些指标可以包括土地利用、森林覆盖度、水资源量、大气污染情况等。通过对这些指标进行监测和测量，并采用 GIS 技术，将数字化生态环境监测的成果数据以图形的形式展示出来，如空间数据、普查图等，以便用户更有效地查看和理解数据。二是智能识别技术，可以使用智能识别技术，以数字化图像的形式展示出生态环境的变化，如通过用摄像机记录密集森林清运时的地貌情况，以及进行生态环境变化监测后得出的绿色草原储备量指数，这些指标都可以以影像的形式展示出来。三是遥感技术，通过卫星、飞机等远距离传感器，可以获取大面积区域的地形、植被、水文等信息，对生态环境进行监测和评估。四是无线传感器网络技术，可以将传感器分布在路域生态环境中，实时监测温度、湿度、风速、降水量等参数，并将数据传输到数据中心进行处理和分析。五是数据挖掘技术，通过对大量生态环境监测数据的分析和挖掘，发现数据中的规律和趋势，为生态环境管理提供支持和决策依据。六是智能决策支持系统，通过整合多种监测数据和技术手段，构建智能化的决策支持系统，为生态环境管理提供实时、准确、科学的决策支持。

6.3.2 施工道路生态环境健康监测系统设计框架

重大工程施工道路生态环境健康监测系统将从检测、监测、控制防治、治理四个方面对施工道路生态环境进行保护与控制，做到实时监控、实时检测、快速解决、不留隐患。因此，该系统将是保护重大工程施工道路生态环境的必要手段，基于监测目标和指标、监测方案设计、监测设备和技术、数据管理系统等方面，对重大工程施工道路生态环境健康监测系统进行了构建与实施。该系统不仅能够科学、全面、准确地监测重大工程施工道路生态环境健康状况，还可以提高道路施工的环保水平，为保护生态环境提供有效的支持。

但是作为一个创新型的数字化系统，重大工程施工道路生态环境健康监测系统的研发需要多方面的考虑，包括对环境影响的了解、监测指标和方法的确定、数据处理和存储、硬件设备的选择以及系统集成和测试等。在综合考虑这些因素的基础上，本节将研发出高效、稳定、可靠的监测系统，以实时保护施工道路生态环境的健康。研发框架如图 6-2 所示。

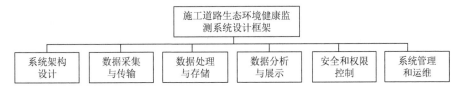

图 6-2 施工道路生态环境健康监测系统设计框架

1. 系统架构设计

重大工程施工道路生态环境健康监测系统基于云计算的架构，可以实现数据的集中管理和存储，并提供高可用性和扩展性。系统采用微服务架构设计，每个微服务都负责一个特定的功能，这样可以实现高度的解耦和灵活性。系统前端采用万维网（Web）技术进行开发，后端使用 Java 语言和 Spring Boot、Spring Cloud 框架，数据存储使用 NoSQL 数据库，如 MongoDB 等。

2. 数据采集与传输

系统支持多种数据采集方式，包括传感器数据采集、网络爬虫、人工输入等，可以接收来自多个数据源的数据。数据传输采用超文本传送协议（hypertext transfer protocol，HTTP）和消息队列遥测传输（message queuing telemetry transport，MQTT）协议，保证数据传输的可靠性和实时性。

3. 数据处理与存储

系统支持实时数据处理和离线数据处理，对于实时数据，系统采用流式处理技术，可以对数据进行实时处理和分析，并实时推送结果。对于离线数据，系统采用批处理技术进行处理。数据存储采用 NoSQL 数据库，如 MongoDB，保证数据的高可靠性和可扩展性。

4. 数据分析与展示

数据分析与展示可以通过数据分析，帮助管理人员了解生态环境监测过程中的趋势和模式，从而更好地规划和执行策略。同时，数据分析也是支持决策制定的有力支柱，数据分析和展示可以为管理层提供决策制定及实施的依据，从而有效地快速解决生态风险。总之，系统数据分析和展示是管理决策的重要依据，可以帮助管理者更好地了解业务情况，及时做出决策，优化整体生态监测流程，提高效率和做出精准的战略决策。因此，重大工程施工道路生态环境健康监测系统支持多种数据分析和展示方式，包括可视化报表、图表、地图等，提供给管理者多种视角监测生态环境变化。系统采用机器学习技术对数据进行分析和预测，提供基于规则和基于统计的分析和预测模型。不仅如此，系统还支持数据导出和应用程序接口（application program interface，API）接口调用。

5. 安全和权限控制

系统可以提供多用户协作的支持，具有多种网络设置，能够方便地完成网络管理，不同的权限设置，可以提供更高的安全性，同时对于不同层级的管理有利于不同工作方向的管理者理解自身的工作。因此，重大工程施工道路生态环境健康监测系统采用多层次的安全机制，包括身份认证、访问控制、加密等加强对核心数据的管理，确保服务的稳定性和数据的安全性。同时，系统支持不同用户角色的权限控制，通过数据筛选条件的属性配置，保证数据的安全性和保密性。

6. 系统管理和运维

系统提供监控和报警功能，监测系统运行状态发现异常情况及时报警，保证系统的稳定性和可靠性。系统还提供数据备份和恢复功能，保证数据的安全性和完整性。系统还支持自动化部署和升级，减少系统运维的工作量。

施工道路生态环境健康监测系统的整体架构图，如图 6-3 所示，可以从图中清晰地了解到整个系统的运作过程，一共分为六个层次，分别为展示层、业务层、网关层、服务层、公共技术层、基础设施层。其中展示层包含：运维后台、监控后台、网络、终端、其他服务器、用户后台、管理后台；业务层包含：基础信息中台、预警中台、大数据中台、用户中台、个性化等；网关层：为 Zuul 和 Gateway；服务层包含用户服务、权限服务、项目服务、设备服务、数据服务、预警服务、决策服务、报表服务等；公共技术层包含：Spring Cloud 消息总线、搜索服务、分布式组件、大数据处理能力、智能决策等；基础设施包含 MySQL 集群、Redis 集群、Elasticsearch 集群、Kafka 集群、RocketMQ 集群、各类检测设备采集、FastDFS 等。

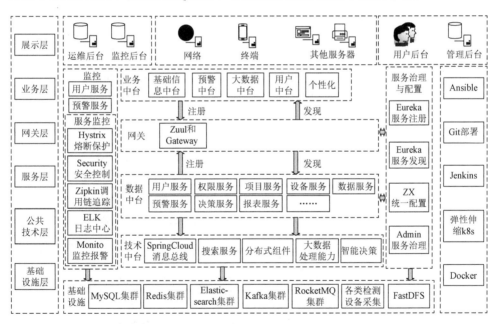

图 6-3　施工道路生态环境健康监测系统架构图

6.3.3　施工道路生态环境监测系统功能介绍

在对系统的整体框架与运行流程进行介绍之后，重大工程施工道路生态环境健康监测系统功能模块，作为整体系统最重要的组成部分，从系统框架、具体功能及功能模块的具体功用三部分展开介绍，如表 6-4 所示。

表 6-4　重大工程施工道路生态环境监测系统包含功能模块介绍表

系统框架	具体功能	功能模块的具体功用
系统设置	系统管理	对系统的各种参数和配置进行设置和调整，以满足不同的监测需求
组织架构	用户管理	对系统中的用户进行管理，包括添加、修改、删除用户等操作。用户可以根据其不同的角色和权限进行区分，以保证系统的安全性和数据的保密性
	权限管理	对系统中的不同角色设置不同的权限，以保证系统中的各项功能只能被具有相应权限的用户操作
	组织结构管理	对系统中的组织结构进行管理，包括添加、修改、删除组织结构等操作。组织结构可以根据不同的需求进行划分，以方便对系统中的用户进行管理
项目管理	项目配置	项目管理功能可以对监测项目进行配置，包括监测对象、监测指标、监测时间等。通过对项目进行详细的配置，可以确保系统能够对不同的监测项目进行准确的监测和数据采集
	项目调度	项目管理功能可以对不同的监测项目进行调度，以确保监测任务能够按照计划进行
	项目状态监测	项目管理功能可以对不同的监测项目进行状态监测，以及时发现和解决项目中出现的问题
	项目报告生成	项目管理功能可以对不同的监测项目生成报告，以方便用户进行数据分析和管理
合同（标段）管理	合同执行和监控	对不同的合同或标段进行管理，包括合同或标段的基本信息、合同或标段的要求、合同或标段的执行情况等。通过对合同或标段进行详细的管理，可以确保监测系统能够按照要求进行操作
设备管理	设备台账管理	对监测设备的基本信息进行管理，包括设备名称、型号、编号、制造商、购买日期、维修记录等。通过对设备台账进行管理，可以方便用户对监测设备的基本信息进行查询和维护
	设备状态监测	对监测设备的运行状态进行监测，包括设备的开机状态、网络连接状态、数据采集状态等。通过对设备状态的监测，可以及时发现设备运行异常，并进行相应的维护和处理
数据管理	数据采集	通过传感器、监测仪器等硬件设备，实时采集施工过程中对环境的影响数据，包括噪声、震动、土壤污染等指标
	数据传输	将采集到的数据通过通信设备传输到监测系统中，确保数据的实时性和准确性
	数据处理和存储	对采集到的数据进行处理和分析，存储在数据库中，并支持多种形式的数据分析和查询，以便管理者及时了解环境变化情况
	数据展示	对监测数据进行可视化展示，方便管理者进行数据分析和监管
预警管理	数据分析与比对	预警模块通过对实时监测数据的分析和比对，判断是否存在异常情况和风险因素，并识别出数据中的重要指标和趋势变化
	预警信息发布	监测数据异常时，预警模块会自动发出预警信息，包括异常的位置、程度、可能的原因等，同时提供应急处理建议，帮助管理人员及时采取措施

续表

系统框架	具体功能	功能模块的具体功用
预警管理	风险评估和控制	通过预警模块，管理人员可以对监测数据进行风险评估，并制定相应的控制措施和预案，以防止和减少对生态环境和施工的影响
	报表统计和分析	预警模块会对预警信息进行统计和分析，生成相应的报表，以便管理人员更好地了解施工道路生态环境健康状况和施工安全情况，从而及时调整工作计划和采取措施
	远程监控和模块控制	通过远程监控和控制，方便管理者对监测设备进行远程维护和控制，减少人力和物力成本

如表（6-4）所示，重大工程施工道路生态环境健康监测系统包含功能模块，从不同角度进行思考，全方面设计系统功能。

1. 系统功能模块的作用

重大工程施工道路建设过程中施工道路生态环境健康监测系统的系统功能模块有如下五项作用。一是分清不同功能部分：根据系统的需求，将系统划分为不同的功能模块，可以分清系统各部分的工作职责和流程，有助于更好地组织和管理整个系统的开发。二是提高系统的可维护性：对于每个功能模块进行独立设计和开发，可以较快地发现和纠正其中的错误，同时也方便后续维护和升级，提高系统的可维护性。三是提高开发效率：模块化的设计可以让开发者并行工作，并利用现有的模块化解决方案，可以提高开发效率。四是提高系统的重用性：模块化的设计可以让不同系统之间共享模块，提高模块的重用性，减少过多的开发工作。五是易于测试：因为每个功能模块都是相对独立的，因此可以更方便地测试每个功能模块，以及对整个系统进行集成测试，减少系统出现故障的可能性。

2. 系统功能模块总结

重大工程施工道路建设过程中生态环境健康监测系统的功能模块总结有以下四点。一是为了实现对重大工程施工道路生态环境的数字化实时监测，施工道路生态环境健康监测系统应当包括数据采集、传输、处理、存储、展示、预警、报表统计、远程监控与控制、用户管理、系统设置和告警处理等功能模块。二是在数据采集方面，可以利用空气传感器、土壤传感器、水质传感器以及摄像头等设备获取现场数据，并通过数据传输模块将数据传输至系统。在数据处理和存储方面，可以使用数据库等技术对数据进行处理和存储，并实现数据可视化展示，方便管理者实时了解监测数据。三是在远程监控和控制方面，监测系统可以实现远程数据传输和远程控制，如可以通过手机或电脑客户端实现对监测系统的远程控制和监测，以便随时随地了解施工过程中施工道路生态环境的监测情况，并对环境问题做出及时反应。四是在系统安全方面，需要考虑系统数据的安全和保密性，可以使用加密技术和权限控制等措施来保证系统数据的安全性和可靠性。

因此，施工道路生态环境健康监测系统的设计需要充分考虑施工现场的特点，通过开发数据采集、传输、处理和存储、展示、预警、报表统计、远程监控与控制、用户管理、系统设置、告警处理等模块，全方位、全周期地满足监测和管理的需求，结合现代化监测技术和管理手段，达到对重大工程施工道路数字化生态环境的实时监测，以改善施工过程中对生态环境的影响，实现对施工道路生态环境的全方位、全周期监测和管理。

6.3.4　施工道路生态环境监测系统应用成效

生态环境监测系统通过传感器和数据采集器等设备，实时监测施工过程中的环境变化，包括噪声、震动、空气质量、水质等方面，从而帮助施工方及时控制施工过程中产生的污染和噪声，并有效地保护周边生态环境。

具体来说，重大工程施工道路建设可能会造成沥青烟雾、道路噪声、震动扰动等，这些都会对周围居民产生影响。通过数字化生态环境系统，可以实现对施工现场及周边区域的空气质量、噪声、震动等信息进行实时监测，并能够根据监测结果对施工过程进行调整，减少污染和噪声扰动对周围居民和环境的影响。此外，生态环境监测系统还可以帮助施工方进行情境预测和监测，帮助施工方提前发现可能的环境变化并做好相关应对措施，为保护生态环境创造更有利的条件。因此，生态环境监测系统对于重大工程施工道路的环境保护具有重要的意义和作用，可以有效地提高施工方对环境的保护意识和能力，进一步促进环保与施工的有机结合，如图 6-4 所示。

图 6-4　生态环境监测系统应用总结框架图

1. 提高监测效率和准确性

重大工程施工道路建设过程中，使用数字化生态环境监测系统可以实时监测生态环境的状况，这样的使用方式，大大减少了人工监测的工作量，提高了管理人员对生态环境监测的效率和准确性,而且作为一个数字化监测系统,该系统可以将监测数据自动化采集,以此避免了数据出现误差的可能及漏报的情况,提升了管理效率。

2. 提升数据处理能力

数字化监测系统可以自动处理和分析监测数据,来帮助用户快速了解监测结果,提供相应的参考数据,对监测数据进行统计、分析和展示。通过对数据的处理和统计,帮助用户更好地了解重大工程施工道路生态环境的变化趋势和特征,减少数据收集的时间,增加分析效率。

3. 实现全程监测和控制

数字化监测系统可以对施工过程中的生态环境进行全程监测和控制,基于本系统的使用既避免了施工过程中对环境的影响,又保证了施工道路生态环境的稳定和健康,使重大工程施工道路建设过程中对生态环境影响问题的解决又向前迈进了一步。

4. 及时发现并解决问题

数字化监测系统可以对施工道路生态环境进行实时监测,加强管理人员对施工路域的控制,同时能够及时发现生态环境变化,对可能的问题进行预警,并及时采取措施,防止问题扩大化,做到防患于未然。

5. 提高工作效率

数字化监测系统可以实现数据自动化采集和处理,以此减轻了工作人员的工作量,提高了工作效率,加强了数据的准确度。同时,监测数据可视化的展示,便于用户进行数据分析和决策。

6.4　重大工程施工道路生态环境健康监测与管理体系

6.4.1　施工道路生态监测措施

根据监测数据的分析,并结合生态环境健康监测数字管理系统的数据分析结果,及时发现环境问题后,通过有效的计算结果确定合理、客观的评价标准和措施,并采取相应的措施进行修复和保护,从而不断优化决策、控制、管理、实施等生态环境保护措施,确保达到预定的环境保护目标。针对国家政策倡导,各类环境的评价标准主要按照相关质量标准的法律法规来评价，结合产生问题的实际情况，分析原因并给出对策如表 6-5 所示。

表 6-5　重大工程施工道路生态环境保护措施表

环境类别	原因	措施
水环境	1. 雨水冲刷影响地表水质、扬尘进入河水增加水中的悬浮物浓度 2. 桥涵施工中物料、机械漏油、建筑垃圾、生活垃圾等直接进入水体使水中的悬浮物、油类、耗氧物质增加	1. 对施工现场进行管理，规范施工行为 2. 采取有效的污染源控制措施 3. 建立水质监测系统，确保施工安全 4. 采取护坡、消砂、进水处理等技术手段 5. 定期开展环境的监测 6. 建立施工违规处置机制
土环境	1. 生活垃圾、生产废料和厨余废物处置不当 2. 施工过程中会产生大量建筑垃圾，其大量废弃物会使土壤质量降低，影响土壤悬浮物、水量和有机物的含量导致土壤污染	1. 预先进行土壤污染预测，以规范施工 2. 施工现场划分出建筑垃圾堆放区 3. 建立垃圾监测制度，保证垃圾处理安全 4. 设置或改进垃圾处置设施 5. 防止污水、污泥等建筑废弃物溢出 6. 采取洗土、磨土等手段减少土壤污染
空气环境	1. 空气环境污染来自材料在运输途中，施工便道等级低、路面凹凸不平或车辆装载过多等原因 2. 施工便道、施工工地地面干燥、松散由风引起的灰尘 3. 施工过程中产生的扬尘、沥青烟等	1. 采取措施排除现有建筑、高空架构及其他因素，减少空气流动影响 2. 采取绿色施工技术，采用湿喷淋方法来减少空气污染 3. 加强施工现场的管理，严格实施环保有关措施 4. 采取措施减少污染物的排放，保护空气环境
声环境	主要是车辆运行、机械运转及施工爆破产生、噪声水平及影响范围随施工阶段（修筑路基、桥梁、构筑物、路面铺设、交通工程等）不同而存在差异	1. 投资高水平的设备减少噪声污染 2. 安装湿度仪、噪声试验仪以检测空气及噪声污染
生态环境	生态影响主要体现在土地占用、植被破坏、水土流失和动物影响	1. 避免在生物多样性受到破坏时进行施工 2. 尽量使用环保型建材 3. 定期开展施工前后的环境考核 4. 尽可能减少施工现场的社会经济活动影响 5. 及时采取应急措施和补救措施

6.4.2　施工道路环境绿化措施

重大工程施工道路生态环境管理中，可以通过以下措施进行环境优化。

1. 水环境损害防治措施

加强施工场地与队伍的环境管理，不得随意排放施工废水和生活污水，确定排污标准和相应的污水处理工艺，达到标准排放和总量控制要求后方可排放（李苍松等，2019）；在道路两侧各设置一条边沟（Li，2020），在低洼处设置一个回用水池，通过地形高度差收集处理施工道路积水用于路面清洗，或沉淀后实现路面抑尘、洒水、植被绿化等方面的回用；同时过河修便桥，减少堵塞河道、污染水体。

2. 土壤环境破坏防治措施

设计改善土地利用方式，减少环境破坏行为，施工结束后恢复被破坏的土壤，满足施工道路动植物生存（Grebenshchikova et al.，2020）；加强土壤环境管理和综合防治，减少土壤承受的损害，确保危险化学品在建设过程中不外泄，使地表环境得到保护，土壤不受侵蚀；对固体废物进行合理处置，避免其有害成分对土壤造成污染。

3. 水土流失防治措施

严格控制建设用地，分区域安排水土流失防治的治理措施；完善排水设施保护边坡，采取框梁保护、临时保护土袋、格栅防护、竹夹板临时防护等措施防止水土流失；实施绿化工程，利用边坡生态带绿化沿线（罗明等，2019），完成工程后对道路两侧进行植被恢复工程，减少水土流失（张静晓等，2023）；对表土集中堆放区进行合理规划，集中存放路基清理的表土，用于后期的生态修复、复垦临时用地和景观绿化。

4. 大气污染防治措施

采取空间隔离、湿滑作业和抑制措施等（如密闭运输、围挡、苫盖、洒水等），加强扬尘监测管理（张静晓等，2023），防止干燥天气下汽车运输导致的风沙飞扬，影响农作物和居民生活；加强交通管理，对尾气超标车辆严格限制通行（李廷昆等，2022）；严格选用施工材料，定期对施工机械进行维护和保养，选用清洁燃料等，把有害气体的排放降到最低限度；对施工道路沿线加强绿化，提升绿化减污作用。

5. 噪声污染防治措施

合理规划施工区域，避开生态敏感地段；根据居民作息合理安排施工时间，加强噪声监控，争取安排白天高噪声作业；设置声屏障（Giunta，2020），同时使施工机械在保养和维护中处于良好运行状态，改善工人素质，降低施工噪声的机械与人为影响。

6. 固体废弃物污染防治措施

对施工过程中产生的固体废弃物尽可能回收再利用，不能回收的按照当地有关建筑渣土规定进行妥善处置，实现施工道路渣土的高效利用（秦晓春等，2020），实现资源节约，环境保护；加强建筑垃圾在施工过程中的管理，集中收集生活垃圾（严志伟等，2022），交给环卫部门定期处置。

7. 社会性因素防治措施

抓好施工道路在建设期和经营期生态环境建设和监测保护工作；强化项目建设相关人员的环保意识，加强对项目监管机构的生态环境监管；加强各部门如建设部门、项目监管部门、环保职能部门等的环保协作工作，确保环保费用投入充足；同时，政府也要加大调控力度。

8. 生态系统破坏防治措施

对生态敏感地区开展现状调查和影响分析，针对不同地区制订与减缓措施相适应的保护计划；在施工路段两侧各设置一块警示牌，避免施工车辆伤害动物、带来危险；加固堤防，减少水体污染和河道淤积对水生物生态环境的破坏；施工道路尽可能修在征地红线范围内，最大限度地保护好原有树木植被和减少植被砍伐，并做好生态恢复，在文明施工中降低对生态环境的影响（蒋爱萍等，2022）。

6.4.3　施工道路环境保护措施

道路施工的每一个环节都有可能对环境产生一定的影响，针对道路施工全生命周期的各个环节，应采取相应的环保措施和管理措施，如进行环境影响评估、合理利用土地和水资源、控制污染物排放、废弃物处理和垃圾回收等，以减少对环境的负面影响，保护环境生态系统的可持续发展，具体措施如下。

（1）建议道路规划和建设中应注重生态优先，强化底线思维和红线意识，着重生态环境保护。在规划期间充分考虑区域内地形地貌的复杂性以及生态环境敏感程度，做好前期准备和道路评估工作。

（2）建议对涉及环境敏感区的道路进行优化调整，尽量避免或减少对环境敏感区域的不利影响。若道路建设无法避让敏感区域，应提前进行环境影响调查和论证，针对主要保护对象和存在的生态环境问题制定相应的保护措施或替代方案，特别是对自然保护区等敏感区域的建设应明确路网是否占用野生动植物栖息地，并降低对敏感区域的影响。

（3）建议在道路设计阶段，应合理设计穿越森林和湿地地带的线路，尽量避免占用天然林和原始森林周边地带。在设计和建设中，应注意保护雨林、季雨林和常绿阔叶林等重要生态系统，尽量减少对主要生态结构和功能的影响，最大限度地降低对重要生态系统的破坏。

（4）建议在保护动物的栖息环境，特别是有野生保护动物的活动地区时，充分论证通过必要性后修建动物通道，应对通道两侧桥面及上跨式通道进行适当绿化，增加隐蔽性，使通道发挥应有作用。

（5）建议在规划实施过程中，根据实际需求充分利用现有线路并进行提升改造来确定道路技术指标，尽量减少占用优质耕地指标，并与周边土地总体规划部门相协调做好优化工作。

（6）建议充分考虑地质灾害的影响，对于涉及地质灾害较强活动区的路域开展区域地质环境调查。在选线时应加强地质灾害危险区的识别，尽量避开突发性地质山体滑坡、崩塌、冻融、泥石流、地面塌陷等区域。同时加大路域地质灾害监测和综合整治力度，切实减缓地质灾害易发区受影响程度。

（7）针对存在的重大环境影响问题，道路建设单位要适时组织开展环境影响跟踪评价和补救措施，以减少和补救规划路网形成后造成的整体环境不利影响。

6.5　本 章 小 结

重大工程所在地通常需要进行环境管理研究，特别是道路施工所带来的环境影响评估，旨在对周边的生态环境进行绿化和保护。本章从数据来源与指标选择、方法分析与模型构建、系统打造与结果评价等方面进行了深入研究和实践，取得了以下成果。

（1）建立了考虑破坏程度、污染程度、生物多样性等因素的三级指标体系，从工程类别、环境背景、生态环境三个方面筛选指标，根据客观条件选取设备与技术获取数据，为数据管理监测系统的建立提供坚实的理论基础。

（2）设计了一套基于微服务架构的生态环境健康监测系统。该系统采用分布式架构，将整个系统划分为多个独立的微服务模块，使得系统的扩展性和可维护性得到了极大提高。同时通过对数据采集、处理、存储和展示等模块的设计和优化，使系统具备高效、精准、可靠的数据处理和展示能力，为生态环境监测提供了坚实的技术支撑。

（3）提出了生态环境保护的绿化措施，帮助制订具有可持续性的优化方案，如在道路施工的全生命周期分别采取不同的环保和管理措施进行生态保护；从水质、土壤、大气、噪声、社会、生态等角度出发提出绿化防治措施；结合监测系统精确的数据分析不断优化决策、控制、管理、实施等生态环境健康监测措施。

第7章 重大工程隧道涌水径流水文灾害风险研究

山岭铁路建设受到绵延不绝的山脉影响，故需要修建大量的隧道以确保铁路工程建设顺利展开。山岭隧道在建设过程中通常需要穿越深大活动断裂带，且隧址区的地下水系纵横交错、水源丰富，这就给山岭隧道的施工带来了极大的涌水风险，更重要的是，突涌水形成的地表径流会对隧址区的水环境造成负面影响（资西阳，2021），因此探究突涌水的径流演变规律以及对突涌水造成的水环境风险进行风险评估及防治是确保隧道工程顺利进行的关键。国内外学者对于隧道涌水进行了大量研究，但传统研究都是对隧道内掌子面的涌水事件进行涌水量预测、预警以及防控，很少有研究关注涌水径流的排放过程。隧道掌子面开挖时涌水的连续性和不同施工阶段涌水的间断性导致隧道口出流数据难以获取且难以应用于水文科学研究中（李琦，2022），并且巨大山体会产生山体效应，致使山体上的隧道存在岩爆、岩溶、高地温等风险，这些灾害会直接导致山岭隧道在施工过程中涌出高温水和岩溶水，这不仅会影响施工进度，威胁施工人员的安全，还会对地表、地下水系产生扰动，而且涌水从隧道口涌出后对隧址区的水文状况也会造成很大的影响（郑宗利等，2022）。为此，本章针对涌水从隧道口涌出后形成地表径流这一事件，对涌水径流的排放过程进行模拟，以期为进一步研究隧道涌水径流水环境风险评估和涌水防治提供依据。本章逻辑框架图如图7-1所示。

中国西南山区的地质情况相对复杂，山岭隧道具有典型涌水特征，为此，本章选取西南山区典型的山岭隧道作为研究对象，综合利用水文模型和AHP构建出涌水径流水环境风险评估算法，对径流各区段进行水环境风险等级划分，同时基于隧道建设前（2006年）、施工中（2012年）、完工后（2016年）的植被覆盖度，分析了隧址区植被覆盖度的变化规律及趋势，以此验证隧道涌水径流水环境风险等级分区的合理性。

7.1 重大工程隧道涌水径流演变规律

水文学法是利用经验公式对涌水径流演进过程进行模拟计算，从而得到径流要素。该方法的特点是操作简单、计算速度快，但计算精度和适用范围具有局限性。水力学法是利用径流运动方程模拟径流的时空演变过程，模拟结果包括径流

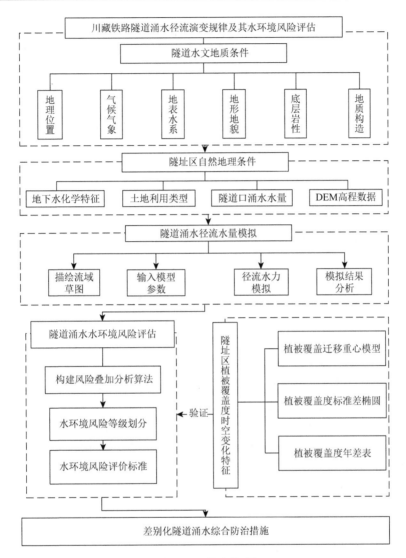

图 7-1　逻辑框架图

水深、流动面积（flow area）等的时空变化情况。该方法需利用水力学相关软件进行模拟结算，且计算时间较长，实时应用条件受限。为满足计算精度要求和计算效率要求，研究人员在水力学计算方法上做了大量的优化研究，提出运用新技术或遥感技术对隧道涌水径流要素进行分析（李琦，2022）。

本节借鉴以往山体径流研究成果并结合隧道涌水的特点，综合利用水动力模型法和遥感影像解译法模拟隧道涌水径流。水文模型是水资源综合管理应用的基本工具（Silva et al.，2020），被广泛用于预测径流（Li et al.，2021）。水文工程中心的河流分析系统是一个基于物理过程的在空间上完全分布的河流水力模型，旨在利用动量和能量方程分析河流断面的径流走势。HEC-RAS 模型可用于生成基于事件的河流尺度的水力过程，具有更详细和有效的时空方程来模拟基于河流水力学的具体事件（Zeiger and Hubbart，2021），因此，HEC-RAS 模型适用于模拟径流过程，如模拟涌水径流和径流漫滩流面积变化等。

7.1.1 隧道涌水径流走势分析

本节基于 1∶1000 地形图和隧址区地理数据，利用水面线推算方法，借助水文工程中心的流域性洪水模拟系统（hydrologic engineering center's hydrologic modeling system，HEC-HMS）建立水文模型，首先进行正常情景中隧道涌水径流走势分析，以最大允许涌水量（120 000 立方米/天）作为模型输入指标，在解译隧址区数字高程遥感影像的基础上，整合地表水系、土地利用等关键指标，多因素分析涌水排放走势，绘制出径流概化河道并分割横断面。

基于 DEM 数据提取隧址区地表地形信息是实现径流走势计算和进行分布式水文模型数值模拟的前提。地表地形信息提取步骤包括洼地填充计算、径流累计计算及汇水河网提取等。目前常用八向方法（即 D8 方法）来获取以上信息，成功获取关键步骤是对洼地和平地像元的预处理。洼地像元是指 DEM 中低于自身周围的八个像元，当汇集的径流水量超过洼地容量时便会导致径流从洼地边缘流出，流向下一个洼地像元。径流走势计算就是根据隧址区地表高程的相对值来计算像元的淹没处理顺序，从 DEM 外围高程最低点逐渐向临近且高程最低点扩散，最终的径流走向就是由高程值小的像元流向高程值更小的像元（李琦，2022），具体计算流程如图 7-2 所示。

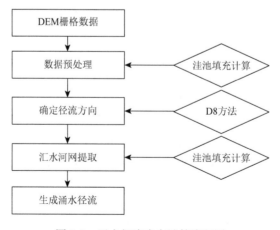

图 7-2　涌水径流走向计算流程图

为了实现整个操作流程，首先，利用栅格计算器对卫星采集到的隧址区 DEM 高程遥感影像进行解译，其次，对解译后的影像进行辐射定标，即将解译后图像的数字量化值（digital number，DN）转化为辐射亮度值，对辐射定标后影像进行大气校正，进而提取隧址区的高程、坡度和坡向数据。最后，根据隧址区的高程、坡度和坡向数据的反射信息并结合区位特征进行裁剪，得到隧址区高程数据。

借助 ArcGIS 软件，利用洼地填充工具（Fill）计算隧道涌水径流流向，并通过流量工具（Flow Accumulation）模拟径流河网，根据高程数据、坡度数据和坡向数据提取径流河网并生成径流河道，此外，利用空间分析法在径流拐点处对径流河道进行分割，最终得到一条径流线（径流河道），并标记多处径流横断面。对案例隧道的隧道出口进行隧道涌水径流走势计算，得到隧道出口径流走势图。

根据计算结果可知，案例隧道出口处的涌水径流自地势高处至地势低处，隧址区整体地势起伏变化小，导致涌水所形成的地表径流的河道深度也较浅，径流大致走向为由北向南，穿越水田和建设用地，在流经建设用地后汇入下游河流，完成涌水径流在地表上的全部排放演变过程。

7.1.2　隧道涌水径流水量演变规律研究

本节综合利用了 ArcGIS 软件平台、水面线法和 HEC-RAS 水文模型，进行了不同情境下隧道涌水水量的变化模拟，明晰了不同情景下隧道涌水径流量的演变规律。在研究过程中，本节首先基于 1∶1000 地形图利用隧址区地理数据采用 HEC-HMS 模型建立水文模型，进行径流数值分析。其次，采用 HEC-HMS 模型中的动波模型，读取多因子水面线模型数据集中的河系图网、径流数据和横断面数据（断面高程、上下游断面左岸间距及曼宁糙率值、上下游断面主深槽间距及曼宁糙率值、上下游断面右岸间距及曼宁糙率值、收缩和扩张系数）。最后，借助 HEC-GeoRAS 软件将有关数据导入 HEC-RAS 水面线计算软件中进行水量演进运算（李琦，2022）。

为了满足空间精度的需求，我们首先是对径流河道进行了校准，然后对横断面进行了加密，并基于 1∶1000 地形图利用隧址区地理数据采用 HEC-HMS 模型建立水文模型，进行径流数值分析。此外，借助 ArcView3.3 的拓展模块 HEC-GeoHMS 3.3 对案例隧道涌水径流 DEM 数据进行处理，提取径流的地形参数及河道特征参数，将径流划分为子流域（命名为 R10W10），并在此基础上建立 HEC-HMS 工程。读取 ArcGIS 数据中的河系图网、径流数据（径流河系及河段名称）和横断面数据（涌水径流各断面的高程、涌水径流各断面的左岸间距及曼宁糙率值、涌水径流各断面的中心间距及曼宁糙率值、涌水径流各断面的右岸间距及曼宁糙率值、收缩和扩张系数等）并输入 HEC-RAS 软件，最终得到正常情境下案例隧道出口的水量模拟结果如表 7-1 所示。

表 7-1　正常情境下案例隧道出口的水量模拟结果

子流域名称	河段名称	正常情境设定/(英尺³/秒)	涌水流速/(英尺/秒)	有效流动面积/英尺²	水面宽度/英尺
R10W10	10	17.50	6.71	2.61	1.86
	9	17.50	1.54	11.36	3.73
	8	17.50	6.87	2.55	1.78
	7	17.50	1.40	12.48	2.14
	6	17.50	0.56	31.13	2.44
	5	17.50	1.80	9.73	1.93
	4	17.50	8.45	2.07	0.93
	3	17.50	7.68	2.28	1.24
	2	17.50	7.66	2.28	1.28
	1	17.50	1.71	10.21	1.62

注：1 立方英尺 = 2.831 685×10^{-2} 立方米；1 平方英尺 = 9.290 304×10^{-2} 平方米；1 英尺 = 3.048×10^{-1} 米

根据正常情境下案例隧道出口水量模拟结果（表 7-1）可以看出，隧道涌水流速在径流流动过程中显示出上下波动的变化趋势，在径流中段流速较慢，在径流末段流速加快。在整个地表径流过程中，径流的有效流动面积最大值出现在径流中段，最大值为 31.13 英尺²。径流的水面宽度从隧道口涌出后先增加后减少，最大值为 3.73 英尺，出现在 9 号横断面，因为此横断面的河道较浅，在相同的涌水量条件下，会呈现出相对更大的径流水面宽度。利用 HEC-RAS 软件还可以直观地获取涌水径流的水位剖面线图。

由于案例隧道属于高原温带季风半湿润气候区，降水量充沛，日照充足，冬季温和干燥，夏季湿润无高温。根据气象资料统计得知，案例隧道隧址区降水量年际变化大，多年平均降水量约 689 毫米，且具有分配不均匀的特征，降水主要集中在 4 月至 10 月，约占全年降水量的 95.6%。案例隧道沿线地形起伏变化大，构造运动强烈，地层岩性及气候复杂多变，降水充沛，有时伴随暴雨事件还会导致山体滑坡和泥石流等地质灾害发生（李琦，2022）。为此，本节又进行暴雨情境下隧道涌水排放的演变规律的推演。主要采用径流系数法计算暴雨情境下的地表径流量，并利用 HEC-GeoRAS 软件将暴雨量折算后的地表径流量作为模型输入指标导入 HEC-RAS 水面线计算软件中进行水量演进运算，从而推演出暴雨情境下的隧道涌水径流水量排放演变规律。

利用径流系数法将最大降水量折算成地表径流量代入模型进行水量模拟计算。暴雨情境下案例隧道出口水量模拟结果如表 7-2 所示。

表 7-2　暴雨情境下案例隧道出口水量模拟结果

子流域名称	河段名称	暴雨情境设定/(英尺³/秒)	涌水流速/(英尺/秒)	有效流动面积/英尺²	水面宽度/英尺
R10W10	10	17.80	6.74	2.64	1.88
	9	17.80	1.55	11.48	3.75
	8	17.80	6.89	2.58	1.79
	7	17.80	1.41	12.61	2.16
	6	17.80	0.57	31.26	2.45
	5	17.80	1.81	9.83	1.94
	4	17.80	8.48	2.10	0.94
	3	17.80	7.71	2.31	1.25
	2	17.80	7.68	2.32	1.29
	1	17.80	1.72	10.34	1.63

注：1 立方英尺 = 2.831 685×10^{-2} 立方米；1 平方英尺 = 9.290 304×10^{-2} 平方米；1 英尺 = 3.048×10^{-1} 米

7.2　重大工程隧道涌水径流水环境风险评估

隧道涌水径流造成的水环境风险时刻影响着隧道的顺利施工和隧址区的植被生长，因此在隧道建设初期对涌水径流的水环境风险进行科学评估十分必要。

7.2.1　隧道涌水径流水环境风险评估标准研究

本节通过构建层次结构—模拟结果叠加分析函数，对隧道涌水径流的水环境风险进行评估。实施步骤如下：首先利用层次结构模型直观表示出风险敏感因子之间的关系；其次根据问卷调查的统计结果构造判断矩阵进行风险判断，并验证矩阵是否符合一致性检验，在符合一致性检验的前提下，将风险敏感因子的模拟结果及水环境风险权重系数进行叠加分析得到风险叠加参数，并利用最优分割法划分风险叠加参数的数值范围进而确定隧道涌水水环境风险等级划分标准；最后依据水环境风险等级划分标准，对该典型山岭隧道涌水径流的水环境风险进行科学评判，具体流程如图 7-3 所示。

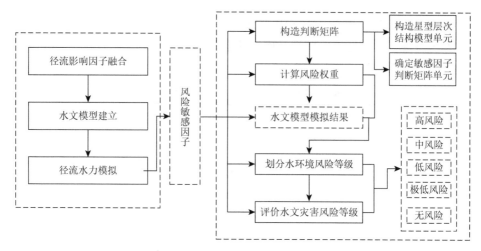

图 7-3　涌水径流环境风险评判流程图

在参考前人相关研究和深入分析水环境风险各方面影响因素的基础上，本节确定涌水径流排放模拟结果中的径流水面高程变化量、径流流速、径流流动面积、径流水面宽度和径流水力增速作为水环境风险敏感因子对隧道涌水径流的水环境风险进行评估（Wang et al.，2019；Bouamrane et al.，2021；Tian et al.，2018）。其中，径流水面高程变化量、径流流动面积和径流水面宽度为水环境风险的直接影响因素，径流流速和径流水力增速为水环境风险的间接影响因素。选择径流水面高程变化量这一指标是因为径流的水面高程变化量越大，说明在相同涌水量情况下，沿径流向下游流动的水量越少，向径流两侧流动的水越多，因此水环境风险程度也就越大。相反，径流的水面高程变化量小的隧道涌水径流区段，径流的流动量越大，向径流两侧隧址区的流动量越小，其水环境风险也就越小；径流流动面积代表径流对隧址区的影响区域；径流水面宽度代表径流对隧址区的影响广度；径流流速会对径流河道两侧河岸产生影响，进而影响隧址区的地下水环境；径流水力增速代表径流对隧址区地表的冲击程度。根据径流线的水文模型进行水量演进运算，最终得到涌水径流排放的模拟结果，并提取涌水径流排放的模拟结果中的径流线的风险敏感因子的模拟结果，所述径流线的风险敏感因子的模拟结果包含径流水面高程变化量、径流流速、径流流动面积、径流水面宽度和径流水力增速（李琦，2022）。

通过运用 AHP 构建层次结构模型，能够更加直观准确地描绘出各个风险敏感因子之间的关联性。为此，本节以隧道涌水径流水环境风险敏感因子 A 为总目标，径流水面高程变化量、径流流速、径流流动面积、径流水面宽度和径流水力增速分别作为一级指标 B_1、B_2、B_3、B_4 和 B_5，构建了层次结构模型，模型如图 7-4 所示。

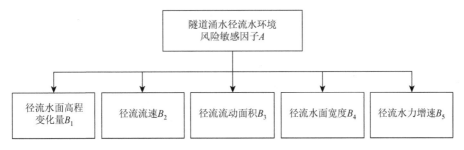

图 7-4　层次结构模型

本节结合涌水案例进行分析，根据层次结构模型，采用比较标度法，并通过对问卷调查分析，获得涌水径流沿线水环境风险权重系数（表 7-3）。

表 7-3　水环境风险权重系数表

项目	一级指标				
	径流水面高程变化量 B_1	径流流速 B_2	径流流动面积 B_3	径流水面宽度 B_4	径流水力增速 B_5
风险权重系数	0.3231	0.3231	0.1615	0.1196	0.0727

基于表 7-1 得出的涌水径流排放模拟结果和水环境风险权重系数得出径流区段的风险敏感因子的模拟结果如表 7-4 所示。

表 7-4　风险敏感因子的模拟结果

序号	隧道涌水径流区段	径流水面高程变化量 B_1	径流流速 B_2	径流流动面积 B_3	径流水面宽度 B_4	径流水力增速 B_5
1	DK123＋730～DK125＋230	143.93	6.79	2.58	1.82	840.55
2	DK126＋280～DK126＋660	76.17	3.82	2.31	1.36	656.93
3	DK127＋900～DK131＋700	68.82	8.07	31.13	1.09	638.66
4	DK134＋930～DK137＋600	96.39	7.67	2.28	1.26	501.32
5	DK138＋500～DK140＋520	9.74	4.69	6.25	1.45	403.12

注：DK 表示施工设计时采用的里程，是 distance kilometre 的简写，表中，DK 右侧"＋"号左侧的数指千米数，"＋"右侧数字分别表示不足整千米的百、十、个位数

通过层次结构—水文模型模拟结果叠加分析函数式（7-1）计算，得到隧道涌水径流的水环境风险叠加参数 Q_j，如表 7-5 所示。

$$Q_j = B_{ij} \cdot M_{ij} = -B_{1j} \times M_{1j} + B_{2j} \times M_{2j} + B_{3j} \times M_{3j} + B_{4j} \times M_{4j} + B_{5j} \times M_{5j} \quad (7\text{-}1)$$

式中，Q_j 为风险叠加参数；j 为各个隧道涌水径流区段；i 为第 i 项风险敏感因子；B_{ij} 为第 j 个隧道涌水径流区段的第 i 项风险敏感因子的水文模型模拟结果；M_{ij} 为第 j 个隧道涌水径流区段的第 i 项风险敏感因子的风险权重。

表 7-5　水环境风险叠加参数

项目	风险叠加参数 Q_j				
	Q_1	Q_2	Q_3	Q_4	Q_5
计算结果	17.4324	24.9163	31.9665	8.2991	28.8555

7.2.2　隧道涌水径流水环境风险预警等级分析

为了对隧道涌水径流区段的水环境风险进行科学评判，本节将隧道涌水径流各区段都依据风险等级划分标准划分为高风险、中风险、低风险、极低风险和无风险五个等级，并用红色、橙色、黄色、浅绿、深绿五种颜色代表风险等级由高到无，用高预警、中预警、低预警、极低预警和无预警五个等级进行预警风险等级划分（表 7-6）。在此基础上，对隧道涌水径流的水环境风险进行预警等级连续渲染，最终以径流水环境风险预警等级渲染图的形式展现山岭隧道涌水径流排放所导致隧址区水环境的风险大小。

表 7-6　水环境风险预警等级划分标准

风险划分指标	风险划分标准				
风险预警等级	高预警	中预警	低预警	极低预警	无预警
风险等级	高风险	中风险	低风险	极低风险	无风险
风险叠加参数 Q_j	$30 \leqslant Q_j < 36$	$24 \leqslant Q_j < 30$	$18 \leqslant Q_j < 24$	$12 \leqslant Q_j < 18$	$0 \leqslant Q_j < 12$

本节依据水环境风险等级划分标准表 7-6，结合水环境风险叠加参数 Q_j 对案例隧道涌水径流各区段的水环境风险进行了评估，结果见表 7-7。

表 7-7　水环境风险预警等级划分结果

序号	隧道涌水径流区段	风险叠加参数 Q_j	风险等级	等级代表颜色	预警等级
1	DK123 + 730~DK125 + 230	17.4324	极低风险	浅绿色	极低预警
2	DK126 + 280~DK126 + 660	24.9163	风险	橙色	中预警
3	DK127 + 900~DK131 + 700	31.9665	高风险	红色	高预警
4	DK134 + 930~DK137 + 600	8.2991	无风险	深绿色	无预警
5	DK138 + 500~DK140 + 520	28.8555	中风险	橙色	中预警

在此基础上，对隧道涌水径流的水环境风险进行风险等级连续渲染，最终以径流水环境风险等级渲染图的形式展现山岭隧道涌水径流的隧址区水环境风险大小。本节以案例隧道进行了实证研究。

在正常情境下，从案例隧道出口涌水径流的水环境风险等级分布来看，径流在末端产生的水环境风险较大。这是由于该区域地势低洼，排水能力不足，对地表径流的影响范围十分敏感。在此区域，径流不仅会导致地表水量增加，影响隧址区的植被生长，还会对地下水系造成扰动，间接影响土壤中动植物需水。除了径流末端高风险区，在径流中下部也呈现出较高的水环境风险等级，这无疑会对下游河流的流量、水质和流域面积产生影响，更加扩大了径流的影响范围。但总体来看，涌水径流的水环境风险多为极低风险区和无风险区（李琦，2022）。

此外，本节对暴雨情境下的案例隧道涌水流径沿线水环境风险进行了评估。在暴雨情境下，涌水量大幅度增加直接导致涌水径流中段发生溢流现象，流径沿线水环境风险也大幅增加，对隧址区的生态环境造成的影响将更加显著。

7.2.3　隧道涌水径流水环境风险等级评估验证

植被覆盖度能有效监测植被的生长状态，及时反映出地表的植被覆盖水平，是评价隧址区生态环境，特别是水环境的重要指标（王曦和张怡雯，2021；危金煌等，2021；冷若琳，2020；孙铭浩等，2021）。以植被覆盖度为指标，能够验证涌水径流水环境风险评价的准确性，并且能够避免归一化植被指数（normalized difference vegetation index，NDVI）造成的低植被覆盖度区域识别困难和高植被覆盖度区域过度饱和的问题。为此，本节基于中分辨率成像光谱仪归一化植被指数（moderate-resolution imaging spectroradio-meter-normalized difference vegetation index，MODIS-NDVI）数据，综合运用遥感、GIS 空间分析等方法，对案例隧道涌水径流隧址区内的植被变化趋势及演变规律进行分析，探讨涌水径流对隧址区一定范围内的植被覆盖度的影响程度，以验证隧道涌水径流水环境风险评估结果。

本节在研究过程中，首先基于案例隧址区在施工前、中、后期的 MODIS-NDVI 遥感图像数据，利用像元二分法获取植被覆盖信息，并根据不同指标划分的等级绘制空间分布图，逐像元分析植被覆盖的变化趋势，借助显著性检验来确定植被覆盖度的显著性。在此基础上，运用重心转移矩阵和标准差椭圆模型量化不同土地利用方式的重心轨迹，在时间和空间上探究隧址区内植被覆盖的变化趋势，以此来反映隧道涌水对隧址区一定范围内的植被覆盖造成的影响。

　　本节利用像元二分法对植被覆盖度进行了估算，并通过空间分析方法对施工前（2006 年）、施工中（2012 年）以及完工后（2016 年）三个时期的隧址区植被覆盖情况进行统计分析，发现 2006～2016 年隧址区的植被覆盖度逐渐升高，但由于受到隧道涌水的影响，隧址区植被覆盖度的总体变化程度不一致，呈现出明显的区段分异性，在水环境风险高的区段植被覆盖度的增长速率较慢，在水环境为低风险的区段变化速率较快，说明隧道涌水对隧址区植被覆盖造成的影响程度大小同隧道涌水的水环境风险等级大致相同。其中在隧道口处、涌水径流中部和径流尾部汇入下游河流处的植被覆盖度增长水平最低，其余涌水水环境低风险区域的植被覆盖度增速较高，变化最明显的是无风险区域，由低覆盖度向高、中高覆盖度转化的比例最大（李琦，2022）。

　　在涌水流径沿线水环境低风险、极低风险和无风险的区域地势平坦，人为活动扰动小，为植被的生长提供了一个良好的自然环境，因此，植被覆盖度在 2006～2016 年增长速度高；相比之下，在涌水流径沿线的水环境高风险区和中风险区的区域地势变化情况复杂，此区段的涌水径流对周边植被影响较大，导致植被覆盖度的增长变化不明显。

　　土地利用类型与植被覆盖度有着密切的联系，土地利用类型变化改变了当地的气候和地形环境，并且环境的变化反作用于植被的生长。从隧址区的土地利用类型变化情况可以看出，隧址区的主要土地利用类型有：耕地、水域、林地、草地、未利用地和施工、居住用地。其中分布范围最广的是耕地，在施工前期、中期和施工后期遍布整个研究区域；施工、居住用地分布在隧道施工后期较为集中，主要分布在隧道涌水水环境高风险和中风险区域；未利用土地分布面积在隧道开始施工后逐渐减少。

　　本节利用空间统计方法计算得到 2006～2016 年三个时期不同土地利用类型在隧道涌水径流各区段内所占的比重（表 7-8），并明晰了隧道施工前、中、后期隧道涌水径流隧址区内土地利用类型变化的主要特征。总体来看，施工、居住用地的变化较为明显，增加了 2.45%，这是由于隧道施工增加了建设、工业用地的面积。其次是耕地，在隧道建设和全球气候变化的双重作用下，使得植被被迫适应新的自然环境而改变生长周期，最终导致耕地面积发生显著变化。由于林地分布范围较小，隧道施工未涉及林地区域，因此林地面积保持稳定。除此之外，草地和未利用地面积的变化情况不明显。

表 7-8　2006～2016 年植被覆盖度标准椭圆参数

年份	短半轴长度/千米	长半轴长度/千米	方位角/度
2006	0.25	0.33	44.25
2007	0.24	0.32	44.18

年份	短半轴长度/千米	长半轴长度/千米	方位角/度
2008	0.24	0.32	46.98
2009	0.24	0.32	47.04
2010	0.25	0.33	24.75
2011	0.26	0.34	24.39
2012	0.27	0.35	23.43
2013	0.26	0.34	24.38
2014	0.25	0.33	25.03
2015	0.26	0.34	42.84
2016	0.26	0.34	44.38

　　本节采用了标准差椭圆对植被覆盖度重心迁移的移动轨迹进行了直观剖析，如表 7-8 所示，植被覆盖度的重心迁移轨迹从径流中上游区段向中下游区段变化，整体轨迹与施工、居住用地的植被覆盖度重心迁移轨迹相反，短半轴长度范围为 0.24～0.27 千米，长半轴长度范围为 0.32～0.35 千米，长轴和短轴的变化范围均较小，表明植被覆盖度重心的变化方向相对稳定，方位角的变化范围为 23.43 度至 47.04 度，随时间先顺时针方向偏转，随后向逆时针方向偏转。

　　本节选取 2006 年、2012 年和 2016 年作为三个时间节点，分别将植被覆盖度值通过栅格计算进行分级，得到 2006～2012 年和 2013～2016 年两个时间段的植被覆盖度的空间分布情况。计算结果表明，植被减少的情况（两期植被覆盖度差值小于 0）多集中于水环境高风险区域，此区域植被覆盖度减少量最大，植被增加的情况（两期植被覆盖度差值大于 0）多为水环境无风险和低风险区域，证明涌水径流对此区域植被覆盖度和水环境的影响较小（李琦，2022）。

　　经过统计计算重分类后，本节获得 2006～2016 年的各个植被覆盖度等级的面积及占比（表 7-9）。可以看出，在 2006 年到 2016 年，面积占比最大的植被覆盖度等级由高覆盖度逐渐变化为低覆盖度。2006 年，面积占比最高的高植被覆盖度面积为 1.64 千米^2，在隧址区内占比 31.00%，到 2016 年，低覆盖度面积占比最大，比例为 22.22%。在 2013 年以前，中低覆盖度的比重最小，在 2016 年面积占比增加到 21.72%，成为比重第二大的植被覆盖度等级，并且中低覆盖度比重的增加幅度最大，从 2006 年到 2016 年面积占比共增加 11.51%。隧址区的植被覆盖度逐年变化，高植被覆盖度和中高植被覆盖度的面积呈减少趋势，其余低、中低、中覆盖度均呈现增加的变化趋势。高植被覆盖度的面积减少 0.52 千米^2，占比减 12.43%，变化率最大。

表 7-9　2006～2016 年各植被覆盖度等级面积及比例

| 年份 | 植被覆盖度等级 | | | | | | | | | |
| | 低覆盖度 | | 中低覆盖度 | | 中覆盖度 | | 中高覆盖度 | | 高覆盖度 | |
	面积/千米²	比例	面积/千米²	比例	面积/千米²	比例	面积/千米²	比例	面积/千米²	比例
2006	1.16	21.93%	0.54	10.21%	0.74	13.99%	1.21	22.87%	1.64	31.00%
2007	1.14	18.72%	0.56	9.20%	0.78	12.81%	1.99	32.68%	1.62	26.60%
2008	1.16	18.92%	0.57	9.30%	0.84	13.70%	1.95	31.81%	1.61	26.26%
2009	1.17	19.93%	0.69	11.75%	0.91	15.50%	1.53	26.06%	1.57	26.75%
2010	1.26	20.39%	0.86	13.92%	1.09	17.64%	1.47	23.79%	1.50	24.27%
2011	1.20	20.37%	0.73	12.39%	0.98	16.64%	1.53	25.98%	1.45	24.62%
2012	1.22	20.64%	0.78	13.20%	0.94	15.91%	1.77	29.95%	1.20	20.30%
2013	1.20	21.28%	0.84	14.89%	0.96	17.02%	1.47	26.06%	1.17	20.74%
2014	1.35	21.70%	1.22	19.61%	1.24	19.94%	1.26	20.26%	1.15	18.49%
2015	1.36	21.97%	1.28	20.68%	1.15	18.58%	1.27	20.52%	1.13	18.26%
2016	1.34	22.22%	1.31	21.72%	1.16	19.24%	1.10	18.24%	1.12	18.57%

本节将隧址区的植被覆盖度变化过程分为 2006～2012、2013～2016 年两个时段，变化最显著的是中低覆盖度，在第一个时段变化速率由−1.01%增长为 0.81%，在第二个时段变化速率由 4.72%降低 1.04%，低覆盖度的变化速率幅度最小，中覆盖度的变化速率不断增加，中高和高覆盖度的变化速率基本保持不变。总体来看，隧道涌水径流隧址区的植被覆盖度在一定程度上受到了隧道涌水的影响。

7.3　本 章 小 结

本节综合利用 ArcGIS、水面线法和 HEC-RAS 水文模型，识别出了不同情境下隧道涌水排放的演变规律，实现不同情境下隧道涌水水量的变化模拟。根据正常情境下案例隧道出口涌水径流水量模拟结果可知（表 7-1），在 17.50 英尺³/秒的隧道出口涌水量情境下，隧道涌水的流速显示出上下波动的变化趋势，在径流中段流速较慢，在径流末段流速加快。径流的有效流动面积最大值出现在径流中段，最大值为 31.13 英尺²。径流的水面宽度从隧道口涌出后先增加后减少，最大值为 3.73 英尺，出现在 9 号横断面，因为此横断面的河道较浅，在相同的涌水量条件下，会呈现出相对更大的径流水面宽度。

由暴雨情境下案例隧道出口涌水径流水量模拟结果（表 7-2）可知，暴雨情境下的涌水径流各区段水面宽度、流速、流动面积均明显增加。径流河道为天然河道，通常河道水位较浅，在暴雨情境下，涌水量大幅度增加，直接导致径流河道承载不了多余的水量而发生溢流，对隧址区的生态环境造成的影响将更加显著。实证分析表明。①正常情境下隧道涌水径流的有效流动面积和水面宽度的变化趋势呈现出一致性，而涌水流速与其呈现相反的变化趋势。在径流的始端（隧道口附近）和末端（汇入下游河流处）流速较快，中部流速较慢，但有效流动面积和水面宽度在径流中部出现最大值。②暴雨情境下涌水量大幅度增加，直接导致径流河道承载不了多余的水量而发生溢流（李琦，2022）。

此外，本章所构建的技术方法多与遥感技术可量测和观测的集水区特性有关，在不便获取长期高精度的现场实测数据的情况下，为不同情境下隧道涌水径流水量排放模拟提供了新的研究思路，为复杂艰险山区隧道涌水径流的水环境风险预测及评估提供了参考。从径流水环境风险等级渲染图可以看出，径流在中段（施工用地区域）产生的水环境风险最大。这是因为在隧道建设过程中，配套施工用地也在不断建成，施工用地建设改变了区域土地利用方式，降低了区域土壤渗透率，减缓了隧道涌水径流的下渗过程，从而导致径流流经此阶段时难以通过土壤下渗来减少区段涌水量。Abebe 等（2018）的研究结果也表明，位于较大城镇附近的地区更容易遭受洪水袭击，他们的分析表明，人口密度影响最大，其次是土地覆盖相关参数。这是由于平整后的场地地势低洼，排水能力不足，对地表径流的影响范围十分敏感，如果再遭遇强暴雨，对地表径流的影响会更大。而且在施工用地内修建道路、建造房屋普遍采用不透水材料，致使径流的蓄水调节作用被削弱，涌水径流在流经此区域时的水环境风险最大。在此区域，径流不仅会导致地表水量增加，影响隧址区的植被生长，还会对地下水系造成扰动，间接影响附近施工用水和土壤中动植物需水。除了径流中部的水环境高风险区，在末端即将汇入下游河流时也呈现出较高的水环境风险等级，这无疑会对下游河流的流量、流速和流域面积产生影响，更加扩大了径流的影响范围。总体来看，涌水径流的水环境风险多为极低风险区和无风险区，证明在假定隧道涌水自然排放（未经处理）的情况下，涌水径流对隧址区水环境造成的影响相对较小，但针对高风险和中风险区段，还需要着重考虑如何进行径流水环境风险防治。植被覆盖度的时间和空间变化是多个影响因素的综合作用结果。隧道涌水径流隧址区的植被覆盖退化区域主要集中在施工、居住用地，此区域同样也是隧道涌水环境中、高风险区，两种评估方法均显示在施工、居住用地，土地利用类型的改变，对隧址区的地上和地下水环境均造成了一定程度上的影响，进而影响该区域植被覆盖度值，同样叠加分析函数计算结果也表示涌水径流水环境高风险区集中在低植被覆盖度区域，本章的层次结构—模拟结果叠加分析函数计算结果和植被覆盖度时空变化分析结果基本一致。

第8章　重大工程隧道涌水流径沿线生态环境
可持续性评价

伴随着全球交通网络的飞速发展，许多发展中国家和地区对高速公路、铁路等基础设施工程的需求愈加旺盛。作为国民经济大动脉、关键基础设施和重大民生工程（王安，2016；于策，2017），重大工程在经济社会发展中的地位和作用愈加重要。隧道作为重大工程建设中常见的大型附属工程，不仅可以改善重大工程路线线形、缩短里程和行车时间以及提高运营效益（张国珍等，2017），而且极大满足了城市之间或交通网络内部快速和可持续流动的要求（Dematteis，2015）。由此，我国重大工程高速发展，人们对地下开采的需求与日俱增（Dematteis，2015），隧道建设加速发展，取得了举世瞩目的成绩。在创造可观的经济效益和社会效益的同时，山岭隧道工程施工环境的复杂性和技术操作的限制性决定了其在建设过程中不可避免地将对邻近生态环境造成一定程度的扰动和破坏（张国珍等，2017；Amaranthus et al.，1985；Said et al.，2019），为生态环境带来了巨大风险（Li et al.，2018；Shi et al.，2018）。一些生态环境较为敏感、脆弱的特定区域，更容易受到外界环境变化的影响。其中，山岭隧道建设过程中涌水问题导致的环境问题尤为严重（Sharifzadeh et al.，2013；Gokdemir et al.，2019；Qiu et al.，2020）。

由于隧道工程普遍在山区建设，隧道的施工掘进不可避免地会改变部分地下水资源的流动方式，复杂的地质结构和水文地质条件极易引发地下涌水问题（Li et al.，2018；Sharifzadeh et al.，2013；刘刚锋，2010），尤其在一些岩溶地区频发（Li et al.，2013；Yau et al.，2020），涌水发生后隧址区域岩溶地下水系统将受到大量排水的影响，引起的地下水位下降，这不仅将直接或间接地对岩溶地下水系统及其相关地质环境造成负面影响（Li et al.，2021），还会对依赖地下水生长的植被产生较大影响（Sjölander-lindqvist，2005），从而使携带大量碎屑物质及施工污水、废水的涌水也会对周围地表水体产生严重威胁（蒋红梅等，2010），对生态环境造成极大影响（Li et al.，2021）。不仅如此，有些山岭隧道施工过程中排水措施不当，涌水风险常常波及隧道建成之后的运维阶段，对隧址区周围生态环境持续造成恶劣影响（李显伟，2007）。此外，由于工程建设引起的人为干扰增加，沿线土壤的质地和组成发生改变；景观破碎化程度加大，景观连通性降低；土地利用方式发生改变，生态系统遭到破坏，从而使生态环境问题更加突出,加大了沿线地区的生态风险(傅洪贤,2008)。隧道涌水不仅会对周边植被、居民生产、生活用水产生影响,还会导致土壤肥源流失、水土流失、石漠化蔓延,对隧道周边的生态环境产生破坏,生态安全问题不容乐观(张军伟和陈云尧,2021)。

为此,本章基于系统性、代表性的选取原则,结合研究内容对于研究区域涌水因素突出性的要求,选择了涌水发生频次高、水量大且符合全生命周期研究要求的案例研究隧道。隧道最大埋深约 955 米,浅埋段埋深约 55 米(闫清卫等,2009),穿越澜沧江深大断裂与保山褶皱带交界处,含断层破碎带、侵入体蚀变带和岩溶等不良地质,易产生重大风险。整体地势北高南低,所在区域地质环境复杂,断裂构造发育,穿越 6 条断裂带(邹鹏,2020),且施工时隧道内高地温段长期温度达 40 摄氏度左右,湿度 85%以上,施工难度极大(杜利军和高飞,2017)。本章从案例隧道建设的全生命周期视角出发,基于 RSEI 和变化向量分析法分析研究区生态环境质量的时空分布特性,揭示全生命周期内案例隧道涌水流径沿线区域生态环境的时空演变规律;同时从自然、人为要素等方面构建与涌水相关的生态环境质量驱动力指标体系,利用地理探测器分析研究区生态环境影响因素的作用情况。

8.1　重大工程隧道涌水流径沿线的生态环境要素时空演化特征

本节基于可持续发展理论、绿色道路、生态学及全生命周期理论,以隧道涌水流径沿线区域的生态环境变化为研究对象,建立生态环境因子和施工行为的空间—属性—时序的多维多尺度数据结构,明晰全生命周期的隧道建设中隧道涌水流径缓冲区区域的隧道涌水动态生态环境变化特征。

RSEI 由 NDVI、缨帽变换中的湿度(wet)、归一化差异累积和土壤指数(normalized difference built-up index,NDBI)、地表温度(land surface temperature,LST)四个遥感指数共同组成,四个指数分别代表绿度、湿度、干度和热度四个方面。RSEI 对于评估生态条件至关重要,可以将隧道涌水对于生态环境的直接和间接影响直观地展示出来。因此,本节利用 RSEI 对隧道涌水区域生态环境的变化进行定量定性分析,并分析其与涌水相关的主要驱动因素,基于"全过程—全方位—全要素"的三维视角对隧道涌水流径沿线区域生态健康进行有效评价。

已有相关研究表明隧道施工造成的影响范围半径为 520～643 米(Jin et al.,2016),因此本节分别选择了 500 米、1000 米、1500 米及 2000 米四个尺度的缓冲区,经对比分析后发现案例隧道涌水流径 500～1000 米范围内生态环境仍有较大变化，而 1000～1500 米和 1500～2000 米范围内生态环境变化趋势较不明显。为了尽可能地对案例隧道涌水流径沿线区域生态环境变化进行全面的研究，本节选择了 1000 米尺度的缓冲区研究范围。

8.1.1　隧道涌水流径沿线绿度的时空变化特征

1. 隧道涌水流径沿线绿度指数时序变化特征

利用 ArcGIS 10.7 软件将所获得的 2005 年、2006 年、2009 年、2011 年、2013 年、2015 年、2017 年、2019 年及 2020 年案例隧道涌水流径 1000 米缓冲区范围的 NDVI 栅格数据进行时间序列分析，得到研究期内 NDVI 的时间分布趋势。NDVI 栅格数据在 2005 年分布为明显的"两边低、中间高"的"单峰"分布，说明 2005 年 NDVI 数值趋于向中值区域集中分布。2006 年依旧为"单峰"分布但"单峰"特征更为明显。2009 年表现为"单峰"分布但峰值明显右移。2011 年转为较不明显的"双峰"分布且左峰高于右峰，说明 2011 年 NDVI 值趋于向低值和中高值区域分布。2013 年依旧为"双峰"分布但右峰分布比左峰范围大，2015 年并无明显的峰值特征，2017 年及 2019 年均为较不明显的"单峰"分布，但 2017 年峰值分布在 NDVI 高值区，2019 年峰值分布在 NDVI 中值区，2020 年为较不明显的"双峰"分布且右峰高于左峰。

2. 隧道涌水流径沿线绿度指数空间变化特征

利用 ArcGIS 10.7 软件将所获得的 2005 年、2006 年、2009 年、2011 年、2013 年、2015 年、2017 年、2019 年及 2020 年案例隧道涌水流径 1000 米缓冲区范围的 NDVI 栅格数据进行分析，标准化处理后使用自然间断点分级法将 NDVI 数值分为差（Ⅰ：[0, 0.2)）、较差（Ⅱ：[0.2, 0.4)）、一般（Ⅲ：[0.4, 0.6)）、较好（Ⅳ：[0.6, 0.8)）、良好（Ⅴ：[0.8, 1)）五个等级。

NDVI 的空间分布在 2005 年表现为隧道出口附近数值较高，植被覆盖较好，研究区西南部的城市发展区域 NDVI 多处于差和较差等级；2006 年变化不大；2009 年 NDVI 等级为差和良好的区域均呈斑块分布，隧道出口和铁路线路附近 NDVI 值等级变差；2011 年表现为沿涌水流径和铁路线路延伸 NDVI 等级为一般和较差的区域显著增多；2011 年 NDVI 等级为一般和较差的区域在 2013 年多转变为较差和差；2015 年 NDVI 等级分布情况转为差和良好的区域呈小斑块分布的特征，且隧道出口和距离隧道出口较远的涌水流径两侧附近 NDVI 等级显著变差；2017 年、2019 年及 2020 年 NDVI 等级均表现为以隧道出口出发，铁路线路及距离隧道出口较远的涌水流径沿线区域 NDVI 等级多为差和较差（刘威，2022）。整体上看,2005~2020 年案例隧道涌水流径 1000 米缓冲区范围内 NDVI 等级表现为隧道出口、铁路线路及涌水流径沿线区域 NDVI 显著变差的趋势。

8.1.2　隧道涌水流径沿线湿度的时空变化特征

1. 隧道涌水流径沿线湿度指数时序变化特征

利用 ArcGIS 10.7 软件将所获得的 2005 年、2006 年、2009 年、2011 年、2013 年、2015 年、2017 年、2019 年及 2020 年案例隧道涌水流径 1000 米缓冲区范围的湿度栅格数据进行时间序列分析,得到研究期内湿度指数的时间分布趋势。

湿度栅格数据在 2005 年分布为明显的"两边低、中间高"的"单峰"分布,说明 2005 年湿度指数趋于向中值地区集中分布。2006 年依旧为"单峰"分布且"单峰"两侧峰度变高,2009 年及 2011 年仍表现为"单峰"分布,2009 年峰值明显右移,2011 年峰值明显左移。2013 年转为较不明显的"双峰"分布且左峰稍高于右峰、两峰相距较近。2015 年、2017 年、2019 年及 2020 年均为"单峰"分布,2015 年有左移趋势,2017 年继续向左移,2019 年转为右移,2020 年又稍有左移趋势。

2. 隧道涌水流径沿线湿度指数空间变化特征

利用 ArcGIS 10.7 软件将所获得的 2005 年、2006 年、2009 年、2011 年、2013 年、2015 年、2017 年、2019 年及 2020 年案例隧道涌水流径 1000 米缓冲区范围的湿度栅格数据进行分析,标准化处理后使用自然间断点分级法将湿度指数数值分为差（Ⅰ：[0, 0.2)）、较差（Ⅱ：[0.2, 0.4)）、一般（Ⅲ：[0.4, 0.6)）、较好（Ⅳ：[0.6, 0.8)）、良好（Ⅴ：[0.8, 1]）五个等级。

湿度的空间分布在 2005 年为隧道出口附近数值较低,土壤含水量较低,城市发展区域处于Ⅰ等级的湿度区域较少;2006 年变化不大;2009 年隧道出口附近湿度等级处于Ⅰ等级的区域变少,铁路线路沿线处于Ⅰ等级的区域变多,流径两侧区域及城市发展区域湿度等级处于Ⅲ、Ⅳ、Ⅴ等级的区域也明显增多;2011 年隧道出口附近、铁路线路及流径两侧湿度等级处于Ⅰ等级的区域变多,湿度等级显著降低;2013 年隧道出口附近湿度等级处于Ⅴ等级的区域变多,铁路线路两侧区域湿度等级显著降低,流径两侧湿度等级处于Ⅲ、Ⅳ、Ⅴ的区域明显增多;2015 年隧道出口附近湿度等级处于Ⅰ等级的区域变多,距离隧道出口较近的流径两侧处于Ⅰ等级的区域变多;2017 年及 2019 年距离隧道出口较近的流径两侧含水量仍处于较低水平,距离隧道出口较远的流径两侧湿度指数处于Ⅳ、Ⅴ等级的区域增多;2020 年隧道出口附近湿度分量等级处于Ⅴ等级的区域变多,铁路线路沿线湿度指数较低，距离隧道出口较远的流径两侧及研究区西南部的城市发展区域湿度指数处于较高水平（刘威，2022）。

8.1.3 隧道涌水流径沿线干度的时空变化特征

1. 隧道涌水流径沿线干度指数时序变化特征

利用 ArcGIS 10.7 软件将所获得的 2005 年、2006 年、2009 年、2011 年、2013 年、2015 年、2017 年、2019 年及 2020 年案例隧道涌水流径 1000 米缓冲区范围的 NDBI 栅格数据进行时间序列分析，得到研究期内干度指数的时间分布趋势。NDBI 栅格数据在 2005 年分布为明显的"两边低、中间高"的"单峰"分布，2006 年依旧为"单峰"分布但"单峰"峰度变低，2009 年为较不明显的"双峰"分布且左峰略低于右峰，2011 年左峰变低又转为"单峰"分布，2013 年、2015 年及 2017 年均表现为"单峰"分布，且逐年整体右移，2019 年、2020 年为明显的"单峰"分布。

2. 隧道涌水流径沿线干度指数空间变化特征

利用 ArcGIS 10.7 软件将所获得的 2005 年、2006 年、2009 年、2011 年、2013 年、2015 年、2017 年、2019 年及 2020 年案例隧道涌水流径 1000 米缓冲区范围的 NDBI 栅格数据进行分析，标准化处理后使用自然间断点分级法将 NDBI 数值分为差（Ⅰ：[0, 0.2)）、较差（Ⅱ：[0.2, 0.4)）、一般（Ⅲ：[0.4, 0.6)）、较好（Ⅳ：[0.6, 0.8)）、良好（Ⅴ：[0.8, 1]）五个等级。

NDBI 的空间分布在 2005 年为隧道出口附近数值最低，研究区西南部的城市发展区域处于Ⅲ、Ⅳ、Ⅴ等级的 NDBI 区域较多；2006 年隧道出口附近数值稍有增大但变化不大；2009 年隧道出口及铁路线路两侧 NDBI 等级处于Ⅳ、Ⅴ等级和Ⅰ、Ⅱ等级的区域呈小斑块分布；2011 年隧道出口附近 NDBI 等级处于Ⅰ、Ⅱ等级的区域变多，铁路线路两侧及研究区西南部的城市发展区域 NDBI 等级显著增加，说明建筑物覆盖度增加；2013 年隧道口附近 NDBI 等级处于Ⅲ、Ⅳ、Ⅴ等级的区域显著增多，铁路线路两侧区域 NDBI 处于Ⅴ等级的区域增多且呈较大的斑块分布；2015 年隧道口附近 NDBI 等级处于Ⅲ、Ⅳ、Ⅴ等级的区域显著增多，流径两侧区域 NDBI 值处于Ⅲ、Ⅳ、Ⅴ等级的区域明显增多；2017 年隧道口附近 NDBI 等级处于Ⅲ、Ⅳ、Ⅴ等级的区域继续增多，其他区域与 2015 年相比变化不大；2019 年隧道口附近 NDBI 等级稍有降低，但涌水流径两侧区域 NDBI 等级逐渐增加；2020 年隧道口附近 NDBI 等级处于Ⅰ、Ⅱ等级的区域显著增多，其他地区变化不大。整体表现出隧道出口附近干度指数显著变低，铁路线路及流径两侧干度指数显著增加的情况。

8.1.4　隧道涌水流径沿线热度的时空变化特征

1. 隧道涌水流径沿线热度指数时序变化特征

利用 ArcGIS 10.7 软件将所获得的 2005 年、2006 年、2009 年、2011 年、2013 年、2015 年、2017 年、2019 年及 2020 年案例隧道涌水流径 1000 米缓冲区范围的 LST 栅格数据进行时间序列分析，得到研究期内热度指数的时间分布趋势。

LST 栅格数据在 2005 年分布并无明显特征但峰值较多分布于中高值区域；2006 年、2009 年及 2011 年均表现为较不明显的"单峰"分布，2006 年峰值分布于高值区域、2009 年峰值分布于低值区域、2011 年峰值分布于高值区域；2013 年直方图整体左移呈现明显的"单峰"分布，峰值分布于中值区域；2015 年、2017 年、2019 年及 2020 年均表现为显著"两边低、中间高"的"单峰"分布，2015 年及 2017 年分布趋势较为类似，但 2015 年较多分布为低值区域，2019 年较 2017 年左侧峰值有所增长，2020 年较 2019 年两侧峰值均有所下降。

2. 隧道涌水流径沿线热度指数空间变化特征

利用 ArcGIS 10.7 软件将所获得的 2005 年、2006 年、2009 年、2011 年、2013 年、2015 年、2017 年、2019 年及 2020 年案例隧道涌水流径 1000 米缓冲区范围的 LST 栅格数据进行分析，标准化处理后使用自然间断点分级法将 LST 数值分为差（Ⅰ：[0, 0.2)）、较差（Ⅱ：[0.2, 0.4)）、一般（Ⅲ：[0.4, 0.6)）、较好（Ⅳ：[0.6, 0.8)）、良好（Ⅴ：[0.8, 1]）五个等级。

LST 的空间分布在 2005 年为隧道出口附近温度最低，沿流径逐渐延伸至城市发展区域及流径沿线处于Ⅲ、Ⅳ、Ⅴ等级的 LST 区域较多；2006 年隧道出口附近处于Ⅰ等级的 LST 区域逐渐变少，城市发展区域及流径沿线的 LST 增长至Ⅲ、Ⅳ、Ⅴ等级的区域变多；2009 年隧道出口附近处于Ⅲ、Ⅳ、Ⅴ等级的区域显著增多，城市发展区域转为Ⅰ、Ⅱ等级的区域变多；2011 年隧道出口附近处于Ⅲ、Ⅳ、Ⅴ等级的区域持续增多，城市发展区域及流径沿线的 LST 增长至Ⅲ、Ⅳ、Ⅴ等级的区域显著变多；2013 年隧道出口附近 LST 转为Ⅰ、Ⅱ等级的区域略微变多，沿铁路线路延伸至城市发展区域 LST 等级处于Ⅲ、Ⅳ、Ⅴ的区域呈斑块分布，其他区域 LST 等级较多为Ⅰ、Ⅱ、Ⅲ；2015 年隧道出口附近及流径两侧区域处于Ⅲ、Ⅳ、Ⅴ等级的 LST 区域增多，沿流径逐渐延伸至城市发展区域转为Ⅰ、Ⅱ等级的区域变多，铁路线路两侧区域温度较低；2017 年隧道口附近、铁路线路及距隧道出口较近的流径两侧区域处于Ⅲ、Ⅳ、Ⅴ等级的 LST 区域较多，研究区西南部的城市发展区域 LST 等级转为Ⅰ、Ⅱ的区域增多；2019 年隧道出口附近及距离隧道出口较近的流径两侧区域处于Ⅲ、Ⅳ、Ⅴ等级的 LST 区域继续增多，研究区西南部的城市发展区域的 LST 转为Ⅰ、Ⅱ等级的区域增多；2020 年隧道出口附近及流径两侧区域温度略有降低，铁路线路两侧温度稍有增加。整体来看，隧道出口附近及隧道涌水流径沿线及两侧区域温度处于较高水平。

8.2　重大工程隧道涌水流径沿线的生态环境质量时空变化

8.2.1　RSEI 时序变化特征

1. 案例隧道涌水流径 1000 米缓冲区范围内逐年 RSEI 时序分布特征

RSEI 是一种被广泛应用的生态监测和综合评价指标，可用于快速监测区域生态环境质量。本节利用 ArcGIS 10.7 软件将所获得的 2005 年、2006 年、2009 年、2011 年、2013 年、2015 年、2017 年、2019 年及 2020 年案例隧道涌水流径 1000 米缓冲区范围的 RSEI 栅格数据进行时间序列分析，得到研究期内 RSEI 的时间分布趋势。

RSEI 栅格数据在 2005 年分布表现为显著"两边低、中间高"的"单峰"分布；2006 年转为较不明显的"单峰"分布，与 2005 年相比曲线整体变凸，"宽峰"变为"尖峰"；2009 年变化较大，图形分布转为较不明显的"双峰"分布且右峰高于左峰；2011 年图形分布又转回显著的"单峰"分布，峰值分布于 RSEI 低值区域，说明 2011 年隧道涌水流径 1000 米缓冲区范围内 RSEI 数值显著下降；2013 年图形分布又转为较不明显的"双峰"分布且右峰高于左峰，两峰均分布于中低值区域；2015 年依旧为不明显的"双峰"分布，处于中低值及中高值区的 RSEI 栅格数值较多；2017 年图形的"双峰"分布较为明显，左峰值分布于低值区域、右峰分布于中值区域，左峰与右峰的峰值相差不多；2019 年图形转为较明显的"单峰"分布且左峰分布于低值区域；2020 年转为较不明显的"单峰"分布且峰值两侧栅格分布显著增多；整体来看，2005～2020 年 RSEI 时间分布直方图图形整体左移，峰值分布由中高值区域转为中低值区域，隧道涌水流径 1000 米缓冲区范围内 RSEI 数值显著下降（刘威，2022）。

2. 案例隧道涌水流径 1000 米缓冲区范围内全生命周期 RSEI 时序分布特征

利用 ArcGIS 10.7 软件将所获得的 2005 年、2006 年、2009 年、2011 年、2013 年、2015 年、2017 年、2019 年及 2020 年案例隧道涌水流径 1000 米缓冲区范围的 RSEI 栅格数据进行时间序列分析，将 2005 年、2006 年划分为施工建设前，将 2009 年、2011 年、2013 年、2015 年、2017 年及 2019 年划分为施工建设期，将 2020 年划分为施工建设后，得到全生命周期内 RSEI 的时间分布趋势。

RSEI 栅格数据在施工建设前分布表现为显著"两边低、中间高"的"单峰"分布，"尖峰"分布特征较为明显，峰值分布于 RSEI 中高值区域；施工建设期图形分布转为较不明显的"双峰"分布，与施工建设前相比，直方图图形整体左移，RSEI 峰值分布由中高值区域转为中低值区域，左峰明显低于右峰；施工建设后 RSEI 直方图图形整体继续左移，表现为较不明显的"单峰"分布，峰值分布于低值区域，RSEI 栅格多分布于 RSEI 中低值区域，说明案例隧道涌水流径1000 米缓冲区范围内 RSEI 在施工建设前后变化较大。

8.2.2　RSEI 指数空间变化特征

1. 案例隧道涌水流径 1000 米缓冲区范围内逐年 RSEI 空间分布特征

利用 ArcGIS 10.7 软件将所获得的 2005 年、2006 年、2009 年、2011 年、2013 年、2015 年、2017 年、2019 年及 2020 年案例隧道涌水流径 1000 米缓冲区范围的 RSEI 栅格数据进行分析，标准化处理后使用自然间断点分级法将 RSEI 数值分为差（Ⅰ：$[0, 0.2)$）、较差（Ⅱ：$[0.2, 0.4)$）、一般（Ⅲ：$[0.4, 0.6)$）、较好（Ⅳ：$[0.6, 0.8)$）、良好（Ⅴ：$[0.8, 1]$）五个等级。

RSEI 的空间分布在 2005 年隧道出口附近 RSEI 最低、多处于Ⅰ、Ⅱ等级，研究区西南部的城市发展区域及流径沿线 RSEI 多处于Ⅲ、Ⅳ、Ⅴ等级，处于 RSEI 等级为Ⅰ、Ⅱ等级的区域零星分布；2006 年隧道出口附近 RSEI 等级有所好转，转为Ⅱ、Ⅲ等级的区域变多；2009 年隧道出口附近、铁路线路及流径沿线 RSEI 处于Ⅰ和Ⅱ等级的区域显著增多，且呈小型斑块分布，其他区域 RSEI 多处于Ⅳ和Ⅴ等级；2011 年隧道出口附近 RSEI 等级稍有好转，但研究区西南部的城市发展区域、铁路线路及流径沿线区域的生态环境恶化加重，RSEI 等级多转为Ⅰ、Ⅱ、Ⅲ；2013 年隧道出口附近生态环境稍有降低，铁路线路两侧及西南部城市发展区域 RSEI 为Ⅰ和Ⅱ等级的区域显著呈较大斑块分布；2015 年隧道出口附近 RSEI 处于Ⅰ和Ⅱ等级的区域变多，流径两侧生态环境恶化情况明显，RSEI 多转为Ⅰ和Ⅱ等级；2017 年与 2015 年情况较为类似；2019 年隧道出口附近处于Ⅰ等级的区域变多，铁路线路及流径沿线区域的生态环境有恶化趋势；2020 年隧道出口附近生态环境逐渐好转，铁路线路及距离隧道口稍远的流径沿线区域 RSEI 持续降低，生态环境有明显恶化趋势。

2. 案例隧道涌水流径 1000 米缓冲区范围内全生命周期 RSEI 空间分布特征

利用 ArcGIS 10.7 软件将所获得的 2005 年、2006 年、2009 年、2011 年、

2013 年、2015 年、2017 年、2019 年及 2020 年案例隧道涌水流径 1000 米缓冲区范围的 RSEI 栅格数据进行空间分析，将 2005 年及 2006 年划分为施工建设前，将 2009 年、2011 年、2013 年、2015 年、2017 年及 2019 年划分为施工建设期，将 2020 年划分为施工建设后，标准化处理后使用自然间断点分级法将 RSEI 数值分为差（Ⅰ：[0, 0.2)）、较差（Ⅱ：[0.2, 0.4)）、一般（Ⅲ：[0.4, 0.6)）、较好（Ⅳ：[0.6, 0.8)）、良好（Ⅴ：[0.8, 1]）五个等级。

在施工建设前，研究区生态整体处于较好的水平。与其他区域相比，隧道出口东北侧区域的生态环境质量较差，是因为该区域坡度较大，植被分布较少；施工建设期，受施工建设及涌水扰动，隧道出口附近、铁路线路及涌水流径沿线两侧的区域生态环境恶化明显；与施工建设期相比，施工建设后隧道口附近的生态环境稍有好转。在铁路线路及涌水流径沿线的两侧区域，生态环境恶化的范围逐渐扩大。

8.2.3　RSEI 指数等级类型变化特征

1. 案例隧道涌水流径 1000 米缓冲区范围内逐年 RSEI 等级类型变化

将所获得的 2005 年、2006 年、2009 年、2011 年、2013 年、2015 年、2017 年、2019 年及 2020 年案例隧道涌水流径 1000 米缓冲区范围的 RSEI 等级变化数据进行分析，把 RSEI 等级相减结果依次按类型列出，对变化面积进行统计，得到研究期内 RSEI 等级变化的类型表，如表 8-1、表 8-2 所示。

表 8-1　2005～2013 年 RSEI 等级变化类型监测

RSEI 等级变化差值	RSEI 等级变化类型	面积/米²			
		2005～2006 年	2006～2009 年	2009～2011 年	2011～2013 年
4	15	0	2 700	48 600	0
3	14	0	13 500	3 600	45 000
	25	0	26 100	173 699	0
2	13	1 800	1 800	277 199	336 600
	24	9 000	206 100	1 373 400	302 400
	35	10 799	89 099	14 400	2 699
1	12	17 100	0	386 099	685 799
	23	317 700	125 100	981 900	1 475 100
	34	1 111 500	740 700	355 499	200 699
	45	260 099	132 300	5 399	34 199

续表

RSEI 等级变化差值	RSEI 等级变化类型	面积/米²			
		2005～2006 年	2006～2009 年	2009～2011 年	2011～2013 年
0	11	6 299	0	445 499	653 399
	22	286 199	13 499	729 900	1 311 300
	33	1 634 400	817 199	513 900	842 400
	44	3 068 100	1 516 500	204 300	353 700
	55	232 200	1 800	9 900	50 400
−1	21	11 700	7 200	193 500	363 600
	32	74 700	519 299	577 800	513 900
	43	334 800	1 091 700	316 799	213 300
	54	125 999	66 599	46 800	12 600
−2	31	0	126 000	129 599	31 499
	42	0	1 188 900	148 500	69 300
	53	0	60 299	6 300	0
−3	41	0	385 199	3 600	8 099
	52	0	120 600	0	0
−4	51	0	253 800	0	0

注：表的第一列"RSEI 等级变化差值"表示 RSEI 等级变化前后的差值，第二列"RSEI 等级变化类型"表示 RSEI 等级变化前后的类型，如第一行的"4"和"15"分别表示变化前为等级 Ⅰ，变化后为等级 Ⅴ，变化后等级减去变化前等级的差值为 4。此外，差值为 3 和 4 表示显著变好，2 和 1 表示略微变好，0 表示基本稳定，−1 和−2 表示略微变差，−3 和−4 表示显著变差

表 8-2　2013～2020 年 RSEI 等级变化类型监测

RSEI 等级变化差值	RSEI 等级变化类型	面积/米²			
		2013～2015 年	2015～2017 年	2017～2019 年	2019～2020 年
4	15	23 400	0	0	0
3	14	298 800	35 100	1 799	19 171
	25	14 399	900	0	2 193
2	13	205 200	79 200	20 699	103 857
	24	201 599	55 799	15 299	149 140
	35	60 300	9 000	8 100	10 953
1	12	184 500	415 800	236 700	506 728
	23	462 600	668 699	303 299	953 982
	34	687 600	454 499	181 800	555 892
	45	73 799	135 000	74 700	77 771

续表

RSEI 等级变化差值	RSEI 等级变化类型	面积/米²			
		2013~2015 年	2015~2017 年	2017~2019 年	2019~2020 年
0	11	344 699	695 699	711 899	752 696
	22	1 295 100	1 539 900	1 677 600	1 641 360
	33	997 200	1 062 900	1 161 000	1 049 361
	44	433 799	975 599	580 499	471 364
	55	22 499	56 699	66 599	88 110
−1	21	606 600	213 299	423 000	340 284
	32	891 899	362 700	813 600	370 481
	43	255 600	457 200	530 999	206 601
	54	52 200	105 300	51 299	43 532
−2	31	230 400	44 100	123 300	64 840
	42	107 100	90 900	326 700	66 212
	53	12 600	19 799	37 800	13 646
−3	41	44 100	15 299	113 400	10 552
	52	0	9 899	37 800	7 264
−4	51	0	2 700	8 100	0

注：表的第一列"RSEI 等级变化差值"表示 RSEI 等级变化前后的差值，第二列"RSEI 等级变化类型"表示 RSEI 等级变化前后的类型，如第一行的"4"和"15"分别表示变化前为等级Ⅰ，变化后为等级Ⅴ，变化后等级减去变化前等级的差值为 4。此外，差值为 3 和 4 表示显著变好，2 和 1 表示略微变好，0 表示基本稳定，−1 和−2 表示略微变差，−3 和−4 表示显著变差

由表 8-1 可知，案例隧道涌水流径 1000 米缓冲区范围内逐年 RSEI 等级变化波动较大，五类变化类型均有分布；具体来看，2005~2006 年研究区 RSEI 等级变化类型为略微变好的区域主要是 RSEI 等级从一般变为较好，等级变化类型为略微变差的区域主要是 RSEI 等级从较好变为一般，并没有区域存在等级变化为−2 的情况；2006~2009 年研究区 RSEI 等级变化类型为显著变好的区域主要是 RSEI 等级从较差变为良好，RSEI 等级变化类型为略微变好的区域主要是 RSEI 等级从一般变为较好，等级变化类型为略微变差的区域主要是 RSEI 等级从较好变为一般和较好变为较差，等级变化类型为显著变差的区域主要是 RSEI 等级从较好变为差；2009~2011 年研究区 RSEI 等级变化类型为显著变好的区域主要是 RSEI 等级从较差变为良好，等级变化类型为略微变好的区域主要是 RSEI 等级从较差变为一般和较差变为较好，等级变化类型为略微变差的区域主要是 RSEI 等级从较好变为一般和一般变为较差，等级变化类型为显著变差的区域主要是 RSEI 等级从较好变为差；2011~2013 年研究区 RSEI 等级变化类型为显著变好的区域主要是 RSEI 等级从差

变为较好，等级变化类型为略微变好的区域主要是 RSEI 等级从较差变为一般和差变为较差，等级变化类型为略微变差的区域主要是 RSEI 等级从一般变为较差，等级变化类型为显著变差的区域主要是 RSEI 等级从较好变为差。

由表 8-2 可知，案例隧道涌水流径 1000 米缓冲区范围内逐年 RSEI 等级变化类型在 2013～2015 年为显著变好的区域主要是 RSEI 等级从差变为较好，RSEI 等级变化类型为略微变好的区域主要是 RSEI 等级从一般变为较好和较差变为一般，等级变化类型为略微变差的区域主要是一般变为较差和较差变为差，等级变化类型为显著变差的区域主要是较好变为差；2015～2017 年研究区 RSEI 等级变化类型为显著变好的区域主要是 RSEI 等级从差变为较好，等级变化类型为略微变好的区域主要是从较差变为一般，等级变化类型为略微变差的区域主要是从较好变为一般和一般变为较差，等级变化类型为显著变差的区域主要是较好变为差；2017～2019 年研究区 RSEI 等级变化类型为显著变好的区域主要是 RSEI 等级为差变为较好，等级变化类型为略微变好的区域主要是从较差变为一般和差变为较差，等级变化类型为略微变差的区域主要是从一般变为较差，等级变化类型为显著变差的区域主要是从较好变为差；2019～2020 年研究区 RSEI 等级变化类型为显著变好的区域主要是从差变为较好，等级变化类型为略微变好的区域主要是从较差变为一般，等级变化类型为略微变差的区域主要是从一般变为较差和较差变为差，等级变化类型为显著变差的区域主要是从较好变为差。

2. 案例隧道涌水流径 1000 米缓冲区范围内全生命周期 RSEI 等级类型变化特征

将 2005 年及 2006 年划分为施工建设前，将 2009 年、2011 年、2013 年、2015 年、2017 年及 2019 年划分为施工建设期，2020 年后划分为施工建设后，把 RSEI 等级相减结果依次按类型列出，对变化面积进行统计，得到研究期内案例隧道涌水流径 1000 米缓冲区范围的 RSEI 等级变化的类型表，如表 8-3 所示。

表 8-3　全生命周期 RSEI 类型监测

RSEI 等级变化差值	RSEI 等级变化类型	面积/米²		
		施工建设前—施工建设期	施工建设期—施工建设后	施工建设前—施工建设后
4	15	1 800	0	15 628
3	14	11 700	1 527	5 195
	25	19 799	4 120	77 447
2	13	899	10 466	5 914
	24	172 800	128 891	211 039
	35	4 500	17 266	69 472

续表

RSEI 等级变化差值	RSEI 等级变化类型	面积/米²		
		施工建设前—施工建设期	施工建设期—施工建设后	施工建设前—施工建设后
1	12	0	129 230	2 761
	23	222 299	640 057	215 955
	34	334 799	748 907	656 002
	45	0	131 494	16 479
0	11	0	466 155	0
	22	44 100	1 609 210	100 079
	33	1 404 000	1 589 404	1 092 146
	44	86 399	358 314	358 526
	55	0	26 657	0
−1	21	9 900	520 024	22 096
	32	710 999	832 499	769 991
	43	1 698 300	86 820	979 175
	54	1 800	2 084	8 337
−2	31	86 400	170 236	239 371
	42	2 076 300	20 401	1 619 337
	53	38 700	0	34 257
−3	41	284 399	12 436	683 526
	52	73 799	0	99 877
−4	51	222 299	0	223 378

注：表的第一列"RSEI 等级变化差值"表示 RSEI 等级变化前后的差值，第二列"RSEI 等级变化类型"表示 RSEI 等级变化前后的类型，如第一行的"4"和"15"分别表示变化前为等级 Ⅰ，变化后为等级 Ⅴ，变化后等级减去变化前等级的差值为 4。此外，差值为 3 和 4 表示显著变好，2 和 1 表示略微变好，0 表示基本稳定，−1 和−2 表示略微变差，−3 和−4 表示显著变差

　　由表 8-3 可知，案例隧道涌水流径 1000 米缓冲区范围生命周期内 RSEI 等级变化波动较大，五类变化类型均有分布；具体来看，施工建设前到施工建设期研究区 RSEI 等级变化类型为显著变好的区域主要是 RSEI 等级从较差变为较好，等级变化类型为略微变好的区域主要是从较差变为一般和一般变为较好，等级变化类型为略微变差的区域主要是 RSEI 等级从较好变为一般和较好变为较差，等级变化类型为显著变差的区域主要是 RSEI 等级从较好变为差和良好变为差；施工建设期到施工建设后研究区 RSEI 等级变化类型为显著变好的区域主要是 RSEI 等级从较差变为良好，等级变化类型为略微变好的区域主要是 RSEI 等级从一般变为较好和较差变为一般，等级变化类型为略微变差的区域主要是从一般变为较差和较差变为差，等级变化类型为显著变差的区域主要是从较好变为差。整体来看，

案例隧道涌水流径 1000 米缓冲区范围内 RSEI 等级变化为显著变好的区域主要是 RSEI 等级从较差变为良好，等级变化类型为略微变好的区域主要是从一般变为较好，等级变化类型为略微变差的区域主要是 RSEI 等级从较好变为较差和较好变为一般，等级变化类型为显著变差的区域主要是从较好变为差（刘威，2022）。

8.2.4　RSEI 指数等级及面积变化特征

1. 案例隧道涌水流径 1000 米缓冲区范围内逐年 RSEI 等级面积变化

将所获得的 2005～2006 年、2006～2009 年、2009～2011 年、2011～2013 年、2013～2015 年、2015～2017 年、2017～2019 年及 2019～2020 年案例隧道涌水流径 1000 米缓冲区范围的 RSEI 等级变化数据进行分析，把 RSEI 等级相减结果依次按类型列出，对变化面积进行统计，得到研究期内 RSEI 等级变化的类型表，如表 8-4、表 8-5 所示。

表 8-4　2005～2013 年 RSEI 等级变化及面积值

RSEI 变化类型	RSEI 等级变化差值	2005～2006 年		2006～2009 年		2009～2011 年		2011～2013 年	
		面积/米²	总面积/米²	面积/米²	总面积/米²	面积/米²	总面积/米²	面积/米²	总面积/米²
显著增长	4	0	0	2 700	42 300	48 600	225 899	0	45 000
	3	0		39 600		177 299		45 000	
略微增长	2	21 599	1 727 998	296 999	1 295 099	1 664 999	3 393 896	641 699	3 037 496
	1	1 706 399		998 100		1 728 897		2 395 797	
基本稳定	0	5 227 198	5 227 198	2 348 998	2 348 998	1 903 499	1 903 499	3 211 199	3 211 199
略微降低	−1	547 199	547 199	1 684 798	3 059 997	1 134 899	1 419 298	110 400	211 199
	−2	0		1 375 199		284 399		100 799	
显著降低	−3	0	0	505 799	759 599	3 600	3 600	8 099	8 099
	−4	0		253 800		0		0	

表 8-5　2013～2020 年 RSEI 等级变化及面积值

RSEI 变化类型	RSEI 等级变化差值	2013～2015 年		2015～2017 年		2017～2019 年		2019～2020 年	
		面积/米²	总面积/米²	面积/米²	总面积/米²	面积/米²	总面积/米²	面积/米²	总面积/米²
显著增长	4	23 400	336 599	0	36 000	0	1 799	0	21 364
	3	313 199		36 000		1 799		21 364	

续表

RSEI变化类型	RSEI等级变化差值	2013~2015年		2015~2017年		2017~2019年		2019~2020年	
		面积/米²	总面积/米²	面积/米²	总面积/米²	面积/米²	总面积/米²	面积/米²	总面积/米²
略微增长	2	467 099	1 875 598	143 999	1 817 997	44 098	840 597	263 950	2 358 323
	1	1 408 499		1 673 998		796 499		209 4373	
基本稳定	0	3 093 297	3 093 297	4 330 797	4 330 797	4 197 597	4 197 597	400 2891	4 002 891
略微降低	−1	1 806 299	2 156 399	1 138 499	1 293 298	1 818 898	2 306 698	960 898	1 105 596
	−2	350 100		154 799		487 800		144 698	
显著降低	−3	44 100	44 100	25 198	27 898	151 200	159 300	17 816	17 816
	−4	0		2 700		8 100		0	

由表 8-4 可知，2005~2006 年、2006~2009 年、2009~2011 年和 2011~2013 年案例隧道涌水流径沿线区域的生态环境质量等级变化类型为显著增长的区域总面积分别为 0、42 300 米²、225 899 米² 和 45 000 米²，等级变化类型为略微增长的区域总面积分别为 1 727 998 米²、1 295 099 米²、3 393 896 米² 和 3 037 496 米²，等级变化类型总体为增长的区域面积在 2005~2013 年呈现出先显著增长，后缓慢增长的趋势；生态环境质量等级变化类型为显著降低的区域总面积分别为 0、759 599 米²、3600 米²、8099 米²，等级变化类型为略微降低的区域总面积分别为 547 199 米²、3 059 997 米²、1 419 298 米² 和 211 199 米²，等级变化类型总体为下降的区域面积在 2005~2013 年呈现出先显著增长，后缓慢增长的趋势。

由表 8-5 可知，2013~2015 年、2015~2017 年、2017~2019 年和 2019~2020 年案例隧道涌水流径沿线区域的生态环境质量等级变化为显著增长的区域总面积分别为 336 599 米²、36 000 米²、1 799 米² 和 21 364 米²，等级变化类型为略微增长的区域总面积分别为 1 875 598 米²、1 817 997 米²、840 597 米² 和 2 358 323 米²，等级变化类型总体为增长的区域面积在 2013~2020 年呈现出显著增长—略微增长的趋势；生态环境质量等级变化类型为显著降低的区域总面积分别为 44 100 米²、27 898 米²、159 300 米² 和 17 816 米²，等级变化类型为略微降低的区域总面积分别为 2 156 399 米²、1 293 298 米²、2 306 698 米² 和 1 105 596 米²，等级变化类型总体为下降的区域面积在 2013~2020 年呈现出显著降低—略微降低的变化趋势。

2. 案例隧道涌水流径 1000 米缓冲区范围内全生命周期 RSEI 等级面积变化

将 2005 年、2006 年划分为施工建设前，将 2009 年、2011 年、2013 年、2015 年、2017 年及 2019 年划分为施工建设期，2020 年后划分为施工建设后，把

RSEI 等级相减结果依次按类型列出，对变化面积进行统计，得到研究期内案例隧道涌水流径 1000 米缓冲区范围的 RSEI 等级面积变化表，如表 8-6 所示。

表 8-6　全生命周期 RSEI 等级变化及面积值

RSEI 变化类型	RSEI 等级变化差值	施工建设前—施工建设期		施工建设期—施工建设后		施工建设前—施工建设后	
		面积/米²	总面积/米²	面积/米²	总面积/米²	面积/米²	总面积/米²
显著增长	4	1 800	33 299	0	5 647	15 628	98 270
	3	31 499		5 647		82 642	
略微增长	2	178 199	735 297	156 623	1 806 311	286 425	1 177 622
	1	557 098		1 649 688		891 197	
基本稳定	0	1 534 499	1 534 499	4 049 740	4 049 740	1 550 751	1 550 751
略微降低	−1	2 420 999	4 622 399	1 441 427	1 632 064	1 779 599	3 672 564
	−2	2 201 400		190 637		1 892 965	
显著降低	−3	358 198	580 497	12 436	12 436	783 403	1 006 781
	−4	222 299		0		223 378	

由表 8-6 可知，施工建设前—施工建设期、施工建设期前—施工建设后案例隧道涌水流径沿线区域的生态环境质量等级变化为显著增长的区域总面积分别为 33 299 米² 和 5647 米²，等级变化类型为略微增长的区域总面积分别为 735 297 米² 和 1 806 311 米²，等级变化类型总体为增长的区域面积在施工建设前—施工建设期、施工建设期—施工建设后呈现出增长的趋势；生态环境质量等级变化类型为显著降低的区域总面积分别为 580 497 米² 和 12 436 米²，等级变化类型为略微降低的区域总面积分别为 4 622 399 米² 和 1 632 064 米²，等级变化类型总体为下降的区域面积在施工建设前—施工建设期、施工建设期—施工建设后年呈现出显著增长—缓慢增长的趋势（刘威，2022）。总体上，全生命周期内案例隧道涌水流径沿线区域的生态环境质量等级变化类型的面积占比从大到小为：略微降低＞基本稳定＞略微增长＞显著降低＞显著增长。

8.3　重大工程隧道涌水流径沿线的生态环境质量影响因素

8.3.1　指标选取

山岭隧道隧址区域生态环境的质量变化不仅与气温降水等气候要素、高程坡向等自然要素息息相关，还会受到施工因素的扰动。本节仅选择从涌水的环境影响角度出发对隧道涌水流径沿线的生态环境的影响因素进行分析，其他因素暂不在本书的研究范围内。

鉴于本节研究内容，本应选择与涌水发生频次、涌水水量及不同时段涌水水质等密切相关的影响因素，但限于该案例隧道的涌水水量过大且涌水发生多为突发的涌水实际情况，可获得的数据极少，不能从全生命周期的视角直观地看出涌水问题对案例隧道涌水流径沿线生态环境的影响情况。但隧道涌水涌出后的水流流向不仅会受到所处地区的高程、坡度及坡向等自然因素的影响，还会受到人类活动因素的影响，从而影响到涌水水流的分布走向，因此在借鉴已有研究成果的基础上，且遵照科学性、独立性、可表征性、可比性及可获取性等原则，结合案例隧道研究区的实际情况，本节从自然要素和人为要素等两方面选取了 8 个与涌水因素相关且对案例隧道研究区生态环境健康情况起作用的影响因素，构建驱动力指标体系，具体如表 8-7 所示。

表 8-7　驱动力指标体系

指标类型	指标名称	单位	指标类型	指标名称	单位
自然因素	DEM	米	人类活动因素	到行政区的距离	千米
	坡度	度		到公路的距离	千米
	坡向	度		到隧道口的距离	千米
	到水系的距离	千米		土地利用类型	

8.3.2　生态环境质量影响因素的地理探测分析

1. 生态环境质量影响因素的风险因子探测分析

利用地理探测器中的因子探测器分别分析了案例隧道涌水流径沿线 1000 米缓冲区范围 2005 年、2010 年、2015 年、2020 年生态环境质量与涌水相关的驱动因子。计算结果显示各影响因子 p 值均小于 0.01，有显著统计学差异，说明各影响因子与研究区 RSEI 均有显著性相关关系，计算结果因篇幅限制在此不予列出。从逐年各影响因子的风险探测结果来看，2005 年各影响因子对研究区 RSEI 的作用强度大小在 0.02～0.21，解释力从大到小依次为 DEM（0.21）＞到行政区的距离（0.2）＞土地利用类型（0.16）＞到水系的距离（0.15）＞到隧道口的距离（0.12）＞坡向（0.11）＞坡度（0.08）＞到公路的距离（0.02）；DEM 在 2005 年为主要的贡献因子。研究区位于多山区域，地势起伏较大，且隧道出口附近区域比流径沿线区域海拔高，且高程变化会对气候类型、降水等因素带来影响，因而高程不仅会对研究区生态环境产生直接影响，还会间接地对气候因素产生影响而影响研究区的生态环境。2010 年各影响因子对研究区 RSEI 的作用强度大小在 0.03～

0.36，较 2005 年有所增长，解释力从大到小依次为 DEM（0.36）＞土地利用类型（0.36）＞到行政区的距离（0.26）＞坡度（0.23）＞到水系的距离（0.17）＞到公路的距离（0.08）＞到隧道口的距离（0.06）＞坡向（0.03）；DEM 对研究区 RSEI 的解释力有所增长，案例隧道施工涌水水流涌出后首先受到高程而改变水流走向，对流径沿线生态环境产生影响（刘威，2022）。此外，土地利用类型对 RSEI 的影响也显著增强，说明土地利用方式的改变对于生态环境的影响逐渐变大，这主要与隧道施工的实施有关，除了隧道涌水对流径沿线生态环境起作用外，施工建设中的施工场地及施工人员的生活用地建设也会对研究区土地利用方式产生较大影响，其中研究区西南部的城市发展区域的城市建设也会导致土地利用类型的改变。2015 年各影响因子对研究区 RSEI 的作用强度大小在 0.01～0.06，较 2010 年大幅下降，解释力从大到小依次为到水系的距离（0.06）＞DEM（0.04）＞到公路的距离（0.03）＞土地利用类型（0.03）＞坡向（0.02）＞到行政区的距离（0.01）＞到隧道口的距离（0.01）＞坡度（0.01）；2015 年各影响因子对 RSEI 的贡献度均变小，说明当年其他自然及人为因素对生态环境造成的影响更大，而 2015 年到水系的距离对研究区当年 RSEI 的贡献度最大，这可能是因为研究区域受到施工扰动之后，频发的部分涌水处理后排放到周边河流，排放过程中对周边生态环境造成了影响。2020 年各影响因子对研究区 RSEI 的作用强度大小在 0.05～0.1，较 2015 年有小幅增长，解释力从大到小依次为到公路的距离（0.1）＞到行政区的距离（0.09）＞土地利用类型（0.08）＞到水系的距离（0.06）＝坡度（0.06）＝DEM（0.06）＞到隧道口的距离（0.05）＝坡向（0.05）；2020 年到公路的距离、到行政区的距离以及土地利用类型对于 RSEI 的贡献度较高，这是因为在案例隧道施工结束后，对于周边环境产生的扰动持续减少，研究区生态环境的变化受城市发展区域的城市建设的影响越来越大。

　　从案例隧道的全生命周期内各影响因子的风险探测结果来看，施工建设前各影响因子对研究区 RSEI 的作用强度在 0.11～0.2，解释力从大到小依次为 DEM（0.2）＞到行政区的距离（0.18）＞到水系的距离（0.14）＞坡向（0.12）＞土地利用类型（0.17）＞到隧道口的距离（0.11）＞坡度（0.09）＞到公路的距离（0.02）；在隧道施工建设前期，隧道研究区并未受到隧道施工建设扰动及涌水等事故的影响，研究区生态环境的变化主要受 DEM、到水系的距离等自然要素及到行政区的距离等人为要素的影响。施工建设期各影响因子对研究区 RSEI 的作用强度在 0.01～0.03，较前一时期大幅下降，解释力从大到小依次为坡度（0.03）＝土地利用类型（0.03）＝DEM（0.03）＞坡向（0.02）＝到行政区的距离（0.02）＞到公路的距离（0.01）＝到隧道口的距离（0.01）＝到水系的距离（0.01）。在施工建设期各驱动因子解释力均有所下降，说明在案例隧道建设期坡度、DEM 以及土地利用类型等单一要素对研究区 RSEI 的影响逐渐减小，而涌水及其他施工因素与驱动力指标体系共同作用对研究区生态环境产生的影响越来越大。施工建设后各影响因子对研究区 RSEI 的作用强度在 0.05～0.10，较前一时期小幅增长，解释力从大到小依次为到公路的距离（0.10）＞到行政区的距离（0.09）＞土地利用类型（0.08）＞到水系的距离（0.06）＝坡度（0.06）＝DEM（0.06）＝到隧道口的距离（0.06）＞坡向（0.05）。案例隧道施工建设后到公路的距离、到行政区的距离等与城市发展有关的要素对研究区生态环境的影响逐渐加强，但上述影响因子对施工建设后期研究区的生态环境的解释力虽稍有增长但仍处于较低水平，说明其他施工因素对研究区生态环境影响仍在起作用，作用力有减弱趋势。

2. 生态环境质量影响因素的风险区探测分析

利用地理探测器中的因子探测器分别分析了案例隧道涌水流径沿线 1000 米缓冲区范围土地利用类型、到隧道口的距离、到公路的距离、到行政区的距离、DEM、坡向、坡度以及到水系的距离等各驱动因子的变化类型对应的生态环境质量的显著性变化。

1）不同土地利用类型变化类型对生态环境质量的影响

结合研究区土地利用类型的实际情况，将水田划分为 1、旱地划分为 2、灌木林地划分为 3、中覆盖度草地划分为 4、农村居民点划分为 5、疏林地划分为 6、工交建设用地划分为 7，利用地理探测器的风险因子探测器得到研究区土地利用类型的不同变化类型下生态环境健康情况的差异变化，如图 8-1 所示。

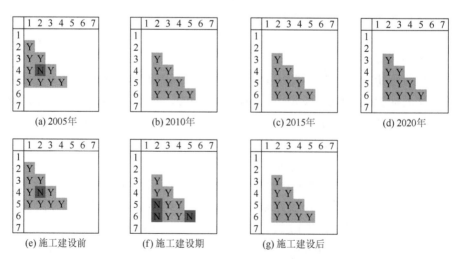

图 8-1　研究期内土地利用类型变化类型的变化差异

N 代表该类型对应的 RSEI 均值没有显著性差异，Y 代表该类型对应的 RSEI 均值有显著性差异

由图 8-1 可知，在 95%的置信水平下，2005 年旱地和中覆盖度草地对应区域的 RSEI 均值没有显著性差异；2010 年、2015 年和 2020 年所有土地利用类型的变化类型区域对应的 RSEI 均值均有显著性差异；施工建设前旱地和中覆盖度草地对应区域的 RSEI 均值没有显著性差异；施工建设期旱地和农村居民点、旱地和疏林地以及农村居民点和疏林地对应区域的 RSEI 均值没有显著性差异；施工建设后所有土地利用类型的变化类型区域对应的 RSEI 均值均有显著性差异。

2）到隧道口的距离变化类型对生态环境质量的影响

结合研究区到隧道口的距离的实际情况，利用相等距离间隔法划分为五类，分别赋值 1、2、3、4 和 5。利用地理探测器的风险因子探测器得到研究区到隧道口的不同距离对应的生态环境健康情况的差异变化，如图 8-2 所示。

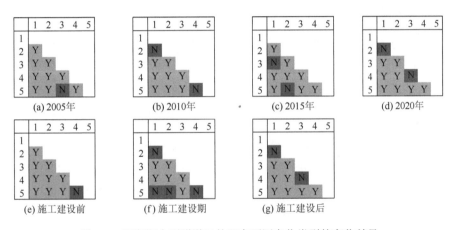

图 8-2　研究期内到隧道口的距离不同变化类型的变化差异

N 代表该类型对应的 RSEI 均值没有显著性差异，Y 代表该类型对应的 RSEI 均值有显著性差异

由图 8-2 可知，在 95%的置信水平下，到隧道口的距离 2005 年 3 和 5 类型、2010 年 1 和 2 及 4 和 5 类型、2015 年 1 和 3 及 2 和 5 类型、2020 年 1 和 2 及 3 和 4 类型所对应区域的 RSEI 均值没有显著性差异，其他类型对应区域的 RSEI 均值均有显著性差异；施工建设前 4 和 5 类型、施工建设期 1 和 2 及 1 和 5 及 2 和 5 类型、施工建设后 1 和 2 及 3 和 4 类型所对应区域的 RSEI 均值没有显著性差异，其他类型对应区域的 RSEI 均值均有显著性差异。

3）到公路的距离变化类型对生态环境质量的影响

结合研究区到公路的距离的实际情况，利用相等距离间隔法划分为五类，分别赋值 1、2、3、4 和 5。利用地理探测器的风险因子探测器得到研究区到公路的不同距离对应的生态环境健康情况的差异变化，如图 8-3 所示。

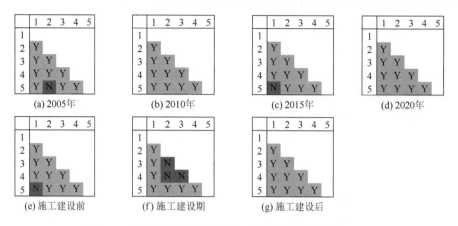

(a) 2005年 (b) 2010年 (c) 2015年 (d) 2020年

(e) 施工建设前 (f) 施工建设期 (g) 施工建设后

图 8-3　研究期内到公路的距离不同变化类型的变化差异

N 代表该类型对应的 RSEI 均值没有显著性差异，Y 代表该类型对应的 RSEI 均值有显著性差异

由图 8-3 可知，在 95%的置信水平下，到公路的距离 2005 年 2 和 5 类型、2015 年 1 和 5 类型所对应区域的 RSEI 均值没有显著性差异，其他类型对应区域的 RSEI 均值均有显著性差异；施工建设前 1 和 5 类型、施工建设期 2 和 3 及 2 和 4 及 3 和 4 类型所对应区域的 RSEI 均值没有显著性差异，其他类型对应区域的 RSEI 均值均有显著性差异。

4）到行政区的距离变化类型对生态环境质量的影响

结合研究区到行政区的距离的实际情况，利用相等距离间隔法划分为五类，分别赋值 1、2、3、4 和 5。利用地理探测器的风险因子探测器得到研究区到行政区的不同距离其对应的生态环境健康情况的差异变化，如图 8-4 所示。

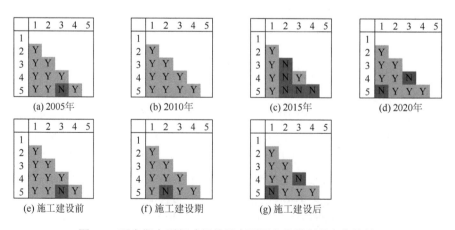

(a) 2005年 (b) 2010年 (c) 2015年 (d) 2020年

(e) 施工建设前 (f) 施工建设期 (g) 施工建设后

图 8-4　研究期内到行政区的距离不同变化类型的变化差异

N 代表该类型对应的 RSEI 均值没有显著性差异，Y 代表该类型对应的 RSEI 均值有显著性差异

由图 8-4 分析可知，在 95% 的置信水平下，到行政区的距离 2005 年 3 和 5 类型、2020 年 1 和 5 及 3 和 4 类型所对应区域的 RSEI 均值没有显著性差异，2015 年 2 和 3、2 和 4 类型、2 和 5 类型、3 和 5 类型和 4 和 5 类型对应区域的 RSEI 均值均有显著性差异，其他类型对应区域的 RSEI 均值均有显著性差异；施工建设前 3 和 5 类型、施工建设期 2 和 5 类型、施工建设后 1 和 5 及 3 和 4 类型所对应区域的 RSEI 均值没有显著性差异，其他类型对应区域的 RSEI 均值均有显著性差异（刘威，2022）。

5）DEM 变化类型对生态环境质量的影响

结合研究区 DEM 的实际情况，利用选择自然断点法对其进行了离散化处理，划分为五类，分别赋值 1、2、3、4 和 5。利用地理探测器的风险因子探测器得到研究区 DEM 不同类型对应的生态环境健康情况的差异变化，如图 8-5 所示。

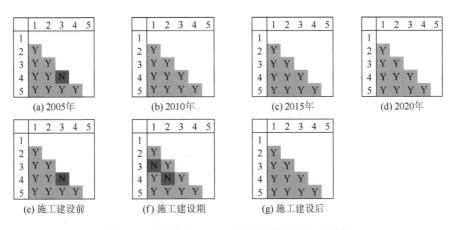

(a) 2005年　　(b) 2010年　　(c) 2015年　　(d) 2020年

(e) 施工建设前　　(f) 施工建设期　　(g) 施工建设后

图 8-5　研究期内 DEM 不同变化类型的变化差异

N 代表该类型对应的 RSEI 均值没有显著性差异，Y 代表该类型对应的 RSEI 均值有显著性差异

由图 8-5 可知，在 95% 的置信水平下，DEM 在 2005 年 3 和 4 类型所对应区域的 RSEI 均值没有显著性差异，其他类型对应区域的 RSEI 均值均有显著性差异；施工建设前 3 和 4 类型、施工建设期 1 和 3 及 2 和 4 类型所对应区域的 RSEI 均值没有显著性差异，其他类型对应区域的 RSEI 均值均有显著性差异。

6）坡向变化类型对生态环境质量的影响

结合研究区坡向的实际情况，将坡向按照 23 度至 67 度为东北、68 度至 112 度为东、113 度至 157 度为东南、158 度至 202 度为南、203 度至 247 度为西南、248 度至 292 度为西、293 度至 337 度为西北、338 度至 22 度为北的客观标准划分为 8 类，分别赋值 1、2、3、4、5、6、7 和 8。利用地理探测器的风险因子探测器得到研究区坡向不同类型其对应的生态环境健康情况的差异变化，如图 8-6 所示。

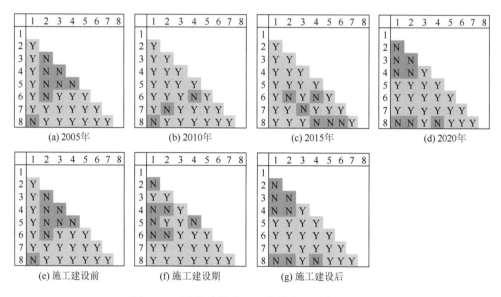

图 8-6　研究期内坡向不同变化类型的变化差异

N 代表该类型对应的 RSEI 均值没有显著性差异，Y 代表该类型对应的 RSEI 均值有显著性差异

由图 8-6 可知，在 95%的置信水平下，坡向在 2005 年的东北和北、东和东南、东和南、东和西南、东和西方向所对应区域的 RSEI 均值没有显著性差异；在 2010 年东北和北、东和西北及南和西方向所对应区域的 RSEI 均值没有显著性差异；在 2015 年东和西、东南和西北、南和西、南和北、西南和北及西北和北方向所对应区域的 RSEI 均值没有显著性差异；在 2020 年东北和东、东北和东南、东北和南、东和东南、东和南、东北和北、东和北及南和北方向所对应区域的 RSEI 均值没有显著性差异；施工建设前坡向不同类型的差异性变化与 2005 年基本一致；施工建设期东北和东、东北和南、东北和西南、东北和西、东和南、东和西及南和西南方向所对应区域的 RSEI 均值没有显著性差异；施工建设后坡向不同类型的差异性变化与 2020 年基本一致（刘威，2022）。

7）坡度变化类型对生态环境质量的影响

结合研究区坡度的实际情况，将坡度按照 0 度至 5 度为平、5 度至 15 度为缓、15 度至 25 度为斜的客观标准划分为 3 类，分别赋值 1、2 和 3。利用地理探测器的风险因子探测器得到研究区坡度不同类型其对应的生态环境健康情况的差异变化，如图 8-7 所示。

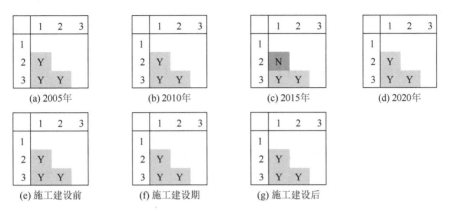

图 8-7　研究期内坡度不同变化类型的变化差异

N 代表该类型对应的 RSEI 均值没有显著性差异，Y 代表该类型对应的 RSEI 均值有显著性差异

由图 8-7 可知，在 95% 的置信水平下，坡度仅在 2015 年平和缓类型对应区域的 RSEI 均值没有显著性差异，其他类型对应区域的 RSEI 均值均有显著性差异；其他时期的全部类型对应区域的 RSEI 均值均有显著性差异。

8）到水系的距离变化类型对生态环境质量的影响

结合研究区到水系的距离的实际情况，利用相等距离间隔法划分为五类，分别赋值 1、2、3、4 和 5。利用地理探测器的风险因子探测器得到研究区到水系的不同距离对应的生态环境健康情况的差异变化，如图 8-8 所示。

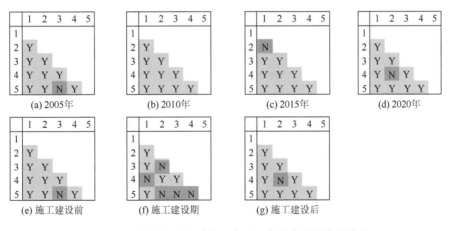

图 8-8　研究期内到水系的距离不同变化类型的变化差异

N 代表该类型对应的 RSEI 均值没有显著性差异，Y 代表该类型对应的 RSEI 均值有显著性差异

由图 8-8 可知，在 95%的置信水平下，到水系的距离 2005 年 3 和 5 类型、2015 年 1 和 2 类型以及 2020 年 2 和 4 类型所对应区域的 RSEI 均值没有显著性差异，其他类型对应区域的 RSEI 均值均有显著性差异；施工建设前 3 和 5 类型、施工建设后 2 和 4 类型所对应区域的 RSEI 均值没有显著性差异，施工建设期 1 和 4、2 和 3、2 和 5、3 和 5 及 4 和 5 类型对应区域的 RSEI 均值没有显著性差异，其他类型对应区域的 RSEI 均值均有显著性差异。

3. 山岭隧道涌水流径沿线生态环境质量影响因素的生态探测分析

利用地理探测器中的生态探测器分别分析案例隧道涌水流径沿线 1000 米缓冲区范围土地利用类型、到隧道口的距离、到公路的距离、到行政区的距离、DEM、坡向、坡度以及到水系的距离等各驱动因子之间不同变化类型对应的生态环境质量的显著性变化，得到研究区不同驱动因子类型对应的生态环境健康情况的差异变化，如图 8-9 所示。

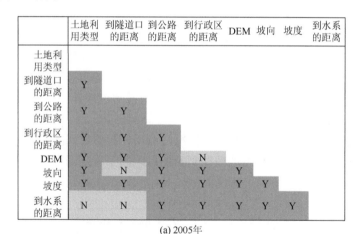

(a) 2005年

(b) 2010年

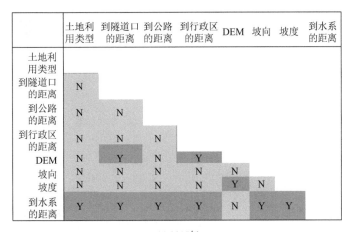

(c) 2015年

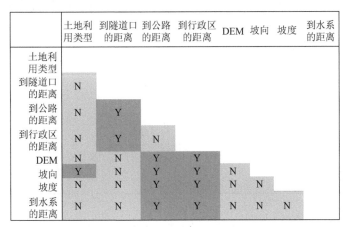

(d) 2020年

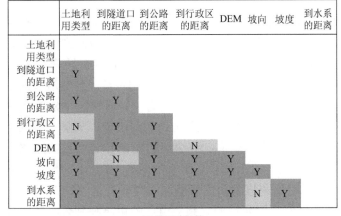

(e) 施工建设前

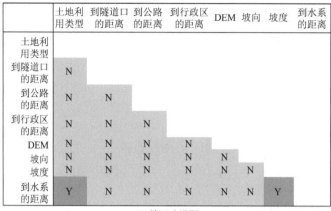

(f) 施工建设期

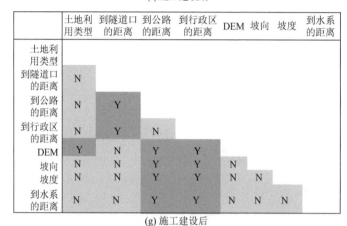

(g) 施工建设后

图 8-9 研究期内各驱动因子不同变化类型的变化差异

N 代表该类型对应的 RSEI 均值没有显著性差异，Y 代表该类型对应的 RSEI 均值有显著性差异

由图 8-9 可知，在 95%的置信水平下，2005 年到行政区的距离和 DEM、到隧道口的距离和坡向、到水系的距离和土地利用类型及到水系的距离和到隧道口的距离两两影响因子对研究区 RSEI 的空间分布没有显著性差异；2010 年土地利用类型和 DEM、土地利用类型和到水系的距离、到隧道口的距离和到公路的距离、到隧道口的距离和坡向两两影响因子对研究区 RSEI 的空间分布没有显著性差异；2015 年到水系的距离和土地利用类型、到隧道口的距离和 DEM、到隧道口的距离和到水系的距离、到公路的距离和到水系的距离、到行政区的距离和 DEM、到行政区的距离和到水系的距离、DEM 和坡度、到水系的距离和坡向及到水系的距离和坡度两两影响因子对研究区 RSEI 的空间分布有显著性差异；2020 年土地利用和坡向、到隧道口的距离和到公路的距离、到隧道口的距离和到行政区的距离、到公路的距离和 DEM、到公路的距离和坡向、到公

路的距离和坡度、到公路的距离和到水系的距离、到行政区的距离和 DEM、到行政区的距离和坡向、到行政区的距离和坡度及到行政区的距离和到水系的距离两两影响因子对研究区 RSEI 的空间分布有显著性差异。

从案例隧道的全生命周期来看，施工建设前的土地利用类型和到行政区的距离、到隧道口的距离和坡向、到行政区的距离和 DEM 及坡向和到水系的距离两两影响因子对研究区 RSEI 的空间分布没有显著性差异；施工建设期仅土地利用类型和到水系的距离及坡度和到水系的距离两两影响因子对研究区 RSEI 的空间分布有显著性差异；施工建设后不同驱动因子类型对应的生态环境健康情况的差异变化与 2020 年基本一致。说明在施工建设前不同驱动因子的组合类型下的 RSEI 变化多数较为显著，而在施工建设期，仅有少量驱动因子两两组合类型下 RSEI 变化为显著情况，这是因为有其他施工因素及涌水等事故引起的其他因素的变化对研究区 RSEI 起主要作用。施工建设后，以到公路的距离和到行政区的距离为代表的影响因素类型作用下的 RSEI 变化差异显著性增强，这与隧道施工建设结束后，施工因素的扰动逐渐减弱，公路建设等城市发展因素对研究区生态环境的影响逐渐增强有较大关系（刘威，2022）。

4. 山岭隧道涌水流径沿线生态环境质量影响因素的交互探测分析

利用地理探测器中的交互探测器分别分析案例隧道涌水流径沿线 1000 米缓冲区范围土地利用类型、到隧道口的距离、到公路的距离、到行政区的距离、DEM、坡向、坡度以及到水系的距离等不同驱动因子每两个因素对生态环境质量的共同解释力，得到研究区不同驱动因子交互类型探测结果，如图 8-10 所示。

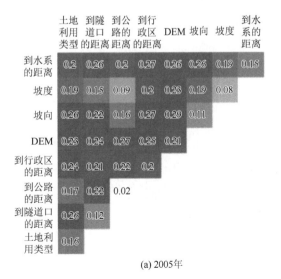

(a) 2005年

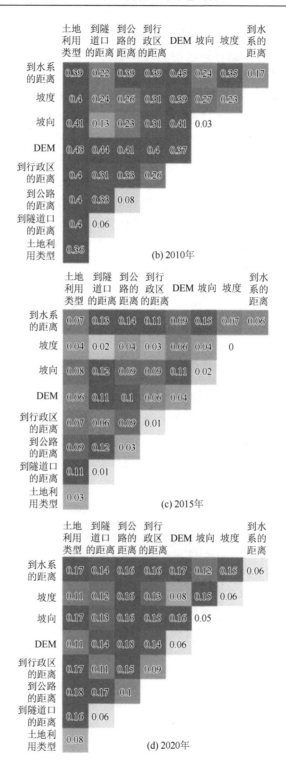

(b) 2010年

(c) 2015年

(d) 2020年

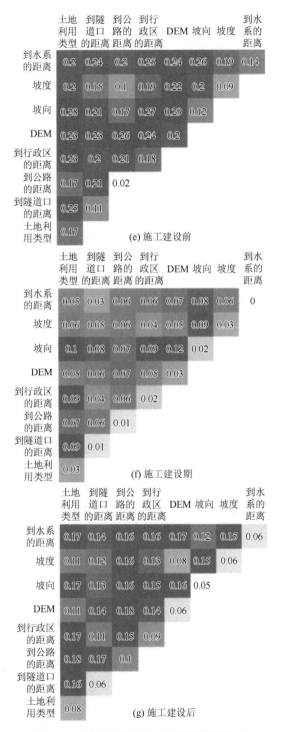

图 8-10 不同驱动因子交互类型探测结果

由图 8-10 可知，研究期内任何两个影响因素的相互作用都是双因子增强或非线性增强。在这些交互作用下，2005 年 DEM 与大部分因子的交互作用均大于 0.2，证实 DEM 是研究区 2005 年生态环境质量的重要驱动因子。DEM 与坡向在 DEM 与其他影响因子交互作用中是最强的，达到了 0.29；2010 年不同因子的交互类型的交互作用显著增强，除了 DEM 与大部分因子的交互作用均大于 0.39 外，土地利用类型与其他因子的交互作用也有显著增强，处于 0.39～0.43，说明 DEM 与土地利用类型是研究区 2010 年生态环境质量的重要驱动因子。其中，DEM 与到水系的距离是所有交互类型中作用最强的；2015 年不同因子的交互类型的交互作用大幅下降，仅有少数影响因子之间的交互作用超过了 0.1，其中坡向与到水系的距离之间的交互作用对研究区生态环境的共同解释力最大；2020 年不同因子的交互类型的交互作用有小幅增长，到公路的距离、到水系的距离与土地利用转为研究区生态环境的重要驱动因子，其中土地利用类型与到公路的距离在土地利用类型与其他影响因子交互作用中是最强的，达到了 0.18，到公路的距离和 DEM 也是如此。

从案例隧道的全生命周期来看，三时段内任何两个影响因素的相互作用也都是双重增强或非线性增强。施工建设前 DEM 与坡向是研究区生态环境质量的重要驱动因子，其中 DEM 与坡向是所有影响因子交互作用中是最强的，达到了 0.29。再次证实了施工建设前期的研究区域的生态环境受自然要素影响较大；施工建设期所有影响因子的交互作用对研究区生态环境 RSEI 的解释力均有所减弱，DEM 与坡向仍为所有影响因子交互作用中最强的，达到了 0.12，也侧面说明了受高程及坡面朝向影响下涌水等其他施工因素对于研究区生态环境的影响逐渐加强，是多个施工因素共同作用的结果；施工建设后各影响因子的交互作用变化与 2020 年基本一致，到公路的距离、到水系的距离与土地利用类型转为研究区生态环境的重要驱动因子，说明施工建设后自然要素及城市发展等人为要素对研究区生态环境的影响逐渐增强（刘威，2022）。

8.4　本 章 小 结

本章利用 2005 年、2006 年、2009 年、2011 年、2013 年、2015 年、2017 年、2019 年及 2020 年案例隧道涌水流径 1000 米缓冲区范围的栅格数据对案例隧道涌水流径沿线区域的绿度、湿度、干度及热度的时间变化特征进行了分析，同时使用自然间断点分级法将各指数分为差（Ⅰ）、较差（Ⅱ）、一般（Ⅲ）、较好（Ⅳ）、良好（Ⅴ）五个等级，对时空分异情况进行分析。此外，利用主成分分析（principal componet analysis，PCA）方法构建出 RSEI，从逐年（2005～2020 年）和案例隧道的全生命周期（施工建设前、施工建设期及施工建设后）两个角度出发对案例隧道涌水流径沿线 1000 米缓冲区范围内 RSEI 变化情况进行了时空分析，同时进行了 RSEI 指数等级变化类型的细化分析。最后，从隧道涌水角度出发，从自然及人为要素两个方面选取了 8 个与涌水问题相关且对案例隧道涌水流径沿线区域生态环境起作用的驱动因素分别进行驱动力分析，基于地理探测器对案例隧道涌水流径沿线 1000 米缓冲区范围的生态环境质量 RSEI 进行驱动力分析。

第9章 重大工程隧道涌水流径沿线景观生态风险评价

由于山岭区域施工地质条件复杂，在隧道建设过程中，经常会造成附近地下水含水层结构及流场改变、水位下降或局部疏干（张杨等，2012），从而诱发涌水事故（王梦恕，2014；张军伟和陈云尧，2021）。隧道涌水不仅会对周边植被、居民生产、生活用水产生影响，还会导致涌水流径沿线区域土壤的质地和组成发生改变，景观破碎化程度加大，景观连通性降低，土地利用方式发生改变，生态系统遭到破坏，从而使生态环境问题更加突出，加大了涌水流径沿线区域的生态风险（傅洪贤，2008；郑克勋等，2019）。因此，对隧道涌水流径沿线景观生态风险进行评价有利于为山岭隧道涌水地区制定完善的生态风险、环境保护和管控政策，并对维护其生态环境的健康发展起到重要作用。

为此，本章基于景观生态学理论，采用典型案例山岭隧道出口处涌水流径沿线缓冲区 2000 年、2010 年和 2020 年的土地利用数据，基于景观生态风险指数融合空间计量分析方法探究 2000～2020 年隧道出口处涌水流径沿线缓冲区景观生态风险时空动态变化特征，并明晰影响其景观生态风险空间异质性的关键驱动因素，以期为隧道涌水流径沿线区域的综合风险防范提供决策依据，最后基于 MCR 模型构建研究区的生态安全格局，根据结果提出可行性建议。

9.1 重大工程隧道涌水流径沿线土地利用及景观格局时空变化

9.1.1 研究区域

确定最佳的缓冲区尺度是进行景观生态风险空间分异及关联研究的基础与前提，不同缓冲区范围的景观生态风险变异函数模型能准确反映出在不同尺度上景观生态风险的变化特征。在地统计学上，通过半方差函数的理论方法分析地理变量空间上的关系及分布格局，可以判断地理变量在单元网格尺度划分下是否具有空间相关性。为此，本节基于案例隧道利用地统计学 GS（Geostatistics，地学统计）+ 软件对隧道涌水流径 500 米和 1000 米缓冲区下景观生态风险进行统计分析，构建景观生态风险空间变异函数理论模型，完成景观生态风险数据变异函数模型拟合，从而确定能在一定空间范围内反映景观生态风险的最佳尺度。

由表 9-1 可知，500 米缓冲区下，三期景观生态风险均为线性模型拟合效果较好，三期决定系数 R^2 分别为 0.979、0.977 和 0.969，此时残差平方和（residual sum of squares，RSS）均较小，分别为 5.898×10^{-4}、0.804×10^{-4} 和 1.059×10^{-4}。Rc（Rc 为结构方差占总方差的比值 $C/(C_0+C)$，块金值 C_0，基台值 C_0+C，C 为结构方差）呈现逐渐增加的趋势，表明在 500 米缓冲区下，2000～2020 年，研究区域景观生态风险受结构性因子的影响有所增加（孙才志等，2014）。研究区三期景观生态风险空间分异的有效变程 A 为 1.04 千米（大于 0.5 千米），表明研究区域景观生态风险在 0.5 千米缓冲区下有较高的空间相关性。

表 9-1　500 米缓冲区变异函数拟合模型参数

年份	模型	块金值	基台值	Rc	RSS/($\times10^{-4}$)	R^2	有效变程/千米
2000	线性	0.1558	0.3436	45.33%	5.898	0.979	1.04
	球状	0.1535	0.4680	32.80%	7.742	0.973	2.47
	指数	0.1450	0.6660	21.77%	10.570	0.963	6.72
	高斯	0.0003	0.2706	0.11%	225.000	0.217	0.20
2010	线性	0.0816	0.1479	55.15%	0.804	0.977	1.04
	球状	0.0003	0.1216	0.25%	28.870	0.180	0.21
	指数	0.0777	0.2254	34.47%	1.627	0.955	5.13
	高斯	0.0001	0.1222	0.08%	28.63	0.198	0.18
2020	线性	0.0819	0.1461	56.06%	1.059	0.969	1.04
	球状	0.0005	0.1210	0.41%	27.490	0.185	0.21
	指数	0.0784	0.2268	34.57%	1.844	0.946	5.41
	高斯	0.0001	0.1212	0.08%	27.280	0.192	0.17

由表 9-2 可知，1000 米缓冲区下，三期景观生态风险均为线性模型拟合效果最好，三期决定系数 R^2 分别为 0.966、0.979 和 0.994，此时 RSS 均最小，分别为 0.854×10^{-4}、0.126×10^{-4} 和 0.044×10^{-4}。Rc 呈现降低趋势，表明在 1000 米缓冲区下，2000～2020 年，研究区域景观生态风险受结构性因子的影响也是有所增加的。

由以上分析可以看出，500 米和 1000 米两种缓冲区划分都适合于研究区域景观生态风险研究，但二者相比较，1000 米缓冲区决定系数 R^2 更大、RSS 值更小、结构方差占总方差的比值 Rc 更大，景观生态风险空间相关性更高些，因此，选择 1000 米缓冲区作为研究区域（张玉娟等，2020）。

表 9-2　1000 米缓冲区变异函数拟合模型参数

年份	模型	块金值	基台值	Rc	RSS/($\times 10^{-4}$)	R^2	变程/千米
2000	线性	0.0724	0.1274	56.86%	0.854	0.966	1.04
	球状	0.0001	0.1062	0.09%	18.060	0.271	0.22
	指数	0.0663	0.1516	43.73%	1.443	0.943	2.84
	高斯	0.0003	0.1066	0.28%	17.680	0.289	0.19
2010	线性	0.0373	0.0646	57.80%	0.126	0.979	1.04
	球状	0.0001	0.0540	0.19%	4.361	0.274	0.22
	指数	0.0352	0.0944	37.29%	0.205	0.966	4.80
	高斯	0.0001	0.0541	0.18%	4.279	0.289	0.18
2020	线性	0.0391	0.0703	55.71%	0.044	0.994	1.04
	球状	0.0001	0.0581	0.17%	5.591	0.275	0.22
	指数	0.0364	0.1012	35.97%	0.114	0.985	4.46
	高斯	0.0001	0.0583	0.17%	5.465	0.293	0.19

9.1.2　隧道涌水流径沿线土地利用时序变化特征

1. 土地利用数量变化特征

研究区域 2000 年、2010 年、2020 年土地利用类型面积及占比情况如表 9-3 所示。由表 9-3 可知，研究区域的主要景观类型为人造地表和耕地。2000 年至 2020 年，研究区域耕地呈减少趋势，面积在 2000 年最高为 360.36 公顷，2020 年面积值最低为 266.49 公顷，2000~2020 年缩减了 26.05%；人造地表呈增加趋势，面积 2000 年到 2010 年变化较小，仅增加 1.26 公顷，最高值为 2020 年 181.44 公顷，较 2000 年的增长率为 101.6%，此时社会经济发展速度较快，人造地表扩展较快。林地的面积从 2010 年的 1.26 公顷到 2020 年的 0.72 公顷，面积占比减少了约 42.86%。草地的面积从 2010 年的 3.69 公顷到 2020 年的 1.71 公顷，面积占比减少了约 53.66%，这与"十四五"期间当地的退耕还林工作有着密切关联。耕地占研究区总面积的比例最大，其次是人造地表，草地位居第三。从 2000 年到 2010 年，研究区域新增了林地和草地两种用地类型，这是由于云南省保山市全力推进退耕还林工程等各项任务，森林覆盖率、森林积蓄量逐年增长，同时云南省保山市隆阳区的国家储备林项目的项目业务主要为隆阳区林业和草原局负责，所以耕地面积有所减少，新增林地及草地。

表 9-3　研究区域三期土地利用类型面积及占比表

土地利用类型	项目	2000 年	2010 年	2020 年
人造地表	面积/公顷	90.00	91.26	181.44
	百分比	19.98%	20.26%	40.29%
耕地	面积/公顷	360.36	354.15	266.49
	百分比	80.02%	78.64%	59.17%
林地	面积/公顷		1.26	0.72
	百分比		0.28%	0.16%
草地	面积/公顷		3.69	1.71
	百分比		0.82%	0.38%

2. 土地利用类型转移特征

2000～2020 年研究区域土地利用变化情况如表 9-4 和表 9-5 所示。由表 9-4，2000～2010 年研究区域耕地变化量最大，其间减少了 6.21 公顷，人造地表增加最快，共增加了 1.26 公顷。2000～2020 年耕地主要转换为人造地表，其次是林地和草地。人造地表主要转换为耕地，小部分转换为草地。草地大部分转化成了人造地表，小部分转化为了林地和耕地。林地大部分转化成了人造地表，小部分转化为耕地。由此可见，2000～2020 年研究区域土地利用类型之间的转换较为频繁，其动态变化主要表现在耕地和人造地表两种土地利用类型之间相互的转化。

表 9-4　2000～2010 年研究区域土地利用变化情况表

土地利用类型	2000 年面积/公顷	2010 年面积/公顷	变化量面积/公顷	占总变化量的比例	面积相对变化率	年面积相对变化率
人造地表	90.00	91.26	1.26	10.14%	1.40%	0.14%
耕地	360.36	354.15	−6.21	50.00%	−1.72%	−0.172%
林地		1.26	1.26	10.14%	100%	10%
草地		3.69	3.69	29.71%	100%	10%

表 9-5　2010～2020 年研究区域土地利用变化情况表

土地利用类型	2010 年面积/公顷	2020 年面积/公顷	变化量面积/公顷	占总变化量的比例	面积相对变化率	年面积相对变化率
人造地表	91.26	181.44	90.18	50%	98.82%	9.882%
耕地	354.15	266.49	−87.66	48.60%	−24.75%	−2.475%
林地	1.26	0.72	−0.54	0.30%	−42.86%	−4.286%
草地	3.69	1.71	−1.98	1.10%	−53.66%	−5.366%

利用 ArcGIS 10.2 软件中的 Dissolve 工具与叠加分析等功能对三个时期土地利用数据进行相交分析，并将分析结果导入 Excel 进行数据透视表处理，建立三个时期土地利用类型转移矩阵。由表 9-6 可知 2000~2010 年，耕地转出面积为 17.1 公顷，耕地面积的减少主要是由于耕地转出为人造地表，转出面积为 12.15 公顷；耕地转入面积为 10.89 公顷，主要是由人造地表转入，整体来看转出面积大于转入面积。人造地表转出面积为 10.89 公顷，全部转出为耕地；人造地表转入面积为 12.15 公顷，转入面积大于转出面积。

表 9-6　2000~2010 年研究区域土地利用变化转移矩阵（单位：公顷）

2010 年土地利用类型	2000 年土地利用类型		
	耕地	人造地表	总计
草地	3.69	0.00	3.69
耕地	343.26	10.89	354.15
林地	1.26	0.00	1.26
人造地表	12.15	79.11	91.26
总计	360.36	90.00	450.36

注：此表反映了 2000 年土地利用类型向 2010 年土地利用类型的转变情况，如 2000 年耕地类型向 2010 年草地类型转出 3.69 公顷，耕地向耕地的变化为 343.26 公顷，则表示 2000 年至 2010 年存在 343.26 公顷的耕地面积没有发生转变

由表 9-7 可知 2010~2020 年，每种用地类型均向其他用地类型进行了部分转化。人造地表是研究区域土地利用的主要转入类型，耕地是研究区域土地利用的主要转出类型。草地转出面积为 2.88 公顷，草地面积的减少主要是由于草地转出为人造地表，转出面积为 1.98 公顷；草地转入面积为 0.9 公顷，主要是由耕地转入，整体来看转出面积大于转入面积。耕地转出面积为 94.77 公顷，耕地面积的减少主要是由于耕地转出为人造地表，转出面积为 93.87 公顷；耕地转入面积为 7.11 公顷，主要是由人造地表转入，整体来看转出面积大于转入面积。林地转出面积为 1.17 公顷，林地面积的减少主要是由于林地转出为耕地，转出面积为 0.63 公顷；林地转入面积为 0.63 公顷，主要是由草地转入，整体来看转出面积大于转入面积。人造地表转出面积为 6.21 公顷，主要是转出为耕地，转出面积为 6.12 公顷；人造地表转入面积为 96.39 公顷，主要是由耕地转入，整体来看转入面积大于转出面积。这与保山市隆阳区板桥镇 2020 年农业产业强镇建设有着密切关联，2000~2020 年伴随着我国快速城镇化建设，研究区域人造地表面积持续增加，以林地、耕地、草地转移为主的景观类型动态变化特征与国民经济建设、"退耕还林还草"等一系列国家重大工程有关，一定程度上反映了社会经济发展与人为政策干预对景观结构变化的影响（高彬嫔等，2021）。

表 9-7　2010～2020 年研究区域土地利用变化转移矩阵（单位：公顷）

2020 年土地利用类型	2010 年土地利用类型				
	草地	耕地	林地	人造地表	总计
草地	0.81	0.81	0.00	0.09	1.71
耕地	0.36	259.38	0.63	6.12	266.49
林地	0.54	0.09	0.09	0.00	0.72
人造地表	1.98	93.87	0.54	85.05	181.44
总计	3.69	354.15	1.26	91.26	450.36

注：此表反映了 2010 年土地利用类型向 2020 年土地利用类型的转变情况，如 2010 年耕地类型向 2020 年草地类型转出 0.81 公顷，耕地向耕地的变化为 259.38 公顷，则表示 2010 年至 2020 年存在 259.38 公顷的耕地面积没有发生转变

由表 9-8 可知 2000～2020 年，土地利用变化最大的是耕地，共有 26.8%的耕地转出为其他用地类型，其中 0.47%转为草地，0.20%转变为林地，26.12%转化为人造地表。人造地表主要流向耕地，耕地主要流向人造地表和草地。

表 9-8　2000～2020 年研究区域土地利用变化转移矩阵（单位：公顷）

2020 年土地利用类型	2000 年土地利用类型		
	耕地	人造地表	总计
草地	1.71	0.00	1.71
耕地	263.79	2.70	266.49
林地	0.72	0.00	0.72
人造地表	94.14	87.30	181.44
总计	360.36	90.00	450.36

注：此表反映了 2000 年土地利用类型向 2020 年土地利用类型的转变情况，如 2000 年耕地类型向 2020 年草地类型转出 1.71 公顷，耕地向耕地的变化为 263.79 公顷，表示 2010 年至 2020 年存在 263.79 公顷的耕地面积没有发生转变

3. 土地利用动态度特征

土地利用动态度描述了区域一定时间内土地利用类型在面积数量上的变化情况，动态度越大则土地利用类型变化速度越快（付建新等，2020）。为了更直观体现研究区土地利用的变化情况，本节选择单一土地利用动态度这一指标。单一土地利用动态度是不同土地利用类型在一定时间段内的变化速度和幅度的指标，反映了人类活动对单一土地利用类型的影响。对研究区 2000～2020 年三期土地利用数据进行动态度计算，得到 2000～2010 年、2010～2020 年、2000～2020 年的土地利用动态度，见表 9-9 所示。

表 9-9　2000～2020 年单一土地利用动态度

时间	草地	林地	耕地	人造地表
2000～2010 年			−0.17%	0.14%
2010～2020 年	−5.37%	−4.29%	−2.48%	9.88%
2000～2020 年			−2.60%	10.16%

由表 9-9 可以看出：从整体来看，人造地表是单一动态度变化最大的土地利用类型。2000～2010 年单一动态度变化中，耕地减速最大，为 0.17%；人造地表增速最大，为 0.14%。2010～2020 年单一动态度变化中，除人造地表之外，均为递减趋势。从增速来看，人造地表单一动态度变化最大，为 9.88%；其余土地利用类型中草地表现为衰减速度最大，为 5.37%。2000～2020 年，单一动态度变化表现为耕地递减，减速为 2.6%；人造地表递增，增速度达到了 10.16%，呈逐渐上升的趋势，可能是因为隆阳区板桥镇被云南省政府选定为全省唯一一个上报争取国家新型城镇化综合试点的建制镇，导致人造地表增多，耕地减少。

9.1.3　隧道涌水流径沿线土地利用空间变化特征

区域土地利用空间变化的总体特征可采用重心迁移来直观地表达，计算不同时期各土地利用类型重心的具体位置，通过分析各土地利用类型重心迁移的方向及迁移距离，可在一定程度上了解土地利用类型的重心迁移状况及时空动态变化过程。通过 ArcGIS 软件的空间分析工具对 2000 年、2010 年和 2020 年三个时期的研究区域中土地利用类型进行重心分析，生成各用地类型重心以及经纬度坐标，可以看出土地利用类型的重心分布于不同的地理位置且多年来发生了不同程度的偏移变化，结果如表 9-10 和表 9-11 所示。

表 9-10　2000～2020 年各土地利用类型重心坐标

土地利用类型	2000 年重心坐标		2010 年重心坐标		2020 年重心坐标	
	东经/度	北纬/度	东经/度	北纬/度	东经/度	北纬/度
耕地	99.230 11	25.209 72	99.230 03	25.209 74	99.230 18	25.209 14
林地			99.234 99	25.208 66	99.231 81	25.205 84
草地			99.235 31	25.212 17	99.236 33	25.210 53
人造地表	99.228 34	25.207 79	99.228 34	25.207 63	99.229 08	25.209 61

表 9-11　2000～2020 年各土地利用类型重心转移距离

土地利用类型	重心转移距离/米		
	2000～2010 年	2010～2020 年	2000～2020 年
耕地	9.738	68.773	64.394
林地		472.122	
草地		214.969	
人造地表	17.111	234.761	218.790

由表 9-10 和表 9-11 可知，2000～2010 年，研究区域耕地重心向西北方向偏移 9.738 米，说明耕地景观类型主要是向西北方向扩展；人造地表重心向正南方向偏移 17.111 米，说明人造地表景观类型主要是向南扩展。这个时间段耕地重心迁移最为明显，由于城市建设加快，大量耕地被侵占，同时经济政策的改变导致非农业人口增加，因此部分耕地也被荒废，从而导致耕地用地类型的重心迁移最为明显（周旭等，2019）。

2010～2020 年，重心迁移分析的结果表明研究区域耕地重心向东南方向偏移 68.773 米，说明耕地景观类型主要是向东南方向扩展；人造地表重心向东北方向偏移 234.761 米，说明人造地表景观类型主要是向东北方向扩展，在经济发展的同时，人造地表的面积逐渐增大，使得人造地表景观类型分布重心发生变化；林地重心向西南方向偏移 472.122 米，说明林地景观类型主要是向西南方向扩展；草地重心向东南方向偏移 214.969 米，说明草地景观类型主要是向东南方向扩展。这段时间里，林地重心迁移较为明显，该时期内主要是国家的生态修复政策退耕还林、退牧还草使部分土地转为林地和草地，这使得林地、草地的重心迁移更为明显。在所有土地覆盖类型中耕地的重心偏移最小。

9.1.4　隧道涌水流径沿线景观格局变化特征

1. 景观指数的选取

景观指数可以定量地反映区域景观格局，是研究区域景观格局变化的重要方法。景观指数主要分为三个层次，即类型水平、景观水平和斑块水平，类型水平是对某类型景观的具体结构进行测度，景观水平是对所有类型景观的具体结构进行测度，斑块水平对解释整个景观结构意义有限，是计算其他水平景观指数的基础。本章结合相关文献（Shehab et al.，2021），综合考虑研究区特点以及景观指数的特征，基于土地利用数据，从景观水平和类型水平两个角度选取 10 个具有代表性的景观格局指数：斑块数量（number of patches，NP）、斑块面积（class area，CA）、斑块密度（patch density，PD）、最大斑块指数（largest patch index，LPI）、斑块聚集度（aggregation index，AI）、边缘密度（edge density，ED）、分离度指数（splitting index，SPLIT）、景观形状指数（landscape shape index，LSI）、香农均匀度指数（Shannon's evenness index，SHEI）以及香农多样性指数（Shannon's diversity index，SHDI），以此探究研究区 2000～2020 年景观格局的变化过程。具体指数信息见表 9-12。

表 9-12　研究区 2000～2020 年各景观格局指数公式及生态含义

景观指数	公式	生态含义
斑块数量（NP）	$NP = N$ 式中，N 为斑块的总数	反映景观类型的斑块总数目，值越大，这一类型的斑块数量越多
斑块面积（CA）	$CA = \sum_{j=1}^{n} a_j$ 式中，a_j 为 j 类型的斑块面积	反映研究区的范围和分析的最大尺度，值越大，斑块面积就越大
斑块密度（PD）	$PD = \dfrac{N_i}{A}$ 式中，A 为总面积；N_i 为第 i 类景观要素的总面积	反映单位面积上的斑块数量，值越大，斑块分割越细
最大斑块指数（LPI）	$LPI = \dfrac{\max\ (a_1, \cdots, a_n)}{A} \times 100$ 式中，a_n 为斑块 n 面积；A 为总面积	反映景观中最大斑块的面积占景观总面积的比例，值越大，斑块优势越明显
斑块聚集度（AI）	$AI = \left[\dfrac{g_{ii}}{\max - g_{ii}} \right] \times 100$ 式中，g_{ii} 为景观类型 i 的相似邻接斑块数量	反映景观斑块聚合程度，值越大，聚合越好
边缘密度（ED）	$ED = \dfrac{1}{A} \sum_{i=1}^{M} P_{ij}$ 式中，P_{ij} 为第 i 类斑块与第 j 类斑块之间的边界长度	反映斑块的边界分割程度，值越大，与之对应类型边缘破碎度越大，受人类活动影响越大
分离度指数（SPLIT）	$SPLIT = \left[1 - \sum_{j=1}^{n} \left(\dfrac{a_j}{A} \right)^2 \right]$	该值的范围为 $(0, 1)$，景观分离度指数值越大，表明景观内斑块离散性与复杂程度越高
景观形状指数（LSI）	$LSI = \dfrac{P_{ij}}{2\sqrt{\pi a_j}}$	反映整个景观内斑块形状的特点，值越大，斑块越分离
香农均匀度指数（SHEI）	$SHEI = -\sum_{i=1}^{m} (p_i \ln p_i)$ 式中，p_i 为某景观类型中斑块 i 所占比例，m 为景观中类型总数	反映斑块类型的均匀性，值越小，说明景观受少数优势类型所支配的趋势越强，值越大，表明各种景观类型分布越均匀
香农多样性指数（SHDI）	$SHDI = -\dfrac{\sum_{i=1}^{m} (p_i \ln p_i)}{\ln m}$ 式中，p_i 为景观斑块斑块 i 所占据比例	反映景观异质性，值越大，表示景观中各斑块类型及分布越丰富

2. 景观类型水平指数变化特征分析

利用 Fragstats 4.2 软件计算出研究区域 2000 年、2010 年、2020 年三个时期的各景观类型水平指数，用于分析各土地利用类型的变化特征。耕地的斑块数量和斑块密度呈波段性上升，说明在 2000～2020 年耕地是研究区内最为破碎的景观类型；林地、草地持续减少，人造地表先保持不变后减少，说明 2000～2020 年研究区内这些景观的破碎程度在逐渐减弱。人造地表的斑块面积由 90 公顷上升到 181.44 公顷，翻了一倍多，林地、草地和耕地的斑块面积呈下降趋势，可能是政府的退耕还林政策导致耕地面明显减少。耕地的最大斑块指数较大，说明耕地在所有景观类型中为优势景观。由斑块聚集度结果可以看出，耕地和人造地表均以较高的聚集形态存在。耕地的边缘密度呈上升趋势，说明耕地的景观破碎度程度加剧。人造地表的斑块聚集度和边缘密度均最大，说明人造地表的边缘破碎度比较大，但是在空间分布上很聚集，表明人造地表是连片分布但道路或者人造地表区块的划分导致人造地表边缘破碎但空间聚集（王绪璐，2022）。

3. 景观整体水平指数变化特征分析

由表 9-13 可知，研究区 2000～2020 年香农多样性指数先上升后下降，说明景观类型的分布趋向均匀，土地利用丰富度提高，生态系统多样性增加，人类活动的干扰大大加速了景观分布均衡的进程。当香农均匀度指数为 0 时，意味着景观仅由一种类型组成，没有多样性，当香农均匀度指数等于 1 时，表明各类型均匀分布，有最大多样性，研究区 2000～2020 年香农均匀度指数均处于 0.5 左右，在研究期间内先下降后上升，说明研究区景观系统中不是由一种斑块类型占主导地位，而是多种类型同时主导，这样更加有利于维护生态系统平衡，改善城市的生态环境（江云婷，2020）。斑块密度呈现先上升后下降的趋势，隧道工程的施工，导致了涌水的突发，扰动了附近的生态环境，致使景观类型呈现破碎化趋势。景观形状指数由 3.1268 逐步上升到 4.1585，DIVISION 从 0.3755 上升至 0.7918，表明研究区优势景观类型对景观控制减弱。斑块聚集度总体来看数值均在 90 以上，降幅较弱，聚集度较高，主要因为耕地面积占比较大且大多成片聚集，聚集性较强。整体来看，研究区 2000～2020 年景观类型趋于破碎化，优势景观的连通性逐渐减弱，各指数的变化幅度趋缓。

表 9-13 研究区 2000～2020 年景观水平指数变化

年份	香农均匀度指数	香农多样性指数	斑块密度	景观形状指数	DIVISION	斑块聚集度
2000	0.7216	0.5002	2.4425	3.1268	0.3755	95.3494
2010	0.4099	0.5683	6.2172	3.4683	0.4023	94.4573
2020	0.5109	0.5109	4.4409	4.1585	0.7918	92.5375

9.2　重大工程隧道涌水流径沿线景观生态风险动态变化

9.2.1　涌水流径沿线缓冲区景观生态风险时空变化特征分析

本节运用 ArcGIS 中数据管理工具（Data Management Tools）中的创建渔网功能，并根据国家格网 GIS 的相关标准《地理格网》（GB/T 12409—2009）和前人研究（Rangel-Buitrago et al.，2020），选取了 100 米×100 米正方形网格，将研究区划分为 521 个评价单元。利用 Fragstats 4.2 软件分别对每一个评价单元分别计算景观生态风险指数，将此数值作为各小区中心点的生态风险值（周汝佳等，2016）。

本节根据研究区域现状，选取干扰度指数、脆弱度指数和损失度指数共同构建景观生态风险指数，以表征研究区域景观生态风险空间分异特征及景观格局演变情况，指数计算公式及生态意义如表 9-14 所示。

表 9-14　景观生态风险指数计算方法

名称	计算公式	生态意义
干扰度指数	$U_i = aC_i + bS_i + cD_i$	反映不同景观类型受到干扰后的损失程度，其影响程度随干扰度指数的增大而增大。式中，C_i 为景观破碎度指数；S_i 为景观分离度指数；D_i 为景观优势度指数。a、b、c 分别为 3 类指数的权重，且 $a + b + c = 1$。结合已有研究（靳甜甜等，2021）和研究区实际情况，a、b、c 分别赋值为 0.5、0.3、0.2
脆弱度指数	专家综合打分归一化获得	反映不同景观类型对外部干扰的抵抗能力。通过专家打分法并结合研究区实际情况（Rangel-Buitrago et al.，2020），进行归一化处理后得到各类景观的脆弱度指数值分别为 0.3913、0.3043、0.2609、0.0435。另考虑 2000 年景观无林地和草地，故对 2000 年耕地和人造地表单独归一化处理，景观脆弱度指数分别为 0.4375、0.5625
损失度指数	$R_i = U_i \times F_i$ 式中，F_i 为脆弱度指数	表示景观类型受到干扰后出现生态损失的程度
生态风险指数	$\mathrm{ERI}_k = \sum_{i=1}^{n} \dfrac{A_{ki}}{A_k} \times R_i$	反映每个风险小区综合生态环境损失的程度，其值越大，代表生态风险等级越高。式中，ERI_k 为景观生态风险风险小区单元 k 的生态风险指数；A_{ki} 表示景观生态风险风险小区 k 中第 i 类景观的面积；A_k 是风险小区 k 的总面积；R_i 是第 i 类景观的生态损失指数；n 为土地利用类型的数量

为分析景观生态风险空间分布特征，根据风险小区所得到的 ERI（landscape

ecological risk index，景观生态风险指数）值，利用 ArcGIS 10.2 软件的空间分析工具赋值给风险小区，获取了研究区景观生态风险空间分布特征（杜嵩，2021）。利用自然断点法将研究区域的 ERI 划分为 5 个生态风险等级：高生态风险区Ⅴ（ERI＞0.701）、较高生态风险区Ⅳ（0.535＜ERI≤0.701）、中生态风险区Ⅲ（0.430＜ERI≤0.535）、较低生态风险区Ⅱ（0.348＜ERI≤0.430）、低生态风险区Ⅰ（ERI≤0.348）。

　　研究区整体景观生态风险变化情况如图 9-1 所示。由图 9-1 可知，研究区整体生态风险处于较低风险等级水平，且随时间推移先下降后上升。其中，2000～2010 年下降幅度较为明显，由 0.5531 下降到 0.3836；在 2010～2020 年，从 0.3836 小幅度上升到 0.3982。综合分析，党和国家推进生态环境事业高质量发展，提出抓好生态文明建设，持续推动绿色发展，对研究区的生态环境保护产生直接的影响，使得研究景观生态风险呈现良性的发展状态，但是在案例隧道建设后，研究区的景观生态风险发生了小幅度的上涨，说明隧道涌水对该地区的景观生态风险有着一定程度的影响。

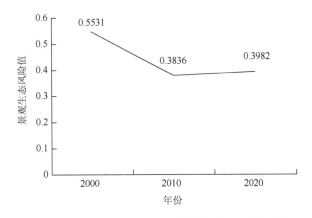

图 9-1　研究区 2000～2020 年整体景观生态风险变化

9.2.2　景观生态风险面积变化特征分析

　　研究区域 2000～2020 年各生态风险等级面积及占比情况如表 9-15 所示。可以看出，研究区域景观生态风险呈现出增长的趋势，低生态风险区面积减少，其余生态风险面积均增大。2000～2010 年，研究区域低景观生态风险区面积减少而较低、中、较高、高景观生态风险区面积增加。在 2020 年，研究区域低、较低景观生态风险区的面积比例分别为 22.185%、39.440%，占研究区域总面积的 61.625%，与 2000 年相比有明显的下降趋势；与 2000 年相比，中、较高、高景观生态风险区占比呈上升趋势，研究区域的景观生态风险逐步恶化。2000～2020 年，较高、高景观生态风险区占比由 2000 年的 5.507%上升到 2010 年的 7.837%，后又上升到 2020 年的 9.194%，而在 2020 年，隧道涌水流径周边出现了明显的较高生态风险区，说明因为隧道的扰动，景观脆弱度较高，对周边生态环境造成了破坏。

表 9-15　研究区域 2000～2020 年生态风险等级面积及占比

等级	2000 年		2010 年		2020 年	
	面积/千米²	占比	面积/千米²	占比	面积/千米²	占比
低生态风险区	2.175	48.301%	1.868	41.474%	0.999	22.185%
较低生态风险区	1.194	26.516%	1.282	28.464%	1.776	39.440%
中生态风险区	0.886	19.681%	1.001	22.225%	1.314	29.181%
较高生态风险区	0.188	4.175%	0.274	6.083%	0.305	6.773%
高生态风险区	0.060	1.332%	0.079	1.754%	0.109	2.421%

9.2.3　景观生态风险等级转移特征分析

为了更直观地探究研究区域各景观生态风险等级的转移变化情况，通过 ArcGIS 10.2 的叠加分析功能得到研究区域 2000～2020 年生态风险等级转移矩阵，对不同时期的各景观生态风险空间分布图进行叠加，结果如表 9-16、表 9-17 所示。

表 9-16　研究区域 2000～2010 年生态风险等级面积转移矩阵

2000 年	2010 年									
	低		较低		中		较高		高	
	面积/公顷	占比	面积/公顷	占比	面积/公顷	占比	面积/公顷	占比	面积/公顷	占比
低	177.46	82.07%	37.30	17.25%	1.47	0.68%	0.00	0.00	0.00	0.00
较低	8.30	6.99%	74.28	62.56%	35.23	29.67%	0.93	0.78%	0.00	0.00
中	0.01	0.01%	15.85	17.98%	62.50	70.92%	9.46	10.73%	0.31	0.35%
较高	0.00	0.00	0.00	0.00	0.30	1.61%	16.69	89.30%	1.70	9.10%
高	0.00	0.00	0.00	0.00	0.00	0.00	0.19	3.16%	5.82	96.84%

表 9-17　研究区域 2010～2020 年生态风险等级面积转移矩阵

2010 年	2020 年									
	低		较低		中		较高		高	
	面积/公顷	占比	面积/公顷	占比	面积/公顷	占比	面积/公顷	占比	面积/公顷	占比
低	83.72	45.07%	72.53	39.04%	28.20	15.18%	1.32	0.71%	0.00	0.00
较低	13.58	10.66%	67.67	53.11%	41.51	32.58%	4.64	3.64%	0.02	0.02%
中	2.02	2.03%	36.09	36.27%	53.95	54.22%	7.20	7.24%	0.24	0.24%
较高	0.00	0.00	0.33	1.21%	6.75	24.75%	15.73	57.68%	4.46	16.35%
高	0.00	0.00	0.00	0.00	0.27	3.44%	1.46	18.62%	6.11	77.93%

　　整体来看，研究区域 2000～2020 年景观生态风险呈现中间低四周高的态势。2000～2010 年，景观生态风险主要由低风险区向较低、中风险区转移，较低风险区向低、中风险区转移，中风险区向较低、较高、高生态风险区转移，较高风险区向高风险区转移。2010～2020 年，景观生态风险主要由低风险区向较低和中风险区转移，较低风险区向低和中风险区转移，中风险区向较低和较高生态风险区转移，较高风险区向中高风险区转移，高风险区向较高风险区转移。总体来看，研究区域在 2000～2020 年景观生态风险等级上升的区域占比较多，尤其是在隧道涌水出口区域，这表明隧道涌水出口处受到干扰后的损失程度大于周边其他区域。

　　2000～2010 年，生态风险等级呈上升趋势的面积为 86.4 公顷，主要为低风险区向较低风险区的转移、较低风险区向中风险区的转移，以及中风险区向较高风险区的转移；生态风险等级呈降低趋势的面积为 24.65 公顷，主要为较低风险区向低风险区的转移以及中风险区向较低风险区的转移。2010～2020 年，生态风险等级呈上升趋势的面积为 160.12 公顷，占总面积 35.55%，与 2000～2010 年相比约是其 1.85 倍，主要为低风险区向较低、中风险区的转移，以及较低风险区向中风险区的转移；生态风险等级呈降低趋势的面积为 60.5 公顷，占总面积 13.43%，与前一时期相比约是其 2.45 倍，主要为较低风险区向低风险区的转移，以及中风险区向较低风险区的转移；呈上升趋势生态风险等级的面积约是降低趋势的 2.65 倍，该时期隧道开始修建，建设期间的多次涌水事故导致生态环境迅速恶化。

　　由表 9-18 可知，2000～2020 年，生态风险等级呈上升趋势的面积为 187.26 公顷，占总面积 41.58%，主要为低风险区向较低、中风险区的转移，较低风险区向中风险区的转移，以及中风险区向较高风险区的转移；生态风险等级呈降低趋势的面积为 34.85 公顷，占总面积 7.74%，主要为中风险区向较低风险区的转移；该时期呈上升趋势生态风险等级面积约是下降趋势的 5.37 倍。因此生态风险等级总体有低等级向高等级转移的趋势。这都表明 2000～2020 年研究区域内的生态风险存在危机，由于隧道涌水的影响，缓冲区周边的生态环境逐步恶化，虽然发生涌水后进行了补救措施，但生态保护和修复是一个较长的过程，生态风险的整体水平仍然在上升。

表 9-18　研究区域 2000～2020 年生态风险等级面积转移矩阵

2000 年	2020 年									
	低		较低		中		较高		高	
	面积	占比	面积	占比	面积	占比	面积	占比	面积	占比
低	92.92	42.97%	85.00	39.31%	35.93	16.62%	2.39	1.11%	0.00	0.00
较低	6.40	5.39%	64.70	54.49%	44.00	37.06%	3.62	3.05%	0.02	0.02%
中	0.00	0.00	26.92	30.55%	49.86	56.58%	10.86	12.32%	0.49	0.56%
较高	0.00	0.00	0.00	0.00	0.90	4.81%	12.85	68.72%	4.95	26.47%
高	0.00	0.00	0.00	0.00	0.00	0.00	0.63	10.48%	5.38	89.52%

案例隧道作为涌水发生频繁的隧道，在研究时期内景观生态风险值总体呈增长趋势，尤其在隧道涌水出口区域，生态风险值明显升高，表明隧道涌水对该地区景观生态风险有着较大程度的影响。在隧道建设期间，涌水造成流径沿线的耕地面积减少，进而影响沿线居民可利用的土地资源量减少，加重了耕地资源的短缺，以及耕地面积的缩减和退化现象（肖峻等，2012）。同时也会使景观格局发生变化，景观受人为干扰后易损程度大，降低了景观连通性，从而降低生态环境的稳定性，增大环境保护的难度（王德智等，2015）。

9.2.4　涌水流径沿线缓冲区景观生态风险空间自相关分析

为了更深入地探讨相邻区域景观生态风险属性是否具有空间上的相关性，通过空间自相关分析方法对其空间依赖性进行定量描述。采用全局空间自相关莫兰 I 数和局部空间自相关（local indicator spatial autocorrelation，LISA）指数分析和描述研究区域景观生态风险在空间上的不协调性和差异性，进而识别景观生态风险的空间自相关性及聚集区域。

1. 全局空间自相关分析

利用 GeoDa 软件计算研究区 2000 年、2010 年和 2020 年的生态风险指数全局莫兰 I 数及空间自相关系数（z 值及 p 值），用于分析研究区景观生态风险的空间自相关特性，结果如图 9-2 和表 9-19 所示。

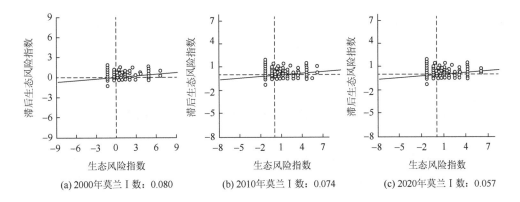

图 9-2　研究区域 2000～2020 年景观生态风险莫兰 I 数散点图

表 9-19　研究区域 2000～2020 年景观生态风险空间自相关系数

年份	莫兰 I 数值	z 值	p 值
2000 年	0.080	3.596 230	0.000 323
2010 年	0.074	3.318 026	0.000 907
2020 年	0.057	2.581 618	0.009 834

根据 2000～2020 年研究区域景观生态风险空间分布数据可以得到莫兰 I 数散点图（图 9-2）。研究区域的景观生态风险在 2000 年、2010 年和 2020 年的全局莫兰 I 数值分别为 0.080、0.074 和 0.057，表明研究区景观生态风险存在一定的空间正相关关系，呈波动下降趋势。2000 年 z 值为 3.596 230，p 值为 0.000 323；2010 年 z 值为 3.318 026，p 值为 0.000 907；2020 年 z 值为 2.581 618，p 值为 0.009 834。由此可知，2000 年、2010 年和 2020 年均通过置信度的检验，且置信度均为 99%。

2. 局部空间自相关分析

利用局部空间自相关指数对研究区的景观生态风险特征进一步分析。局部空间自相关分析将数据分为 5 类表示，分别为 H-H、H-L、L-H、L-L 和非显著型。H-H 表示生态风险水平高的地区，其周围单元的生态风险水平同样很高；L-L 表示生态风险水平低的地区，其周围单元的生态风险水平同样也低；L-H 和 H-L 表示其属性值有较强异质性；非显著型是空间呈随机分布的区域，表示没有通过显著性检验。

从面积变化的情况上看，热点区域面积保持不变，冷点区域面积呈现递增趋势。高低离群点分布零散，且规模较小。对比景观生态风险空间分布情况，发现热点、冷点的空间分布区域与高、低景观生态风险分布区域具有高度的一致性。结合景观类型分布来看，景观生态风险冷点区域主要为人造地表，热点区域主要为耕地和人造地表。

9.2.5 涌水流径沿线缓冲区景观生态风险影响因素分析

地理探测器是空间数据探索性分析的有力工具，该模型可以克服传统统计方法处理变量的局限性，被广泛应用于探测地理要素空间格局成因和机理的研究（陈思明等，2020）。为了明晰隧道涌水对景观生态风险空间异质性的解释程度，利用地理探测器中的"因子探测器"和"交互探测器"，进行涌水流径沿线缓冲区景观生态风险影响因素分析。

1. 驱动因素的选取

山岭隧道周围地区景观生态风险的变化不仅与气温降水等气候要素、海拔、坡度、地貌类型等自然要素有关，隧址区的施工特性，同时还受到施工条件的影响。本节仅从隧道涌水对环境影响的角度出发对隧道涌水流径沿线的景观生态风险影响因素进行分析，其他因素暂不在本节研究范围内。

结合本节内容，隧道涌水涌出后的水流流向不仅与所处区域的高程、坡度及坡向等自然因素有关，还会受到人为因素的影响，进而对涌水水流的流动方向产生一定的影响，因此基于已有的研究成果，并遵循科学性、独立性、可表征性、可比性及可获取性等原则，结合案例隧道研究区的实际情况，本节选取景观生态风险指数作为分析的因变量（Y）因子，选取高程（X_1）、坡向（X_2）、坡度（X_3）、土地利用类型（X_4）、到行政区的距离（X_5）、到隧道口的距离（X_6）、到公路的距离（X_7）和到水系的距离（X_8）共 8 个指标因子作为自变量（X）。为进一步探讨研究区域景观生态风险时空分布格局的成因，需要对驱动因子进行离散化分级处理，再导入地理探测器运算。分级结果如表 9-20 所示。

表 9-20　地理探测器的驱动因子分级说明

驱动因子	分级方法	级别	级别说明
高程	自然断裂法	1～5 级	通过 ArcGIS 的 ArcToolbox/Spatial Analyst Tools/Reclass 工具提取
坡向	自然断裂法	1～6 级	①东南②南③西南④西⑤西北⑥北
坡度	自然断裂法	1～2 级	①0 度～5 度②5 度～15 度
土地利用类型	重分类	1～4 级	①耕地②林地③草地④人造地表
到行政区的距离	自然断裂法	1～5 级	通过 ArcGIS 的 ArcToolbox/Spatial Analyst Tools/Reclass 工具提取
到隧道口的距离	自然断裂法	1～5 级	通过 ArcGIS 的 ArcToolbox/Spatial Analyst Tools/Reclass 工具提取
到公路的距离	自然断裂法	1～4 级	通过 ArcGIS 的 ArcToolbox/Spatial Analyst Tools/Reclass 工具提取
到水系的距离	自然断裂法	1～5 级	通过 ArcGIS 的 ArcToolbox/Spatial Analyst Tools/Reclass 工具提取

2. 景观生态风险因子探测分析

利用地理探测器中的因子探测器分别分析了案例隧道涌水流径沿线 1000 米缓冲区范围景观生态风险变化的与涌水相关的驱动因子，研究区景观生态风险因子探测的 q 值如图 9-3 所示。

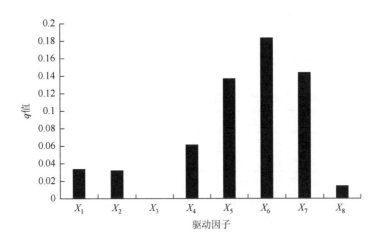

图 9-3　研究区景观生态风险因子探测 q 值

由图 9-3 可以看出，影响研究区域景观生态风险的驱动因子 q 值由大到小依次是到隧道口的距离、到公路的距离、到行政区的距离、土地利用类型、高程、坡向、到水系的距离、坡度，总体来看各个驱动因子的显著性较高。由因子探测器的结果可知，到隧道口的距离对研究区景观生态风险空间分异的解释力度最大，说明该因子对景观生态风险动态变化产生的影响最大，这可能是由于研究区域受到了施工条件的干扰，频发的部分涌水处理后排放到周边河流，排放过程中对周边生态环境产生了一定的影响；其次是到公路的距离和到行政区的距离，这是因为在案例隧道施工结束后，对于周边环境产生的扰动不断减小，研究区生态环境的变化受城市发展区域的城市建设影响逐渐增大；再次是土地利用类型，这与隧道施工的实施密切相关，除了隧道涌水会对流径周围生态环境产生破坏，隧道施工过程中施工场地和施工工人的生活用地建设也会对研究区的土地利用方式产生很大的影响，特别是研究区西南地区的城镇进行城市发展建设时将会引起土地利用类型的变化；影响最小的因子是坡度，其景观生态风险解释力为 0.0609%。从整体研究区域来看，景观生态风险时空演变过程中人为因素占主导地位，其中，到隧道口的距离、到公路的距离和到行政区的距离的因子贡献量均在 10% 以上，成为景观生态风险的主要影响因子。由此可知，涌水对该区域景观生态风险的空间异质性有一定的影响。

3. 景观生态风险交互探测分析

景观生态风险是多种因素相互作用的结果，地理探测器通过交互作用探测来识别不同自变量（X）因子间的相互作用，通过比较因子相互作用和单因子对因变量的解释力大小来判断自变量因子间的交互作用类型，各驱动因子的交互作用结果如表 9-21 所示，各驱动因子交互的类型主要表现为"非线性增强"和"双因子增强"，任意两个驱动因子的交互作用都有不同程度的增强，这样的交互作用可以表明交互作用的两因子更能增强对景观生态风险的解释力。

表 9-21　驱动因子交互作用对研究区景观生态风险空间异质性的影响程度

驱动因子	X_1	X_2	X_3	X_4	X_5	X_6	X_7	X_8
X_1	0.034 027							
X_2	0.100 378	0.033 394						
X_3	0.035 880	0.034 870	0.000 609					
X_4	0.109 076	0.121 553	0.063 054	0.061 509				
X_5	0.153 078	0.188 982	0.137 888	0.203 265	0.135 521			
X_6	0.261 377	0.228 244	0.187 105	0.232 027	0.249 889	0.183 01		
X_7	0.175 457	0.195 079	0.147 631	0.216 083	0.209 389	0.284 718	0.143 700	
X_8	0.092 300	0.136 253	0.017 828	0.094 793	0.160 982	0.249 282	0.175 755	0.015 043

由表 9-21 可以看出，在研究期间，距隧道口的距离（$q = 0.183\,01$）∩到公路的距离（$q = 0.1437$）对于景观生态风险的解释能力最强，二者综合 q 值为

0.284 718；到隧道口的距离（$q = 0.183\ 01$）∩高程（$q = 0.034\ 027$）与到隧道口的距离（$q = 0.183\ 01$）∩到行政区的距离（$q = 0.135\ 521$）对于景观生态风险的解释能力次之，综合 q 值分别为 0.261 377 和 0.249 889。研究区域自然因素影响力较小，但与人为因素交互后，影响力显著提高，说明研究区域人为因素显著加大了自然因素对景观生态风险的影响力，同时也印证了涌水对该区域景观生态风险有一定程度上的影响。

从影响景观生态风险的驱动因素来看，到隧道口的距离对研究区景观生态风险动态变化产生的影响最大，其次是到公路的距离和到行政区的距离，这表明隧道涌水对该地区的景观生态风险有一定的影响，受到干扰后的损失程度大于周边其他区域。

9.3　重大工程隧道涌水流径沿线生态安全格局构建

9.3.1　研究区生态源地的识别

生态源地是指在空间中连续分布并且能提供高质量生态系统服务、维护区域生物多样性的关键自然斑块。生态源地有助于保证区域周边的生态效应的提供，推动景观生态要素之间的连通，对于维持整个生态系统的稳定性和持续性发挥起着至关重要的作用（钟晓春，2017）。对于生态源地的识别，目前的研究大多都是遵循选择生物多样性高的林地、草地、水域或者提取自然保护区和风景名胜区的原则进行识别。为了减少生态源地选区的主观性，本节使用生态系统服务价值筛选生态源地。

1. 生态系统服务功能

生态系统具有丰富的功能，一方面，人们可以从自然环境中获取不可替代的自然资源，如食物、水、氧气、建筑材料等；另一方面，它还具有调节气候、净化空气、储存丰富的水资源、防止土壤流失等功能。本节结合现有已经识别出的生态系统服务类型（Costanza et al.，1997），将其概括为供给服务、调节服务、支持服务和文化服务 4 个一级类型，在一级类型之下进一步划分出 11 种二级类型。其中，供给服务包括食物生产、原材料生产和水资源供给 3 个二级类型；调节服务包括气体调节、气候调节、净化环境、水文调节 4 个二级类型；支持服务包括土壤保持、维持养分循环、维持生物多样性 3 个二级类型；文化服务则为提供美学景观服务 1 个二级类型。

2. 生态系统服务价值当量因子

单位面积生态服务价值基础当量指的是全国各生态系统单位面积年生态服务价值当量，它体现的是各生态系统和各生态服务功能在全年的、全国的平均服务价值。本节以现有生态系统服务价值评价研究为基础（俞孔坚，1999），梳理国内以功能价值量计算方法为主的生态系统服务价值量的研究评价结果，开展隧道涌水流径沿线 1000 米研究区生态系统服务功能价值的评价。参照谢高地等（2015a）解释当量因子的方法得到的基础当量表如表 9-22 所示。

表 9-22 单位面积生态系统服务价值当量表

生态系统分类		供给服务			调节服务				支持服务			文化服务
农田	旱地	0.85	0.40	0.02	0.67	0.36	0.10	0.27	1.03	0.12	0.13	0.06
	水田	1.36	0.09	2.63	1.11	0.57	0.17	2.72	0.01	0.19	0.21	0.09
森林	针叶	0.22	0.52	0.27	1.70	5.07	1.49	3.34	2.06	0.16	1.88	0.82
	针阔混交	0.31	0.71	0.37	2.35	7.03	1.99	3.51	2.86	0.22	2.60	1.14
	阔叶	0.29	0.66	0.34	2.17	6.50	1.93	4.74	2.65	0.20	2.41	1.06
	灌木	0.19	0.43	0.22	1.41	4.23	1.28	3.35	1.72	0.13	1.57	0.69
草地	草原	0.10	0.14	0.08	0.51	1.34	0.44	0.98	0.62	0.05	0.56	0.25
	灌草丛	0.38	0.56	0.31	1.97	5.21	1.72	3.82	2.40	0.18	2.18	0.96
	草甸	0.22	0.33	0.18	1.14	3.02	1.00	2.21	1.39	0.11	1.27	0.56
湿地	湿地	0.51	0.50	2.59	1.90	3.60	3.60	24.23	2.31	0.18	7.87	4.73
荒漠	荒漠	0.01	0.03	0.02	0.11	0.10	0.31	0.21	0.13	0.01	0.12	0.05
	裸地	0.00	0.00	0.00	0.02	0.00	0.10	0.03	0.02	0.00	0.02	0.01
水域	水系	0.80	0.23	8.29	0.77	2.29	5.55	102.24	0.93	0.07	2.55	1.89
	冰川积雪	0.00	0.00	2.16	0.18	0.54	0.16	7.13	0.00	0.00	0.01	0.09

3. 生态系统服务价值量测算

生态系统服务价值单位面积价值系数可由当量因子参照农田生态系统单位粮食产量的经济价值来测算，按照谢高地等（2015b）的计算方法，研究区农田生态系统产出的单位粮食产量的经济价值计算公式如下所示：

$$Y = \frac{1}{7} \times \frac{R}{S} \qquad (9\text{-}1)$$

式中，Y 为单位农田产出的经济价值，单位为元/公顷；R 为产值；S 为播种面积；$\frac{1}{7}$ 为自然生态系统中不使用人力资源投入时存在一个单位面积提供的经济价值，现状情况下该农田也存在着一定的产出经济价值，两者之间的比值。为客观和准确地测算研究区的生态系统服务价值，本节选择 2000～2020 年的研究区粮食面积与产值数据，计算得到 2000～2020 年研究区单位粮食经济价值的平均值为 1389 元/公顷。

根据的研究，结合上述参考的学者谢高地（2015a）的当量因子表，充分依据研究区农田生态系统单位粮食产量的经济价值现状，根据式（9-2）分别计算出不同生态系统服务功能价值，如表 9-23 所示。

$$Y_{ij} = e_{ij} Y \qquad (9\text{-}2)$$

式中，Y_{ij} 为所有种类生态系统产生的总经济价值；e_{ij} 为第 i 项功能相对于所有生态系统的经济价值的所对应的当量因子（裴婵，2021）。

表 9-23　2020 年研究区总生态服务价值表

用地类型	面积/公顷	当量因子	生态系统服务价值/万元
耕地	266.49	5 487.29	1 462 307.91
林地	0.72	27 363.50	19 701.72
草地	1.71	28 656.56	49 002.72
人造地表	181.44	0	0
总计	450.36	61 507.35	1 531 012.35

由表 9-23 可以看出，2020 年，研究区所有用地类型的生态系统服务价值总计是 1 531 012.35 万元。其中耕地的生态系统服务价值最高，为 1 462 307.91 万元，占总值的 95.51%；其次为草地和林地，生态系统服务价值分别为 49 002.72 万元和 19 701.72 万元，分别占总值的 3.20% 和 1.29%。不同用地类型的生态服务价值的差异在于研究区内的耕地类型面积多且当量因子大，故其生态系统服务功能总价值最大，由此也表明耕地对研究的生态系统服务功能总价值影响较大。

基于此，本节根据生态系统服务价值计算结果，选取研究区内生态系统服务价值极高值区域，并剔除零散斑块，筛选后作为研究区的生态源地，如图 9-4 所示。生态源地占研究区总面积的 59.17%，整体来看区域内点状分布的生态源地有连片趋势，但未能集中分布，分散较为明显。

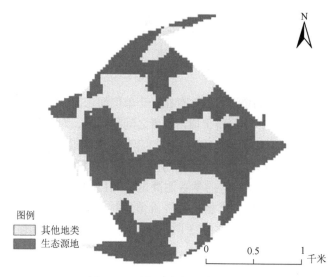

图例
　□ 其他地类
　■ 生态源地

0　　　0.5　　　1 千米

图 9-4　研究区生态源地示意图

9.3.2　研究区生态阻力面的构建

1. 阻力因子的选择

生态安全格局理论认为，生物物种由源地到外部流动的过程，同时也是对景观进行空间利用和覆盖的过程，需要克服阻力实现，而阻力面就是生物物种空间运动状态和趋势的反映（俞孔坚，1999）。景观类型的结构和斑块自身属性的差异，导致了生物物种在穿越不同景观中运动方式和流动速度也不同，景观生态学将这种穿越不同景观时遇到阻力难易程度的大小用景观阻力值来表示。

MCR（minimum constraint resource，最小累积阻力）模型通过计算生态流到达景观斑块消耗的成本构建生态阻力面。阻力面的构成很多是用栅格数据构建的，如：高程、坡度、到水系的距离、到公路的距离、植被覆盖度等很多栅格进行叠加形成。参考谢高地等（2008）编制的单位面积生态系统服务价值当量表以及常守志（2019）的研究成果，选取符合研究区域景观发展现状的 3 种阻力因子：土地利用类型、高程、坡度。土地利用类型可以反映研究区土地的用途、性质与生产力，不同土地利用类型的阻力值不同。地形地貌因子也能影响物种的扩散状况，阻力值大小往往与高程和坡度值成反比，即高程越高、坡度越大且景观生态风险值越低的区域，人类活动影响小，其阻力值越小。

2. 阻力因子权重分析

本节参考相关文献并结合专家意见，根据各评价因子数值的变化对于生态源地扩张的影响程度，对于土地利用类型、高程以及坡度所对应的权重值进行赋值，赋值的对应比例为 0.5：0.24：0.26，具体见表 9-24。

表 9-24　研究区域阻力因子赋值及其权重

阻力因子	类别	权重	阻力赋值
土地利用类型	耕地	0.5	70
	林地		20
	草地		55
	人造地表		100
高程/米	[1 640,1 661)	0.24	100
	[1 661,1 678)		200
	[1 678,1 697)		300
	[1 697,1 723]		400
	(1 723,+∞)		500
坡度/度	<2.659	0.26	100
	[2.659,4.985)		200
	[4.985,7.755)		300
	[7.755,14.512)		400
	[14.512, 28.249]		500

3. 研究区综合阻力面构建

对各因子不同水平的阻力进行赋值并将各因子叠加，基于 MCR 模型构建生态阻力面。根据打分结果，对景观类型所特有的异质性进行定量的分析探究得到土地利用类型阻力面、高程阻力面、坡度阻力面，通过 ArcGIS 10.2 软件将各阻力要素转化为栅格图层后，依据各阻力要素的权重，利用栅格计算器将阻力要素进行加权叠加得到综合阻力面。越靠近隧道涌水出口处的区域综合阻力值越大，生态系统的物质、能量以及物种迁徙受到限制越高。在研究区东部形成了较高和高阻力的区域，增加了生物在生态源地之间扩散与迁徙的难度；南部阻力值较低，位于海拔较低、坡度较缓的地区。

4. 研究区 MCR 面构建

基于研究区的生态源地，结合已生成的综合景观阻力面，运用 MCR 模型来测算生态源地每个像元到成本面上最近单元的最小累积成本距离，运用 ArcGIS 10.2 软件中的空间分析（Spatial Analyst）中的成本距离工具，将选取的综合生态源地导入要素数据，并将生成的综合阻力面作为成本栅格数据输入，最终生成景观 MCR 面。

研究区 MCR 面计算结果表明，研究区的生态阻力值区域差异比较明显。以"源"为中心，源地在扩展过程中的累积阻力逐步增大。从城市生态安全来考虑，适宜源地扩展的范围可以将其作为城镇发展用地，而生态源斑块扩展的阻力较大，可作为城市发展的主要区域。具体来看，案例的隧道涌水出口处有一片明显的阻力值高区域，涌水频次高、涌水量大，对景观生态斑块的保护力度较弱，导致其景观生态过程的阻力比较大。

9.3.3　研究区生态廊道的确定

生态廊道是相邻生态源地之间进行物种迁移和扩散的重要路径，具有重要的生态系统服务功能。生态廊道是景观生态安全格局的结构，其结构的变化将会对整个景观过程产生很大的影响，因此生态廊道的构建识别是十分重要的。就 MCR 模型生态阻力面而言，生态廊道就是考虑了生态源地、费用距离和景观界面特征的相邻生态源地之间的低阻力通道。目前，生态廊道一般包括两种，一种是已建设好的生态廊道，另外一种是两源地间潜在的生态廊道，本节主要研究"潜在生态廊道"的确定。在由 MCR 模型构建的累积成本距离表面图上，生态廊道的位置就是相邻源间阻力低谷的连线，是生态流最容易通过的区域（简卿，2018）。运用 ArcGIS 软件的成本路径（Cost Path）依次提取每个源到其他所有源的最小耗费路径，即潜在生态廊道。

通过 ArcGIS 成本路径工具生成的路径默认是双向的，潜在生态廊道过于重复和冗余，因此需要对其进行优化。先要量化潜在生态廊道，利用 ArcGIS 软件将各廊道的累积阻力值以数值的形式提取出来，见表 9-25。通过对比分析，双向路径以及相似路径均保留阻力值相对较小的潜在生态廊道，去除冗余生态廊道，得到优化后的生态廊道，研究区优化后生态廊道如图 9-5 所示。

表 9-25　潜在生态廊道累积阻力值表

生态廊道	1	2	3	4	5	6	7	8	9	10
1		1 658.97	1 005.62	1 931.28	2 901.40	3 030.99	4 284.78	4 042.65	3 957.79	3 373.23
2	1 658.97		2 447.50	3 373.16	4 343.27	4 472.86	4 343.27	4 815.11	5 484.52	5 399.66
3	1 005.62	2 447.50		1 407.61	2 127.61	2 132.94	3 510.99	3 268.86	3 184.01	2 599.45
4	1 931.28	3 373.16	1 407.61		1 856.10	2 410.66	3 314.04	3 071.91	2 987.06	2 402.50
5	2 901.40	4 343.27	2 127.61	1 856.10		1 808.53	1 528.23	1 286.10	1 201.25	1 528.23
6	3 030.99	4 472.86	2 132.94	2 410.66	1 808.53		2 866.87	2 875.22	2 790.37	2 205.81
7	4 284.78	5 726.65	3 510.99	3 314.04	1 528.23	2 866.87		242.13	326.98	911.54
8	4 042.65	5 484.52	3 268.86	3 071.91	2 875.22	1 286.10	242.13		84.85	669.41
9	3 957.79	5 399.67	3 184.01	2 987.06	1 201.25	2 790.37	326.98	84.85		584.56
10	4 815.11	3 373.24	2 599.45	2 402.50	616.69	2 205.81	911.54	669.41	584.56	

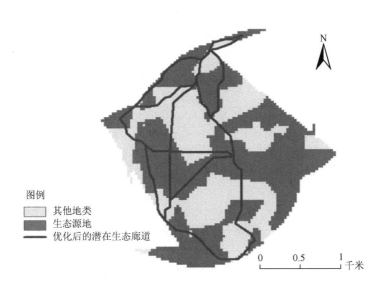

图 9-5　研究区优化后的潜在生态廊道

　　由图 9-5 可知，研究区内的潜在生态廊道避开了主要的人造地表及隧道出口，为区域生态源地之间的物种迁徙与能量传输提供了载体，高效保证了生态系统服务的供给。潜在生态廊道可以有效完善研究区的景观连通性形成一定结构稳定的网络结构，增加区域的连通性。

9.3.4　研究区生态节点的识别

生态节点可以增强生态源地之间的连通性与稳定性，对于生态源地之间的景观流具有关键的联系作用，通常位于生态廊道上。本节通过 ArcGIS 的水文分析工具，将 MCR 面设置为栅格，根据数据利用水文分析模型将洼地进行填充。随后根据"无洼地"的"水流方向"进行运算分析，并设置物质流与能量流的阻碍最大阈值，确定汇流累积量，进行矢量化处理，最终提取出山脊线，山脊线与生态廊道相交形成生态节点，研究区生态节点情况如图 9-6 所示。交叉点对于支持源地间生态流动，提升空间结构的连通性，增强廊道的稳固性具有重要意义，但由于受到较大的阻力，极易被外界环境干扰（常咏梅，2021）。

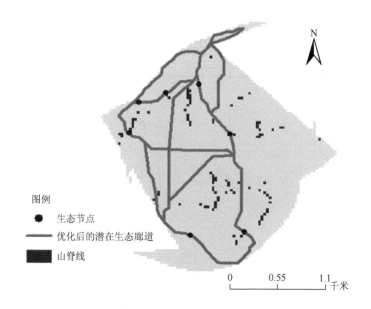

图 9-6　研究区生态节点情况

研究区共识别出 7 个生态节点，其中 6 个节点落在耕地上，1 个节点落在林地上，耕地受人类活动严重影响，生态结构单一，抗干扰能力较弱，一旦遭到破坏，就会阻碍研究区生态流的运行，从而使整体生态安全性受到威胁。

9.3.5　研究区生态安全格局构建

生态源地、生态廊道和生态节点相互联系构成了一个完整的生态安全网络，这个生态网络将研究区域内绝大多数生物的生存空间连接起来，从而形成一个高循环的、多层次的、高效率的生态系统保护结构。本节所构建的生态安全格局，生态廊道和生态节点的位置均远离隧道出口及周围地区，生态廊道是生物迁移和扩散的关键区域，生态节点是生物迁移的暂时栖息地，提高了生物存活的概率，加强了网络的连通性。隧道涌水的扰动作用，导致周边地区景观破碎，不宜作为生态廊道和生态节点。

9.3.6　研究区生态安全格局优化建议

（1）生态源地优化建议：生态源地是最适宜生物生长的空间，具有较高的生态功能价值，但是其本身的景观生态风险指数普遍偏低，因此必须建立且实施相应的保护制度。应加强源地的生态建设，保证其生境质量，降低景观破碎度。在生态源地内要尽可能地避免建设活动，最大程度地减少人类活动的干扰，重点发挥其生态调节作用。针对生态源地保护与建设用地开发冲突的区域，通过设置林区防护带、植树种草等措施，减少对生态核心区的侵蚀和干扰。通过对生态安全分区进行规划，制定分级管控规则，以降低人为干扰对源地的破坏；对于已遭到破坏的生态源地及时进行生态修复与整治，提高和改善生态系统服务功能，保持生态系统整体稳定性。因此，要加强对研究区具有高生态服务功能的生态斑块的保护和管理水平（彭彬，2022）。

（2）生态廊道优化建议：生态廊道作为整个生态安全格局构建中的重要骨架，能够有效降低生境破碎化引起的生态过程中物质、能量流动的阻力。应在生态廊道范围内禁止进行开发建设等人为干扰活动，在流通性较好的区域保持现有土地利用类型，处理好网络通道与道路、建设用地冲突区域，在人为干扰频繁区域设立生态缓冲区，最大程度上降低廊道阻力，从而达到减少对物种的干扰和冲突的目的。通过对廊道的保护，可以提高生态网络的整体稳定性和安全性，营造一个有利于景观生态要素的流通和物质交换的良好自然环境。应将研究区生态廊道进行落地作业，对现有生态廊道进行维护，提高现状廊道质量或者建设新的生态廊道。生态廊道的维护和建设，既可以增加生态绿地占地面积，减轻区域内生态风险，又可以增强区域内现有各种景观类型的有机联系，打通各系统之间的生态流，促进区域内的系统整体安全和稳定。

（3）生态节点优化建议：生态节点是景观生态安全格局构建过程中最敏感、最容易受外界干扰的区域。尽可能发挥生态节点的生态价值，推动生态涵养功能，起到支撑生态廊道的重要作用。生态节点的保护要与景观规划设计相结合，通过与周边景观环境建立联系，从而增强生态节点稳定性，降低人类活动对生态环境的破坏（彭彬，2022）。

9.4 本 章 小 结

本章以 2000 年、2010 年和 2020 年案例山岭隧道所在区域的土地利用数据为基础，对比不同缓冲区的变异函数拟合模型参数，选取案例隧道涌水沿线 1000 米缓冲区作为研究区，分析研究区土地利用及景观格局的时空变化特征；选取景观脆弱度共同构建景观生态风险指数模型，利用自然断点法将各指数分为高生态风险区Ⅴ、较高生态风险区Ⅳ、中生态风险区Ⅲ、较低生态风险区Ⅱ、低生态风险区Ⅰ五个等级，探究研究区景观生态风险的动态变化特征；选取与涌水相关的景观生态风险变化的驱动因子，利用地理探测器对其进行分析，厘清研究区景观生态风险影响因素的解释程度；基于 MCR 模型构建研究区的生态安全格局，在此基础上提出可行性建议。

第10章　重大工程隧道涌水流径沿线生态环境风险管理

隧道施工条件的复杂性和可变性使得施工安全尤其难以保证（Li et al.，2021；He et al.，2023）。其中，山岭隧道构造特殊、环境复杂，在掘进中不可避免地穿越不良地质，伴有地下水突出时发生"突泥涌水"。据施工现场统计，因隧道突涌水灾害造成的重大安全事故高达80%。目前，可采用地质预报等手段确定部分岩石中涌水的位置以及涌水物质的固体成分。但仍有部分岩石中的涌水事件通常是突然的，并且很难确定其准确的位置。它通常具有很强的破坏性，并导致严重的损害。同时，涌水灾害往往导致围岩失稳、隧道堵塞、设备淹没、隧道废弃、人员伤亡等，最终造成巨大的经济损失和延误工程进度。此外，隧道工程的全生命周期包含了不同阶段，各阶段涉及的参建主体不一，导致其风险不同，而风险本身又具有独特性和可变性，这会对工程既定目标的达成产生影响。因此，隧道工程在全生命周期风险管理时应重点关注：利益相关者间的相互作用导致因素间的互相影响，从而形成不断传导的复杂关系网络（张欧超，2022）。由于参与建造隧道的主体繁多且各主体的目标不一致，在涌水处理过程中还存在协调难度大、复杂性高等问题。隧道工程应秉承可持续发展的原则，做好隧道的每个设计与施工环节，确定各个利益相关者的主要责任，构建隧道涌水生态安全监管体系，减少隧道突涌水等灾害性事件的发生。

以往针对隧道涌水的研究主要集中在涌水的预警与防护以及涌水处理技术的探究，目前还没有对隧道涌水形成完备的预防与处理体系。本章主要分为隧道涌水风险管理理论体系与技术体系两大部分，在管理理论体系部分按照风险管理流程，总结了不同阶段涌水风险管理的可行措施。构建了以政府为主导、施工企业为主体和公众参与的隧道涌水生态安全监管体系，厘清了涌水治理中利益相关者复杂的博弈关系；从利益相关者自身利益出发，阐明利益相关者维护生态安全的初始意愿对涌水治理行为的影响，以及探讨了关键要素对利益相关者涌水治理策略的影响，分析了利益相关者行为的演变规律。在技术体系部分从重大工程的全生命周期出发，总结了隧道工程立项、设计、施工以及运维阶段预防与治理涌水的措施，形成了较为完备的隧道涌水生态环境风险管理对策。本章以维护隧址区的生态安全为目的，探究了全生命周期内各利益相关者涌水治理行为的演变规律，总结了隧道工程各个阶段可行的涌水治理措施，可为后续隧道工程的生态安全监管提供参考。

10.1　重大工程隧道涌水风险管理理论体系

10.1.1　风险管理的定义

风险，顾名思义是指会带来损失和伤害的可能性，风险事件发生通常是实际情况与人们所预期的情况存在差异，这种差异越大则说明风险的等级越高，而风险还会由于性质、来源、承受能力、形态、是否可管控以及作用强度等方面的不同而划分为不同类型。风险管理是指经济单位对风险进行识别、分析和评估，以此为基础对风险进行有效的处置，以最低的成本获得最大安全保障的科学管理方法（王树财等，2022）。风险本身普遍具有突发性、潜在性、不确定性、可测性以及客观性等特征，风险要实现管理先要进行识别，可靠的识别是把控风险的重要依据，其能有效防止风险造成的损失，风险管理与企业的实际发展是相关联的，只有做好风险管理才能够保证企业的健康发展（李纪伟，2022）。隧道建设过程中，会由于水文地质环境的复杂性造成自然风险和环境风险。此外，建设中的机械设备、技术人员、技术方案的复杂性，工程建设的决策、管理和组织方案的复杂性等，也会引起施工风险，因而在隧道建设过程中对风险的管理十分重要。隧洞突涌水是指含水介质系统、地下水系统以及围岩力学平衡状态因地下工程开挖发生急剧变化，存储在地下水体的大量能量瞬间释放，以流体的形式高速地向工程临空面内运移，造成严重危害的一种破坏现象。涌水治理的生态风险有着一定的特殊性，与施工场地的地质、气候环境等都有着一定联系。然而，在突涌水风险管理方面，国内现行的工程管理体系和制度多侧重于可行性研究阶段对项目营运期的财务评价和国民经济评价，或是对于可能发生的风险的预防和补救措施，而没有形成成熟的突涌水风险管理体系。

10.1.2　工程风险管理理论

1. 风险管理流程

风险管理计划是风险管理的指南，是对风险管理做出的提前预判，风险管理计划是基于项目本身的实际情况来制订和完善，详细的风险管理计划有助于整体项目风险的管理实施，风险管理计划需要对风险进行分类预判、分级预判、损害预判等。管理计划不是一成不变的，而是针对实际情况不断调整和更正，最终实现有效的计划体系（郝敏，2020）。值得注意的是，风险预控措施必须是明确的、具体的、看得见、摸得到的措施，应当遵循"以技术措施为主，以管理措施为辅"的原则。风险管控的行为应当贯穿于工程施工前、中、后全过程，保证风险识别的全面性、风险分析的准确性和风险预控措施的有效性。针对隧道涌水风险的管理计划可为施工企业对隧道施工中容易出现的多类型风险进行有效识别、分析和评估，涌水风险管理需要贯穿于整个施工阶段，施工企业需要采取组织管理、技术经济等必要措施进行有效风险处置，最终实现隧道工程成本最小、社会经济效益最大的目标。隧道涌水风险管理主要分为以下三个阶段：风险识别、风险评估、风险治理与监测，整体表现为连续、动态、循环的管理体系（黄志雄，2022），如图 10-1 所示。

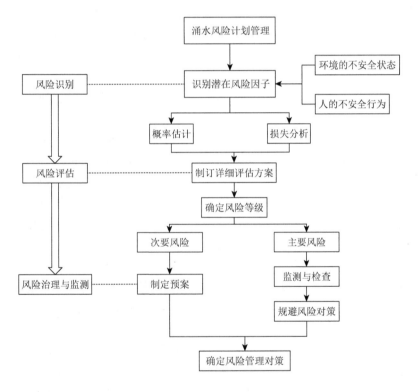

图 10-1　风险管理流程图

（1）风险识别是工程风险管理的第一步核心步骤，只有识别清楚，才能进行下一步的评估和管理，所以，这一步如果不能完善，后续的风险管理工作就失去了意义。为此，风险识别需要建立全面风险识别体系，在项目资料整理和分析基础上，对所有风险进行科学识别，按照一定的科学方法完成识别工作。风险识别的方法多种多样，有德尔菲法、检查表法、头脑风暴法等。无论何种方法，其最终的目的都是能够对风险有一个系统的认知，能够随时了解到实时发生的风险和风险的变化。隧道工程具有动态性、不确定性以及复杂性等特点，风险识别中要特别注意对隧道内外部环境以及施工人员身体状况等进行识别，为后续的风险评估做前期准备。加强地质预报工作是目前常用的隧道工程风险识别方法。针对涌水这类突发风险，隧道施工过程中必须要强化地质预报工作，预测涌水发生位置及强度，做好前期预警。但是，部分地区的地下水分布不均，导致了涌水预测结果往往偏差较大；施工企业调查的精度不够，没有动态观测资料和试验数据，无法描述地质条件和水动力特征；合理的计算方法和参数难以确定，很难确定隧道内确切的涌水部位及水量大小。以上这些问题一直是工程建设中涌水预测困难的关键。涌水预测方法目前主要有水均衡法、水动力学法、水力学法、数值法、工程类比法等多种方法。不同预测方法适用于不同的地质条件。水均衡法用于计算流域内全部隧道涌出的补给水量，它要求对边界准确界定，但对管道初始瞬时突水难以把握，对隧道所处地下水分带位置难以有客观的反映，故应用时应根据不同岩溶发育特征和水文地质条件对涌水量作适当修正。水动力学法适宜于相对均质的饱水带含水体的涌水预测，而岩溶地质条件一般是非均质的。故应用该方法时，需要较充分的勘探工作量来界定地下水补给边界、水动力条件和流场性质等特征。数值法依靠勘察精度建立近似的数学模型，由于反演参数的优点，其在矿井、隧道涌水预测中被日益广泛运用。工程类比法则需要水文地质等近似的实际资料才能比拟（谢立均，2017）。根据以上方法可有效对涌水进行预测，从而设计涌水治理方案。此外，在风险识别阶段，应指派专人对洞顶井泉排泄点和隧洞内的水位水量（泥沙含量）进行动态观测，并提前注浆，堵塞地下水的排泄出口，指导隧道内的防、排水工作，从而提供良好的施工平台。

（2）风险评估包括两个步骤，即风险分析和评估。风险分析包括分析风险的分类、级别、层次等内容，从多角度进行风险有效分析，一般可以包括定性和定量两大类别的分析。风险分析需要进一步结合风险管理计划和风险识别的结果进行比对，形成科学的风险分析结论。风险评估就是确定风险的发生概率和带来的损害程度。关于风险评估的方法已经形成定性和定量结合的多种方法，包括 AHP、蒙特卡罗模拟法、模糊数学法等。利用这些方法计算出各个风险因素对项目实现既定目标的综合影响程度，从而确定它们的先后顺序和风险等级。而后将风险等级与相应的安全风险评价标准进行对比，从而判断该系统的风险是否可被接受，是否需要采取相应措施，为之后的风险应对提供支持，进而制订出详细的风险评估方案（魏立恒，2011）。很多隧道工程建设场地的地理环境非常复杂、地质较差，由此风险评估工作必不可少。工作人员可以根据实际考察的数据信息完成专项的风险评估任务，并利用一些信息资料改善施工建设的方案。需要特别注意的是，施工团队在隧道工程建设的过程中，一定要灵活变通。根据实际施工情况和需求改变技术手段，优化安全防控方案，制订科学合理的涌水事故应急方案，这不仅能够在一定程度上避免涌水事故出现，也能够在事故出现时尽可能减少人员伤亡。工作人员在进行隧道风险评估工作时，可以将定性评估和半定量评估方式融合到一起，按照原有的数据资料和专业要求进行对比（林国军和麻元晓，2021）。一般来讲，施工单位通常会选择专家调查的评估方式，利用已有的勘查技术和施工经验分析各种风险出现的可能性，并提前制订解决突发问题的有效方案。

（3）风险治理与监测其实就是对风险进行有效管理，这是基于风险识别和风险评估基础之上的管控，主要是控制风险发生的概率和伤害程度。风险治理是一个分层级、分类别进行管理的综合体系。次要风险主要针对低风险和低概率风险，这类风险带来的损害很低，属于可接受风险，可通过制定风险预案做后备处理。主要风险只要建立合理的风险管理措施，也能够规避风险的发生，或将伤害程度降到最低。针对风险等级高的风险，应多分配资源、加以重视；针对风险原因复杂的风险，应针对不同原因采取不同措施，最终使得各类风险的等级均降低到可接受的水平，从而实现安全施工、达到安全目标（魏立恒，2011）。隧道涌水的生态风险治理措施有很多，可通过反坡抽水和排水、超前周边注浆等措施控制涌水的大量涌出，后期可通过污水排放管理等方式，减弱其对周围环境的危害。在岩溶地下水分布地段，工程建设中发生较大规模涌水时，应"以封堵为主、堵排结合"的治理方法，以减小隧道施工引起水流方向的改变对隧址区生态环境的破坏。钻爆破法可能是隧道工程的首选掘进方式，为尽可能降低施工对围岩的扰动，减小松弛区半径，防止人为增加围岩的导水性能，建议严格采用控制爆破技术。施工过程中每个步骤要快速跟上，进行一段开挖后应立即进行堵水、衬砌，禁止超挖。据国内外既有隧道涌水记录，许多涌水点都是位于掌子面后方，许多大规模涌水往往是在工作面通过以后才发生。因此，施工过程中应密切注意隧道四壁的干湿、滴水、渗水及动态等情况，重点区段初期支护应紧跟工作面，支护方式以锚喷联合支护为宜。施工过程中，利用超前钻孔来预报可能出现的涌水位置及水头压力，加固洞顶水塘、水沟，堵塞漏斗、落水洞。此外，各工程参与方应丰富监控测量管理方式，共同做好隧道在防坍塌、突泥涌水等方面的施工保证措施（邹远华等，2022）。

在隧道工程建设的过程当中，很多不稳定因素会直接影响隧道工程的稳定性和安全性。因此，我们一定要深入研究隧道工程建设面临的风险问题，积极探索和应用风险管理方案，以此不断提高隧道工程建设水平。

2. 风险管理措施

隧道工程持续时间长，工程生命周期包括立项阶段、设计阶段、施工阶段与运维阶段等，利益相关者众多，涉及政府监管部门、社会资本、金融机构、保险公司、监理单位、建设承包商、隧道运营单位、公众等多个利益相关者。

许多利益相关者参与了隧道工程的环境管理，其中存在复杂的博弈关系（di Maddaloni and Davis，2017）。从政府监管部门的角度看，作为大型项目的业主，政府监管部门高度重视项目带来的环境影响。但由于隧道工程各参与主体信息不对称以及政府监管部门实时履行监管职能的成本过高等原因，政府监管部门对施工过程中各参与方的行为很难实现实时管控。从施工企业的角度来看，施工企业是构建铁路环境安全体系的主体。施工企业在隧道施工期间，合理勘测地质情况、制订涌水排放方案等行为，将直接影响隧道周围的环境特征和施工人员安全等。从公众的角度看，公众是环境污染的直接受害者，如果监督渠道不健全，监督权利难以实现。如果隧道涌水涌出，会严重威胁附近民众正常的生产活动以及健康状况，这就需要公众参与到隧道规划和建设等环节中，以更好地满足公众的利益需要。

政府监管部门、施工企业与公众是保障隧道涌水生态安全的关键利益相关者。三者间存在着复杂的博弈关系，任何一方的行为改变都将影响涌水治理效果。然而，目前学者主要研究利益相关者在为项目治理中的角色定位（Oliveira et al.，2023），很少讨论其在项目治理中的复杂博弈关系。施工企业以追求自身利益最大化为目标，倾向于将涌水粗放处理，这种行为意味着施工企业需要政府监管部门和公众在环境工作中积极指导（Chen and Hu，2018）。有效的政府监管政策可以调节、引导和调整这些施工企业的涌水处理战略。公众参与监督可以切身体会施工企业的涌水处理结果，弥补政府监管部门的监管漏洞，增加政府监管部门决策的公开性和透明度。政府与公众协同监督可以有效解决隧道施工生态安全监管中存在的问题，改善施工生态安全监管效果，提高隧道工程的环境效益，从而达到可持续发展的目的（郭靖云，2021）。

10.1.3　风险管理理论体系构建

重大工程投资决策利益相关者众多，每个利益相关者都有着不同的利益诉求。本节构建了政府监管部门、施工企业和公众之间的演化博弈模型，通过改变条件要素等手段探究三者行为演变特征。

1. 模型假设

隧道涌水破坏性大、突发性强，会对周围生态环境造成破坏，导致工期延误与经济损失等。因此，针对隧道涌水应贯彻协同处理的治理体系。本节构建政府监管部门、施工企业与公众三方博弈模型，各参与方都有两种可以选择的策略，参与方通过相互博弈，动态调整自身的策略选择，从而达到协同治理的效果。博弈三方协同治理体系如图 10-2 所示。

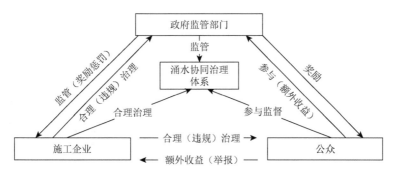

图 10-2　博弈方逻辑关系图

假设 1：政府监管部门为参与人 1，铁路参建企业为参与人 2，公众为参与人 3。三方均在有限理性条件下，通过不断调整达到最终稳定状态。

假设 2：三方均在有限理性下通过不断调整达到最终的稳定状态。

假设 3：政府监管部门的策略空间为 $\alpha = (\alpha_1, \alpha_2) = $（严格监管，宽松监管），其中政府监管部门严格监管施工企业对于涌水的处理情况主要包括：政府严格监管的概率为 x（$0 \leqslant x \leqslant 1$）。

假设 4：施工企业的策略空间为 $\beta = (\beta_1, \beta_2) = $（涌水绿色安全处理，违规涌水处理），其中合理涌水处理及防护（简称：合理处理）指：①施工企业加强地质围岩探测，确定存在大量涌水以及脆弱岩层地段；②模拟涌水排放路径、确定涌水应急预案；③采用生态修复技术，注重对隧道周围环境的保护等，企业合理涌水处理的概率为 y（$0 \leqslant y \leqslant 1$）。

假设 5：公众的策略空间为 $\gamma = (\gamma_1, \gamma_2) = $（参与监督，不参与监督），主要包括：公众参与监督的概率为 z（$0 \leqslant z \leqslant 1$）。

表 10-1 列出了本节中涉及的参数。

表 10-1　三方进化博弈参数

变量	含义
B_1	政府监管部门的基本收入
B_2	施工企业在隧道项目中获得的基本利润
B_3	公众参与监督，施工企业合理处理涌水所获环境效益
C_1	监管部门检测现场施工安全情况以及环境破坏程度即严格监管所花费成本
C_2	政府弱监管（未作现场调研仅收取部分安全报告或发布相关政策）所花费成本
C_3	施工企业前期探测、加固突涌水岩层以及后期环境维护成本
C_4	施工企业违规涌水处理成本
C_5	公众选择参与监督的成本

变量	含义
D_g	施工企业违规涌水处理，政府后期治理成本
F_r	监管部门对施工企业进行监管检查时，发现其存在违规涌水处理对其进行罚款
L_1	施工企业违规处理，造成环境与社会影响，给其造成损失（包括声誉、公众信任及社会财富损失）
L_2	公众参与监督，政府监管不到位，造成的损失
L_3	公众举报施工企业违规处理涌水，给其带来的损失
L_4	施工企业违规处理涌水或公众不参与监督造成的损失
P_c	公众参与阶段，施工企业合理涌水处理所获额外收益
P_g	公众参与监督且政府强监管，政府所获额外收益
P_p	政府强监管或施工企业合理涌水处理，公众所获额外收益
R	政府严格监管时由于监管人员能力欠缺等原因造成的失误监管概率
S	施工企业违规涌水处理被公众举报，施工企业对公众进行补偿
S_c	政府对施工企业进行监管检查时，发现其存在合理涌水处理对其进行奖励
S_p	公众参与监督，政府给公众的奖励

2. 模型构建

根据上述模型假设，可以确定政府监管部门、施工企业以及公众的演化策略博弈矩阵，在不同的策略组合下，各参与方会获得不同的收益，分析结果如表 10-2 所示。

表 10-2　政府、施工企业与公众的演化策略博弈矩阵

项目		施工企业	公众	
			参与监督 z	不参与监督 $1-z$
政府监管部门	强监管 x	合理处理 y	$B_1-C_1-S_c-S_p+P_g$; $B_2-C_3+P_c+S_c$; $B_3+P_p-C_5+S_p$	$B_1-C_1-S_c$; $B_2-C_3+S_c$; P_p-L_4
		违规处理 $1-y$	$B_1+(1-R)F_r-C_1-L_1-D_g-S_p+P_g$; $B_2-C_4-L_3-S-(1-R)F_r$; $P_p+B_3+S_p-C_5-L_4$	$B_1-C_1-L_1-D_g+(1-R)F_r$; $B_2-C_4-(1-R)F_r$; P_p-L_4
	弱监管 $1-x$	合理处理 y	$B_1-C_2-L_2$; $B_2-C_3+P_c$; $B_3-C_5+P_p$	B_1-C_2 ; B_2-C_3 ; P_p-L_4
		违规处理 $1-y$	$B_1-C_2-L_1-L_2-D_g$; $B_2-C_4-L_3-S$; $B_3-C_5-L_4$	$B_1-C_2-L_1-D_g$; B_2-C_4 ; $-L_4$

（1）当策略组合为（强监管，合理处理，参与监督）时，政府监管部门支付补贴并获得额外收益，最终收益为 $B_1 - C_1 - S_c - S_p + P_g$。施工企业获得政府奖励与额外收益，最终收益为 $B_2 - C_3 + P_c + S_c$，公众因积极参与监督获得政府补贴，最终收益为 $B_3 + P_p - C_5 + S_p$。

（2）当策略组合为（强监管，合理处理，不参与监督）时，政府监管部门节省了一部分补贴成本，最终收益为 $B_1 - C_1 - S_c$，施工单位没有获得额外收益，仅获得政府补贴，最终收益为 $B_2 - C_3 + S_c$。公众因未参与监督节省了监督成本，但未获得政府补贴，最终收益为 $P_p - L_4$。

（3）当策略组合为（强监管，违规处理，参与监督）时，施工企业违规处理涌水，政府监管部门需要支付涌水治理成本并承担一定损失，最终收益为 $B_1 + (1 - R) F_r - C_1 - L_1 - D_g - S_p + P_g$。施工企业涌水治理成本减小，但会对公众进行补偿，也会受到政府监管部门的处罚，最终收益为 $B_2 - C_4 - L_3 - S - (1 - R) F_r$。公众因受涌水影响，会有一定损失，最终收益为 $P_p + B_3 + S_p - C_5 - L_4$。

（4）当策略组合为（强监管，违规处理，不参与监督）时，政府监管部门需要支付一定损失，同时会节省一部分补贴成本，最终收益为 $B_1 - C_1 - L_1 - D_g + (1 - R) F_r$。施工企业因没有公众监督，所以无须对公众进行补偿，最终收益为 $B_2 - C_4 - (1 - R) F_r$。公众因未参与监督涌水，节省了监督成本，但未获得政府补贴，最终收益为 $P_p - L_4$。

（5）当策略组合为（弱监管，合理处理，参与监督）时，政府监管部门的监管成本有所减少，不会再对其他参与方进行补贴，最终收益为 $B_1 - C_2 - L_2$。施工企业没有了政府的额外补贴，最终收益为 $B_2 - C_3 + P_c$。公众积极参与监督，但没有政府补贴，最终收益为 $B_3 - C_5 + P_p$。

（6）当策略组合为（弱监管，合理处理，不参与监督）时，由于公众未参与监督，政府监管部门可以减轻一部分损失，最终收益为 $B_1 - C_2$。施工企业没有了政府的额外补贴，最终收益为 $B_2 - C_3$。公众因未参与监督节省了监督成本，获得了合理涌水处理的额外收益，最终收益为 $P_p - L_4$。

（7）当策略组合为（弱监管，违规处理，参与监督）时，政府监管部门监管成本有所减少，但需要支付涌水治理成本并承担一定损失，最终收益为 $B_1 - C_2 - L_1 - L_2 - D_g$。施工企业涌水治理成本减小，免于政府监管部门的处罚，但会对公众进行补偿，最终收益为 $B_2 - C_4 - L_3 - S$。公众参与监督会获得环境效益，但会因施工企业违规处理涌水造成损失，最终收益为 $B_3 - C_5 - L_4$。

（8）当策略组合为（弱监管，违规处理，不参与监督）时，政府监管部门免于一部分损失，最终收益为 $B_1 - C_2 - L_1 - D_g$。施工企业不用弥补公众的损失，最终收益为 $B_2 - C_4$。公众由于未参与监督，没有获得任何补贴，反而因涌水带来了损失，最终收益为 $-L_4$。

3. 模型分析

政府监管部门强监管或弱监管情况下的期望收益与平均收益 E_{x_1}, E_{x_2}, $\overline{E}_x$ 分别为

$$
\begin{aligned}
E_{x_1} = {}& yz(B_1 - C_1 - S_c - S_p + P_g) + y(1-z)(B_1 - C_1 - S_c) + (1-y)z \\
& \times \left[B_1 + (1-R)F_r - C_1 - L_1 - D_g S_p + P_g \right] \\
& + (1-y)(1-z)(B_1 - C_1 - L_1 - D_g + F_r - RF_r)
\end{aligned} \tag{10-1}
$$

$$
\begin{aligned}
E_{x_2} = {}& yz(B_1 - C_2 - L_2) + y(1-z)(B_1 - C_2) + (1-y)z \\
& \times (B_1 - C_1 - L_1 - L_2 - D_g) \\
& + (1-y)(1-z)(B_1 - C_1 - L_1 - D_g)
\end{aligned} \tag{10-2}
$$

$$
\overline{E}_x = xE_{x_1} + (1-x)E_{x_2} \tag{10-3}
$$

政府监管部门策略选择的复制动态方程为

$$
\begin{aligned}
F(x) = \frac{\mathrm{d}x}{\mathrm{d}t} = {}& x(E_{x_1} - \overline{E}_x) = x(1-x) \\
& \times \left[z(P_g - S_p + L_2) - y(S_c + F_r - RF_r) + (1-R)F_r + C_2 - C_1 \right]
\end{aligned} \tag{10-4}
$$

政府监管部门有两种策略可以选择，根据复制动态方程的稳定性原理，政府选择强监管或弱监管策略并且处于稳定选择状态时必须满足： $F(x) = 0$ 且 $F'(x) < 0$。为了计算更简单直观，我们设

$$
H(y) = \left[z(P_g - S_p + L_2) - y(S_c + F_r - RF_r) + (1-R)F_r + C_2 - C_1 \right]
$$

通过观察函数可知， $H(y)$ 是关于 y 的减函数。

（1）当 $y = y^* = \dfrac{z(P_g - S_p + L_2) - (1-R)F_r + C_1 - C_2}{S_c + F_r - RF_r}$ 时， $H(y) = 0$， $F(x) = 0$（使方程 $H(y) = 0$，所得到的 y 值为 y^*），但此时 $F'(x) = 0$，不满足稳定性条件。

（2）当 $y \neq y^* = \dfrac{z(P_g - S_p + L_2) - (1-R)F_r + C_1 - C_2}{S_c + F_r - RF_r}$ 时， $x = 0$ 或 $x = 1$ 为可能的稳定均衡点，还需满足复制动态方程的稳定性条件 $F'(x) < 0$。

$F(x)$ 的一阶导数为： $\dfrac{\mathrm{d}F(x)}{\mathrm{d}x} = (1-2x)H(y)$，若 $x = 0$ 为政府监管部门的演化稳定策略， $H(y)$ 需小于 0，即 $y > y^*$；若 $x = 1$ 为政府监管部门的演化稳定策略， $H(y)$ 需大于 0，即 $y < y^*$。

经过以上分析，可得基于 $y = y^*$， $y < y^*$， $y > y^*$ 三种情况的演化相位图，如图 10-3 所示。

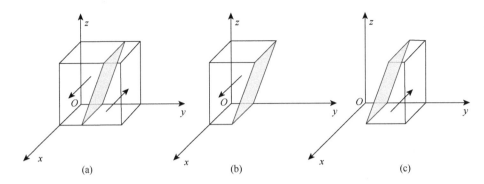

图 10-3　政府监管部门策略演化相位图

施工企业涌水合理处理或违规处理情况下的期望收益与平均收益（E_{y_1}，E_{y_2}，$\overline{E}_y$）分别为

$$E_{y_1} = xz(B_2 - C_3 + P_c + S_c) + x(1-z)(B_2 - C_3 + S_c)$$
$$+ (1-x)z(B_2 - C_3 + P_c) + (1-x)(1-z)(B_2 - C_3) \tag{10-5}$$

$$E_{y_2} = xz\left[B_2 - C_4 - L_3 - S - (1-R)F_r\right] + x(1-z)\left[B_2 - C_4 - (1-R)F_r\right]$$
$$+ (1-x)z(B_2 - C_4 - L_3 - S) + (1-x)(1-z)(B_2 - C_4) \tag{10-6}$$

$$\overline{E}_y = yE_{y_1} + (1-y)E_{y_2} \tag{10-7}$$

施工企业策略选择的复制动态方程为

$$F(y) = \frac{\mathrm{d}y}{\mathrm{d}x} = y(E_{y_1} - \overline{E}_y) = y(1-y)\left[x(S_c + F_r - RF_r)\right] + z(P_c + L_3 + S) + C_4 - C_3 \tag{10-8}$$

施工企业有两种策略可以选择，根据复制动态方程的稳定性原理，施工企业选择合理或违规涌水处理并且处于稳定选择状态时必须满足：$F(y) = 0$ 且 $F'(y) < 0$。

为了计算更简单直观，我们设 $W(z) = \left[x(S_c + F_r - RF_r)\right] + z(P_c + L_3 + S) + C_4 - C_3$。通过观察函数可知，$W(z)$ 是关于 z 的增函数。

当 $z = z^* = \dfrac{C_3 - C_4 - x(S_c + F_r - RF_r)}{P_c + L_3 + S}$（使方程 $W(z) = 0$，所得的 z 值为 z^*）时，$W(z) = 0$，$F(y) = 0$，但此时 $F'(y) = 0$，不满足稳定性条件。

当 $z \neq z^* = \dfrac{C_3 - C_4 - x(S_c + F_r - RF_r)}{P_c + L_3 + S}$ 时，$y = 0$ 或 $y = 1$ 为可能的稳定均衡点，还需满足复制动态方程的稳定性条件 $F'(y) < 0$。

$F(y)$ 的一阶导数为：$\dfrac{\mathrm{d}F(y)}{\mathrm{d}y} = (1-2y)W(z)$，若 $y = 0$ 为施工企业的演化稳定策略，$W(z)$ 需小于 0，即 $z > z^*$；若 $x = 1$ 为施工企业的演化稳定策略，$W(z)$ 需

大于 0，即 $z < z^*$。

经过以上分析，可得基于 $z = z^*$，$z < z^*$，$z > z^*$ 三种情况的演化相位图，如图 10-4 所示。

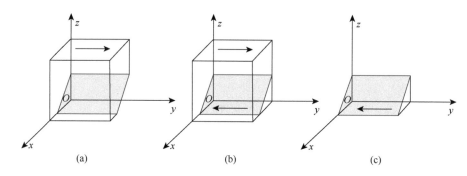

图 10-4　施工企业策略演化相位图

公众参与或不参与监督涌水处理情况下的期望收益与平均收益（E_{z_1}，E_{z_2}，$\overline{E}_z$）分别为

$$E_{z_1} = xy(B_3 + P_p - C_5 + S_p) + x(1-y)(P_p + B_3 - S_p - C_5 - L_4)$$
$$+ (1-x)y(B_3 - C_5 + P_p) + (1-y)(1-x)(B_3 - C_5 - L_4) \quad （10\text{-}9）$$

$$E_{z_2} = xy(P_p - L_4) + x(1-y)(P_p - L_4) + (1-x)y(P_p - L_4) - (1-y)(1-x)L_4 \quad （10\text{-}10）$$

$$\overline{E}_z = zE_{z_1} + (1-x)E_{z_2} \quad （10\text{-}11）$$

公众策略选择的复制动态方程为

$$F(z) = \frac{\mathrm{d}z}{\mathrm{d}x} = z(E_{z_1} - \overline{E}_z) = z(1-z)(S_p x + L_4 y + B_3 - C_5) \quad （10\text{-}12）$$

公众有两种策略可以选择，根据复制动态方程的稳定性原理，公众选择参与或不参与监督策略并且处于稳定选择状态时必须满足：$F(z) = 0$ 且 $F'(z) < 0$。

为了计算更简单直观，我们设 $Q(y) = (S_p x + L_4 y + B_3 - C_5)$。通过观察函数可知，$Q(y)$ 是关于 y 的增函数。

（1）当 $y = y^{**} = \dfrac{C_5 - B_3 - S_p x}{L_4}$（使方程 $Q(y) = 0$，所得的 y 值为 y^{**}）时，

$Q(y) = 0$，$F(z) = 0$，但此时 $F'(z) = 0$，不满足稳定性条件。

（2）当 $y \neq y^{**} = \dfrac{C_5 - B_3 - S_p x}{L_4}$ 时，$z = 0$ 或 $z = 1$ 为可能的稳定均衡点，还需满足复制动态方程的稳定性条件 $F'(z) < 0$。

$F(z)$ 的一阶导数为：$\dfrac{\mathrm{d}F(z)}{\mathrm{d}z}=(1-2z)Q(y)$，若 $z=0$ 为公众的演化稳定策略，$Q(y)$ 需小于 0，即 $y>y^{**}$；若 $x=1$ 为公众的演化稳定策略，$Q(y)$ 需大于 0，即 $y<y^{**}$。

经过以上分析，可得基于以上三种情况的演化相位图，如图 10-5 所示。

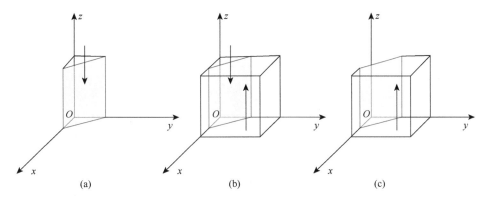

(a)　　　　　　　(b)　　　　　　　(c)

图 10-5　公众策略演化相位图

$$J=\begin{bmatrix} J_1 & J_2 & J_3 \\ J_4 & J_5 & J_6 \\ J_7 & J_8 & J_9 \end{bmatrix}=\begin{bmatrix} \partial F(x)/\partial x & \partial F(x)/\partial y & \partial F(x)/\partial z \\ \partial F(y)/\partial x & \partial F(y)/\partial y & \partial F(y)/\partial z \\ \partial F(z)/\partial x & \partial F(z)/\partial y & \partial F(z)/\partial z \end{bmatrix}$$

$$=\begin{bmatrix} \begin{array}{l}(1-2x)[z(P_g-S_p+L_2)-y(S_c+F_r-RF_r)\\ +(1-R)F_r+C_2-C_1]\end{array} & x(x-1)(S_c+F_r-RF_r) & x(1-x)(P_g-S_p+L_2) \\[3ex] y(1-y)\big[S_c+(1-R)F_r\big] & \begin{array}{l}(1-2y)\big[x(S_c+(1-R)F_r)\big]\\ +z(P_c+C_3+S)+C_4-C_3\end{array} & y(1-y)(P_c+L_3+S) \\[3ex] z(1-z)S_p & z(1-z)C_4 & (1-2z)(S_px+L_4y+B_3-C_5) \end{bmatrix}$$

$$（10\text{-}13）$$

根据李亚普诺夫第一法的稳定性原理，特征值 λ_1、λ_2、λ_3 均小于 0，则证明均衡点处于渐进稳定状态。当存在一个或多个大于 0 的特征值，则表明此均衡点处于非稳定状态。本节对八个纯策略稳定均衡点的稳定性进行分析，如表 10-3 所示。参数 C_3 表示施工企业合理处理涌水时所花费的成本，C_4 则表示施工企业粗放处理涌水时所花费的成本。根据常识，可直接判断出 $C_3>C_4$，$C_3-C_4>0$。因此，E_3 中至少存在一个大于 0 的特征值，处于非稳定状态，该情景不予考虑。同理，情景 E_5 中，$C_1-C_2+S_c>0$，该情景同样处于非稳定状态。八个纯策略均衡点中，E_3 和 E_5 均存在大于零的特征值处于非稳定状态，为不稳定点。其他均衡点还需结合参数条件进行判断。本节根据限制条件，可得出如下六种情景。

表 10-3　纯策略均衡点的稳定性分析

均衡点	雅可比（Jacobian）矩阵特征值		稳定性
	λ_1，λ_2，λ_3	实部符号	
E_1（0，0，0）	B_3-B_5，C_4-C_3，$C_2-C_1+(1-R)\,F_r$	（×，−，×）	不确定
E_2（1，0，0）	$B_3-C_5+S_p$，$C_1-C_2-(1-R)\,F_r$，$C_4-C_3+(1-R)\,F_r$	（×，×，×）	不确定
E_3（0，1，0）	C_3-C_4，$B_3-C_5+L_4$，$C_2-C_1-S_c$	（＋，×，−）	不稳定点
E_4（0，0，1）	C_5-B_3，$C_4-C_3+L_3+P_c+S$，$C_2-C_1+L_2+P_g+(1-R)\,F_r-S_p$	（×，×，×）	不确定
E_5（1，1，0）	$C_1-C_2+S_c$，$B_3-C_5+L_4+S_p$，$C_3-C_4-S_c-(1-R)F_r$	（＋，×，×）	不稳定点
E_6（0，1，1）	$C_5-B_3-L_4$，$C_3-C_4-L_3-P_c-S$， $C_2-C_1+L_2+P_g-S_c-S_p$	（×，−，×）	不确定
E_7（1，0，1）	$C_5-B_3-S_p$，$C_1-C_2+S_p-(1-R)F_r-L_2-P_g$， $C_4-C_3+(1-R)F_r+L_3+P_c+S+S_c$	（×，×，×）	不确定
E_8（1，1，1）	$C_5-B_3-L_4-S_p$，$C_1-C_2-L_2-P_g+S_c+S_p$， $C_3-C_4-(1-R)F_r-L_3-P_c-S-S_c$	（×，×，×）	不确定

　　情景 1：$B_3<C_5$，$C_4<C_3$，$C_1-C_2>F_r$，即隧道项目建设过程中的参数满足以下条件。①公众参与监督所获得的环境效益小于其付出的成本。②政府监管部门严格监管与宽松监管的成本花费差值大于其收缴的罚款。E_1（0，0，0）中的特征值均小于 0，所以 E_1 是本条件下的稳定点。即三方的最终稳定策略为政府监管部门宽松监管，施工企业违规处理涌水，公众不参与监督涌水的情况。此情景表明，当公众参与监督的成本过高时，公众往往会放弃监督涌水；当政府监管部门严格监管与宽松监管的成本差值过大时，监管部门在收入较为固定的情况下，往往会选择宽松监管策略。

　　情景 2：$B_3+S_p<C_5$，$C_1-C_2<F_r$，$C_3>C_4+F_r$，即隧道项目建设过程中的参数满足以下条件。①公众参与监督所获得的环境效益与奖励之和小于公众的监督成本。②政府监管部门严格监管与宽松监管的成本花费差值大于收缴的罚款。③施工企业合理与违规涌水处理的成本差值大于政府对其进行的惩罚与奖励。E_2（1，0，0）中的特征值均小于 0，所以 E_2 是本条件下的稳定点。即政府监管部门严格监管，施工企业违规处理涌水，公众不参与监督涌水的处理情况。此情景表明，当施工企业合理涌水处理所花费成本远大于违规处理成本与政府奖惩之和时，施工企业更倾向选择违规处理条件下所带来的利益；同样当公众参与监督涌水处理情况时所花费成本过高，会选择不参与监督策略；当政府监管部门严格监管所花费的成本小于其弱监管与所收罚款之和时，政府监管部门往往会选择严格监管策略。

情景 3：$B_3 > C_5$，$C_1 > C_2 + F_r + L_2 - S_p$，$C_3 > C_4 + P_c + L_3 + S$，即实际隧道项目建设过程中的参数满足以下条件。①公众参与监督所获得的环境效益大于所花费的监督成本。②政府监管部门收缴的罚款与自身损失之和小于其强监管与宽松监管的成本花费差值与政府支出的奖励之和。③施工企业合理与违规涌水处理的成本差值大于其所获额外收益、自身损失与公众的补偿之和。$E_4(0, 0, 1)$ 中的特征值均小于 0，E_4 是本条件下的稳定点。即政府监管部门选择宽松监管策略，施工企业选择违规处理涌水，公众选择参与监督涌水的处理情况。此情景表明，当施工企业合理处理涌水所花费成本大于违规处理涌水成本与所造成的自身全部损失之和时，施工企业会选择更符合自身利益的违规处理策略；同样政府监管部门也会因严格监管策略成本过高而选择宽松监管策略；当公众参与监督所获环境收益大于其监督成本时，公众最终会选择参与监督策略。

情景 4：$B_3 > C_5 - L_4$，$C_1 > C_2 + L_2 + P_g - S_c - S_p$，$C_3 > C_4 + P_c + L_3 + S$，即实际隧道项目建设过程中的参数满足以下条件。①公众参与监督所获得的环境效益与施工企业对其造成的损失大于其所花费的监督成本。②政府监管部门严格监管所花费成本与支付给其他相关者的奖励大于其宽松监管成本与所获额外收益之和。③施工企业合理与违规涌水处理的成本差值大于其额外的收益与损失。$E_6(0, 1, 1)$ 中的特征值均小于 0，E_6 是本条件下的稳定点。即政府选择宽松监管策略，施工企业合理处理涌水，公众选择参与监督策略。此情景表明，当施工企业合理处理涌水所花费成本大于违规处理涌水成本与所造成的自身全部损失之和时，施工企业会选择更符合自身利益的违规处理策略；政府监管部门严格监管所花费成本与其给予施工企业、公众奖励之和大于宽松监管成本与政府所获额外收益之和时，政府会选择宽松监管策略；公众参与监督所获得的收益与施工企业违规处理涌水对其造成损失的差值大于公众监督成本时，公众会选择积极参与监督策略。

情景 5：$B_3 > C_5 - S_p$，$C_1 < C_2 + F_r + L_2 - S_p + P_g$，$C_3 > C_4 + F_r + L_3 + P_c + S_c + S$，即实际隧道项目建设过程中的参数满足以下条件。①公众参与监督所获得的环境效益与奖励大于其所花费的监督成本。②政府监管部门收缴的罚款与自身损失之和大于其严格监管与宽松监管的成本花费差值与政府支出的奖励之和。③施工企业合理与违规涌水处理的成本差值大于其所获得的全部额外收益与损失。$E_7(1, 0, 1)$ 中的特征值均小于 0，E_7 是本条件下的稳定点。即政府选择严格监管策略，施工企业选择违规涌水处理，公众选择参与监督策略。此情景表明，当施工企业合理处理涌水所花费成本大于施工企业违规处理成本、政府奖惩以及额外收益与损失的总和时，即合理与违规涌水处理成本差值足够大时，施工企业最终会选择违规处理涌水，而此时若政府监管部门严格监管与宽松监管所花费成本差值小时，往往会选择严格监管策略；当公众参与监督所获得的收益与政府奖励之和大于其监督成本时，公众会选择参与监督策略。

情景6：$B_3 + S_p + L_4 > C_5$，$C_1 + S_c + S_p < C_2 + L_2 + P_g$，$C_3 < C_4 + F_r + P_c + L_3 + S + S_c$，即实际隧道项目建设过程中的参数满足以下条件。①公众参与监督所获得的环境效益与奖励大于其所花费的监督成本。②政府监管部门强监管所花费成本与支付给其他相关者的奖励小于其宽松监管成本与所获额外收益之和。③施工企业合理与违规涌水处理的成本差值大于其所获得的全部额外收益与损失。E_8（1，1，1）中的特征值均小于 0，E_8 是本条件下的稳定点。即政府监管部门选择严格监管策略，施工企业合理处理涌水，公众选择参与监督策略。此情景表明，当施工企业合理与违规处理涌水所花费的成本差值大于其所获的额外收益与损失的总和时，即合理与违规涌水处理成本差值足够大时，施工企业最终会选择违规处理涌水；政府监管部门严格监管所花费成本与其给予施工企业、公众奖励之和小于宽松监管成本与政府所获额外收益之和时，政府会选择严格监管策略；同样，当公众参与监督所获收益大于其监督成本时，公众会选择参与监督策略。

4. 数值仿真

为了验证上述稳定分析的有效性，结合现实情境将模型赋以数值，利用 Matlab 2016b 进行仿真分析。从三个视角出发，分别探究不同情景、不同初始意愿以及不同重要参数的情况下，博弈主体稳定策略的演化情况。

1）六种情形的数值仿真

情景1：当各参数满足以下条件 $B_3 < C_5$，$C_4 < C_3$，$C_1 - C_2 > F_r$ 时，参考相关文献设定参数的初始值，如下：$C_1 - C_2 = 40$，$F_r = 35$，$C_3 - C_4 = 80$，$S_c = 15$，$S_p = 10$，$C_5 - B_3 = 40$，$L_3 = 20$，$P_c = 40$，$P_g = 20$，$L_2 = 35$，$S = 25$，$L_4 = 25$。为了反映客观的初始策略状态，设博弈三方的初始意愿如下：$x_0 = y_0 = z_0 = 0.5$。结果如图 10-6 所示，系统演化到均衡点（0，0，0），即政府监管部门、施工企业以及公众均采取消极怠工策略。

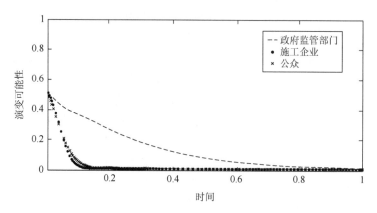

图 10-6　均衡点 E（0，0，0）稳定性检验

情景2：当各参数满足以下条件 $B_3+S_p<C_5$，$C_1-C_2<F_r$，$C_3>C_4+F_r$ 时，参考相关文献设定参数的初始值，如下：$C_1-C_2=40$，$F_r=40$，$C_3-C_4=80$，$S_c=15$，$S_p=10$，$C_5-B_3=40$，$L_3=20$，$P_c=40$，$P_g=20$，$L_2=35$，$S=25$，$L_4=25$。为了反映客观的初始策略状态，设博弈三方的初始意愿如下：$x_0=y_0=z_0=0.5$。结果如图 10-7 所示，系统演化到均衡点 $(1,0,0)$，即仅有政府监管部门选择严格监管策略，施工企业以及公众均采取消极怠工策略。

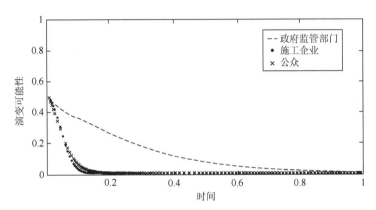

图 10-7　均衡点 $E(1,0,0)$ 稳定性检验

情景 3：当各参数满足以下条件 $B_3>C_5$，$C_1>C_2+F_r+L_2-S_p$，$C_3>C_4+P_c+L_3+S$ 时，参考相关文献设定参数的初始值，如下：$C_1-C_2=50$，$F_r=35$，$C_3-C_4=80$，$S_c=10$，$S_p=40$，$C_5-B_3=15$，$L_3=20$，$P_c=20$，$P_g=40$，$L_2=35$，$S=25$，$L_4=25$。为了反映客观的初始策略状态，设博弈三方的初始意愿如下：$x_0=y_0=z_0=0.5$。结果如图 10-8 所示，系统演化到均衡点 $(0,0,1)$，即只有公众选择积极参与监督涌水，政府监管部门以及施工企业均采取消极怠工策略。

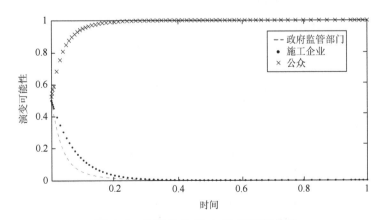

图 10-8　均衡点 $E(0,0,1)$ 稳定性检验

情景4：当各参数满足以下条件 $C_5 < B_3 + L_4$，$C_1 - C_2 > L_2 + P_g - S_c - S_p$，$C_3 - C_4 < P_c + L_3 + S$ 时，我们设：$C_1 - C_2 = 50$，$F_r = 35$，$C_3 - C_4 = 60$，$S_c = 20$，$S_p = 15$，$C_5 - B_3 = 10$，$L_3 = 30$，$P_c = 25$，$P_g = 15$，$L_2 = 30$，$S = 15$，$L_4 = 25$。同样，为了反映客观的初始策略状态，我们假设博弈三方的初始意愿如下：$x_0 = y_0 = z_0 = 0.5$。系统演化到均衡点（0,1,1），即政府选择宽松监管策略，施工企业选择合理涌水处理策略，公众选择参与监督策略。结果如图10-9所示，当政府监管部门严格监管与宽松监管涌水处理所花费成本的差值过大，而获得的额外收益较小时，政府监管部门为了追求自身利益最大化，会选择宽松监管策略。相反，当施工企业隧道涌水合理与违规处理成本差值较小，而获得的收益较大时，施工企业会选择合理涌水处理策略。

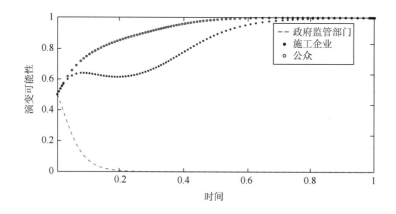

图 10-9　均衡点 E（0,1,1）稳定性检验

情景5：当各参数满足以下条件 $C_5 < B_3 + S_p$，$C_1 - C_2 < F_r + L_2 + P_g - S_p$，$C_3 - C_4 > F_r + L_3 + P_c + S + S_c$ 时，我们设：$C_1 - C_2 = 30$，$F_r = 35$，$C_3 - C_4 = 100$，$S_c = 15$，$S_p = 25$，$C_5 - B_3 = 10$，$L_3 = 15$，$P_c = 20$，$P_g = 15$，$L_2 = 30$，$S = 10$。为了反映客观的初始策略状态，设博弈三方的初始意愿如下：$x_0 = y_0 = z_0 = 0.5$。结果如图 10-10 所示，当施工企业隧道涌水合理与违规处理成本差值过大，而政府奖励与自身损失较小时，施工企业往往为了追求自身利益最大化，选择违规涌水处理策略，公众选择参与监督策略。

情景6：当各参数满足以下条件 $C_5 < B_3 + L_4 + S_p$，$C_1 - C_2 < L_2 + P_g - S_c - S_p$，$C_3 - C_4 < F_r + L_3 + P_c + S + S_c$ 时，我们设：$C_1 - C_2 = 30$，$F_r = 35$，$C_3 - C_4 = 80$，$S_c = 15$，$S_p = 5$，$C_5 - B_3 = 10$，$L_3 = 15$，$P_c = 20$，$P_g = 20$，$L_2 = 35$，$L_4 = 25$。我们假设博弈三方的初始意愿如下：$x_0 = y_0 = z_0 = 0.5$。结果如图 10-11 所示，系

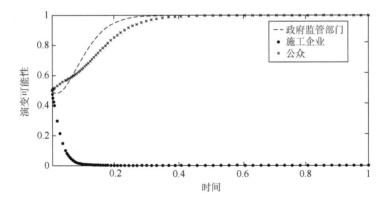

图 10-10　均衡点 E（1，0，1）稳定性检验

统演化到均衡点（1，1，1），即政府选择严格监管策略，施工企业选择合理涌水处理策略，公众选择参与监督策略。

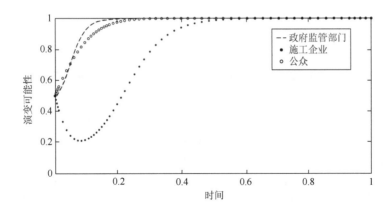

图 10-11　均衡点 E（1，1，1）稳定性检验

　　本节通过查阅资料、阅读文献等方法，结合实际情况对隧道工程涉及的各类参数加以赋值。不同数值满足的条件不同，构成了本节存在的六种情景。每种情景下所对应的参与方行为有所不同。例如，情景 E（1，0，1）中三个数字分别表示政府监管部门、施工企业以及公众的策略，1 代表合理行为，0 则代表违规行为。E（1，0，1）表示政府监管部门严格监管，施工企业违规处理涌水，公众参与监督涌水，而其他情景中的参与方行为会有所不同。当施工企业涌水合理处理与违规处理的成本差值过大，而政府给予的奖励与自身损失较小时，施工企业往往为了追求自身利益最大化，选择违规涌水处理策略；当施工企业合理与违规处理涌水所花费的成本差值较小，而获得的收益较大时，施工企业会选择合理涌水处理策

略。政府监管部门严格监管与宽松监管涌水处理情况，所花费成本的差值过大时，政府监管部门会倾向于选择宽松监管策略；当施工企业合理与违规处理涌水所花费的成本差值较小，并且还会获得额外收益时，施工企业往往会选择合理涌水处理策略。为了缓解涌水治理风险，减少涌水对环境的破坏，在情景2和情景5下，政府选择严格监管但施工企业仍选择违规处理涌水。只有加大处罚力度才能有效遏制施工企业的违规行为（Amiri-Pebdani et al., 2022），当惩罚力度加大，施工企业面对大量罚款，为了追求自身利益最大化，其会趋向于选择"合理涌水处理"策略。在情景1、情景3和情景4下，政府监管部门宽松监管现场情况，工作积极性不高，施工企业应加强自律性，加强涌水安全的信息披露，从而减少政府监管部门的成本花费。同时，政府监管人员应提高自身的监管能力，优化监管程序，建立完善的公众参与机制，并在不同阶段实施不同的环境监管政策，缩小政府强、宽松监管情况下的成本差值。在情景6下，政府应该整合各种资源，协调各主体利益关系，发挥各主体优势，构建全方位、立体式、网格化的治理格局，提升治理效率和治理水平。实现从"碎片化治理"向"整体性治理"转变，构建涌水生态安全治理体系，实现涌水周边地区的可持续性发展。

2）不同初始意愿对参与主体演化路径的影响

在大型项目的建设过程中，不同参与者的初始意愿可以反映他们对解决环境问题的态度（Gao et al., 2022）。初始意愿的大小将会直接影响参与者策略的选择。因此，我们探究不同初始意愿下，参与主体的行为演化路径是十分必要的。本节以均衡点 $E(1, 0, 1)$ 中的条件为例，分别探究 $x_0 = 0.2, 0.5, 0.7$；$y_0 = 0.2, 0.5, 0.7$；$z_0 = 0.2, 0.5, 0.7$ 的条件下，政府监管部门、施工企业以及公众的演化稳定策略。设各参数的初始值：$C_1 = 60$，$C_2 = 30$，$S_c = 15$，$F_r = 35$，$P_g = 15$，$L_2 = 30$，$C_3 = 200$，$C_4 = 100$，$L_3 = 15$，$P_c = 20$，$S = 10$，$C_5 = 15$，$B_3 = 5$，$S_p = 25$，$L_4 = 15$，$R = 0$。仿真结果显示，政府监管部门初始意愿的值为0.2时，政府的行为策略最终演化为"弱监管"策略。当初始意愿增加时，政府监管部门的行为策略会发生变化，最终演化为"强监管"策略，且初始意愿越强烈，政府到达稳定状态的时间越短；初始意愿在0.2、0.5、0.7的条件下，施工企业的行为策略最终均会演化为"合理涌水处理"策略。随着初始意愿的增加，公众的行为策略会发生转变，由最初的"不参与监督"策略转化为"参与监督"策略，且初始意愿越强烈，公众到达稳定状态的时间越短。

隧道工程参建单位众多，涉及的利益关系复杂，不同利益相关者考虑问题的角度、看待问题的态度以及解决问题的方式都有所不同（Woldesenbet, 2021）。在项目立项阶段，探明政府监管部门、施工企业以及公众涌水处理的初始态度对于接下来治理方案的制订、各方错误决策的规避等具有重要意义。一般情况下，随着三方博弈主体初始意愿的增强，演化行为稳定策略会发生改变。但本节得出了不一样的结果，初始意愿在 0.2、0.5、0.7 的条件下，施工企业的行为最终均会演化为"合理涌水处理"策略。这表明，施工企业的最终稳定状态与初始意愿无关，但初始意愿的增大会对施工企业行为的收敛速度也有所影响（Fan et al.，2021），且选择策略的初始比例越接近均衡点，该主体收敛速度越快。这说明初始策略比例对三方能否向情景 6 模式出发至关重要。因此，政府可通过加大宣传力度、设置合理奖惩机制等措施，鼓励施工企业自觉合理涌水处理。公众还要发挥监督作用，构建政府与公众参与的协同监管体系，从而提高施工企业合理涌水处理的概率，使系统进入良性循环状态。

3）政府奖励强度对参与主体的行为演化的影响

以情景 5 中的条件为例（$C_1 - C_2 = 30$，$F_r = 35$，$C_3 - C_4 = 100$，$S_c = 15$，$S_p = 25$，$C_5 - B_3 = 10$，$L_3 = 15$，$P_c = 20$，$P_g = 15$，$L_2 = 30$，$S = 10$），在保证以上参数不变的情况下，通过改变"公众参与监督，政府给公众的奖励 S_p"这一参数，分别取 $S_p = 15, 25, 35$，分析 S_p 的变化对演化过程以及最终演化结果的影响。仿真结果显示，随着政府对公众奖励力度的加大，公众参与涌水监督的积极性增加，选择积极参与涌水监督行为的演化速度加快；政府加大对公众的补贴使自身监管成本增加，政府选择严格监管的行为策略明显减缓。由此结果分析，在公众参与涌水监督成本大于其所获得基本收益的情况下，当政府给予公众奖励较小时，公众出于自身利益考虑可能会选择不参与监督策略，随着政府奖励力度的加大，公众行为最终会演化为参与监督策略，且数值越大到达稳定点的时间越短。

4）政府惩罚强度对参与主体的行为演化的影响

仿真结果显示，政府对施工企业惩罚力度的加大意味着政府严格监管率增大，政府监管部门演化稳定速率加快，但公众的演化趋势变化微小；施工企业以追求自身利益最大化为目标，当政府惩罚力度加大，其自身损失会增大，其演化收敛速度加快，当惩罚力度超过某一数值，可能会转向合理涌水处理策略。由此分析，在企业基本收益不变的情况下，政府监管部门惩罚力度较小时，施工企业出于自身利益考虑会选择违规涌水处理策略，随着惩罚力度的加大，施工企业先是放缓到达稳定策略的速度，当惩罚力度超过某一强度后，施工企业会转向选择合理涌水处理策略。

5）施工企业违规收益对参与主体的行为演化的影响

为了分析违规收益对演化博弈过程和结果的影响，在保证情景 1 中各参数不变的情况下，分别取 $\Delta C = 100, 120, 140\Delta C = C_1 - C_2$，仿真结果显示，随着 ΔC 的增大公众演化稳定速率变化不大，演化趋势大致相同。施工企业选择违规处理涌水策略速度加快，相反当 ΔC 减小到某一数值，施工企业会由违规涌水处理策略转为合理涌水处理策略；政府监管部门选择强监管策略的演化速度加快。由此分析，在政府奖惩力度不变的情况下，施工企业违规收益较小时，往往会绿色安全地处理涌水。随着施工企业获得的违规收益增加并且超过某一数值时，施工企业最终演化为违规涌水处理策略。

政府奖惩强度和施工企业违规收益是影响各参与主体行为演化策略和演化路径的主要因素。首先，政府在隧道涌水处理过程中扮演着重要角色，既是区域经济发展的责任人，又是区域环境的治理者（Menegaki and Damigos，2018）。本节研究表明政府监管部门增强奖励、惩罚力度均有助于施工企业合理涌水处理，且随着奖惩力度的增大，施工企业行为演化速率会加快。值得注意的是，奖励与惩罚力度并不是越大越好，上级部门要根据隧道工程建设的实际数据探索合理的奖罚阈值，政府设定合理的奖惩机制必须符合对各方的奖惩之和大于其投机收益的条件（Chen and Li，2023），才能保障演化可持续发展背景下的涌水得到合理处理。面对隧道涌水这类突发性强、破坏性大的工程事件，想要实现涌水的生态安全处理，政府的职责尤为重要。政府应调整评价指标，将环境污染纳入区域绩效考核范围，提倡绿色、环保及可持续的发展理念，制定相关隧道涌水处理的政策与法规，提高涌水处理的效率。施工企业合理与违规处理涌水所花费的成本差值不大、获得的收益可观时，也有助于涌水的绿色安全处理。同时，随着违规收益的减少，施工企业先由违规处理涌水转为合理处理涌水，且行为演化速率逐渐加快。政府与公众协同监督的背景下，施工企业也需要提高责任意识（Fan et al.，2022），积极配合相关监管部门检查和信息公开，加强施工管理，完备涌水处理方案，尽量降低涌水处理成本，促使施工企业向合理处理涌水的行为演化，切实维护生态安全和公众利益。

针对隧道涌水风险管理体系，本节构建了政府监管部门、施工企业和公众三个主体参与的演化博弈模型，分析了模型的均衡点和系统演化稳定策略，讨论了各主体的策略选择对系统均衡结果的影响，并进行数值仿真。结果表明，对于隧道涌水绿色安全处理最理想的决策是政府选择强监管策略，施工企业自觉选择合理涌水处理策略以及公众选择积极参与监督策略。但是，不同博弈主体策略的选择会受到多种因素的影响，如各方初始意愿、政府奖惩程度、违规收益等。此外，根据研究结果提出以下研究建议。①政府相关部门应设立合理奖惩阈值，协调各主体利益，避免涌水这类安全事故的发生。②大型项目的施工企业应创新管理模式，减弱处理突发事故的成本差。③政府应保护公众监督权利，优化监管程序，建立完善的公众参与机制。根据这些建议可实现涌水的绿色安全处理，从而有利于隧道周边地区的可持续性发展。

10.2　重大工程隧道涌水风险管理技术体系

涌水风险管理技术体系主要分为三大部分，首先，根据隧道涌水的破坏性阐明对其进行管理的必要性，间接说明风险管理的重要意义。其次，针对隧道这类重大工程，进行风险管理还需遵循一定的管理原则，本节总结了涌水管理的原则，确保涌水绿色安全处理。最后，我们从工程的全生命周期出发，说明不同阶段重点采取的技术手段，形成风险管理技术体系，以便进一步进行涌水风险管控。保障隧址区生态安全，推动铁路高质量发展，实现铁路沿线生态环境的可持续性发展，隧道涌水风险管理技术体系如图 10-12 所示。

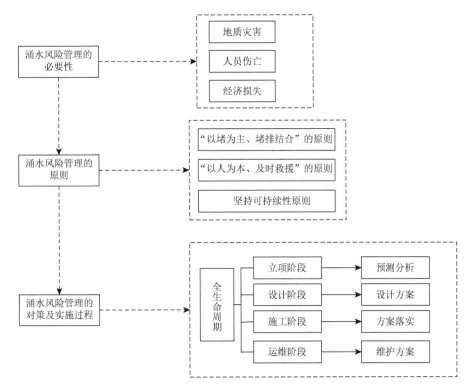

图 10-12　隧道涌水风险管理技术体系

10.2.1　涌水风险管理的必要性

本节总结了以下几个方面，说明了涌水风险管理的复杂性与可变性。在地质方面（樊庆文，2022），隧道内地质状况如果没有得到充分的了解，那么很难保证整体的安全风险，所以无法采取合适的措施进行解决。地质勘查工作受到不同因素的阻碍，无法准确判定隧道内部的基本构造和地层岩性，进而导致隧道内部经常出现岩石坍塌和涌水现象，不仅会给工程施工带来严重的干扰，还会增加整体的安全风险；在工程设计方面，进行隧道施工设计时，需要充分地做好资料的准备工作，全面认识隧道内部的地质状况。但是目前的探测技术无法准确判定隧道的整体地质条件，使得施工设计无法下手，造成施工方案的缺失和施工条件的混乱；在施工方法与技术层面，不明的隧道地质条件使得施工环境更加复杂多变。常见的有含水层、软弱带以及断裂源性的变化。因此，结合具体地质状况，做好隧道施工重点把控工作，选择合适的施工方法与技术。特别是要关注地质条件的现状，及时更改施工工艺，提升施工安全；安全管理层面，外部的施工环境和地质条件相对复杂，直接增大了安全管理层面的压力。开展隧道施工的环节中，施工企业尚未重视施工管理工作，管理的疏漏和管理方法的不当，造成许多普遍性的问题，直接增大了隧道施工安全的事故概率。

隧道涌水灾害是隧道施工中主要的灾害类型，据施工现场统计，因隧道突涌水灾害造成的重大安全事故高达 80%。在突涌水过程中，通常由于水头高，压力大，具有爆发的突然性，并易产生隧道初期支大变形，甚至塌方，而涌出的巨大水量会携带大量碎屑物流出，造成掌子面施工风险大、施工处置困难等问题（牟琦等，2023）。目前，可采用地质预报等手段确定部分岩石中涌水的位置以及涌水物质的固体成分。但仍有部分岩石中的涌水事件通常是突然的，并且很难确定其准确的位置。它通常具有很强的破坏性，并导致严重的损害。同时，涌水灾害往往导致围岩失稳、隧道堵塞、设备淹没、隧道废弃、人员伤亡等，最终造成巨大的经济损失和延误工程进度（Zhang et al.，2018）。随着我国交通强国战略的全面实施和 2035 年远景目标的规划，大量地铁隧道工程正在或即将建设，可以预见地铁隧道涌水涌砂诱发的地面塌陷灾害将更为频繁（陈帆等，2023）。因此，急需构建涌水风险管理技术体系，对涌水进行规模化管理，保障隧址区生态环境安全。

10.2.2　涌水风险管理的原则

1. 坚持"以堵为主、堵排结合"的原则

工程可采用"以堵为主、排堵结合"的治理原则对围岩进行注浆加固，防止突泥和涌水，确保施工安全。"以堵为主"就是通过全断面帷幕注浆或隧道周边帷幕注浆，将岩溶水或充填物进行封堵阻断岩溶水向隧道运移的主要通路，将隧道的涌水量和水压力减小到允许的范围内。"堵排结合"就是根据隧道内涌水量大小、所含泥沙程度并考虑对隧道运营安全和环境的影响将堵水和排水结合起来决定治理方案。堵水就是对于可能或已经涌出掌子面的岩溶水或充填物进行封堵，改善围岩的力学性能，提高围岩的抗渗和承载能力，保证隧道施工安全和运营的安全，但堵水措施并不是全堵，只要能阻断岩溶水向隧道运移

的主要通路，将隧道的涌水量和水压力减小到允许的范围内，即可将其加固范围拓展至隧道开挖轮廓线外。对于规模较大的暗河，当封堵困难时，可采取在隧道外部修建排水洞或在隧道内修建涵管或桥梁进行跨越，既达到了排水目的，又保证了施工和运营安全（钱七虎，2012）。

2. 坚持"以人为本、及时救援"的原则

针对隧道这类复杂工程，应尽可能在勘察选线期间绕避主要不良地质，贯彻"不同海拔高度隧道防灾疏散救援分级设计、灾害情况下人员疏散和外部救援路径分段规划，隧道内事故列车和洞口自然灾害分类管控"设计理念，健全防灾系统，预防灾害发生，建立完善的疏散设施及救援系统，提供人员安全、有效的疏散途径及避难场所，将灾害造成的影响降至最低程度（王秀英等，2010）。针对突涌水灾害事故风险的隧道，施工开始前，必须完善并提前落实隧道内各种防灾和报警措施等施工应急措施，如监控视频、有线通信、音响和报警、应急道路照明等现场安全应急设备。设计单位应设计逃生爬梯、逃生绳、逃生台架等具体的应急逃生、疏散、自救措施，并加强对现场的技术交底、指导和配合工作。施工中应设置专职安全员，尽量减少洞内作业人员及作业时间，发现异常及时撤出洞内人员来保障施工安全（屈佳兴，2022）。灾害事故发生后尽快组织进洞搜救，迅速将遇险人员运出。

3. 坚持可持续性原则

部分铁路沿线地形复杂、地质灾害频发，环境敏感区众多，涌水的排放安置十分困难。为充分贯彻"重视环境、保护生态"的理念，按照"减量化、资源化、就近化、集约化、无害化"的总体原则，对部分可能存在放射性超标的弃渣、排水，限制对地下水环境影响在"可以接受"的幅度内，进行针对性的无害化处理。隧道与地下工程施工涌水及运营期间地下水排放引起的环境效应，一方面与涌水量或排放量的大小有关，另一方面也与隧道围岩的工程地质条件和水文地质条件、围岩地下水的补给条件、隧道相邻结构物特性等因素有关。也就是说，不同隧道及地下工程围岩地下水的允许排放量是不同的。对于地下水补给充分、隧道相邻结构物对围岩差异沉降敏感度低的环境，其允许排放量要大一些（吴树清，2013）。规划设计中按照分级分类的方法，对水环境敏感的隧道，坚持"以堵为主，限量排放"的地下水处置思路，并结合环境要求和工程地质条件，深化、细分限量排放标准（马伟斌等，2020）。同时，重视隧道排水处理，洞内排水需进行"清污分流"设计，尽可能减小对环境的影响，保护生态环境。

10.2.3　涌水风险管理的对策及实施过程

隧道及地下工程与其他工程项目相比由于具有隐蔽性、复杂性和不确定性等突出特点，工程投资风险很大。无论是哪个阶段都会遇到很多决策、管理和组织问题。此外，隧道是道路交通施工的重要组成部分，在实际的施工中极易发生涌水问题，一定程度上影响了工程的进度，甚至诱发严重安全隐患。因此，针对隧道这类重大工程需要综合各种风险和效益，从全生命周期角度出发，从工程立项规划开始，选择合理的隧道建设地址、获取隧道周边地质及隧道结构质量信息、设计涌水治理技术方案、减少涌水对周围环境的影响、评估涌水治理的经济效益和社会效益等，从而保持整个工程建设的"绿色"和可持续性（苏会锋等，2006），保障隧道施工、结构安全，实现隧道工程全生命周期的安全建设及运营。

1. 立项阶段

立项阶段的成本费用规划以及整体项目建设的组织规划对整个项目建设的影响具有持续性，因此，把好前期工作开展的质量关是取得良好的工程项目建设效果的重要系统（张泉，2022）。这一阶段项目风险管理的主要内容是预测分析项目的潜在风险，通过选择合理的项目实施方案来规避风险（黄宏伟，2006）。因此，通过查阅大量文献分析隧道涌水事故案例，探讨事故发生机理，对今后的隧道涌水事故预防起到十分重要的作用（许芳等，2022）。隧道工程立项阶段，首先，从可持续的角度分析铁路线路走向对邻近区域水流、物流、动物通道，各类自然保护区、风景名胜区、水源保护区，文物古迹之间的关系和影响，论证项目的可行性。其次，对隧道建设过程和建成后可能引起的生态环境、噪声、震动、电磁辐射、大气、水、固体废物等对环境污染的影响进行初步分析，对项目建设可能产生的影响（后果）进行系统性识别、预测和评估（肖桂蓉，2011）。最后，处理隧道涌水是一项极其复杂的工程，施工企业要尽量避免涌水事件的发生，可根据工程实际情况来制定止水措施及降水措施，并保证措施具有可行性，这样在落实措施以后实施隧道开挖施工，就能够避免出现涌水和突泥的风险，在有必要的情况下，还可实施冻结法，使得开挖时的稳定性更佳（李纪伟，2022）。

2. 设计阶段

这一阶段建设项目风险管理的主要内容是在投入成本和运维目标要求的基

础上，形成设计方案，并且对要投入建设的施工材料、施工技术、施工设备等进行部署安排（曾丹，2022）。首先，施工企业应组织安全管理人员编制隧道施工安全标准，健全并完善安全生产保障制度，定期或者不定期地召开安全会议和检查安全生产情况，一旦发现安全隐患问题要制定有针对性的安全措施。其次，施工企业应编制详细的施工组织计划，编制要求严格按照相关规范执行，同时根据施工区域的水文地质条件、地形和地貌等情况，选择科学的衬砌、支护、开挖工艺和方法，制定详细的技术措施（何成兴，2022）。最后，对于突涌水风险发生概率大、后果损失严重的隧道工程，其风险的控制主要采用损失控制技术（刘强和管理，2017）。在广泛征求专家意见的基础上，总结隧道突涌水风险的控制方案，估计控制成本值和控制效果概率。还要建立逃生应急系统，定期组织逃生演练，强化全体作业人员安全意识，保证作业人员及设备的安全。此外，施工企业在实际施工之前应当与当地主管部门进行充分沟通、探讨，与有关部门协调配合完成地下管线的勘测工作。限于目前的勘察设计手段难于精准预测涌水量，单纯地采用设计最大涌水量来设计排水系统存在很大风险，一旦出现突发涌水量超过设计涌水量，排水系统能力不能满足需要，必将造成淹井。因此，施工过程中，必须进行超前地质预报，根据超前钻孔内的涌水量、涌水压力，探明前方的突涌水淹井风险，采用限量排放措施，避免涌水量超过抽排水系统的抽排能力（李云华等，2013）。

3. 施工阶段

隧道突涌水的防治措施主要为排水和防堵措施，排水措施主要为导水洞排水、抽水井抽水、排水坑排水等措施，堵水则主要采取围岩注浆、降低围岩渗透性等措施，包括全断面帷幕注浆、径向注浆、局部注浆等措施（段宇，2021）。施工企业一方面要做好地质预报工作，另一方面还要进一步分析突泥涌水的原因，在此基础上制定有效措施。在实际施工过程中针对突涌水事件要采取降水措施，主要是采用深井降水的手段，其降水的效果较好，能有效避免隧道内出现涌水风险，除此之外，其还可以采用对掌子面喷射混凝土的方式来防止掌子面渗水，或是采用超前注浆的方式对地层进行加固。同时，施工过程中还需要准备好排水设备，这些设备主要是当施工过程中出现涌水或突泥情况时，进行强排水操作，同时对隧道的掌子面喷射混凝土，再设置一些压浆管进行压浆堵水操作，进一步管控涌水的施工风险（李纪伟，2022）。此外，随着环保要求的日益提高，隧道施工过程中，原对以高压涌水点"以排为主"的处置标准，向"以堵为主、堵排结合"以及"以堵为主、限量排放"进行转变。因此，应对隧道施工进行统筹规划，规范现场管理人员的指挥行为，对现场生产设施进行常态化维保工作，将施工现场打造成标准化施工场地。施工阶段的管理工作要点需要结合绿色环保技术、设备以及施工原材料的应用进行合理的规划和管理，管理人员要本着充分发挥绿色环保节能技术作用的原则进行施工建设环节的管理，通过现场管理与制度管理结合的方式，对施工建设过程地从各个维度进行管理和控制。隧道在建设期也应加强监测预警技术与自动监测装备的应用，重点监测初期支护变形、围岩压力等，保障施工和运营安全（张倩影，2008）。

4. 运维阶段

这一阶段需要做好项目验收、归档、结算送审、设备转固、后评估等相关工作，归整已竣工验收的项目数据资料，形成闭环管理体系并为后续建设管理提供参考（张鹏，2022）。竣工阶段的指令控制和管理主要是指对竣工阶段相关工作开展的质量和程序进行针对性的分析和研究，确保通过竣工阶段的针对性分析和研究对全过程管理的最终成效进行观察确认。隧道建设企业需要把与隧道有关的材料移交给运营维护方。运营维护单位和设计单位进行沟通，根据设计单位给出的运营维护方案，结合项目运营维护阶段的实际情况，给出隧道的短期及中长期运营和维护方案。为了更好地使维护工程顺利实施，运营方必须做好施工组织管理工作，其基本原则是经济、适用、科学性的均衡性。目前，我国越来越多的隧道修建于岩溶区域。由于地下岩溶水的长期侵蚀与冲刷，大部分岩溶隧道在运营期间会出现不同程度的衬砌开裂、渗漏水等病害。若长期得不到有效治理，甚至会引发运营期突涌水、塌方等重大地质灾害。根治运营期突涌水问题，需要先探明隧道周边岩溶水分布特征，揭示外水压力作用下的衬砌开裂机制；在此基础上，有针对性地提出涌水封堵与衬砌修复方案（傅强等，2022）。此外，还应特别注意涌水流径区域的生态环境保护，采取创新管理模式，依托科研成果，进一步建立健全隧道的环境安全保障工作长效管理机制。

10.3　本 章 小 结

在隧道养护人员中流传着"十隧九漏"的说法，隧道涌水可使掌子面失稳、降低混凝土质量、弱化支护底部围岩强度、侵蚀隧道附属设备，甚至引起地表沉降、水土流失（许芳等，2022）。本章基于隧道涌水复杂性、动态性等特点，从管理理论体系与管理技术体系两个角度出发，首先阐明了风险管理的基本定义以及风险管理理论等相关内容，其中，明确了风险识别、风险评估以及风险治理的管理流程以及在不同阶段可行的涌水管理措施。铁路这类重大工程所涉及的利益相关者众多，本章选取关键参与者，构建了政府监管部门、施工企业和公众三方演化博弈模型，分析各主体的行为演化策略，并利用 Matlab 进行数值仿真，探究系统演化的稳定状态，可为隧道工程的安全管理提供借鉴意义；其次，本章探究了涌水风险管理的必要性以及应遵循的管理原则，同时，从项目全生命周期出发，确定项目各个阶段主要利益相关者的涌水治理措施，实现了涌水的绿色安全处理，进而构建了隧道涌水流径周边沿线生态环境保护治理体系。

第 11 章　重大工程植被生态风险识别与管理

　　重大工程是我国基础设施建设的重要组成部分，处于我国综合交通运输体系的骨干地位。重大工程建设规模大、地区跨度广，在建设过程中会显著影响所在地生态环境，容易对生态环境脆弱的地区造成不可逆转的生态影响（Peng et al.，2007）。因此在工程设计阶段，就必须充分考虑工程建设可能带来的生态环境影响。以青藏铁路为例，工程建设会对青藏高原动植物的生存环境以及生物多样性产生显著影响。我国政府投入了约 15.4 亿元用于青藏铁路工程的沿线环境保护和生态恢复（Peng et al.，2007）；在青藏铁路沿线设计建设了 33 座野生动物通道，解决了工程建设运营所引发的动物生存栖息地分割问题（Yang and xia，2008）；采用 48 台当时最先进的旋挖式钻机修建青藏铁路清水河特大桥，避免了钻孔产生泥沙所引发的水体污染（李秋强，2004）；采用湿钻法施工，降低隧道施工中粉尘带来的大气污染等问题（Qiu，2007）。

　　重大工程生态风险具有复杂性，在工程建设期间可能会对所在地动植物、自然景观和生态系统造成不同类型和程度上的影响（殷宝法等，2006）。在不同重大工程特殊的施工条件和自然环境下，生态风险的复杂性将进一步提高（Wang et al.，2002）。在进行有针对性的重大工程生态修复之前，需要对重大工程具体生态风险类型以及生态影响范围和程度进行全面的分析。针对重大工程具体生态风险类型的研究主要从生态风险受体、生态影响范围和影响程度等方面展开。其中，生态风险受体主要包括重大工程沿途影响的景观格局、动植物生活、土地资源、人类活动等方面，通过对风险受体的识别和分析能够直接为铁路建设的环境保护提供指导。针对重大工程生态影响范围和程度的研究主要将工程实践与遥感图像、GIS技术和生态学的理论方法相结合，确定重大工程生态影响的范围和大小，及其随时间和空间的变化情况，从宏观的角度评估和预测生态风险。在研究中需要使用更加客观、系统的技术方法，全面地识别和梳理重大工程的生态风险类型，实现生态风险管理的客观性和全面性。

　　重大工程带来的生态风险管理异常复杂，为了建设环境友好的绿色重大工程并降低工程建设对生态环境的影响，必须首先识别重大工程在建设期存在的主要生态风险类型，为项目的生态风险管理指明方向；其次针对各类风险，进一步挖掘对应的主要风险源，为应对生态风险提供具体目标；最后，基于识别的生态风险和风险源，匹配相应的应对策略，为生态风险管理提供具体的治理措施。本章的研究运用文本挖掘技术和机器学习模型，以重大工程建设阶段存在的生态风险为研究对象，通过对大量历史文本数据的分析，提出基于机器学习的重大工程风险识别与应对的模型方法，补充现有研究的方法体系；遵循"生态风险识别—风险源挖掘—风险应对策略匹配"的逻辑主线，形成"风险识别—风险溯源—风险应对"的研究架构，丰富重大工程生态风险管理和保护的理论内涵。

11.1　基于机器学习的重大工程植被生态风险识别

11.1.1　理论框架

重大工程建设对所在地带来的生态影响复杂多样（Qin and Zheng，2010），部分生态风险的忽略会造成区域生态系统失衡，产生生态影响的蝴蝶效应。为了客观、系统地对生态风险类型、风险源和应对策略进行梳理和归纳，在实践中运用机器学习模型实现生态风险的识别以及风险源与应对策略的匹配，在理论上形成"风险识别—风险溯源—风险应对"的重大工程生态风险框架，为实际重大工程的生态风险管理和修复提供决策支撑。

本章以重大工程生态风险相关的历史文本为数据，利用三种机器学习模型的互补优势，提出基于机器学习的重大工程生态风险识别与应对模型，如图 11-1 所示。该模型包括四个主要步骤：文本收集与预处理、样本筛选、机器学习模型训练与可视化和生态风险、风险源及应对策略提取，最终得到重大工程生态环境"风险识别—风险溯源—风险应对"框架。该模型的优势在于：①针对大量的文本数据，只需对机器学习模型输出的主题相关词进行标注即可得到系统且全面的重大工程生态风险类型；②使用的 LDA、词向量模型（Word2Vec）和 PCA 均属于无监督机器学习模型，有效地避免了人为梳理聚类的主观性问题；③通过对生态风险关键词表的调整，该模型方法还能被应用于识别其他工程的各类风险，具有一定的推广价值。该模型为生态风险识别提供了一套系统的方法论，为铁路建设构建了一套更高效的风险管理体系。

11.1.2　模型构建

1. 文本挖掘

重大工程施工带来的生态影响是复杂多样的，部分生态风险的忽略可能就会

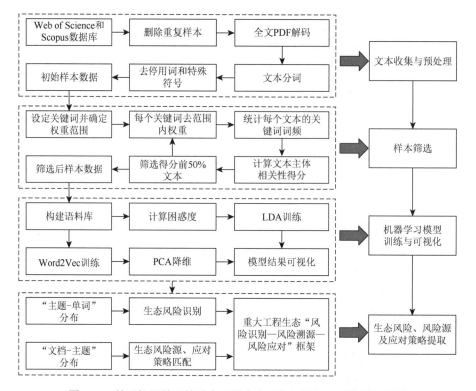

图 11-1　基于机器学习的重大工程生态风险识别与应对模型流程图

造成整个生态系统失衡。因此，不仅需要对隧道涌水、弃渣场等重点风险点进行系统性的专题研究，还应该通过风险识别以形成一个完整的重大工程生态风险框架。

　　为了对重大工程带来的生态环境风险进行更加系统性的分析，可以通过大量地对历史重大工程的文本资料进行收集（重点选择生态环境条件和施工类型类似的工程资料），然后基于文本中的历史资料经验，对重大工程生态风险进行识别。在信息数据呈爆炸式增长的时代，以人工阅读和处理为代表的传统文本数据处理方式已经难以从海量数据中精准摘取有价值的信息，无法满足科学研究和实践应用的需求。一方面，自媒体时代的垃圾信息、冗余信息越来越多，这给精确获取有用信息带来了不小的挑战；另一方面，实时新闻、网页、电子邮件、电子表格、文献、报刊等非结构化数据的处理难度较大，如何从非结构化数据中识别、提取和挖掘大量有价值的文本数据，是当前数据挖掘工具重点关注的问题。然而，简单的信息检索技术已经无法解决多源异构文本数据的融合处理需求，本节综合采用基于 LDA、Word2Vec 和 PCA 等机器学习模型的文本挖掘技术，来获取与重大工程建设的生态环境风险紧密相关的各类信息，进而为重大工程建设的生态环境风险识别提供数据支撑,其具体实现过程如图11-2所示(刘兰等,2007)。

图 11-2　文本挖掘过程

基于研究的现实需求以及文本挖掘技术的优势,本节研究首先通过人工检索并结合爬虫等技术,对历史重大工程的文本资料进行收集和归类;其次,采用计算文本分析的方法对过去的文本研究资料进行深度分析。由于重大工程生态环境风险具有复杂多样的特点,采用文本挖掘对多源异构的文本数据进行深度分析,不仅能节约人力资源,还能对文本中的信息进行系统性的训练和提取。

1) 文本资料收集与处理

在进行文本分析之前,首先应该合理地收集文本资料(邹丽雪等,2019)。考虑到资料的科学性和可得性,本节将学术论文作为主要的文本来源,同时尽可能地整合专利、专著、报告、年鉴、新闻等文本信息,以保证对生态风险识别的完整性和有效性。为了保证文本数据的科学性和可靠性,选择提取 Web of Science 和 Scopus 两个数据库中已经正式发表的重大工程生态环境风险相关文本全文数据。同时,考虑到重大工程施工技术和装备水平的不断提升,部分过去存在的生态风险问题已在工程中得到解决,所以选取了 2010~2021 年的文本数据。将与主题相关的关键词进行整合,在文本的标题、摘要或关键词中搜索,得到的文本结果如表 11-1 所示。在已检索出的各类学术论文基础上,筛选出包括学术论文、专利、专著、报告、年鉴、新闻等文本类型在内的 53 篇重大工程生态风险相关的文献并提取了全文。

表 11-1　数据收集与预处理结果（单位：份）

项目	Web of Science	Scopus	文本总数
搜索文本总数	1459	328	1787
可获取文本数	891	191	1 082
删除重复后文本数	891	67	958

在提取全文构建样本数据后,需要对文本进行预处理,步骤主要分为:全文PDF 解码、分词、去停用词和特殊符号。①PDF 解码:由于收集到的各类文本数据均为 PDF 格式,该格式并不利于文本分析,因此需要基于开源工具 PDFMiner运用 Python 编写程序,实现对 PDF 文档进行分析、解析、存储和聚合。②分词、去停用词和特殊符号:对文本数据进行分词处理,并使用正则表达式检索、删除无关特殊符号和本身没有实际含义的停用词,得到主题模型可以识别和处理的文

本数据。中文停用词表通过整合哈工大停用词表、百度停用词表和四川大学机器智能实验室停用词库等词表获得，英文停用词表使用自然语言处理工具包（Natural Language Toolkit，NLTK），结合研究内容添加了部分重大工程相关的高频单词，以使得到的主题结果和使文本分类更加有效。

　　2）文本可视化处理

　　为了更加直观地反映重大工程生态风险文本数据，将文本处理后的数据进行可视化处理，所得到词云如图 11-3 所示，可以发现"重大工程""项目""系统""环境""生态"等反映了本节研究的主题，进一步也可以发现更加具体的与重要风险点相关的关键词如，噪声、水、土壤等。

图 11-3　重大工程文本全文生态风险词云分布

　　在全文词云的基础上，为了进一步直观地呈现具体风险下的细部风险点，将文本中的核心主题词作为文本信息，进一步得到下述词云图（图 11-4）。根据图 11-4，可以更加清晰地发现：污染、空气、水、噪声、暴露等关键词是重大工程建设所导致的生态风险关键词。

图 11-4　重大工程文本关键词生态风险词云

2. 样本筛选

$$\text{Score} = \sum K_i \times \text{WEIGHT}_j (i = 1, 2 \cdots, n; j = 1, 2, \cdots, m) \quad\quad （11\text{-}1）$$

式中，Score 为样本相关度得分；$K_i (i = 1, 2, \cdots, n)$ 为每个样本数据中关键词的频次；$\text{WEIGHT}_j (j = 1, 2 \cdots, m)$ 为不同关键词在 [1,4)、[4,7)、[7,10] 范围内的随机整数赋权值，依次表示文本数据标题中的高度相关、中度相关和低度相关三类。

由于各关键词的赋权值是根据不同相关程度范围内取随机数的方式确定，所以每个关键词权重可以多次取值用来计算文本相关性得分并对文本相关性排序。为了降低单次计算的误差，按照表 11-2 中赋权范围进行多次取值计算各文本相关性得分，共进行 10 次随机权重计算，取每次得分前 50%文本的并集加入模型训练，最终筛选出 637 个文本作为初始样本输入后续机器学习模型中训练。

表 11-2　重大工程生态风险关键词优先级及权重取值范围

相关程度	关键词	权重得分
高度相关	railway（铁路），transport（交通），infrastructure（基础设施），construction（建设），assessment（评估），risk（风险），environment（环境），climate（气候），landscape（景观），ecosystem（生态系统）	[7,10]
中度相关	tunnel（隧道），biodiversity（生物多样性），land use（土地利用），species（物种），animal（动物），population（人口），air（空气），river（河流），soil（土壤），wind（风）	[4,7)
低度相关	sustainability（可持续），life cycle（生命周期）	[1,4)

3. 机器学习模型训练与可视化

针对重大工程生态环境风险的识别问题，因为有待识别的风险事先未知，所以在文本分析方法的选择上应该优先考虑无监督机器学习的方法。如果采用有监督的机器学习或者半监督的机器学习方法，都需要在模型中输入已经人为标注好的训练集和试验集数据。由于重大工程的生态环境风险本身就具有复杂性和不确定性，因此在标注训练集和试验集时无法全面地将各类风险进行系统标注，故选择无监督机器学习的方法对生态风险分类框架进行系统识别。

主题模型是无监督机器学习模型中的一个重要分支，广泛应用于自然语言处理（natural language processing，NLP）中，模型利用机器学习算法将表示单词含义的高维向量映射到低维的主题空间，从而推测出大量文档中潜在的主题类型和语义信息，实现对文本信息的语义分析和分类。主题模型的发展基于早期索尔顿（Salton）等提出的向量空间模型（vector space model，VSM）中存在的"一词多义"和"一义多词"问题，先后有学者提出了潜在语义分析（latent semantic analysis，LSA）模型和概率潜在语义分析（probabilistic latent semantic analysis，PLSA）模型。在此基础上，布莱（Blei）等提出著名的 LDA 模型，认为文档是由多个主题组成的多项式分布，主题是由多个词组成的多项式分布，通过构建文本、主题和词的三层贝叶斯结构，推断文档中的潜在主题分布。在 LDA 模型提出后，对主题模型的相关研究开始流行，在模型求解方面，发展出吉布斯采样（Gibbs sampling）和变分推断（variational inference）等参数推断算法（Carter and koh，1994；Blei et al.，2017）。在模型应用方面，因主题模型广泛的适用性和良好的拓展性，国内外学者将 LDA 模型应用于潜在风险挖掘、计算机视觉和舆情监控等领域（韩亚楠等，2021）。牛毅等（2019）运用 LDA 模型对化工生产事故的文本数据进行聚类，得到 5 个化工事故的主要致灾因子。Ou 等（2019）运用 LDA 模型对不同的铁轨扣件图片进行分类，将扣件划分为正常、部分磨损和缺失等 3 种状态，实现对铁路运输状态安全性的快速识别。姜元春等（2022）运用考虑文本时间属性的动态主题模型（dynamic topic model，DTM），对科技大数据进行不同时间段的主题演化研究，得到科技大数据的新颖性、流行性和前沿性等指标的度量结果。LDA 模型在训练时不需要人工标注训练集，所以十分适合对未知类型的主题进行识别和分类，如风险类型、舆论动向等，并对每个主题输出一组关键词来表示。综上，LDA 模型不仅在处理和挖掘大量文本数据中的隐含主题时具有独特的优势，还能直接得到各个文档的主题归属，方便梳理和归纳。

然而，LDA 是基于词袋（bag of words）模型构建的，使模型得到的每个主题之间的关键词的关系割裂（巴志超等，2016），而 Word2Vec 模型可以通过构建三层神经网络用词嵌入的方式将文本词向量化，通过结构化的词向量分析关键词间的语义关系（Zhong et al.，2020）。Word2Vec 模型包含两种模型，分别是利用上下文预测中心词的连续词袋模型（continuous bag of words model，CBOWM）与通过中心词预测上下文的 Skip-Gram 模型。近年也出现了将 LDA 与 Word2Vec 结合的研究，Law 等（2017）在常规的主题值计算和词嵌入计算的基础上，通过计算两者的均值加入了主题嵌入计算，使主题和词嵌入取得更准确的结果。唐焕玲等（2022）等将 LDA 模型得到的主题计算结果融入词向量中进行模型训练，使语义分类结果较经典模型提升了 0.58%～3.5%。经过 Word2Vec 模型处理后，将词表示为低维空间上的语义向量，但仍然不够直观。所以可以进一步利用 PCA 提取词向量中的重要特征并对特征降维，得到更加直观的关键词语义关系。PCA 是常用的数据降维方法，通过线性投影将高维数据映射到低维空间中，通常用于解决语义向量稀疏、维度大等问题。张冬雯等（2016）在文本分析中使用 PCA 将 Word2Vec 训练得到的词向量降维处理，使情感分类结果效果更好。

因此本节将 LDA、Word2Vec 和 PCA 三种无监督机器学习模型整合使用，通过结合其优势，本节研究能够实现对重大工程生态风险系统性地识别，主要步骤为①LDA 与 Word2Vec 模型参数计算，包括构建语料库和困惑度计算；②基于 LDA "主题-单词" 分布的风险识别，包括 LDA 模型建模与训练；③基于

Word2Vec 和 PCA 的重大工程生态风险溯源与应对，包括 Word2Vec 模型训练和 PCA 降维与可视化。

1）LDA 与 Word2Vec 模型参数计算

为了将词语中的语义处理为机器学习模型能够识别和训练的信息，需要基于词袋模型构建语料库。词袋模型中利用词频表示词向量，但词频多的词并不一定是重要的风险分类词，所以通过词频–逆向文件频率算法（term frequency-inverse document frequency，TF-IDF）修正词向量的特征权重。

其中，TF-IDF 算法是数据挖掘中常用的加权技术，用于衡量在文档集（document collection）中一个词对某个文档的重要程度，首先分别计算词频（term frequency，TF）和逆向文本频率指数（inverse document frequency，IDF），再得到 TF-IDF 权重值。TF-IDF 权重值的计算主要依赖于关键词或短语在不同文章中出现频率的高低情况，如果该词或短语在一篇文本中的频率高，而在其他文本中的频率低，则说明它的分类能力较好，赋予较高的权重。

$$\text{TF}_{i,j} = \frac{x_{i,j}}{\sum k x_{k,j}} \tag{11-2}$$

$$\text{IDF}_i = \lg \frac{|D|}{\left|1 + \{j : t_j \in d_j\}\right|} \tag{11-3}$$

$$\text{TF} - \text{IDF} = \text{TF} \cdot \text{IDF} \tag{11-4}$$

式中，$x_{i,j}$ 为词在文本 d_j 中出现的次数；$\sum k x_{k,j}$ 为文本 d_j 中所有词出现的次数；$|D|$ 为语料库中文本总数；$\{j : t_j \in d_j\}$ 为包含词 t_j 的文本数。为了避免不在语料库中的词计算 IDF 值时 $\left|\{j : t_j \in d_j\}\right|$ 为零的情况，所以使用 $\left|1 + \{j : t_j \in d_j\}\right|$。

在使用主题模型训练时，由于事先并不知道主题数（风险类型），但是在进行 LDA 训练之前需要提前输入聚类的主题数。对于该问题的解决，一般采用多次试验的方式，不断对文本进行筛选，最后将主题结果最佳时的主题数作为该模型最终的聚类主题数，但这种方法相对主观，科学性欠佳。因此，Blei（2003）首次提出 LDA 中的计算文档困惑度（perplexity）的概念，并将其应用于主题模型研究中。一个语言概率模型可以看成在整个句子或者文段上的概率分布，利用困惑度的计算来评价和选择更合适的模型。困惑度计算公式：

$$\text{perplexity} = \exp\left(-\frac{\sum \log P(w)}{\sum_{d=1}^{M} N_d}\right) \tag{11-5}$$

式中，$\sum_{d=1}^{M} N_d$ 为训练文本中出现的所有词；$P(w)$ 为文本中每个词语出现的概率，

即 $P(w) = \sum z \cdot P(z \mid d) \cdot P(w \mid z)$；$z$、$d$ 和 w 分别为各个主题、文档和单词；$P(z \mid d)$ 为一个文档中各主题出现的概率；$P(w \mid z)$ 为词典中的每个单词在某个主题出现的概率。在某一主题数下训练模型的困惑度越低，说明该模型对文档属于哪个主题的不确定性（信息熵）越低，模型的分类效果越好。

2）基于 LDA "主题–单词" 分布的风险识别

在无监督机器学习模型中，LDA 模型能够对没有进行事先分类的文本数据集进行主题聚类，并将主题分类以主题词的形式表示，适合对重大工程生态风险进行客观、全面的识别和分类。具体识别过程是：根据 LDA 输出的 "主题–单词" 分布，得到各类生态风险主题下相关系数最大的 15 个主题词，再分别对不同主题下的 15 个主题词进行人工识别与标注，得到重大工程生态风险分类结果。

LDA 可以用来识别大规模文档集或语料库中潜藏的主题信息。在 LDA 模型中，文章的主题服从的是多项式分布，从混合模型的视角来看的话，这个多项式分布就是一个混合的比例，而狄利克雷分布就是多项式分布的共轭先验。也就是说，我们可以根据多项式分布的采样结果来更新狄利克雷分布的参数（LDA 模型中的 α 和 β），从而获得更准确的估计。因此基于狄利克雷分布，构建出了 LDA 中的损失函数。

$$P(D \mid \alpha, \beta) = \prod_{d=1}^{M} \int P(\theta_d \mid \alpha)(\prod_{n=1}^{Nd} \sum_{z_{d_n}} P(z_{d_n} \mid \theta_d) p(w_{d_n} \mid z_{d_n}, \beta)) \mathrm{d}\theta_d \qquad (11\text{-}6)$$

式中，D 为语料库，也就是 M 篇文章的集合；α 为生成每篇文章主题的多项式分布的狄利克雷分布的参数；β 为生成文章中某个单词的多项式分布的狄利克雷分布的参数；θ_d 为第 d 篇文章的主题分布，也是多项式分布的参数；z_{d_n} 为第 d 篇文章的第 n 个单词的主题；w_{d_n} 为第 d 篇文章的第 n 个单词。损失函数的构造逻辑就是对于 D 中每篇文章，首先根据 α 以获得该文章的主题分布 θ_d；其次对于该文章的每个单词，根据 θ_d 生成一个主题；最后，对于该单词，根据它所属的主题和 β 生成的多项式分布，通过三层贝叶斯概率，以获得语料库 D 的极大似然作为损失函数。事实上，对机器学习模型进行的训练过程就是优化损失函数的过程。

根据 TF-IDF 算法的得到的语料库与困惑度计算 LDA 模型的隐含主题数，LDA 主题模型训练求解基于变分推断最大期望算法（expectation maximization algorithm），该算法是将变分推断和最大期望算法结合得到 LDA 模型中的 "文档–主题" 和 "主题–单词" 分布。其中，最大期望算法是一种迭代优化的策略，通常一次迭代中包含两步："E 步"，即期望步；"M 步"，即极大步（Dempster et al., 1977）。在进行迭代时，首先通过 E 步求出 LDA 损失函数中 θ、β 和 z 的期望，其次在 M 步使得这个基于条件概率分布的期望最大化，求得后验的模型参数 α 和 η。

然而，由于隐藏变量 θ、β 与 z 之间存在耦合关系，所以需要借助变分推断的方法去掉这种耦合关系，即假设各个隐含变量是由独立的分布形成，这样才能在 LDA 中顺利使用最大期望算法。经过若干次 E 步和 M 步的迭代使得各参数均收敛后，最终得到 LDA 模型的主题分布和词分布。

$$(\gamma^*, \upsilon^*, \xi^*) = \arg\min D(P_1(\theta, \beta, z \mid \gamma, \upsilon, \xi) \| P(\theta, \beta, z \mid w, \alpha, \eta)) \tag{11-7}$$

$$P(\theta, \beta, z \mid w, \alpha, \eta) = \frac{P(\theta, \beta, z, w \mid \alpha, \eta)}{P(w \mid \alpha, \eta)} \tag{11-8}$$

$$P_1(\theta, \beta, z \mid \gamma, \upsilon, \xi) = \sum_{k-1}^{K} q(\beta_k \mid \upsilon_k) \prod_{d=1}^{M} (q(\theta_d \mid \gamma_d) \prod_{n=1}^{Nd} q(z_{d_n} \mid \xi_{d_n})) \tag{11-9}$$

式中，γ、υ 和 ξ 为形成隐藏变量 θ、β 和 z 的三个相互独立的分布；$P_1(\theta, \beta, z \mid \gamma, \upsilon, \xi)$ 为联合概率分布；$\| P(\theta, \beta, z \mid w, \alpha, \eta)$ 为隐藏变量的实际条件概率分布。$\gamma^*, \upsilon^*, \xi^*$ 为最小化 $D(p_1(\theta, \beta, z \mid \gamma, \upsilon, \xi) \| p(\theta, \beta, z \mid w, \alpha, \eta))$ 时 γ, υ, ξ 的取值；β_k 与 υ_k 为 β 与 υ 在第 k 个主题下的分布；θ_d 与 γ_d 为 θ 与 γ 在第 d 篇文章下的分布；z_{dn} 与 ξ_{dn} 为 z 与 ξ 在第 d 篇文章的第 n 个单词下的分布。

3）基于 Word2Vec 和 PCA 的重大工程生态风险溯源与应对

在 LDA 模型得到的"文档–主题"分布的基础上，结合上一步由"主题–单词"分布识别的生态风险分类，得到每个文档最大概率归属的生态风险类型。基于这些结果，可以进一步对各类生态风险下的文本做专门的分析和处理，尽可能地实现对每一类生态风险进行生态修复技术匹配。将每类风险主题下的相关文本先后输入到 Word2Vec 和 PCA 模型中，训练得到不同生态风险下的最大相关词，并将相关词标注和归纳，最终匹配确定各类生态风险的溯源与应对策略。

Word2Vec 模型输入是一个文本文件，通常被称为训练语料，而输出是一个词典，该词典中包含训练语料中出现的单词以及它们的词嵌入表示。单词的词嵌入表示是指用一个 n 维的实数向量来代表一个单词，单词之间的语义关系可以通过词嵌入予以体现（唐明等，2016）。因此，要衡量词嵌入的优劣度，可以通过观察词嵌入能够在多大程度上体现单词的具体语义信息（Mikolov et al.，2013）。使用 Word2Vec 训练词向量的一个基本假设为分布式假设，该假设是指词语的表示反映了它们的上下文，也即具有相似上下文的单词的语义也是相近的。词嵌入通常有两种方法进行计算：一种方法是基于"计数"原理，计算一个词语与另外一个词语同时出现的概率，将同时出现的词映射到向量空间的相近位置；另一种方法基于"预测"，从一个词或几个词出发，预测它们可能的相邻词组，其中常被使用的两种基于预测的方法分别是 CBOWM 和 Skip-Gram 模型（Mikolov et al.，2013）。本节研究使用 Skip-Gram 模型进行生态风险信息的进一步挖掘和完善，其实现过程如图 11-5 所示。

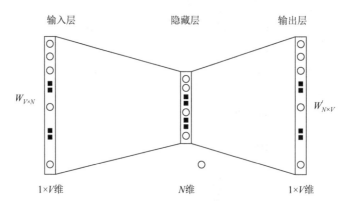

图 11-5　Skip-Gram 的训练模型

资料来源：Mikolov 等（2013）

　　输入层：将文本数据中的每个单词处理为词向量作为输入。例如，输入之前通过主题模型识别得到的水排放所导致的各类生态风险问题，即输入关键词"drainage"；再将该关键词放入已经事先使用文本资料训练好的神经网络中，就可以将对"drainage"的上下文进行预测。假设单词向量空间维度为 V，则输入是 $1 \times V$ 的向量。

　　隐藏层：特定单词的词向量乘以权重矩阵 W（W 是 $V \times N$ 的矩阵），则所得的向量为隐藏层向量，规模为 $1 \times N$。

　　输出层：乘以输出权重矩阵 W'（$N \times V$），得到向量（$1 \times V$），处理得到 $1 \times V$ 向量的概率分布。概率最大的索引（index）所指示的单词为预测出的目标词（target word）与真实标签（true label）的词向量做比较，误差越小越好，并且根据误差更新权重矩阵。模型的输出概率代表着本节所构建词典中的每个词有多大可能性跟输入词（input word）同时出现。

　　运用 Word2Vec 中的 Skip-Gram 模型计算各类风险主题词的词向量，来进一步分析风险主题词的相关关系。Skip-Gram 模型每次选择文中的一个词作为中心词，再通过计算该中心词的上下文词的准确性来调节模型中的参数，经过多次迭代使模型的损失函数最小化，求解得到风险主题相关词的词向量。从相关程度高的相关词中进行各类生态风险源头和策略的标注，匹配得到各类生态风险的源头和策略。

$$L = -\frac{1}{T} \sum_{t=1}^{T} \sum_{-m \leqslant i \leqslant m} \lg P(X_{t+1} \mid X_t) \qquad (11\text{-}10)$$

式中，T 为语料库中的所有词；t 为中心词的位置；m 为中心词上下文取词范围；$P(X_{t+1} \mid X_t)$ 为中心词取 X 时，在其上下文中的第 i 个词 X_{t+i} 出现的条件概率。

　　为了进一步完善生态风险之间的相关关系，并且更加直观地表示出各生态风险主题词的语义关系，本节研究基于奇异值分解（singular value decomposition，SVD）分解协方差矩阵实现 PCA 模型，通过提取高维词向量中的主要特征，实现对高维主题词向量的降维，并作可视化处理，以验证 LDA 模型结果并进一步发现各类生态风险的相关关系。

$$X'_{m \times k} = X_{m \times n} \times V^{\mathrm{T}}_{n \times k} \tag{11-11}$$

式中，$X_{m \times n}$ 为降维前的 $m \times n$ 高维矩阵；$V^{\mathrm{T}}_{n \times k}$ 为由 $X^{\mathrm{T}}X$ 最大的 k 个特征向量组成的矩阵；$X'_{m \times k}$ 为降维后的 $m \times k$ 低维矩阵。同理，利用左奇异矩阵可以对 $X'_{m \times k}$ 的行作进一步降维。

11.1.3　植被生态风险识别

应用 Python 实现主题模型的构建和计算，分别调用 gensim 包和 sklearn 包进行 LDA 训练，计算得到文本数据在设定各个主题数下的困惑度。

由图 11-6 所示，当主题数为 8 时，困惑度最小。因此将该值作为模型最终的训练主题数，并将其输入至 LDA 模型。通过变分推断最大期望算法求解得到"主题–单词"分布，设置最大期望算法的最大迭代次数为 100，得到每个主题输出最相关的前 15 个单词。之后对主题词进行人工标注，抽象出各主题含义。排除主题词中安全事故、自然灾害和工程主体建筑损坏等重大工程建设中的其他非生态风险，得到与重大工程生态风险相关的主体模型聚类结果如表 11-3 所示。可以提取归纳出重大工程建设的生态风险主要有如下 8 类：栖息地分割（主题词中包含：物种、列车、暴露、扰动、活动、空间、分隔等）；景观破坏（主

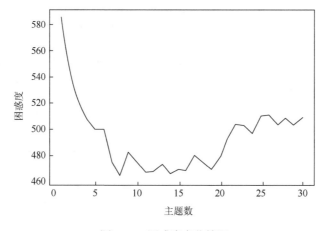

图 11-6　困惑度变化情况

题词中包含：地表、坡度、植被、侵蚀、景观、土壤、保护、物种、生态的、植物、损失、覆盖等）；大气污染（主题词中包含：排放、温室气体、碳、灰尘、化石等）；噪声污染（主题词中包含：噪声、交通、震动、声音、生活、公共等）；土壤污染（主题词中包含：土壤、铅、镉、金属、污染、要素、铜、锌、污染物、风险、铬、取样、镍、植物等）；隧道涌水（主题词中包含：破坏、洪水、排水、规模、地表、强度、暴露、风险、空间的、道路、地下水、损失等）；废水污染（主题词中包含：离子、盐、硫酸盐、含量、浓度、液体等）；水土平衡破坏（主题词中包含：冻土、土壤、干旱、密度、混合、化学的、温度、地层、地表、隧道、岩石等）。

表 11-3　LDA 模型聚类结果

主题	主题词
主题 1：栖息地分割	species（物种）；trains（列车）；location（地区）；station（车站）；exposure（暴露）；disturbance（扰动）；activity（活动）；response（反应）；buildings（建筑）；space（空间）；distribution（分隔）；measurement（测量）；deformation（变形）；site（地点）；zone（区域）
主题 2：景观破坏	surface（地表）；slope（坡度）；vegetation（植被）；corrosion（侵蚀）；landscape（景观）；urban（城市）；soils（土壤）；protection（保护）；species（物种）；ecological（生态的）；railroad（铁路）；plants（植物）；loss（损失）；cover（覆盖）；organic（有机的）
主题 3：大气污染	emission（排放）；GHG（温室气体）；air（空气）；fuel（燃料）；consumption（消耗）；gas（气体）；carbon（碳）；ash（灰尘）；fly（飞扬）；diesel（柴油）；biomass（生物量）；exhaust（耗尽）；oil（石油）；hydrogen（氢）；fossil（化石）
主题 4：噪声污染	noise（噪声）；traffic（交通）；vibrations（震动）；health（健康）；sound（声音）；levels（水平）；exposure（暴露）；source（源头）；life（生活）；measurement（测量）；residential（宜居的）；pressure（压力）；distance（距离）；population（人口）；public（公共）
主题 5：土壤污染	soil（土壤）；Pb（铅）；Cd（镉）；metal（金属）；pollution（污染）；elements；Cu（铜）；Zn（锌）；contamination（污染物）；risk（风险）；Cr（铬）；sampling（取样）；Ni（镍）；lead（导致）；plants（植物）
主题 6：隧道涌水	damage（破坏）；flood（洪水）；drainage（排水）；scale（规模）；surface（地表）；intensity（强度）；exposure（暴露）；risk（风险）；structures（构筑物）；local（地区的）；spatial（空间的）；roads（道路）；groundwater（地下水）；losses（损失）
主题 7：废水污染	ion（离子）；salt（盐）；sulfate（硫酸盐）；test（测试）；content（含量）；degree（程度）；growth（生长）；concentration（浓度）；decrease（减少）；displacement（取代）；article（文本）；settlement（处理）；liquid（液体）；specimen（样品）
主题 8：水土平衡破坏	permafrost（冻土）；soil（土壤）；dry（干旱）；moisture（潮湿）；density（密度）；mixed（混合）；chemical（化学的）；temperature（温度）；layer（地层）；surface（地表）；settlement（安置地）；sand（沙子）；tunnels（隧道）；displacement（取代）；rock（岩石）

根据主题模型结果，可以得到重大工程建设的风险点和风险源如下。①生态环境、物种多样性破坏（主题词中包含物种、景观、暴露、分隔等）。②废水

污染、隧道涌水问题（主题词中包含排水、地下水、离子、浓度等）。③水土平衡破坏（主题词中包含冻土、干旱、潮湿、沙子等）。④大气污染（主题词中包含排放、温室气体、燃料、灰尘等）。⑤噪声污染（主题词中包含交通、震动、声音、暴露等）。

使用语料库训练 Word2Vec 模型后，得到各风险主题词的词向量，再进行 PCA 降维得到主题风险词的分布情况，可以看出不同类型风险主题词的空间分布差异，如土壤污染的相关主题词基本分布在 $\{(x,y)|x\in(-2,0),y\in(-1,1)\}$ 区域内、噪声污染的相关主题词基本分布在 $\{(x,y)|x\in(1,2),y\in(-1,1)\}$ 区域内、大气污染的相关主题词基本分布在 $\{(x,y)|x\in(-1,1),y\in(-2.5,-1)\}$ 区域内，说明主题模型对不同生态风险类型的主题词进行了合理的分类，且聚类效果好。同时，根据主题关键词的语义关系的二维分布，可以发现：①景观破坏、废水污染和土壤污染三类生态风险存在相关关系，重大工程产生的废水污染破坏自然水体后，可能会同时导致土壤污染，影响植被生长从而造成景观破坏；②噪声污染与栖息地分割和隧道涌水存在部分相关性，这部分主要在于类似的生态风险受体，尤其是对重大工程所在地野生动物生活和迁徙的影响；③水土平衡破坏与废水污染的相关性较强，同时也与土壤污染、隧道涌水等存在一定的相关关系；④大气污染相对比较独立，其中关于燃料、温室气体排放等关键词空间集中分布。

11.2　重大工程植被生态风险溯源与管理

11.2.1　植被生态风险溯源

主题模型输出的结果不仅有各类主题词，还有对每个文本数据样本的主题分类结果。基于这些结果，可以进一步对各类生态风险下的文本做专门的分析和处理，尽可能地实现对每一类生态风险进行生态修复技术匹配。因此，在主题模型输出结果的基础上使用词嵌入模型（Word2Vec），通过将主题模型获得的生态风险核心主题词输入词嵌入模型并输出与核心词高度相似的其他关键词，进而获得各类生态风险的衍生信息，如该风险类型的风险源与风险受体以及应对技术等。通过对相关词的标注和归纳，可以得到各类生态风险下的风险源。

1. 生态风险相近词提取

首先对词嵌入模型的进行训练。使用收集的文本数据进行词嵌入模型的训练，以主题模型得到的主题词为关键词输入训练好的词嵌入模型中，可得到与各类生态风险相似的关键词，进而完善生态风险识别的结果，如表 11-4 所示。

表 11-4 词嵌入模型识别结果

主题词（输入）	相近词及概率（输出）
noise：生活、住宅、居民、敏感、感知——噪声污染影响受体	（annoyance（烦扰），0.9528616666793823） （background（背景），0.9449512958526611） （living（生活），0.9347144961357117） （interference（干扰），0.9327496886253357） （residential（宜居的），0.9286649823188782） （rolling（滚动），0.9256539940834045） （residents（居民），0.919696569442749） （perception（感知），0.9165830612182617）
species：栖息地、自然景观、分散、地块——栖息地分割带来的生态破坏	（habitat（栖息地），0.9446309208869934） （landscape（景观），0.9340985417366028） （predictors（预测器），0.9279141426086426） （traits（特征），0.9255891442298889） （tree（树），0.9179921746253967） （dispersal（分散），0.9059254527091981） （frog（青蛙），0.9054751396179199） （explained（解释），0.8879994750022888） （plots（布局），0.8839696049690247）
drainage：地下水、隧道、支撑、拱顶、结构、表面——隧道涌水问题	（groundwater（地下水），0.7949861884117126） （single（单个），0.7851782441139221） （support（支撑），0.7816070914268494） （tunnels（隧道），0.7689700722694397） （structure（构筑物），0.7680954933166504） （vault（拱顶），0.7673032879829407） （examples（样本），0.7636862993240356） （surface（地表），0.7617841958999634） （quantity（数量），0.7613391876220703） （types（类型），0.7604066133499146）
soil：粉砂岩、水生植物、浓度、砾石、农业——土壤酸碱性破坏影响植被	（soils（土壤），0.8969910144805908） （compartment（车厢隔间），0.8929709792137146） （gravel（砾石），0.8909004330635071） （concentrations（浓度），0.8871986865997314） （aquatic（水生动植物），0.8680201172828674） （agricultural（农业），0.8454645872116089） （concentration（集中度），0.8449154496192932）
pollution：植物、动物、人、健康、敏感、来源——污染影响受体	（quality（质量），0.8955129981040955） （flora（植物群），0.8559494018554688） （human（人类），0.8551287055015564） （fauna（动物群），0.8500763177871704） （health（健康），0.8418244123458862） （sources（源头），0.8214562535285953） （sensitive（敏感），0.8214147686958313） （indicator（指标），0.8140013813972473） （stressor（压力），0.8125427365303049）
ecological：生物多样性、生态补偿	（residual（残余），0.9555920362472534） （compensation（补偿），0.9513926506042484） （biodiversity（生物多样性），0.9278403520584106） （processes（过程），0.9251039624214172） （sea（海），0.9180376529693604） （contexts（环境），0.9163623452186584） （literature（文字），0.9142650365829468）

主题词（输入）	相近词及概率（输出）
risk：利益相关者、分类、脆弱性、 多部门——重大工程风险的特点：面对生态的 脆弱性，需要多个利益主体共同应对	（partnerships（伙伴），0.9157023429870605） （flood（洪水），0.8757283091545105） （classification（类型），0.8609786629676819） （score（得分），0.8548743724822998） （hazard（危害），0.8546708226203918） （vulnerability（脆弱性），0.8523264527320862） （multisectoral（多部门），0.8492913842201233） （proposed（提议），0.8477713465690613） （ideas（主意），0.8430564403533936） （linguistic（语言的），0.8404451012611389）

基于 Word2Vec 的输出结果，可以得到上面 7 个关键词下的相近词，取每个关键词最相近的单词，并将 Word2Vec 的训练结果与 LDA 识别得到的 8 类生态风险相结合，取各类风险下 30 个关键词的词向量，降维到坐标轴中，将不同类别的生态风险取不同的颜色表示，得到各类风险下的二维分布情况。

2. 风险源归纳

（1）栖息地分割风险。重大工程的建设中，主体工程会永久性占用土地，并对沿途地区强制性空间分割，这导致沿途动植物的活动和生长环境产生突变，将严重影响动物迁徙和繁衍。以青藏铁路为例，青藏铁路在沿途设计多个桥梁、涵洞和围栏等（Yu et al.，2017）供野生动物穿越青藏铁路，调查发现沿途藏羚羊、野牦牛、山地鼬鼠和亚洲獾等动物借助这些"生态走廊"能够有效克服栖息地分割带来的不利影响（Wang et al.，2018）。因此，重大工程建设带来的栖息地永久性分割是一类重要的生态风险。

（2）景观破坏风险。重大工程建设过程中，沿途会有大量的土石方工程，在桥隧口、临时辅助道路和施工营地等区域的取、弃土会造成施工场地植被和地表形态破坏，影响原有的景观生态。在重大工程的运营过程中，人类活动的扩张，将会进一步对景观环境产生影响（Peng，2019）。整体上看重大工程的建设使得沿途生态扰动区内的 NDVI 降低（马超等，2021），因此重大工程带来的景观破坏风险不能忽视。

（3）大气污染风险。在工程建设阶段产生的大气污染主要有两类：一是使用大型机械产生的各类温室气体，如 CO_x、NO_x 和 SO_2 等；二是在土石方运输、临时道路建造和桥隧开挖中产生的粉尘污染，粉尘中可能含有施工过程中产生的有毒气体和金属颗粒污染大气环境（李海文和鲍学英，2021）。大气污染会对沿途的动植物生长产生不良影响，这种影响在含氧量低、空气稀薄的高原高海拔地区更加严重。

（4）噪声污染风险。现有的重大工程案例表明，建设和运营期都存在噪声污染的情况。在工程建设期，包括山体爆破、大型机械的运作以及施工营地的人类活动等都会产生噪声污染，这些活动对沿途人类和野生动物的正常生活产生影响。类似的情况也出现在运营期。

（5）土壤污染风险。工程对土壤的污染主要包含施工中产生的弃渣、废液，以及施工营地产生的生活废料，如果不能合理地处理这类废渣和废液，将对工程所在地的土壤造成严重的污染。因此，妥善处理生产生活的废料，避免土壤污染是重大工程建设中一项十分重要的工作。

（6）隧道涌水风险。重大工程一般地理跨度大，时常要穿过山岭重丘地区，施工方式以隧道为主，隧道工程开挖过程中开挖、爆破、支护等极易破坏原有的地下水分布，致使大量的地下水涌出，这不仅改变了原始的自然水系，也给隧道中的施工人员带来巨大的风险。针对涌水问题，我国的《铁路隧道设计规范》中明确提出"防、排、截、堵结合，因地制宜，综合治理"的防排水原则，可见隧道涌水带来的生态影响在重大工程施工中需要格外重视。

（7）废水污染风险。重大工程建设中产生的污染废水主要有：施工营地的生活废水、爆破后的降尘用水、使用混凝土浇筑时的废水、施工设备工作时产生的废水等（刘伟等，2017）。施工中的含污废水会对地表水体和周边水体产生影响（梁军平等，2017），如隧道开挖过程中掘进机产生的油污和重金属颗粒会混在涌水中排出，破坏地下水环境的同时污染其他水体（郑新定和丁远见，2007）。一般重大工程时空跨度大，可能途经多个自然保护区和水源保护区。

（8）水土平衡破坏风险。工程建设中频繁地取弃土可能会导致区域水土流失。取土一般会破坏土层上的植被，使得土壤保水能力减弱。如果对取土区的裸露地面不进行生态修复，会导致土壤水分流失；弃渣的力学性质与原土不同，弃土难以与原有土壤融合，甚至可能导致山体滑坡、泥石流等地质灾害，造成水土流失的恶性循环。这一风险在复杂艰险的施工环境中尤为突出。因此，工程采用"绕、护、挡、防、拦、排、整、植"的模式进行系统生态恢复，制订了具有青藏高原特色的水土保持方案（杜蓓，2005）。

11.2.2 植被生态风险管理措施

在对重大工程施工带来的区域性影响进行科学、系统的评估后，针对不同的生态风险类型，需要提出相应的生态修复方案，包括分区分段地提出具体的生态修复技术和合适的生态修复植物种类。本节所要解决的科学问题是"如何在重大工程所在地施工中因地制宜地做好生态修复？"在此基础上，进一步将研究问题分解为以下三个子问题：①如何根据气温、降水、海拔等自然环境对重大工程所在地的生态修复区域进行划分；②如何筛选并确定各区域的修复植物种类；③结合施工扰动，如何为修复植物种类匹配合适的生态修复技术并提出对应的生态修复方案。

根据以上三个子问题，将技术路线划分为三个部分：①重大工程所在地的生态修复区域划分；②生态修复技术管理；③匹配修复植物种类生长特性、施工扰动环境影响以及生态修复技术特点进行差异化生态修复方案制订，如图11-7所示。首先，根据自然环境数据（尤其对植物生长有重要影响的环境因素）对重大工程所在地的生态修复区域进行划分；其次，对各区域的优势植物种类以及可用的生态修复技术进行初步梳理，并通过文本挖掘技术、机器学习模型和技术经济评估进行筛选（主要从历史文本经验和现实成本两个角度分析和筛选），最终确定各区域生态修复技术的优先级；最后，根据优先级梳理出来的各项技术的特点，与修复植物种类的生长特性和施工扰动带来的环境影响情况进行匹配，同时根据不同的植物种类生长特性进行生态修复技术的匹配（播种的方式、保水的技术、肥料配比等），提出各区段的生态修复方案。

根据重大工程生态风险框架识别中收集的文本资料，在模型识别得到的风险点和风险源框架的基础上，匹配对应的生态修复技术框架，形成重大工程生态风险识别与生态修复的逻辑闭环结构，如图11-8所示。

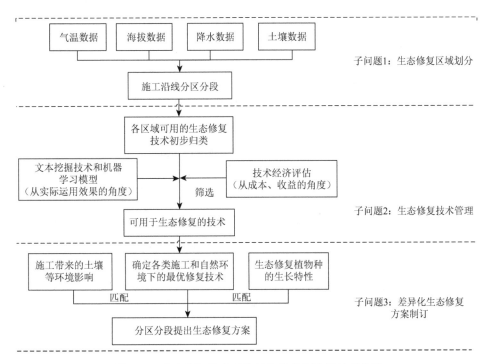

图 11-7　生态修复技术及修复植物种类选择技术路线

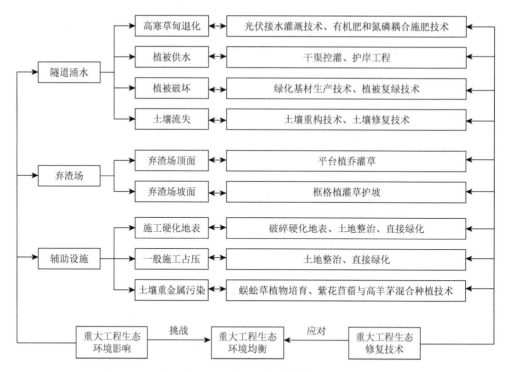

图 11-8　重大工程生态风险识别及生态修复的逻辑闭环结构

1）生态修复技术管理

通过将重大工程建设过程中可能出现的生态问题、生态修复技术以及相应的植物进行多维匹配，最终汇总获得重大工程建设过程中各类生态环境风险、生态修复技术和修复植物种类的匹配结果，其分类结果如表 11-5 所示。

表 11-5　生态修复技术与修复植物种类

生态问题		生态修复技术及修复植物种类
1. 边坡工程创面	1.1 岩质边坡 （来源：枢纽工程区、石料场等开挖坡面）	（1）坡度比为 1:0.5 至 1:1.0 的边坡采用新型生态基材护坡技术 （2）坡度比陡于 1:0.5 采用种植槽技术 （3）高陡边坡植物物种配置以当地适生草本为主，辅以少量灌木种
	1.2 土质边坡或土石混合边坡 （来源：部分施工场地及道路挖填边坡等）	（1）土壤条件贫瘠、坡比陡于 1:2 的边坡区域：生态袋技术 （2）边坡坡比缓于 1:1 的土质或土石质区域：液力喷播技术 （3）其他坡比缓于 1:2 的一般土质、土石边坡：客土植生、植灌草技术
2. 弃土弃渣堆垫	2.1 弃渣场顶面	平台植乔灌草
	2.2 弃渣场坡面	框格植灌草护坡

续表

生态问题		生态修复技术及修复植物种类
3.施工硬化地表		破碎硬化地表、土地整治、直接绿化
4.一般施工占压及扰动面		土地整治、直接绿化
5. 高寒地区水土流失	5.1 高寒草甸退化	中度退化高寒草甸的光伏节水灌溉技术、有机肥和氮磷耦合施肥技术
	5.2 植被供水	干渠控灌和护岸工程
	5.3 植被破坏	植被复绿技术：削坡 + 有机肥 + 泥页岩 + 混播 + 无纺布覆盖
		双药芒、鹅观草（披碱草属）培育移栽
		常绿藤本培育
		披碱草种植栽培技术
		绿化基材生产技术
		W-OH 与特殊微生物菌群强化有机肥互补、野生优良牧草选育等综合治理技术
	5.4 土壤流失	土壤重构技术
		土壤修复技术（基于硫酸根自由基的高级氧化技术）
6. 土壤污染	6.1 土壤重金属——砷污染（主要是矿区）	蜈蚣草植物培育
		耐砷菌株制备微生态制剂的发酵技术
	6.2 土壤 Zn^{2+}、Mn^{2+}、Fe^{3+}、Pb^{2+} 重金属污染	紫花苜蓿、高羊茅混合种植技术

2）差异化生态修复方案制订

以重大工程区域生态风险识别的结果为基础，针对不同的生态风险源与风险点，通过对生态修复植物种类的梳理，进一步得到每种生态修复技术所对应的植物种类，如表 11-6 所示。

表 11-6　生态修复技术所对应的修复植物种类

生态修复技术	选用植物种类
新型生态基材护坡技术	砂生槐、固沙草、丛生禾草、短花针毛、蒿草、莎草等
生态袋技术	黑麦草、高羊茅、草地早熟禾、老芒麦等
植灌草技术	砂生槐、紫穗槐、云南沙棘、固沙草、蒿草、紫花苜蓿等
液力喷播技术	银白杨、深山柏、高山栎、砂生槐、固沙草、蒿草等
平台植乔灌草	高山松、云杉、火棘、沙棘、早熟禾、旱茅草、麦草、紫叶李、龙爪槐、早熟禾、黑麦草等
框格植灌草护坡	乔木选择高山松、云杉，灌木选择火棘、沙棘等；绿化草种可选择草地早熟禾、旱茅草、黑麦草等

续表

生态修复技术	选用植物种类
破碎硬化地表、土地整治、直接绿化	青杨、沙棘、水曲柳、深山柏、杜鹃、高山栎、固沙草、蒿草、云杉、高山松、雪松、白柳、紫叶李、龙爪槐、金叶女贞、紫叶小檗、沙棘、火棘、花椒、藤本植物爬山虎、红豆草、羊茅、黑麦草、早熟禾等
植被复绿技术	双药芒、藤本植物、披碱草等

11.3　本 章 小 结

本章综合使用 LDA、Word2Vec 和 PCA 三种机器学习模型，根据"生态风险识别—风险源挖掘—风险应对"策略构建的逻辑主线，提出"风险识别—风险溯源—风险应对"的重大工程生态风险框架。利用 LDA 模型训练得到的"主题–单词"分布得到重大工程存在的 8 类主要生态风险，分别是：栖息地分割、景观破坏、大气污染、噪声污染、土壤污染、隧道涌水、废水污染和水土平衡破坏。进一步，根据"文本–主题"分布，通过 Word2Vec 和 PCA 模型实现各类生态风险的溯源与应对，并将各类生态风险主题词的关系可视化。最后，结合青藏铁路等重大工程生态风险识别与应对的案例，对各类重大生态风险、风险源和应对策略进行讨论，验证和完善了重大工程生态风险框架。

在理论上，本章提出的"风险识别—风险溯源—风险应对"的研究架构对重大工程生态风险管理和保护具有重要意义。从生态风险的识别到风险源的追溯，再根据风险源匹配应对策略，形成重大工程生态风险"风险识别—风险溯源—风险应对"的闭环研究架构，丰富了重大工程生态风险管理和保护的理论内涵，也为研究和分析工程风险提供了新思路。

在实践中，本章的研究构建了生态风险识别模型，并提出了有针对性的生态修复技术管理方案。①在大量历史文本数据的基础上，利用三种机器学习模型的互补优势，提出了一种重大工程生态风险识别与应对的模型方法，完整地识别了重大工程建设过程中可能出现的各类主要风险点和风险源。这不仅保证了风险识别结果的客观性和系统性，也显著地缩减了分析时间，提高了风险识别的效率，能为重大工程实践中的生态风险识别、管理和修复提供及时可靠的决策参考。为后续的生态修复方案的提出奠定基础。②在区域生态风险识别的基础上，根据不同区域的自然条件和工程扰动情况提出生态修复技术管理方式，结合区域自然条件与修复植物种类的生长要求，提出差异化的生态修复方案。该研究能够根据重大工程所在地区的自然环境状况，确定工程建设后植被生态修复的物种以及所需的技术，为重大工程的生态修复方案的建立提供科学依据。

第12章　重大工程植被修复决策技术与治理措施

重大工程具有建设规模大、地区跨度大、生态环境影响显著等特点，极易对生态环境脆弱地区产生不可逆的生态影响（Peng et al.，2007）。重大工程的管理主体应该承担工程建设中引发的环境问题的治理责任（Zeng et al.，2015），在工程设计阶段应充分考虑重大工程建设可能带来的生态环境影响，并采取有效的生态修复方案帮助退化、受损、崩溃的生态系统恢复到一个新的长期稳定的状态（Jackson and Hobbs，2009；Newmark et al.，2017）。由于重大工程建设包含大量的土石方工程，这将显著改变施工扰动区域内生态环境的原生状态（Peng et al.，2007），如桥隧口、临时辅助道路和施工营地等区域的取、弃土会造成施工场地植被和地表形态破坏，不仅破坏了原生植被的正常生长环境，还可能造成土壤污染、水土平衡破坏等情况，进而影响生态恢复速度和植被修复难度。因此，针对重大工程不同施工区域的自然环境特征和工程施工扰动类型，通过匹配合适的生态修复技术和修复植物种类，形成系统的生态修复方案，降低重大工程建设对区域生态环境的影响，是建设绿色重大工程、落实可持续发展目标的关键。

对于重大工程来说，生态环境风险与修复等方面的工程管理决策具有复杂性的特征（Flyvbjerg，2014；Zheng et al.，2022）。对于这类复杂性问题，学者提出了各种应对方法：一类学者提出以"还原论"的方法对复杂性问题进行分解（Giezen，2012；Mihm et al.，2010），另一类强调以"整体论"的方法集成各类技术解决复杂问题（Locatelli et al.，2014）。针对以重大工程生态修复为代表的一类重大工程实践中的复杂性问题，Sheng（2018）提出了"复杂性降解"的概念。复杂性降解描述了重大工程管理决策的动态演化过程，通过对复杂性问题的分解，促使决策信息完备性增加、决策过程逻辑性更强、决策结果准确性更高（Sheng，2018）。基于此，本章的研究从问题源头和决策结果两个维度，对重大工程生态修复管理决策问题进行复杂性降解。①从问题源头的角度来看，生态修复问题的复杂性特征不仅来源于生态修复区域内多变的自然环境特征，也来源于工程施工中产生的不同施工扰动类型。②从决策结果的角度来说，生态修复决策的复杂性不仅表现为多种生态修复技术和修复植物种类的决策复杂性，还表现为生态修复技术与修复植物种类之间耦合的复杂性。因此，要做好工程扰动区域的生态修复，就必须先对重大工程所在地区的生态影响进行全面的分析和评估，然后在此基础上，分区分段地提出生态修复技术和修复植物种类，将重大工程施工带来的生态影响最小化。

本章的研究基于重大工程管理决策复杂性降解的视角，通过融合遥感卫星数据、气象观测站数据、工程相关文本数据等多源异构数据，运用 LDA、Word2Vec和随机森林等机器学习模型和算法，优化了重大工程生态修复决策过程，最终形成了包含生态修复技术和修复植物种类的系统性生态修复方案。构建的重大工程生态修复决策模型能够有效指导重大工程生态修复工作的实施，提升生态修复工程的整体质量。

12.1　多源异构数据驱动的重大工程植被修复决策技术

12.1.1　重大工程植被修复决策模型设计

重大工程施工过程中会对沿途植被生长产生影响。根据重大工程对沿途的生态影响程度，在工程的设计阶段就会根据施工安排对应地划分出生态修复区。在为不同特征的生态修复区设计生态修复方案时，不仅需要考虑适用于该区域自然环境下生长的植物种类的修复，还应该考虑适用于不同施工扰动下的生态修复技术。此外，生态修复技术与修复植物种类之间的匹配也会影响生态修复工程的质量。因此，需要获取能代表生态修复区自然环境特征的指标和能代表生态修复区施工扰动特征的指标，并将这些特征和生态修复技术与修复植物种类形成映射（函数）关系，以选择合适的生态修复方案。

基于此，本章研究通过结合多源异构数据融合技术、机器学习模型与文本分析算法，提供了多源异构数据驱动下的重大工程所在地区域生态修复决策方法（图 12-1）。①获取了重大工程生态修复区自然环境特征指标，明确了重大工程生态修复区生态风险与施工扰动特征指标。②通过对自然环境特征指标和施工扰动特征指标进行多源异构数据的融合，形成了重大工程生态修复决策的输入特征向量，并构建了生态修复方案决策模型。③通过构建重大工程生态修复决策方案库（包括生态修复技术库和生态修复植物种类库），以组合得到差异化的生态修复方案。④利用重大工程生态修复方案决策模型，判断在不同场景中各类生态修复技术与修复植物种类组合方案的适用性，实现了对生态修复方案的最优决策。

通过复杂性降解，厘清了重大工程生态修复问题的决策依据和结果，并利用多源异构数据和机器学习模型实现生态修复方案的复杂性决策。通过匹配样本区域经纬度、地貌特征和施工扰动区类型，逐步将气象观测站数据、遥感影像数据、

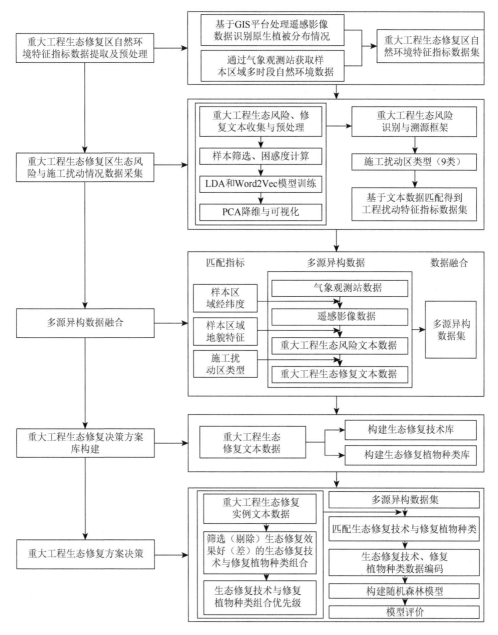

图 12-1　多源异构数据驱动的重大工程生态修复决策模型

重大工程生态风险文本数据和重大工程生态修复文本数据融合,解决了难以对多源异构数据进行系统整合的问题,为重大工程生态修复提供更加全面的决策依据,使决策结果更加客观有效。

12.1.2　基于 GIS 的生态修复区特征提取与多源异构数据融合

1. 生态修复区自然环境特征指标确立

生态修复区自然环境特征主要包括气温数据、降水数据、植被数据和地貌数据等，这涉及不同的数据源，需要先后从遥感卫星和气象观测站中获取多区域、多时段的观测数据。通过对遥感影像和气象观测数据的预处理，共同构成重大工程生态修复区自然环境特征指标。

（1）基于气象站获取气温与降水指标数据。生态修复区内的气温与降水等自然环境特征是植被生长的重要影响因素。基于气象观测站的测量数据，选择的指标数据包括：平均本站气压、最高本站气压、最低本站气压、最大风速、极大风速、极大风速的风向（角度）、2 分钟平均风向（角度）、2 分钟平均风速、最大风速的风向（角度）、平均气温、平均最高气温、平均最低气温、相对湿度、最小相对湿度、降水量、风力、体感温度。

（2）基于遥感卫星获取植被与地貌指标数据。生态修复区内原本的植被生长情况和地貌特征也能为生态修复决策提供参考。基于遥感卫星数据，先对生态修复区的遥感影像进行收集，然后利用遥感图像处理平台（The Environment for Visualizing Images，ENVI）对遥感图像进行辐射定标、大气校正和正射校正，实现信息提取，形成矢量图斑。之后，将处理结果导入 ArcGIS 10.7 软件，计算得到 NDVI、差值植被指数（difference vegetation index，DVI）、比值植被指数（ratio vegetation index，RVI）、垂直植被指数（perpendicular vegetation index，PVI）、大气阻抗植被指数（atmospherically resistant vegetation index，ARVI）、增强型植被指数（enhanced vegetation index，EVI）、变换型土壤调节植被指数（transformed soil-adjusted vegetation index，TSAVI）、调整型土壤调节植被指数（modified soil-adjusted vegetation index，MSAVI）、优化型土壤调节植被指数（optimization soil-adjusted vegetation index，OSAVI）、归纳型土壤调节植被指数（generalized soil-adjusted vegetation index，GESAVI）。

$$\text{NDVI} = \frac{\rho_{\text{NIR}} - \rho_{\text{RED}}}{\rho_{\text{NIR}} + \rho_{\text{RED}}} \qquad (12\text{-}1)$$

$$\text{DVI} = \rho_{\text{NIP}} - \rho_{\text{RED}} \qquad (12\text{-}2)$$

$$\text{RVI} = \frac{\rho_{\text{NIR}}}{\rho_{\text{RED}}} \qquad (12\text{-}3)$$

$$\text{PVI} = \sqrt{(S_{\text{RED}} - V_{\text{RED}})^2 + (S_{\text{NIR}} - V_{\text{NIR}})^2} \qquad (12\text{-}4)$$

$$ARVI = \frac{\rho_{NIR} - [\rho_{RED} - \gamma(\rho_{BLUE} - \rho_{RED})]}{\rho_{NIR} + [\rho_{RED} - \gamma(\rho_{BLUE} - \rho_{RED})]} \qquad (12\text{-}5)$$

$$EVI = \frac{\rho_{NIR} - \rho_{RED}}{\rho_{NIR} + 6 \cdot \rho_{RED} - 7.5 \cdot \rho_{BLUE} + 1} \cdot 2.5 \qquad (12\text{-}6)$$

$$TSAVI = \frac{\alpha \cdot (\rho_{NIR} - \alpha \cdot \rho_{RED} - b)}{\rho_{RED} + \alpha \cdot (\rho_{NIR} - b) + 0.08 \cdot (1 + \alpha^2)} \qquad (12\text{-}7)$$

$$MSAVI = \frac{2 \cdot \rho_{NIR} + 1 - \sqrt{(2 \cdot \rho_{RED} + 1)^2 - 8 \cdot (\rho_{NIR} - \rho_{RED})}}{2} \qquad (12\text{-}8)$$

$$OSAVI = \frac{\rho_{NIR} - \rho_{RED}}{\rho_{NIR} + \rho_{RED} + 0.16} \qquad (12\text{-}9)$$

$$GESAVI = \frac{\rho_{NIR} - a \cdot \rho_{RED} - b}{\rho_{RED} + Z} \qquad (12\text{-}10)$$

式中，ρ 为反射率；NIR 为近红外波段；RED 为红光波段；BLUE 为蓝光波段；S 为土壤的反射率；V 为植被的反射率；a 为土壤线的斜率；b 为土壤线的截距；Z 为土壤调节参数（恒等于土壤线与 R 轴交点的相反数）。

在确定植被生长相关的指标后，再根据遥感影像判断得到不同的地貌类型。地貌类型主要分为六类：重力地貌、流水地貌、冰川地貌、岩溶地貌、风成地貌和海岸地貌。生态修复区地貌特征的识别，不仅能够为生态修复技术决策提供参考，还能为后续的多源异构数据融合提供必要联系。

2. 生态风险分类与施工扰动特征指标确立

重大工程施工对沿途自然环境可能产生的生态风险类型是生态修复技术决策的重要指标。根据"风险识别—风险溯源—风险应对"的决策逻辑，对重大工程生态风险文本数据进行了语义分析，挖掘了重大工程生态风险识别与溯源的分类框架。本章通过结合重大工程生态修复实际案例的文本数据，根据不同的生态风险类型匹配得到主要施工扰动类型，提取施工扰动特征指标，并结合生态风险类型进一步得到修复区坡度、地表裸露状态和修复区景观需求。最终形成了重大工程生态风险识别与溯源的分类框架，如图 12-2 所示。

基于重大工程风险识别与应对模型的植被生态风险识别结果，重大工程建设的生态风险主要有 8 类：栖息地分割、景观破坏、大气污染、噪声污染、土壤污染、隧道涌水、废水污染、水土平衡破坏。在生态风险分类的基础上匹配对应生态风险的风险源，包含：永久性占地；边坡创面、施工硬化地表；温室气体排放、粉尘污染；施工爆破、重大工程运行等；弃土弃渣、生活垃圾；隧道开挖、爆破等；施工、生活污（废）水；过度取土、弃土。

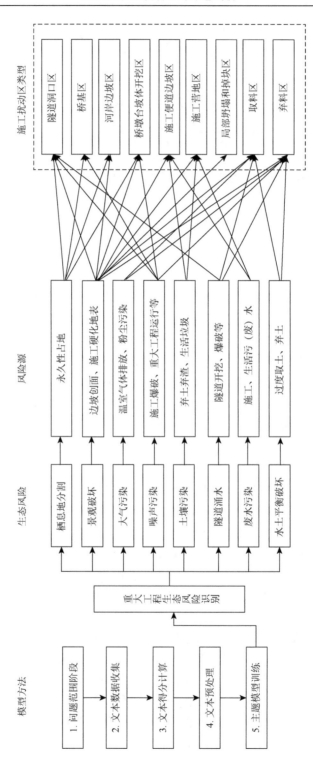

图 12-2　重大工程生态风险识别与溯源的分类框架

共包含 9 类施工扰动区类型，包括隧道洞口区、桥基区、河岸边坡区、桥墩台坡体开挖区、施工便道边坡区、施工营地区、局部坍塌和掉块区、取料区和弃料区。将风险源与之对应，经过匹配可综合得到以下结果。

（1）存在永久性占地导致栖息地分割风险的主要施工扰动区类型包括：隧道洞口区、桥基区、河岸边坡区和桥墩台坡体开挖区。

（2）存在边坡创面、施工硬化地表导致景观破坏风险的主要施工扰动区类型包括：隧道洞口区、河岸边坡区、桥墩台坡体开挖区、施工便道边坡区、施工营地区、局部坍塌和掉块区、取料区和弃料区。

（3）存在温室气体排放、粉尘污染导致大气污染风险的主要施工扰动区类型包括：取料区和弃料区。

（4）存在施工爆破、重大工程运行等导致噪声污染风险的主要施工扰动区类型包括：隧道洞口区、桥基区、桥墩台坡体开挖区和弃料区。

（5）存在弃土弃渣、生活垃圾导致土壤污染风险的主要施工扰动区类型包括：施工便道边坡区和施工营地区。

（6）存在隧道开挖、爆破等导致隧道涌水风险的主要施工扰动区类型包括：隧道洞口区、取料区和弃料区。

（7）存在施工、生活污（废）水导致废水污染风险的主要施工扰动区类型包括：施工便道边坡区和施工营地区。

（8）存在过度取土、弃土导致水土平衡破坏风险的主要施工扰动区类型包括：取料区和弃料区。

再结合重大工程生态修复实际案例的文本数据（主要来源为学术论文、专利、专著、报告、年鉴、新闻等重大工程生态风险和生态修复的文本数据），可以获取包含修复区坡度（2 类）、修复区地表裸露状态（4 类）、修复区景观需求（3 类）在内的施工扰动特征指标，具体包括：①修复区坡度。坡度是生态修复技术选择的重要因素，将修复区的坡度分为陡坡区（坡度大于等于 1∶1）和缓坡区（坡度小于 1∶1）。②修复区地表裸露状态。修复区的地表裸露状态会显著地影响生态修复植被的生长，如果在地表土层不足以保证植被生长，还需要采用客土喷播、植生袋等方法支持修复区植被生长。因此将修复区地表裸露状态分为 4 类：岩石表面、土质表面、弱风化表面（泥岩、砂泥岩）、强风化表面（落石、卵沙石）。③修复区景观需求。不同区域的景观修复需求有所差异，如在隧道施工时，对隧道洞口处的修复景观需求较高，对隧道内的修复景观需求较低。因此，根据实际生态修复需求，将修复后的景观需求划分为高、中、低 3 个等级。

3. 多源异构数据融合方法设计

对于重大工程生态修复这类复杂管理问题，需要基于多源异构数据从多个维度分析生态修复方案的可行性。为了将不同来源和格式的数据进行融合，通过匹配样本区域经纬度、地貌特征和施工扰动区类型，实现多源异构数据融合，形成可供重大工程生态修复决策的输入特征向量。

（1）匹配样本区域经纬度，将气象观测站数据和遥感影像数据融合。首先以气象观测站点为中心选择周围30千米范围作为样本区域，通过气象观测站点经纬度坐标计算得到样本区域的地理范围。其次根据样本区域的地理坐标范围匹配与气象观测站点数据相同时间段的遥感影像数据。最后将样本区域内经过预处理的遥感影像数据的各项植被指标取均值后，加入对应区域的气象观测站指标数据集中，共同构成样本区域内的自然环境特征指标数据。

（2）匹配样本区域地貌特征与修复区施工扰动类型，将遥感数据与生态风险相关文本数据融合。首先根据遥感影像数据识别样本区域的地貌特征，得到样本区域内存在的重力、流水和冰川等地貌特征。其次将样本区域内的地貌特征，与根据重大工程生态风险文本得到的施工扰动区类型进行匹配，得到样本区域内不同地貌特征对应的修复区施工扰动区类型。例如，当样本区域的地貌特征以峰丛为主时，主要匹配隧道施工引致的施工扰动（隧道洞口区）；当样本区域的地貌以峡谷、河流为主时，主要匹配桥梁施工引致的施工扰动（桥墩台坡体开挖区、桥基区、河岸边坡区）；当样本区域的地貌特征以平原为主时，主要匹配施工便道和施工营地区等扰动类型。

（3）根据不同样本区域不同的施工扰动类型，将生态风险文本与生态修复文本数据融合。结合重大工程生态风险和生态修复文本数据内的实例，匹配各类施工扰动区类型中存在的其他重大工程施工扰动指标，包括：修复区坡度、修复区地表裸露状态和修复区景观需求。

先后通过样本区域经纬度、地貌特征和施工扰动类型指标，逐步实现气象观测站数据、遥感影像数据、重大工程生态风险和生态修复的文本数据的融合，形成可供后续重大工程生态修复决策的输入特征向量。

12.1.3　基于文本挖掘的生态修复决策矩阵构建

随着重大工程生态环保的要求不断提高，以及对所在地景观需求的提升，在进行生态修复决策时需要同时考虑生态修复技术和修复植物种类两个方面，以满足现代重大工程的生态修复需求。因此需要构建生态修复决策方案库，包括生态修复技术库和生态修复植物种类库，方案库可以根据不同生态修复区的自然环境特征和工程施工扰动特征，进行生态修复组合方案决策。

1. 生态修复技术库构建

生态修复技术库的构建主要通过收集重大工程生态修复案例（京哈铁路、

京通铁路、京包铁路、京沪铁路、京九铁路、京广铁路、焦柳铁路、包兰铁路、兰新铁路、青藏铁路、陇海铁路、成昆铁路、宝成铁路、沪昆铁路等），针对重大工程中的生态修复重点区域（施工道路、隧道、桥梁、弃渣场等），构建生态修复技术库，主要包括客土喷播技术、生态袋技术、植生带技术、植被混凝土生态防护技术、框架梁内生态袋绿化技术、锚杆铁丝网与喷播植生技术、挂铁丝（双层）网喷播有机基材技术、主动防护网与喷播技术、植被型生态混凝土护坡技术、机械混合喷播技术、植被毯铺植技术、厚层基质喷附技术、草皮移植技术、改良的生态袋植生工艺技术、改良的挂网喷混技术、植生工艺技术、三维网技术、改良的 V 型槽植生工艺技术、生态网格技术、宾格石笼技术、帷幕灌浆施工技术（固定河岸技术）、钢筋串石护岸技术（固定河岸技术）等，共计 22 种修复技术。

2. 生态修复植物种类库构建

生态修复植物种类库的构建主要根据生态修复实例、生态修复区的植被生长特性，以及存活率等指标，筛选出适合在重大工程修复区种植的修复植物种类，再根据修复区景观需求，构建生态修复植物种类库（表 12-1），主要包括 3 大类：乔木（19 种）、灌木（48 种）和草本（31 种）。

表 12-1　生态修复植物种类库

生态修复植物类型	具体植物种类
乔木	臭椿、杨柳、榆树、云南松、马尾松、金合欢、多变石栎、白辛树、香樟、女贞、包石栎、扁刺栲、香桦、叶槭、青冈、水青树、铁杉、云杉、冷杉
灌木	多包蔷薇、川莓、小马鞍羊蹄甲、光果莸、纤枝香青、三叶针刺悬钩子、寸金草、小叶含笑、杜鹃、红花继木、小叶荆、单刺仙人掌、岷谷木蓝、察瓦龙叶下珠、穗状香薷、马尔康香茶菜、小叶荆、淡黄鼠李、白刺花、圆齿狗娃花、毛球莸、灰毛莸、西藏中麻黄、腺花醉鱼草、垫状迎春、小叶灰毛莸、架棚、冬麻豆、四角柃、白栎、短柄枹栎、黄栌、马桑、小果蔷薇、火棘、大白杜鹃、腋花杜鹃、矮高山栎、锦鸡儿、圆叶栒子蔷薇、地盘松、草原杜鹃、百里香叶杜鹃、隐蕊杜鹃、窄叶鲜卑花、柳、金露梅、绣线菊
草本	紫藤、常春藤、芸香草、阔盖中国蕨、垫状卷柏、光萼石花、长果牧根草、蜜腺毛蒿、茅叶荩草、黄细心、小画眉草、光萼石花、细穗藜、白叶蒿、中华山蓼、分枝大油芒、白草、刺花莲子草、巴塘紫菀、垫状卷柏、藏东臭草、腺花滇紫草、小画眉草、拟缺香茶菜、白茅、黄茅、须芒草、雪莲花、绵参、丛菔、兔耳草

12.1.4　基于随机森林的生态修复决策

根据多源异构数据得到的输入特征向量，包括遥感影像、气象观测数据提取的自然环境特征指标与生态风险、修复文本数据中提取的重大工程生态修复区施工扰动特征指标，构建生态修复方案决策模型。基于随机森林模型，结合生态修复技术与修复植物种类组合的优先级，匹配得到不同生态修复区特征下生态修复技术和生态修复植物种类的决策结果。

1. 输入特征向量的确定

将预处理后的气象观测站数据、遥感影像数据、重大工程生态风险和生态修复的文本数据进行多源异构数据融合后，得到决策模型的输入特征向量。输入特征向量主要分为两类：自然环境特征指标和重大工程施工扰动特征指标。

（1）自然环境特征指标。数据来源于遥感卫星和气象观测站，主要包括：NDVI、DVI、RVI、PVI、ARVI、EVI、TSAVI、MSAVI、OSAVI、GESAVI、平均本站气压、最高本站气压、最低本站气压、最大风速、极大风速、极大风速的风向（角度）、2 分钟平均风向（角度）、2 分钟平均风速、最大风速的风向（角度）、平均气温、平均最高气温、平均最低气温、相对湿度、最小相对湿度、降水量、风力、体感温度。

（2）重大工程施工扰动特征指标。数据主要来源于学术论文、专利、专著、报告、年鉴、新闻等重大工程生态风险和生态修复的文本数据，主要包括：工程施工扰动区类型（9 类）、修复区坡度（2 类）、修复区地表裸露状态（4 类）、修复区景观需求（3 类）。

2. 样本数据的标注与编码

生态修复决策结果主要分为两个方面：生态修复技术选择、生态修复植物种类选择。生态修复技术与修复植物种类的选择基于构建的生态修复技术库与修复植物种类库。根据重大工程生态修复文本数据中包含的生态修复实例，匹配各类生态修复技术适用的修复植物种类范围，将实例中修复效果好的生态修复技术和生态修复植物种类组合赋予较高的标注优先级，并将不适用于部分生态修复技术的植物种类类型赋予较低的标注优先级。最终，根据生态修复样本区的自然环境特征指标和重大工程施工扰动特征指标，基于生态修复技术与修复植物种类组合的优先级得到不同特征情况下适用的生态修复方案，作为后续决策模型的训练、测试样本数据。

为了将样本数据输入机器学习模型中训练，需要将类别数据进行编码处理。在输入特征向量中工程施工扰动区类型、修复区坡度、修复区地表裸露状态、修复区景观需求，以及生态修复技术属于类别数据，因此对这些指标进行独热编码，以二进制向量表示这类变量。与生态修复技术数据类似，对生态修复植物种类中的乔木也进行 one-hot 编码，最终形成 19 维度向量表示。但由于灌木和草本的种类多，为了提高决策模型的训练效率，同时体现植被之间的关联性，对修复植物种类中不同类型的灌木和草本采用基于神经网络训练优化的 Embedding 编码，最终分别形成互不相同的 15 维和 12 维向量表示不同的植物种类。

3. 随机森林模型的构建

基于自助法（bootstrap）抽样将生态修复技术和修复植物种类（3 类）的标注数据分别划分为 M_1、M_2、M_3、M_4 子集，依据每个数据子集分别建立 M_i（$i = 1, 2, 3, 4$）个决策树模型，将每个模型的预测结果取平均值，聚合得到最终的预测结果。模型构建主要包括：随机森林模型参数确定、模型训练与求解和模型评价。

（1）随机森林模型参数确定。使用网格搜索的方法遍历给定范围内的参数组合来优化随机森林模型，该模型调整确定的主要有 5 个核心指标：选择决策树划分标准，即参数 criterion，一般包括 entropy 和 gini 两种；确定随机森林的树模型个数，即参数 n_estimators；确定树的最大深度，即参数 max_depth；确定树模型中叶子节点的最小拆分样本量，即参数 min_samples_split；确定每个树模型的最大特征数，即参数 max_features。

（2）模型训练与求解。抽取等量的样本，确定模型的核心参数后，从划分好的训练数据中依次有放回地抽取等量样本，训练每个树模型；训练样本数据特征，根据参数 max_features，确定每个树模型训练的特征数；构建多个树模型，重复操作前两个步骤，训练 n_estimators 个树模型。

（3）模型评价。同时考虑精确率（precision）和召回率（recall）的 F1 分数（F1-score）判断模型精确度。

$$precision = \frac{TP}{TP + FP} \tag{12-11}$$

$$recall = \frac{TP}{TP + FN} \tag{12-12}$$

$$F1 \text{-} score = \frac{2 \cdot precision \cdot recall}{precision + recall} \tag{12-13}$$

式中，TP、FP 和 FN 分别为测试集中真阳（true positive）、假阳（false positive）、假阴（false negative）的情况。

以生态修复技术、生态修复植物种类（乔木）、生态修复植物种类（灌木）和生态修复植物种类（草本）为分类目标，分别通过网格搜索确定最优的模型参数，构建训练 4 个随机森林模型，共同构成重大工程生态修复决策方法。

12.1.5　基于云交互的生态修复可视化决策支持系统开发

在生态修复方案决策模型的基础上，开发了重大工程所在地区生态修复的可视化决策工具（图 12-3）。生态修复决策工具的输入为生态修复区的自然环境特征（海拔、平均气温等）和施工扰动特征（原生植被类型、工程扰动类型、修复区坡度比、修复区裸露类型等），输出为生态修复技术和修复植物种类，能够实现生态修复方案的一键导出。其中，将重大工程所在地区的工程扰动类型分为 10 个决策模块，包括：局部坍塌和掉块区、施工便道边坡区、施工营地区、取料区、弃料区、干热河谷区、施工隧道段-隧道洞口、桥梁施工段-桥墩台坡体开挖区、桥梁施工段-桥基区、桥梁施工段-河岸边坡区，涵盖了重大工程所在地区生态修复的重点区域，并根据不同自然环境条件和施工扰动类型，提供差异化的生态修复技术与修复植物种类的组合。

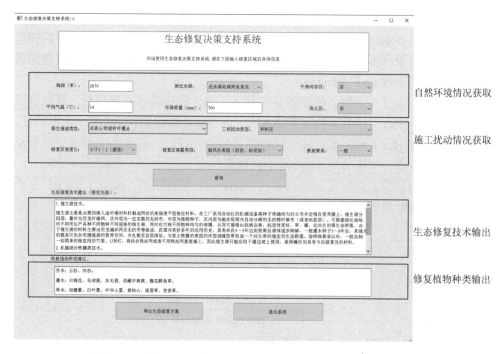

图 12-3　重大工程所在地区生态修复的可视化决策工具示意图

重大工程所在地区生态修复的可视化决策工具能够有效解决重大工程生态修复方案决策困难、无法迅速响应生态恢复需求的现实问题。通过嵌入课题组建立的生态修复决策模型，对多源异构数据的整合与分析，结合多种机器学习模型，提供更加快速、准确的生态修复决策技术，实现一键导出生态修复方案，为重大工程所在地区的生态修复工作提供决策支持。

12.2　重大工程植被修复的治理措施

12.2.1　数据准备

1. 重大工程生态修复区自然环境特征指标的获取

（1）获取重大工程生态修复区的气象观测数据。从气象观测站中获取多区域、多时段的观测数据，对气象观测数据进行预处理后，结合处理遥感影像得到的各指标数据，共同构成重大工程生态修复区自然环境特征指标。气象观测站数据来源为国家气象信息中心。从国家气象信息中心获取 1981～2010 年中国地面气候标准值月值数据集。在空间和时间两个维度上，为了尽可能覆盖广泛的生态修复区域，选择了海拔范围为 279.1～4507 米的 168 个气象站点的 124 个时间段的平均数据。最终得到 20 832 个样本数据进行后续的机器学习模型训练。

（2）获取重大工程生态修复区的遥感影像数据。从遥感卫星中获取多区域、多时段的观测数据，并对遥感影像进行自然环境特征指标提取。遥感数据来源为地理空间数据云（Geospatial Data Cloud）平台，从平台上获得了 Landsat8 OLI_TIRS 卫星影像数据。Landsat8 OLI 陆地成像仪包括 9 个波段，空间分辨率为 30 米，其中包括一个 15 米的全色波段，成像宽幅为 185 千米×185 千米；热红外传感器 Landsat8 TIRS 包括 2 个单独的热红外波段，分辨率 100 米。利用 ENVI 对遥感图像进行辐射定标、大气校正和正射校正，实现信息提取，形成矢量图斑。将处理结果导入 ArcGIS 10.7 软件，计算得到遥感影像数据。

在获得气象观测数据和遥感影像数据后，通过气象观测站点经纬度坐标计算得到样本区域的地理坐标范围，再根据样本区域的地理坐标范围，匹配与气象观测站点数据相同时间段的遥感影像数据，实现数据融合。

2. 重大工程生态修复区的施工扰动特征指标的获取

（1）获取重大工程生态修复区的生态风险类型。文本数据来源为 Web of Science 和 Scopus，主要包括：学术论文、专著、报告、新闻等重大工程生态风险和修复相关文本，经筛选得到 637 个文本作为初始样本输入 LDA 与 Word2Vec 模型中训练。之后对不同的主题词进行人工识别与标注，得到重大工程建设与运营中存在的主要生态风险（8 类）。

（2）获取重大工程生态修复区的施工扰动特征指标。根据 Word2Vec 模型的相关词输出结果，完善不同风险类型对应的施工扰动类型，得到不同施工类型下的生态风险匹配关系，并将遥感影像数据中识别的不同样本区域的地貌类型与施工扰动类型匹配。之后结合重大工程生态修复实际案例的文本数据，获取修复区坡度、修复区地表裸露状态、修复区景观需求。

3. 多源异构数据融合

将自然环境特征指标和所述施工扰动特征指标进行多源异构数据融合，得到融合后的多源异构数据：根据 LDA 模型标注的不同文本的主题（风险类型）归属，选择相关行得分最高的 10 个文本进行人工梳理，进一步完善不同施工扰动区域下存在的坡度、地表裸露状态，以及一般景观需求。最终，得到包含自然环境特征指标和施工扰动特征指标的输入特征向量数据。

12.2.2　模型训练与评价

以生态修复植物种类（乔木）为例。将样本数据输入模型进行训练和检验，训练集随机取 80% 的样本数据，测试集为剩下的 20% 的样本数据。经过网格搜索，确定了随机森林模型的各参数选择：决策树划分标准为熵；随机森林的树模型个数为 100；树的最大深度为 20；树模型中叶子节点的最小拆分样本量为 3；每个树模型的最大特征数为 0.6。最终得到的生态修复植物种类（乔木）的随机森林决策模型，计算得到的结果如表 12-2 所示，其中 F1 值的宏平均（macro average）结果达到 0.83，预测准确度较高。

表 12-2　生态修复植物种类（乔木）决策模型评价

样本集	精确度	召回率	F1 值	总样本
0	0.47	0.94	0.62	221
1	0.88	0.83	0.86	18
2	0.98	0.98	0.98	463
3	0.98	0.99	0.98	548
4	1	0.95	0.97	55
5	0.76	1	0.86	25
6	0.82	0.98	0.89	42
7	0.45	0.9	0.6	167
8	0.83	0.93	0.88	70
9	0.51	0.93	0.66	161
10	0.85	1	0.92	22

样本集	精确度	召回率	F1 值	总样本
11	0.44	0.94	0.6	185
12	0.9	1	0.95	18
13	1	1	1	28
14	0.57	0.97	0.72	201
15	1	1	1	18
16	0.98	0.98	0.98	41
17	0.6	0.87	0.71	576
18	0.44	0.87	0.58	82
微平均值	0.66	0.94	0.78	2941
宏平均值	0.76	0.95	0.83	2941
加权平均值	0.73	0.94	0.8	2941
样本平均值	0.66	0.66	0.66	2941

同理可以根据自然环境特征指标和重大工程施工扰动特征指标，以及生态修复技术库和生态修复植物种类库的样本数据集，构建生态修复技术、生态修复植物种类（灌木）和生态修复植物种类（草本）的决策模型。综合构成多源异构数据驱动下的重大工程生态修复决策方法。

12.2.3　应用结果

利用重大工程所在地区生态风险识别结果以及重大工程所在地区生态修复植物种类库与生态修复技术库，从生态风险识别、溯源的角度解决重大工程生态修复决策问题，实现了重大工程生态修复技术与修复植物种类的共同决策。通过匹配样本区域经纬度、地貌特征和施工扰动区类型，逐步将气象观测数据、遥感影像数据、重大工程生态风险文本和生态修复文本数据融合，解决了难以对多源异构数据进行系统整合的问题，为重大工程生态修复提供了更加全面的决策依据，使决策结果更加客观。在此基础上，结合多种机器学习模型，更加快速、准确地为重大工程提供生态修复决策方案，也为进一步开发重大工程所在地区生态修复的可视化决策工具提供模型基础。

以模拟的 10 个重大工程生态修复区（A1~A10）为例，确定自然环境特征指标和施工扰动特征指标数据为输入特征向量（表 12-3）。

表 12-3　重大工程生态修复区的输入特征向量（示例）

项目	A1	A2	A3	A4	A5	A6	A7	A8	A9	A10
海拔	1380.00	1943.90	2168.90	2438.00	2545.00	2664.40	2881.30	3315.00	3804.00	4278.60
平均本站气压	864.20	806.50	790.00	768.40	756.10	742.50	721.20	685.70	644.20	606.70
最高本站气压	864.20	806.50	790.00	768.40	756.10	742.60	721.20	685.70	644.20	606.70
最低本站气压	863.90	806.00	789.60	768.00	755.50	742.20	720.60	685.00	643.90	606.40
最大风速	1.20	1.10	0.90	1.90	1.90	0.30	1.70	0.90	3.00	4.50
极大风速	1.70	1.90	1.60	2.80	2.30	0.70	2.10	1.10	4.30	6.20
极大风速的风向	323.00	244.00	62.00	128.00	124.00	181.00	160.00	201.00	111.00	128.00
2 分钟平均风向	316.00	321.00	52.00	204.00	2.00	168.00	324.00	291.00	104.00	115.00
2 分钟平均风速	0.90	0.30	0.50	1.30	0.80	0.30	1.20	0.70	3.20	4.30
最大风速的风向	320.00	274.00	107.00	118.00	115.00	46.00	157.00	197.00	103.00	115.00
平均气温	15.40	12.00	11.10	9.20	10.70	9.20	9.10	8.60	7.90	4.00
平均最高气温	15.50	12.00	11.10	9.30	10.80	9.20	9.10	8.70	8.00	5.40
平均最低气温	15.40	11.80	10.90	9.10	10.70	8.80	8.90	8.60	7.80	4.00
相对湿度	96.00	98.00	85.00	84.00	81.00	95.00	96.00	93.00	93.00	87.00
最小相对湿度	95.00	97.00	84.00	82.00	64.00	94.00	95.00	90.00	92.00	80.00
降水量	0.10	0.70	0.10	0.20	0.10	0.10	0.10	1.70	4.20	1.40
风力	1.00	1.00	1.00	1.00	1.00	1.00	1.00	1.00	2.00	3.00
体感温度	15.50	11.81	10.49	8.37	9.94	8.66	8.57	7.94	7.17	2.73
NDVI	0.87	0.72	0.89	0.92	0.37	0.66	0.41	0.35	0.11	0.13
DVI	0.82	0.57	0.87	0.95	0.39	0.52	0.53	0.49	0.05	0.14
RVI	14.38	6.14	17.18	24.00	2.17	4.88	2.39	2.08	1.25	1.30
PVI	0.77	0.58	0.81	0.88	0.69	0.56	0.88	0.94	0.23	0.67
ARVI	0.87	0.73	0.92	0.92	0.38	0.75	0.46	0.38	0.30	0.26
EVI	1.16	0.97	1.27	1.23	0.83	1.13	1.29	1.16	0.28	5.60
TSAVI	0.64	0.45	0.56	0.65	0.22	0.09	0.25	0.16	0.11	0.12
MSAVI	0.86	0.68	0.89	0.92	0.38	0.61	0.45	0.39	0.07	0.13
OSAVI	0.74	0.60	0.76	0.80	0.32	0.55	0.36	0.31	0.08	0.11
GESAVI	0.44	0.23	0.09	0.39	0.00	0.17	0.21	0.28	0.86	0.36
施工扰动区类型	桥基区	河岸边坡区	桥墩台坡体开挖区	弃料区	隧道洞口区	取料区	施工便道边坡区	施工营地区	施工便道边坡区	局部坍塌和掉块区
修复坡度	缓坡区	缓坡区	陡坡区	缓坡区	陡坡区	陡坡区	缓坡区	缓坡区	陡坡区	陡坡区
地表裸露状态	岩石表面	强风化表面	岩石表面	强风化表面	弱风化表面	强风化表面	土质表面	岩石表面	土质表面	岩石表面
景观需求	高	低	中	中	高	中	低	低	中	低

　　将多源异构数据输入生态修复决策模型中，得到表 12-4 所示的生态修复技术和生态修复植物种类（乔木、灌木、草本）的决策结果，提供该重大工程扰动区域优先级高的生态修复方案。

表 12-4　重大工程生态修复区决策结果（示例）

重大工程生态修复区	生态修复技术	生态修复植物种类（乔木）	生态修复植物种类（灌木）	生态修复植物种类（草本）
A1	生态网格技术	云南松、马尾松	小叶含笑、红花檵木	紫藤、常春藤
A2	植生带技术	包石栎、扁刺栲	小叶荆、单刺仙人掌	芸香草、阔盖中国蕨
A3	改良的 V 型槽植生工艺技术	叶槭、青冈	仙人掌、岷谷木蓝	芸香草、光萼石花
A4	机械混合喷播技术	多变石栎、白辛树	穗状香薷、马尔康香茶菜	阔盖中国蕨、小画眉草
A5	三维网技术	水青树、铁杉	淡黄鼠李、白刺花	芸香草、光萼石花
A6	植被毯铺植技术	云杉、冷杉	白刺花、毛球莸	细穗藜、白叶蒿
A7	草皮移植技术	冷杉、云杉	灰毛莸、腺叶醉鱼草	中华山蓼、黄细心
A8	植生带技术	冷杉、云杉	淡黄鼠李、穗状询春	白叶蒿、巴塘紫菀
A9	挂铁丝（双层）网喷播有机基材技术	冷杉、云杉	四角柃、白栎	黄茅、须芒草
A10	生态袋技术	冷杉、云杉	隐蕊杜鹃、窄叶鲜卑花	巴塘紫菀、雪莲花

12.3　本　章　小　结

　　本章首先从重大工程管理决策复杂性降解的视角，分析重大工程生态修复问题，一方面将复杂性问题的源头分为生态修复区域内多变的自然环境特征和工程施工中产生的不同施工扰动类型，另一方面将决策结果分为多种生态修复技术和修复植物种类的决策复杂性。之后通过对遥感卫星数据、气象观测站数据、工程相关文本数据等多源异构数据融合，实现问题源头分解的过程。再通过构建生态修复技术库与修复植物种类库，实现决策结果的分解过程。运用 LDA、Word2Vec 和随机森林等机器学习模型和算法，提出了一种多源异构数据驱动下的重大工程生态修复决策方法。在此基础上，进一步开发了重大工程所在地生态修复的可视化决策工具，基于自然环境情况与施工扰动情况，更加快速、准确地提供生态修复方案，为重大工程生态修复工作提供决策支持。

　　本章提出的生态修复决策方法的优势是以下几个方面。第一，决策依据更加具有系统性和全面性。多源异构数据融合的方法能够将自然环境和施工扰动两个维度下的三类数据进行整合，为重大工程生态修复提供更加全面、系统的决策依据，使决策结果更加客观有效。第二，决策结果更符合工程实际需求。在重大工程生态修复决策模型中，构建的生态修复技术库和修复植物种类库为决策提供依据，决策得到生态修复技术和修复植物种类两个方面的结果，形成更加系统完整的生态修复方案，提高生态修复效率和工程质量，符合工程实践需求。第三，决策的效率更高。在多源异构数据的基础上，利用随机森林模型构建生态修复决策方法，这不仅避免了现有研究中主观性决策的问题，还有效地降低了工程实践中生态修复决策的难度，显著提高了决策效率。

本章的研究从复杂性降解的角度解决重大工程生态修复决策复杂性问题。针对重大工程生态修复决策的实际问题，将决策依据和结果进行逐项分解，并利用多源异构数据和机器学习模型完成了复杂性降解的过程。这不仅丰富了重大工程生态修复管理的理论内涵，也丰富了重大工程管理复杂性理论的应用。提出了基于多源异构数据的重大工程生态修复方法，补充了现有研究的方法体系，也为研究和分析其他工程的生态修复提供了新思路。

第13章 结 束 语

13.1 主 要 结 论

重大工程建设活动往往会影响甚至改变项目辐射区域自然生态环境的原本特征以及社会经济发展的资源禀赋。但是，长期以来，重大工程的利益相关者更加关注质量、成本、进度、安全等传统项目管理目标，缺少对重大工程建设生态环境破坏、自然资源消耗、社会影响等方面的系统评估和管理，由此引发了一系列环境问题。加之，缺少相应的理论知识和技术工具作为重大工程环境管理的重要支撑，这就导致工程建设者本身对"重大工程—生态系统"的认知存在一定的局限性，无法在重大工程建设和运维阶段有效分析和解决各种生态环境保护问题。基于此，本书从重大工程环境管理与绿色创新视角切入，重点围绕重大工程对区域生态环境影响及其系统治理这一主题展开研究，得到以下结论。

（1）重大工程弃渣场选址及生态风险评估应从复杂系统视角出发，将弃渣场视为一个工程系统，并在此基础上分析其系统结构组成和外部环境所带来的风险隐患，制定相对应的生态环境风险管理策略。

第一，构建了涵盖弃渣场基础安全、气象水文环境等五个方面的复杂艰险环境地区的弃渣场选址风险因子，建立了基于 AHP、熵权法以及风险等级关联度复合云模型的弃渣场选址评价模型，并应用遥感和 GIS 技术获取弃渣场生态环境以及对地理信息开展实证分析。本书通过叠加专题图，最终筛选得到 6 处可供选择的弃渣场建设区域，并且实际已经建成的鲁朗弃渣场、白木隆布曲弃渣场、尼池村弃渣场、仲堆 1 号弃渣场正好处于筛选得到的选址中，表明本书构建的重大工程弃渣场生态风险指标体系、评价模型以及基于 GIS 的选址工具具有良好的实用性。

第二，根据弃渣场系统的结构分解和弃渣场系统风险故障的逻辑分类，识别了设计单位施工图纸不合适等 11 个管理行为不当的基本事件以及建设问题等 13 个中间事件，依靠专家判断推理构建了弃渣场系统的故障树模型，并将其转化为预测弃渣场生态风险的贝叶斯网络模型。通过一个大型弃渣场的灾害实例进行了说明，揭示了如何通过故障树和贝叶斯网络将专家知识进行综合集成，以支撑复杂艰险环境条件下重大工程弃渣场的风险管理。

第三，基于数字孪生技术，构建了重大工程弃渣场的数字孪生模型，从渣场基础安全、气象水文环境等维度构建了重大工程弃渣场生态环境综合风险监测预警指标体系，以及基于云模型和组合赋权法的监测预警模型，并以某重大工程所在地的多处弃渣场为例开展实证研究。研究发现该重大工程的弃渣场群生态环境综合风险监测评价结果为理想，MDS（01）、BTS（04）和 XMZ（05）三座弃渣场生态风险都为恶劣，需要重点监测和管控。

第四，从人类活动、弃渣场系统、自然环境三个维度构建了重大工程弃渣场生态环境综合风险评价指标体系，建立了基于投影寻踪和均值聚类的风险评价模型，并以某重大工程所在地的多处弃渣场为例开展实证研究。研究发现该重大工程弃渣场生态风险评价指标权重大于 0.1 的指标分别为路网密度、植被覆盖度、表土厚度和弃渣场占地面积，应针对其采取有效管控措施；评价结果显示所有弃渣场被分为了 6 类，非敏感性指标水平决定了各弃渣场因何归属同一类别，而敏感性指标水平则决定了同类别内不同弃渣场风险等级水平的差异。

（2）重大工程施工道路生态环境风险涉及水环境、土壤环境、大气环境、生态环境、社会影响五个风险类型，生态环境健康监测与管理的信息化、数字化和智能化，有利于提升施工道路生态环境健康监测效果，以及实现重大工程经济、社会、生态三方面的综合效益。

第一，结合重大工程施工道路的建设特征以及可比性和可操作性两项基本原则，从工程类别、环境背景、生态环境三个维度，识别出主体工程进度情况、典型施工点位/区域、地形地貌、气象条件、水文状况、土壤、空气环境、生态环境等 12 项施工道路生态环境监测指标体系。在此基础上，根据生态环境健康监测的实际需求、具体监测指标、可用资源以及技术基础设施，提出了生态环境健康数字化监测设备和监测技术，从而确保监测数据的准确性和可靠性。

第二，从监测方案、监测系统设计框架、监测系统功能介绍和应用成效四个方面，介绍了重大工程施工道路生态环境健康监测系统。首先，本书构建了重大工程施工道路生态环境健康监测方案，主要包括监测点的选择、监测指标的选择、监测频率和时长、数据处理和分析、应采取的措施、监测设备等内容；其次，基于监测目标和指标、监测方案设计、监测设备和技术、数据管理系统等方面，对数字化生态环境健康监测系统进行了构建，该系统可以从检测、监测、控制防治、治理 4 个方面对施工道路生态环境进行保护与控制，做到实时监控、实时检测、快速解决、不留隐患；其次，监测系统的设计需要充分考虑施工现场的特点，通过开发数据采集、传输、处理和存储、展示、预警、报表统计、远程监控与控制、用户管理、系统设置、告警处理等模块，全方位全周期地满足监测和管理的需求；最后，监测系统的构建与实施有利于提高监测效率和准确性、提升数据处理能力、实现全程监测和控制、及时发现并解决问题和提高工作效率。

第三，按照"监测措施—绿化措施—保护措施"的逻辑，提出了重大工程施工道路生态环境健康监测与管理措施。本书从水环境、土环境、空气环境、声环境、生态环境等方面，提出重大工程施工道路生态环境健康监测措施。并在此基础上，分别提出了水环境损害、土壤环境破坏、水土流失、大气污染、噪声污染、固体废弃物污染、社会性因素生态系统破坏的防治措施。此外，针对道路施工全生命周期的各个环节，制定了相应的环保措施和管理措施。

（3）重大工程隧道涌水径流容易导致围岩失稳、隧道堵塞、设备淹没、隧道废弃、人员伤亡等灾害，最终造成巨大的经济损失和延误工程进度，应该从水文灾害和生态环境风险等维度对其进行合理评估与分析，并制定系统性的技术方案和治理体系。

第一，利用 ArcGIS、水面线法和 HEC-RAS 水文模型，识别出了不同情境下隧道涌水排放的演变规律，实现不同情境下隧道涌水水量的变化模拟。实证分析表明，正常情境下隧道涌水径流的流域面积和水面宽度的变化趋势呈现出一致性，而流速与其呈现相反的变化趋势；在径流的始端（隧道口附近）和末端（汇入下游河流处）流速较快，中部流速较慢，但流域面积和水面宽度在径流中部出现最大值；暴雨情境下涌水量大幅度增加，直接导致径流河道承载不了多余的水量而发生溢流。

第二，利用 2005～2020 年案例隧道涌水流径栅格数据，对案例隧道涌水流径沿线区域的绿度、湿度、干度及热度的时间变化特征进行了分析；利用 PCA 方法构建出 RSEI，从逐年（2005～2020 年）和案例隧道的全生命周期（施工建设前、施工建设期及施工建设后）两个角度出发对案例隧道涌水流径 RSEI 变化情况进行了时空分析；从自然及人类活动因素两个方面选取了 8 个与涌水问题相关且对案例隧道涌水流径沿线区域生态环境起作用的驱动因素分别进行驱动力分析。研究发现：①绿度在时序上逐渐趋向于右峰分布，在空间上为隧道出口、案例铁路线路以及涌水流径沿线区域显著变差；湿度在时序上呈逐渐左移的单峰分布，在空间上案例铁路线路沿线湿度指数较低，距离隧道出口较远的流径两侧及研究区西南部的城市发展区域湿度指数处于较高水平；干度在时序上呈逐渐右移的单峰分布，在空间上整体表现出隧道出口附近干度指数显著变低，铁路线路及流径两侧干度指数显著增加的情况；热度在时序上呈两侧峰值呈下降的单峰分布，在空间上隧道出口附近及隧道涌水流径沿线及两侧区域温度处于较高水平。②2005～2020 年 RSEI 时间分布直方图图形整体左移，峰值分布由中高值区域转为中低值区域，隧道涌水流径 1000 米缓冲区范围内 RSEI 数值显著下降。2005～2020 年隧道出口附近生态环境逐渐好转，案例铁路线路及到隧道口稍远的流径沿线区域 RSEI 持续降低，生态环境有明显恶化趋势。从全寿命周期来看，在施工建设前，研究区生态整体处于较好的水平，但隧道出口东北侧区域的生态环境质量较差，是因为该区域坡度较大，植被分布较少；施工建设期，受施工建设及涌水扰动，隧道出口附近、案例铁路线路及涌水流径沿线两侧的区域生态环境恶化明显；与施工建设期相比，施工建设后隧道口附近的生态环境稍有好转。③施工建设前的土地利用和到行政区的距离、到隧道口的距离和坡向、到行政区的距离和 DEM 及坡向和到水系的距离两两影响因子对研究区 RSEI 的空间分布没有显著性差异；施工建设期间仅土地利用和到水系的距离及坡度和到水系的距离两两影响因子对研究区 RSEI 的空间分布有显著性差异；施工建设后不同驱动因子类型其对应的生态环境健康情况的差异变化与2020 年基本一致。

第三，以 2000～2020 年案例隧道所在区域的土地利用数据为基础，分析研究区土地利用及景观格局的时空变化特征；选取景观脆弱度、景观干扰度和景观损失度共同构建景观生态风险指数模型，探究研究区景观生态风险的动态变化特征；基于 MCR 模型构建研究区的生态安全格局，在此基础上提出可行性建议。研究发现以下几个方面。①研究区域耕地重心向东南方向偏移 68.773 米，人造地表重心向东北方向偏移 218.790 米，林地重心向西南方向偏移 472.122 米，草地重心向东南方向偏移 214.969 米。在 2000～2020 年耕地是研究区内最为破碎的景观类型，林地、草地持续减少，人造地表先保持不变后减少，说明 2000～2020 年研究区内这些景观的破碎程度在逐渐减弱。总的来看，研究区 2000～2020年景观类型趋于破碎化，优势景观的连通性逐渐减弱，各指数的变化幅度趋缓。②研究区整体生态风险处于较低风险等级水平，且随时间推移先下降后上升。其中，2000～2010 年下降幅度较为明显，由 0.5531 下降到 0.3836；在 2010～2020年，从 0.3836 小幅度上升到 0.3982。此外，研究区域 2000～2020 年景观生态风险呈现中间低四周高的态势。2000～2010 年，景观生态风险主要由低风险区向较低、中风险区转移，较低风险区向中、高风险区转移，中风险区向较高、高生态风险区转移，较高风险区向高风险区转移。从影响景观生态风险的驱动因素来看，到隧道口的距离对研究区景观生态风险动态变化产生的影响最大，其次是到公路的距离和到行政区的距离，这表明隧道涌水对该地区的景观生态风险有一定的影响，受到干扰后的损失程度大于周边其他区域。③生态源地、生态廊道和生态节点相互联系构成了一个完整的生态安全网络，这个生态网络将研究区域内绝大多数生物的生存空间连接起来，从而形成一个高循环的、多层次的、高效率的生态系统保护结构。

第四，构建了政府监管部门、施工企业和公众三方演化博弈模型，分析各主体的行为演化策略，并利用 Matlab 进行数值仿真，探究系统演化的稳定状态；研究表明对于隧道涌水绿色安全处理最理想的决策是政府选择强监管策略，施工企业自觉选择合理涌水处理策略以及公众选择积极参与监督策略。随后，本书在技术体系部分从重大工程的全生命周期出发，总结了立项、设计、施工以及运维阶段预防与治理涌水的措施,形成了较为完备的隧道涌水生态环境风险管理对策。

(4)重大工程植被生态风险管理应遵循"风险识别—风险溯源—风险应对"的理论框架,全面系统识别重大工程建设过程中可能出现的各种植被生态风险点和风险源,制定差异化的生态修复技术和治理方案。

第一,在大量历史文本数据的基础上,利用三种机器学习模型的互补优势,提出了一种重大工程生态风险识别与应对的模型方法,完整地识别了重大工程建设过程中可能出现的各类主要风险点和风险源。这不仅保证了风险识别结果的客观性和系统性,也显著地缩减了分析时间,提高了风险识别的效率,能为重大工程实践中的生态风险识别、管理和修复提供及时可靠的决策参考。

第二,在区域生态风险识别的基础上,根据不同区域的自然条件和工程扰动情况提出生态修复技术管理方式,结合区域自然条件与修复植物种类的生长要求,提出差异化的生态修复方案。该研究能够根据重大工程所在地的自然环境状况,确定工程建设后植被生态修复的植物种类以及所需的技术,为重大工程的生态修复方案的建立提供科学依据。

第三,基于复杂性降解的视角,通过融合遥感卫星数据、气象观测站数据、工程相关文本数据等多源异构数据,运用 LDA、Word2Vec 和随机森林等机器学习模型和算法,优化了重大工程生态修复决策过程,最终形成了包含生态修复技术和修复植物种类的系统性生态修复方案。该研究系统性地解决了难以对多源异构数据进行深度融合的问题,结合多种机器学习模型,更加快速、准确地为重大工程提供生态修复决策方案,也为进一步开发重大工程所在地生态修复的可视化决策工具提供模型基础。

13.2 实 践 启 示

本书对重大工程环境管理与绿色创新实践的启示主要体现在以下几个方面。

(1)当今,中国特色社会主义进入了新时代,重大工程在新的历史方位中承担了新的历史使命,是推动我国社会主义现代化强国建设的重要抓手。工程是人类活动改造自然环境的结果,但这种改造行为必须顺应自然规律。社会主义现代化强国必然是可持续发展的国家,重大工程建设也要贯彻"绿水青山就是金山银山"的生态文明和绿色发展理念,以资源环境承载能力为基础,以自然规律为准则,以重大工程与生态环境和谐共生为目标,围绕可持续发展战略部署重大工程。同时,强化污染防治和生态保护,建立环境质量改善与生态恢复技术体系,构建绿色、节能、循环的重大工程建造模式,通过"绿色施工"打造人类活动与自然资源、生态环境相互协调和相互促进的"绿色工程"。

（2）坚持绿色发展理念，强化资源节约与生态影响最小原则，从"摇篮到坟墓"做好重大工程的规划、决策、设计、施工、运营、拆除等全生命周期的环境管理。也就是说，在重大工程的全生命周期中最大程度地节约能源、节约用水、节约土地、节约材料、减少污染、保护环境。在规划决策阶段，结合项目团队成员的经验和知识，对重大工程的建设方案进行充分论证和反复比选，优选出能够有效提升重大工程环境效益的建设方案；在工程设计阶段，充分结合 BIM、人工智能、物联网、大数据、机器人等现代化智能建造技术，重点考虑减少室外环境污染和节约各种资源的利用；在工程施工阶段，制定绿色施工标准，同时充分做好项目施工人员的组织协调以及物料的合理分配等方面工作，最大程度减少对生态环境的影响；在运营维护阶段，以资源环境和社会效益为共同目标，集成建设方、运营方和业主方等各方，实现运维阶段的环境管理，最大程度减少工程运行对生态环境的影响；在回收处置阶段，加强对重大工程全生命周期产生的废水、废气、固体废物的处置与回收，并通过适度的改造与更新，赋予其新的功能，使原建筑物的生命周期本质上得到循环和延续。

（3）加大重大工程的绿色技术创新投入，重视推动重大工程的绿色技术创新，大力开发理念先进、资源节约、绿色低碳环保的工艺和工程技术，推动绿色产业发展。习近平总书记指出："工程科技创新驱动着历史车轮飞速旋转，为人类文明进步提供了不竭动力源泉，推动人类从蒙昧走向文明、从游牧文明走向农业文明、工业文明，走向信息化时代。"[①]重大工程绿色技术创新，可以通过不断革新传统能源清洁利用、新能源利用、节能增效、循环利用、环保材料、污染治理、绿色交通和绿色建筑等工艺技术，加快推动工程项目全过程绿色化，构建起科技含量高、资源消耗低、环境污染少、人体健康影响小、效益高、成本低的工程项目技术体系。此外，还需要同步建立环境管理制度与绿色技术创新体系，实行制度创新、管理创新和技术创新并举。

13.3　局限性与未来展望

虽然在理论构建、数据采集、方法设计、模型运用等多个方面做出了大量努

[①]《习近平：工程科技创新为人类文明进步提供不竭动力》，http://www.xinhuanet.com/politics/2014-06/03/c_1110966948.htm[2023-12-28]。

力，但囿于研究条件、重大工程及其生态环境复杂性、不可抗力等方面的影响，本书仍然难以在研究广度和深度上做到面面俱到，还存在以下局限和不足可以在未来的研究与实践中进行优化和改进。

（1）重大工程在工程结构、技术方案、利益相关者、生态环境、外部效应等诸多方面都表现出显著的异质性和复杂性，不同的重大工程面临着不同的环境问题，需要设计和制定差异化的环境管理技术方案和治理体系，来提高重大工程环境管理绩效。本书主要以我国某铁路项目作为研究案例，分析建设运营过程中的弃渣场、施工道路、植被生态以及隧道涌水等方面的生态风险分析与管理，虽然对实践与未来研究具有一定的指导意义，但也导致了研究结论具有较强"情景依赖"的问题，对于其他地区、其他重大工程的借鉴与推广意义有限。比如，同样作为线性重大工程的港珠澳大桥与青藏铁路，前者更加关注海洋生态环境保护，而后者更加关注高原冻土区的环境保护。因此，未来需要关注更具特色、更加复杂的重大工程环境管理问题，并将不同复杂艰险环境下的重大工程环境管理进行比较分析，形成普适化和系统化的环境管理顶层设计。

（2）信息技术的高速发展、重大工程的复杂性以及人们对生态环境保护意识的日益提高，都在要求重大工程管理与物联网、互联网、人工智能、大数据、区块链、云计算、虚拟现实、传感器等现代信息技术融合，逐步实现重大工程管理的精细化、模块化、信息化、数字化、智能化发展。环境管理作为重大工程管理的重要组成部分，更是需要现代信息技术的支撑。本书在研究过程中虽然使用了ArcGIS、云模型、复杂网络、机器学习、数字孪生等技术工具，并且提出了基于云模型的弃渣场生态风险评价模型、基于机器学习的植被修复决策技术、基于数据驱动的施工道路质量管理框架等技术或方法，但距离智能建造与智慧运维所要求的全面感知、协同工作、智能分析、风险预控、知识共享等核心功能还存在一定差距。下一步的工作就是继续探讨 GIS、云计算、物联网、信息管理平台、数据库技术、网络通信、BIM、CIM、AR（augment reality，增强现实）、虚拟现实、RFID（radio frequency identification，射频识别）、整体解决方案等现代信息技术在重大工程环境管理中的应用。

（3）重大工程是一个复杂系统，其建设与运营对生态环境的作用表现出显著综合性、外部性和动态性，既包括基础设施建设过程中对生态环境的直接影响，也包括重大工程建成后人类社会活动对生态环境造成的间接影响，涉及生态功能、环境质量、能源资源、生物多样性、生态安全等方方面面。本书的相关研究多从单一、静态视角出发，对弃渣场生态风险、植被修复风险、隧道涌水径流生态风险等进行研究，缺少复合、动态视角下的系统性研究。比如，本书从静态视角对重大工程弃渣场生态风险进行了评价，缺少动态视角下的演化规律分析；从生态质量视角对隧道涌水径流生态质量的时空演化规律和影响因素进行了分析，从景观格局视角对隧道涌水径流生态风险的时空演化规律以及安全格局进行了研究，缺少复合视角下的系统性分析。在未来的研究中，可以采用更加丰富、系统化的研究视角，构建动态化的评价方法与模型，对重大工程生态环境风险进行全面、系统的分析与评价，为重大工程环境管理提供更有价值的决策依据。

参 考 文 献

巴志超，杨子江，朱世伟，等.2016. 基于关键词语义网络的领域主题演化分析方法研究. 情报理论与实践，39（3）：67-72.

白礼彪，张璐瑶，孙怡晨，等.2021. 公路工程项目组合施工进度风险防范策略. 中国公路学报，34（9）：203-214.

本刊编辑部.2016. 广东深圳光明新区渣土受纳场"12·20"特别重大滑坡事故调查报告. 中国应急管理，（7）：77-85.

蔡德钧，朱宏伟，叶阳升，等.2020. 铁路路基工程信息化技术. 铁道建筑，60（4）：28-33.

曹峰，邵东珂，王展硕.2013. 重大工程项目社会稳定风险评估与社会支持度分析：基于某天然气输气管道重大工程的问卷调查. 国家行政学院学报，（6）：91-95.

常守志.2019. 基于生态流的城市景观生态变化与优化研究. 长春：吉林大学.

常咏梅.2021. 黄河流域豫鲁段景观生态安全格局研究. 济南：山东建筑大学.

陈帆，王迎超，郑顺华.2023. 地铁隧道涌水涌砂诱发地面塌陷的大型模型试验研究. 土木工程学报，56（11）：174-183.

陈宏辉，贾生华.2004. 企业利益相关者三维分类的实证分析. 经济研究，（4）：80-90.

陈宏权，曾赛星，苏权科.2020. 重大工程全景式创新管理：以港珠澳大桥工程为例. 管理世界，36（12）：212-227.

陈建国，孟春.2010. 建筑业可持续建设模式研究. 统计与决策，（5）：71-73.

陈思明，王宁，张红月，等.2020. 闽江河口湿地土壤盐分的空间分异与集聚特征. 应用生态学报，31（2）：599-607.

陈晓辉，曾晓莹，赵超超，等.2021. 基于遥感生态指数的道路网络生态效应分析：以福州市为例. 生态学报，41（12）：4732-4745.

陈岩.2009. 大型建设项目可持续性动态评价研究. 科技管理研究，29（4）：53-55.

陈永泰，郭悦，曾恩钰，等.2022. 基于复杂系统管理范式的太湖饮用水安全治理研究. 管理世界，38（3）：226-240.

陈禹.2001. 复杂适应系统（CAS）理论及其应用：由来、内容与启示. 系统辩证学学报，（4）：35-39.

丁娟.2002. 创新理论的发展演变. 现代经济探讨，（6）：27-29.

董晓霞，黄季焜，Rozelle S，等.2006. 地理区位、交通基础设施与种植业结构调整研究. 管理世界，（9）：59-63，79.

"都江堰水利工程的管理学问题研究"课题组，肖延高，李代天，等.2023. 都江堰千年延续的管理解码：重大工程可持续发展视角. 管理世界，39（4）：175-195.

杜蓓.2005. 青藏铁路格尔木至拉萨段水土流失现状及其控制研究. 成都：西南交通大学.

杜利军，高飞.2017. 大柱山隧道地热异常段特征及防治措施研究. 城市建设理论研究（电子版），（2）：115-116.

杜嵩. 2021. 基于土地利用变化的西安市景观生态风险评价研究. 西安：西安科技大学.

段宇. 2021. 某富水断层隧道突涌水预警分析平台及治理措施. 西安：西安理工大学.

樊庆文. 2022. 公路隧道施工安全风险管理思路构建. 中华建设，（8）：59-60.

范冬萍. 2018. 系统科学哲学理论范式的发展与构建. 自然辩证法研究，34（6）：110-115.

范冬萍，黄键. 2021. 当代系统观念与系统科学方法论的发展. 自然辩证法研究，37（11）：9-14.

冯雪艳. 2018. 改革开放 40 年中国可持续发展理论的演进. 现代管理科学，（6）：27-29.

付建新，曹广超，郭文炯. 2020. 1980——2018 年祁连山南坡土地利用变化及其驱动力. 应用生态学报，31（8）：2699-2709.

傅洪贤. 2008. 青藏铁路爆破施工对冻土环境的影响及对策. 环境科学学报，（1）：204-208.

傅强，齐广志，于昊，等. 2022. 岩溶隧道运营期突涌水综合处治方法研究. 建筑技术开发，49（23）：138-143.

甘晓龙. 2014. 基于利益相关者理论的基础设施项目可持续建设方案决策模型研究. 重庆：重庆大学.

高彬嫔，李琛，吴映梅，等. 2021. 川滇生态屏障区景观生态风险评价及影响因素. 应用生态学报，32（5）：1603-1613.

高晶鑫，隽志才，倪安宁. 2015. 基于贝叶斯网络的出行者目的地选择行为建模与应用. 系统管理学报，24（1）：32-37.

高晓明，郁银泉，李晓明，等. 2020. 装配式建筑部品与构配件产品标准体系构建. 建筑学报，（S2）：138-142.

高新波，裴继红，谢维信. 2000. 模糊 c-均值聚类算法中加权指数 m 的研究. 电子学报，（4）：80-83.

高自友，赵小梅，黄海军，等. 2006. 复杂网络理论与城市交通系统复杂性问题的相关研究. 交通运输系统工程与信息，（3）：41-47.

葛晓梅，王京芳，薛斌. 2005. 促进中小企业绿色技术创新的对策研究. 科学学与科学技术管理，（12）：87-91.

顾小华，苏子清，张文聪. 2021. 生产建设项目弃渣场选址探讨. 中国水土保持，（12）：23-25，40.

顾新华，顾朝林，陈岩. 1987. 简述"新三论"与"老三论"的关系. 经济理论与经济管理，（2）：71-74.

郭二民，鲜国，李传富，等. 2015. 成兰铁路施工期环境管理模式. 环境影响评价，37（2）：13-17.

郭靖云. 2021. 基于系统动力学的建筑工程施工安全监管博弈研究. 太原：太原理工大学.

郭重庆. 2007. 中国管理学界的社会责任与历史使命. 中国科学院院刊，（2）：132-136.

国家林业和草原局. 2018. 自然保护区工程项目建设标准：建标 195-2018. 北京：中国计划出版社.

国家质量监督检验检疫总局，国家标准化管理委员会. 2008. 水土保持综合治理 规划通则：GB/T 15772—2008. 北京：中国标准出版社.

韩亚楠，刘建伟，罗雄麟. 2021. 概率主题模型综述. 计算机学报，44（6）：1095-1139.

韩振峰. 2012. 科学发展观内涵的十次重要拓展. 理论探索，（3）：28-30，35.

郝敏. 2020. X 变电站智能化改造工程风险管理研究. 青岛：青岛大学.

何成兴. 2022. 特长隧道涌水突泥处治工艺及安全施工. 交通世界，（Z1）：45-46.

何杏清. 1989. "新三论" 简介. 中国人力资源开发, (5)：34-36.

贺志霖, 俎瑞平, 屈建军, 等. 2014. 我国北方工业弃渣风蚀的风洞实验研究. 水土保持学报, 28 (4)：29-32, 65.

洪振宇, 何玉琼, 李明, 等. 2021. 降雨-地震耦合作用下某大型弃渣场稳定性分析. 矿业研究与开发, 41 (6)：43-47.

侯斐斐, 施荣华, 雷文太, 等. 2020. 面向探地雷达 B-scan 图像的目标检测算法综述. 电子与信息学报, 42 (1)：191-200.

侯汉坡, 刘春成, 孙梦水. 2013. 城市系统理论：基于复杂适应系统的认识. 管理世界, (5)：182-183.

胡迪勇, 徐钟, 王坤云, 等. 2021. 岩溶隧道涌突水灾害源类型及灾害防治分析. 资源信息与工程, 36 (1)：74-76, 81.

黄桂林, 魏修路. 2019. 基于组合赋权法的 PPP 棚改项目风险评价. 土木工程与管理学报, 36(4)：40-46.

黄宏伟. 2006. 隧道及地下工程建设中的风险管理研究进展. 地下空间与工程学报, (1)：13-20.

黄世忠. 2021. 支撑 ESG 的三大理论支柱. 财会月刊, (19)：3-10.

黄裕洪. 2021. 财政分权、区域技术创新与生态可持续发展. 财政科学, (4)：81-92.

黄志雄. 2022. 高速公路路基施工工程风险管理分析. 黑龙江交通科技, 45 (10)：150-152.

简卿. 2018. 青龙满族自治县土地利用景观生态风险评价与生态安全格局构建研究. 保定：河北农业大学.

江云婷. 2020. 城市土地利用变化驱动力建模分析. 济南：山东建筑大学.

姜元春, 王继成, 贺菲菲, 等. 2022. 科技大数据多元价值链模型与价值评估方法. 工程管理科技前沿, 41 (3)：31-38.

蒋爱萍, 靳甜甜, 张丽萍, 等. 2022. 西南地区道路建设对植被净初级生产力的影响. 生态学报, 42 (9)：3624-3632.

蒋红梅, 张兰军, 丁浩. 2010. 隧道建设对水环境的影响及其对策. 公路交通技术, (5)：144-147.

蒋铁铮, 尹晓博, 马瑞, 等. 2020. 基于 k-means 聚类和模糊神经网络的母线负荷态势感知. 电力科学与技术学报, 35 (3)：46-54.

交通运输部工程质量监督局. 2011. 公路桥梁和隧道工程施工安全风险评估制度及指南解析. 北京：人民交通出版社.

交通运输部公路科学研究院. 2017. 公路交通安全设施施工技术规范：JTG D81—2017. 北京：人民交通出版社.

金凤君, 陈卓. 2023. 跨区域重大交通工程空间效应评估的地理学思路. 地理科学, 43 (4)：586-595.

金菊良, 杨晓华, 丁晶. 2000. 基于实数编码的加速遗传算法. 四川大学学报 (工程科学版), (4)：20-24.

靳甜甜, 张云霞, 朱月华, 等. 2021. 黄土高原林区生态系统服务价值与景观生态风险时空变化及其关联性：以子午岭区为例. 应用生态学报, 32 (5)：1623-1632.

荆文君, 孙宝文. 2019. 数字经济促进经济高质量发展：一个理论分析框架. 经济学家, (2)：66-73.

亢超刚. 2019. 生态环境可持续发展下山岭隧道防排水设计理念和工程措施之我见. 铁道标准

设计，63（2）：94-97.

匡星，白明洲，王连俊，等.2009. 铁路建设项目对生态环境影响评价体系探析. 铁道学报，
　　31（2）：125-131.

雷丽彩，周晶，何洁.2011. 大型工程项目决策复杂性分析与决策过程研究. 项目管理技术，
　　9（1）：18-22.

冷若琳.2020. 基于机器学习的祁连山草地植被覆盖度遥感估算研究. 兰州：兰州大学.

李爱军，朱翔，赵碧云，等.2004. 生态环境动态监测与评价指标体系探讨. 中国环境监测，（4）：
　　35-38.

李苍松，李强，史永跃，等.2019. 关于川藏铁路隧道施工地下水环境保护的认识和建议. 现代
　　隧道技术，56（S1）：24-33.

李德毅，刘常昱.2004. 论正态云模型的普适性. 中国工程科学，（8）：28-34.

李海莲，林梦凯，王起才.2019. 基于 IFA-SVM 的高速公路沥青路面使用性能预测. 公路交通
　　科技，36（12）：8-14，78.

李海文，鲍学英.2021. 青藏高原地区铁路隧道绿色施工水平综合评价. 铁道科学与工程学报，
　　18（2）：524-532.

李慧，彭夏清，张静晓.2021. 公路生命周期碳排放评估及其敏感性分析. 公路工程，46（2）：
　　132-138.

李纪伟.2022. 地铁工程区间隧道土建施工风险管理分析. 居舍，（13）：121-123.

李建明，王志刚，张长伟，等.2020. 生产建设项目弃土弃渣特性及资源化利用潜力评价. 水土
　　保持学报，34（2）：1-8.

李金华.2009. 网络研究三部曲：图论、社会网络分析与复杂网络理论. 华南师范大学学报（社
　　会科学版），（2）：136-138.

李琦.2022. 典型铁路山岭隧道涌水径流演变规律及其水环境风险评估. 哈尔滨：哈尔滨师范
　　大学.

李迁，朱永灵，刘慧敏，等.2019. 港珠澳大桥决策治理体系：原理与实务. 管理世界，
　　35（4）：52-60，159.

李秋强.2004. 青藏铁路清水河特大桥钻孔灌注桩施工. 施工技术，（5）：37-38.

李涛，王辉明，胡宗琪.2019. 基于熵权-正态云模型的沥青路面使用性能评价. 土木工程与管
　　理学报，36（4）：190-196.

李廷昆，冯银厂，毕晓辉，等.2022. 城市扬尘污染主要成因与精准治尘思路. 环境科学，43（3）：
　　1323-1331.

李万，常静，王敏杰，等.2014. 创新3.0与创新生态系统. 科学学研究，32（12）：1761-1770.

李薇，杨华，尹小涛，等.2021. 山区高速公路典型弃渣场稳定性综合评估. 公路交通科
　　技，38（7）：38-44.

李伟林，文剑，马文凯.2016. 基于深度神经网络的语音识别系统研究. 计算机科学，43（S2）：
　　45-49.

李显伟.2007. 隧道水害与地质灾害相互作用及综合防治研究. 成都：西南交通大学.

李玉龙，侯相宇.2022. 基于故障树和贝叶斯网络集成的重大工程弃渣场风险诊断与预测. 系统
　　管理学报，31（5）：861-874.

李月白.2022. 钱学森对国家尖端技术自主创新的意见. 自然辩证法通讯，44（2）：83-91.

李云华, 李杰, 彭小云. 2013. 隧道突水涌泥风险管理. 交通科技, (2): 91-93.

李志义. 2016. 铁路建设项目信息化管理的应用与发展. 中国铁路, (1): 14-18.

李卓然, 乔运华, 赵怡静, 等. 2023. 基于供应链协同的制造业供应商动态评价模型研究与实现. 制造业自动化, 45 (5): 215-220.

梁军平, 刘意立, 赵国军, 等. 2017. 岩溶地区隧道施工对水环境影响评价指标体系的建立. 环境工程, 35 (4): 129-133, 148.

林国军, 麻元晓. 2021. 隧道工程风险管理分析. 运输经理世界, (11): 49-51.

林文华, 叶诚耿, 王浩. 2020. 考虑堆填界面软化及地下水位波动的大型弃渣场边坡稳定性分析. 铁道建筑, 60 (5): 84-88.

刘爱芳, 任晓宇, 郭树荣. 2011. 建筑业可持续发展评价指标及方法. 统计与决策, (13): 166-168.

刘呈军, 聂富强, 任栋. 2020. 我国人类发展水平的测度研究: 基于新发展理念的 HDI 拓展研究. 经济问题探索, (3): 58-73.

刘刚锋. 2010. 公路隧道施工不良地质灾害对策研究. 西安: 长安大学.

刘洪. 2004. 组织结构变革的复杂适应系统观. 南开管理评论, (3): 51-56.

刘举庆, 李军, 王兴娟, 等. 2023. 矿山生态环境定量遥感监测与智能分析系统设计与实现. 煤炭科学技术: 1-14[2024-05-20]. http://kns.cnki.net/kcms/detail/11.2402.TD.20230914.1753.001. html.

刘兰, 赵新力, 李艳. 2007. 基于文本挖掘和技术路线图的技术创新机会发现. 中国软科学, (6): 102-105, 110.

刘强, 管理. 2017. 基于国际工程项目全生命周期的风险管理. 土木工程与管理学报, 34(6): 1-9, 16.

刘生龙, 胡鞍钢. 2010. 基础设施的外部性在中国的检验: 1988—2007. 经济研究, 45 (3): 4-15.

刘威. 2022. 典型山岭铁路隧道涌水流径沿线生态环境演变效应. 哈尔滨: 哈尔滨师范大学.

刘伟, 付海陆, 耿伟, 等. 2017. 天目山隧道施工废水特征分析及处理. 隧道建设, 37(7): 845-850.

刘耀彬, 易容, 姜俐君, 等. 2022. 习近平生态文明思想形成逻辑、内涵演进与最新进展. 华东经济管理, 36 (11): 1-8.

刘勇. 2011. 绿色技术创新与传统意义技术创新辨析. 工业技术经济, 30 (12): 55-60.

刘志生. 2019. 地铁施工区段地下空洞探测及病害处理研究. 施工技术, 48 (13): 104-107.

柳卸林, 王倩. 2021. 面向核心价值主张的创新生态系统演化. 科学学研究, 39 (6): 962-964, 969.

陆佑楣. 2005. 水坝工程的社会责任. 中国三峡建设, (5): 4-7.

罗明, 周妍, 鞠正山, 等. 2019. 粤北南岭典型矿山生态修复工程技术模式与效益预评估: 基于广东省山水林田湖草生态保护修复试点框架. 生态学报, 39 (23): 8911-8919.

罗秀兰, 夏汝刚. 2017. 基于遗传神经网络的路面使用性能评价预测. 施工技术, 46 (S1): 946-948.

吕拉昌, 黄茹, 廖倩. 2016. 创新地理学研究的几个理论问题. 地理科学, 36 (5): 653-661.

吕小武. 2008. 探地雷达在路面基层检测中的应用研究. 长沙: 长沙理工大学.

吕一博, 蓝清, 韩少杰. 2015. 开放式创新生态系统的成长基因: 基于 iOS、Android 和 Symbian 的多案例研究. 中国工业经济, (5): 148-160.

马超, 崔培培, 钟广睿, 等. 2021. 气候变化和工程活动对青藏铁路沿线植被指数时空变化的影响. 地理研究，40（1）：35-51.

马伟斌，罗勋，王志伟. 2020. 铁路长大隧道防灾疏散救援原则及关键技术. 中国铁路，（12）：164-172.

麦强，盛昭瀚，安实，等. 2019. 重大工程管理决策复杂性及复杂性降解原理. 管理科学学报，22（8）：17-32.

梅亮，陈劲，刘洋. 2014. 创新生态系统：源起、知识演进和理论框架. 科学学研究，32（12）：1771-1780.

孟俊娜，符美清，王然，等. 2016. 基于云模型的基础设施项目可持续性评价. 科技进步与对策，33（16）：86-90.

苗东升. 2016. 系统科学精要. 4 版. 北京：中国人民大学出版社.

苗紫燕，吴彤，陈佳萍，等. 2020. 青藏铁路对雄性藏羚行为时间分配的影响. 兽类学报，40（2）：135-142.

牟琦，付强，邵江，等. 2023. 基于集水廊道的裂隙岩体隧道涌水压力折减分析. 地下水，45（1）：28-31.

牛文元. 2012. 可持续发展理论的内涵认知：纪念联合国里约环发大会 20 周年. 中国人口·资源与环境，22（5）：9-14.

牛毅，樊运晓，高远. 2019. 基于数据挖掘的化工生产事故致因主题抽取. 中国安全生产科学技术，15（10）：165-170.

欧阳康. 2022. "双碳"目标、绿色发展与国家治理："双碳"战略及其实施路径的若干前提性问题. 华中科技大学学报（社会科学版），36（5）：24-30.

裴婵. 2021. 基于生态敏感性的万州区景观安全格局构建研究. 重庆：西南大学.

裴巍，付强，刘东，等. 2016. 基于改进投影寻踪模型黑龙江省土地资源生态安全评价. 东北农业大学学报，47（7）：92-100.

彭彬. 2022. 吉林西北部土地利用演变与生态安全格局识别. 泰安：山东农业大学.

祁超，卢辉，王红卫，等. 2019. 重大工程工厂化建造管理创新：集成化管理和供应商培育. 管理世界，35（4）：39-51.

钱七虎. 2012. 地下工程建设安全面临的挑战与对策. 岩石力学与工程学报，31（10）：1945-1956.

钱学森，乌家培. 1979. 组织管理社会主义建设的技术：社会工程. 经济管理，（1）：5-9.

钱学森，许国志，王寿云. 2011. 组织管理的技术：系统工程. 上海理工大学学报，33（6）：520-525.

秦晓春，倪安辰，韩莹，等. 2020. 声子晶体型高速公路声屏障的降噪性能. 中国环境科学，40（12）：5493-5501.

邱聿旻，程书萍. 2018. 基于政府多重功能分析的重大工程"激励-监管"治理模型. 系统管理学报，27（1）：129-136，156.

仇保兴. 2009. 从绿色建筑到低碳生态城. 城市发展研究，16（7）：1-11.

屈佳兴. 2022. 隧道涌水综合治理措施分析. 中国新技术新产品，（15）：146-148.

任宏，陈婷，叶堃晖. 2010. 可持续建设理论研究及其应用发展. 科技进步与对策，27（19）：8-11.

盛昭瀚. 2009. 大型复杂工程综合集成管理模式初探：苏通大桥工程管理的理论思考. 建筑经济，（5）：20-22.

盛昭瀚. 2019-11-25. 传递重大工程管理"中国声音". 中国科学报，（4）.

盛昭瀚. 2020. 重大工程管理基础理论：源于中国重大工程管理实践的理论思考. 南京：南京大学出版社.

盛昭瀚，刘慧敏，燕雪，等. 2020. 重大工程决策"中国之治"的现代化道路：我国重大工程决策治理 70 年. 管理世界，36（10）：170-203.

盛昭瀚，薛小龙，安实. 2019. 构建中国特色重大工程管理理论体系与话语体系. 管理世界，35（4）：2-16，51，195.

盛昭瀚，于景元. 2021. 复杂系统管理：一个具有中国特色的管理学新领域. 管理世界，37（6）：36-50，2.

施骞，徐莉燕. 2007. 绿色建筑评价体系分析. 同济大学学报（社会科学版），（2）：112-117，124.

石铁矛，山如黛，夏晓东. 2016. 中德节能示范中心可持续设计策略及节能技术研究. 建筑学报，（S1）：29-34.

史东梅，蒋光毅，郭宏忠，等. 2021. 生产建设项目人为水土流失的生态环境损害评估. 中国水土保持科学（中英文），19（2）：71-79.

宋娟，张莹莹，谭劲松. 2019. 创新生态系统下核心企业创新"盲点"识别及突破的案例分析. 研究与发展管理，31（4）：76-90.

宋立旺，王莎，钟壬琳. 2018. 建设项目水土保持"三同时"执行率评价体系构建. 中国人口·资源与环境，28（S1）：157-159.

苏会锋，席健，陈绍杰. 2006. 施工铁路隧道的"控制排水"原则. 施工技术，（10）：16-18.

孙才志，闫晓露，钟敬秋. 2014. 下辽河平原景观格局脆弱性及空间关联格局. 生态学报，34（2）：247-257.

孙朝燚，陈从新，郑允，等. 2019. 基于空间效应的弃渣场边坡稳定性方法探讨. 西南交通大学学报，54（1）：97-105.

孙海玲，李旭伟. 2013. 大型基础设施可持续发展能力评价体系的构建. 统计与决策，（16）：28-31.

孙吉贵，刘杰，赵连宇. 2008. 聚类算法研究. 软件学报，19（1）：48-61.

孙铭浩，张霞，尚国琲. 2021. 基于 NDVI 的晋州市植被覆盖信息提取. 农业与技术，41（23）：50-56.

孙琦宗，华尔天，孙丽颖. 2022. 一种基于 K-means 算法的产品定制特征分类方法. 江西科学，40（3）：423-428，433.

谭跃进，邓宏钟. 2001. 复杂适应系统理论及其应用研究. 系统工程，（5）：1-6.

唐焕玲，卫红敏，王育林，等. 2022. 结合 LDA 与 Word2vec 的文本语义增强方法. 计算机工程与应用，58（13）：135-145.

唐明，朱磊，邹显春. 2016. 基于 Word2Vec 的一种文档向量表示. 计算机科学，43（6）：214-217，269.

陶飞，刘蔚然，刘检华，等. 2018. 数字孪生及其应用探索. 计算机集成制造系统，24（1）：1-18.

陶绍钧. 2020. 川藏施工道路最小圆曲线半径及最大纵坡研究. 交通科技与经济，22（5）：57-62.

陶艳萍，盛昭瀚. 2020. 重大工程环境责任的全景式决策：以港珠澳大桥中华白海豚保护为例. 环境保护，48（23）：56-61.

田四明，王伟，李国良，等. 2021. 川藏铁路隧道设计理念与主要原则. 隧道建设（中英文），

41（4）：519-530.

田雅楠，马龙，吴全. 2023. 黄河流域内蒙古段土地利用演变与景观生态风险评价. 生态科学，42（5）：103-113.

汪明武，王霄，龙静云，等. 2021. 基于多维联系正态云模型的泥石流危险性评价. 应用基础与工程科学学报，29（2）：368-375.

汪义，王海涛，梅鸽福，等. 2021. 沥青路面交叉口高温稳定性关键指标分析. 施工技术，50（7）：132-136.

王安. 2016. 新常态下我国铁路建设需创新发展. 中国投资，（9）：42-44.

王德智，邱彭华，方源敏. 2015. 丽香铁路建设对沿线景观格局影响的尺度效应及其生态风险. 应用生态学报，26（8）：2493-2503.

王慧敏，黄晶，刘高峰，等. 2022. 大数据驱动的城市洪涝灾害风险感知与预警决策研究范式. 工程管理科技前沿，41（1）：35-41.

王建波，张薇，秦娜，等. 2022. 基于云模型的城市深基坑工程施工风险评价. 哈尔滨商业大学学报（自然科学版），38（1）：113-120.

王姣娥，张佩，焦敬娟. 2023. 跨区域重大基础设施空间效应评估的理论框架. 地理科学，43（4）：575-585.

王金南，蒋洪强，程曦，等. 2021. 关于建立重大工程项目绿色管理制度的思考. 中国环境管理，13（1）：5-12.

王军武，吴寒，杨庭友. 2019. 基于投影寻踪的地铁车站工程暴雨内涝脆弱性评价. 中国安全科学学报，29（9）：1-7.

王梦恕. 2014. 中国盾构和掘进机隧道技术现状、存在的问题及发展思路. 隧道建设，34（3）：179-187.

王树财，孙杨，石磊，等. 2022. 管道工程建设项目全目标、全流程风险管理. 价值工程，41（29）：1-4.

王顺久，张欣莉，丁晶，等. 2002. 投影寻踪聚类模型及其应用. 长江科学院院报，（6）：53-55，61.

王思博，庄贵阳. 2023. 生态技术创新：理论阐释、作用机制与案例检验. 经济体制改革，（1）：24-33.

王同军. 2019. 中国智能高速铁路体系架构研究及应用. 铁道学报，41（11）：1-9.

王玮萍. 2017. 我国绿色工程项目管理现状综述. 工程技术研究，（12）：130-132.

王曦，张怡雯. 2021. 基于 Landsat 影像的北京植被覆盖度变化趋势分析. 遥感技术与应用，36（6）：1388-1397.

王馨，王营. 2021. 绿色信贷政策增进绿色创新研究. 管理世界，37（6）：173-188，11.

王秀英，谭忠盛，王梦恕，等. 2010. 宜万铁路岩溶隧道防排水原则及技术研究. 中国工程科学，12（8）：107-112.

王绪璐. 2022. 基于高分数据的济南市景观生态风险评估和生态网络构建分析. 济南：山东建筑大学.

王永进，盛丹，施炳展，等. 2010. 基础设施如何提升了出口技术复杂度？. 经济研究，45（7）：103-115.

王运涛，王国强，王桥，等. 2022. 我国生态环境大数据发展现状与展望. 中国工程科学，24（5）：

56-62.

危金煌, 樊仲谋, 胡喜生. 2021. 2000—2020年福州市植被覆盖度时空变化分析. 江苏林业科技, 48 (6): 10-17.

韦立伟, 付贵增, 余雷, 等. 2016. 生产建设项目弃渣场潜在危险性快速评价方法研究: 以新建重庆至万州铁路为例. 海河水利, (6): 41-44.

魏立恒. 2011. 云桂铁路YGZQ-4标隧道工程项目安全风险管理研究. 成都: 西南交通大学.

乌云飞, 阮帮贤, 张朝辉, 等. 2022. 西南山区高速公路弃渣场选址及设计方法. 公路, 67 (5): 67-74.

吴树清. 2013. 隧道围岩高渗流带涌水量预测及处置原则. 西安: 长安大学.

吴伟东, 苟唐巧, 许博浩, 等. 2019. 基于改进PPC模型的铁路弃渣场综合风险评价系统. 中国安全生产科学技术, 15 (8): 181-186.

肖桂蓉. 2011. 铁路线下工程施工环境保护与水土保持方法探讨. 成都: 西南交通大学.

肖峻, 汪亚峰, 陈利顶. 2012. 廊道式建设工程生态环境影响评价研究现状与展望. 生态学杂志, 31 (10): 2694-2702.

肖玮. 2020. 山区公路沿线弃渣场稳定性及危险性评价方法研究. 西安: 长安大学.

肖玮, 田伟平. 2021. 基于物质点法和极限平衡法公路沿线弃渣场危险性评价. 灾害学, 36 (1): 37-41, 59.

肖显静, 赵伟. 2006. 从技术创新到环境技术创新. 科学技术与辩证法, (4): 80-83, 111-112.

谢定坤, 覃亚伟, 张柯, 等. 2020. 大型桥梁施工变更方案的云模型评价. 土木工程与管理学报, 37 (5): 176-182.

谢高地, 张彩霞, 张昌顺, 等. 2015b. 中国生态系统服务的价值. 资源科学, 37 (9): 1740-1746.

谢高地, 张彩霞, 张雷明, 等. 2015a. 基于单位面积价值当量因子的生态系统服务价值化方法改进. 自然资源学报, 30 (8): 1243-1254.

谢高地, 甄霖, 鲁春霞, 等. 2008. 一个基于专家知识的生态系统服务价值化方法. 自然资源学报, (5): 911-919.

谢君, 王凯. 2017. 浅析"互联网+"背景下的公路施工质量管理. 公路, 62 (9): 216-219.

谢立均. 2017. 高家湾特长隧道岩溶区段涌水量预测与评价. 成都: 西南交通大学.

谢胜波, 屈建军. 2014. 青藏铁路沿线地形、气候、水文特征及其对沙害的影响. 干旱区资源与环境, 28 (10): 157-163.

解学梅, 王宏伟. 2020. 开放式创新生态系统价值共创模式与机制研究. 科学学研究, 38 (5): 912-924.

熊聘, 楼文高. 2014. 基于投影寻踪分类的长江流域水质综合评价模型及其应用模型. 水资源与水工程学报, 25 (6): 156-162.

熊雪锋, 原志听, 昌敦虎, 等. 2023. 生态环境质量监测事权改革的政策效应研究: 以环境空气质量监测为例. 中国环境科学, 43 (12): 6740-6754.

徐枫. 2020. 可持续发展观与人类文明转型. 人民论坛, (32): 32-35.

徐亮, 任雪松, 王栋, 等. 2017. 高速公路绿色可持续发展服务区建设的探讨研究. 工业安全与环保, 43 (2): 77-79.

徐瑞池, 李秀珍, 胡凯衡, 等. 2020. 横断山区山地灾害的动态风险性评价. 山地学报,

38（2）：222-230.

徐玉华，郑锐，张万清. 2020. 基于事故树方法的弃渣场安全研究. 陕西水利，（3）：174-177.

许芳，张骞，张子航，等. 2022. 基于改进 FTA-AHP 的隧道涌水事故风险评价. 国防交通工程与技术，20（1）：26-29，5.

许庆瑞，王毅. 1999. 绿色技术创新新探：生命周期观. 科学管理研究，（1）：3-6.

许增光，熊伟，柴军瑞，等. 2021. 隧道裂隙突涌水过程中注浆技术研究进展及展望. 水资源与水工程学报，32（2）：185-193，201.

许珍. 2012. 我国城市低碳建筑发展缓慢的原因分析. 城市问题，（5）：50-53.

闫清卫，李志军，向亮. 2009. 大柱山隧道地质调查研究. 四川建筑，29（4）：73-75.

闫绪娴，吴世斌. 2009. 基于可持续发展战略的项目群管理组织. 中国工程咨询，（4）：44-46.

严晗. 2019. 高海拔地区建筑工程施工技术指南. 北京：中国铁道出版社.

严志伟，刘大刚，赵大铭，等. 2022. 铁路隧道弃渣的本地资源化利用. 环境工程学报，16（5）：1649-1656.

晏永刚，任宏，范刚. 2009. 大型工程项目系统复杂性分析与复杂性管理. 科技管理研究，29（6）：303-305.

杨秋波，王雪青. 2011. 基于扎根理论的可持续建设与公众参与关系机理研究. 软科学，25（9）：31-34，63.

杨晓光，高自友，盛昭瀚，等. 2022. 复杂系统管理是中国特色管理学体系的重要组成部分. 管理世界，38（10）：1-24.

杨云彦，徐映梅，胡静，等. 2008. 社会变迁、介入型贫困与能力再造：基于南水北调库区移民的研究. 管理世界，（11）：89-98.

杨中杰，朱羽凌. 2017. 绿色工程项目管理发展环境分析与对策. 科技进步与对策，34（9）：58-63.

杨子桐，黄显峰，方国华，等. 2019. 基于云模型的堤防工程风险评价方法与应用. 武汉大学学报（工学版），52（7）：572-580.

殷宝法，淮虎银，张镱锂，等. 2006. 青藏铁路、公路对野生动物活动的影响. 生态学报，（12）：3917-3923.

殷亚秋，王敬，杨金中，等. 2023. 海南省国家级海洋自然保护区 2016—2020 年人类活动影响遥感监测与评价. 自然资源遥感，35（4）：149-158.

尹海涛. 2022. 新时代生态文明治理体系的主要特征和发展方向. 上海交通大学学报（哲学社会科学版），30（5）：59-67.

尹小涛，杨华，但路昭，等. 2021. 西南山区交通工程弃渣的工程特性评价及其分类. 地球科学与环境学报，43（2）：389-397.

游庆仲，何平，吴寿昌，等. 2009. 苏通大桥工程管理实践与基本经验. 北京：科学出版社.

于策. 2017. 基于 GIS 及可达性的高海拔大高差山区铁路线路方案优选研究. 成都：西南交通大学.

于进勇，丁鹏程，王超. 2018. 卷积神经网络在目标检测中的应用综述. 计算机科学，45（S2）：17-26.

于景元. 2014. 钱学森系统科学思想和系统科学体系. 科学决策，（12）：2-22.

于小植. 2023. 从"文明冲突论"走向"文化冲和说"：构建"人类命运共同体"的中国智慧. 清华大学学报（哲学社会科学版），38（1）：19-29，218.

俞孔坚.1999. 生物保护的景观生态安全格局. 生态学报,（1）：8-15.

乐云,胡毅,陈建国,等.2022. 从复杂项目管理到复杂系统管理：北京大兴国际机场工程进度管理实践. 管理世界,38（3）：212-228.

乐云,李永奎,胡毅,等.2019. "政府—市场"二元作用下我国重大工程组织模式及基本演进规律. 管理世界,35（4）：17-27.

曾丹.2022. 基于全生命周期管理的建设工程造价管理措施. 居舍,（17）：130-133.

曾国屏,苟尤钊,刘磊.2013. 从"创新系统"到"创新生态系统". 科学学研究,31（1）：4-12.

曾赛星,陈宏权,金治州,等.2019. 重大工程创新生态系统演化及创新力提升. 管理世界,35（4）：28-38.

张兵,乐云,李永奎,等.2015. 工程腐败的网络结构特征与打击策略选择：基于动态元网络视角的分析. 公共管理学报,12（3）：33-44,156.

张冬雯,杨鹏飞,许云峰.2016. 基于 word2vec 和 SVMperf 的中文评论情感分类研究. 计算机科学,43（S1）：418-421,447.

张凤海,侯铁珊.2008. 技术创新理论述评. 东北大学学报（社会科学版）,（2）：101-105.

张光南,李小瑛,陈广汉.2010. 中国基础设施的就业、产出和投资效应：基于1998~2006年省际工业企业面板数据研究. 管理世界,（4）：5-13,31,186.

张国珍,崔圣达,张洪伟,等.2017. 隧道工程对生态环境的影响及环境效应. 地质灾害与环境保护,28（4）：53-57.

张静晓,刘洋,杨琦.2023. 面向重大线性工程的施工道路沿线生态环境影响因素与绿化措施研究. 中国公路学报,36（5）：231-243.

张军伟,陈云尧.2021. 中国西南地区隧道施工事故特征分析. 地下空间与工程学报,17（6）：1952-1957.

张欧超.2022. 基于FISM-ANP-脆弱性分析的绿色建筑项目全生命周期风险评价研究. 兰州：兰州理工大学.

张攀科,罗帆.2018. 水上机场航道冲突风险机制的FTA-BN建模. 中国安全科学学报,28（9）：177-182.

张鹏.2022. 工程项目建设全生命周期管理探讨. 设备管理与维修,（22）：12-14.

张倩影.2008. 绿色建筑全生命周期评价研究. 天津：天津理工大学.

张泉.2022. 绿色建筑项目全生命周期管理策略分析. 陶瓷,（8）：182-184.

张胜,王斯敏.2020-11-16. 为了美好西部 我们接力书写"天路"传奇. 光明日报,（7）.

张顺,龚怡宏,王进军.2019. 深度卷积神经网络的发展及其在计算机视觉领域的应用. 计算机学报,42（3）：453-482.

张薇,鲍学英.2020. 基于改进灰靶的铁路弃渣场生态环境影响等级评价研究. 工程管理学报,34（6）：55-60.

张学良.2012. 中国交通基础设施促进了区域经济增长吗：兼论交通基础设施的空间溢出效应. 中国社会科学,（3）：60-77,206.

张杨,李胜涛,金晓琳,等.2012. 线性工程建设对地下水流场的影响分析. 冰川冻土,34（5）：1200-1205.

张玉娟,曲建光,叶猛猛.2020. 松花江流域哈尔滨段景观生态风险评价. 福州大学学报（自然科学版）,48（3）：361-367.

张韵君，刘安全. 2021. 绿色技术创新视阈下生态旅游变革的理论逻辑与实践指向. 延边大学农学学报，43（2）：75-84.

赵辉. 2022. 绿色技术创新理念下生态旅游变革的理论与实践研究. 环境科学与管理，47（1）：64-67.

赵细康. 2004. 环境政策对技术创新的影响. 中国地质大学学报（社会科学版），（1）：24-28.

郑钧潆. 2017. 朱溪水库工程弃渣场选址分析与评价. 中国人口·资源与环境，27（S1）：90-91.

郑克勋，裴熊伟，朱代强，等. 2019. 岩溶地区地下水位变动带隧道涌水问题的思考. 中国岩溶，38（4）：473-479.

郑新定，丁远见. 2007. 隧道施工废水对水环境的影响分析及应对措施. 现代隧道技术，（6）：82-84.

郑宗利，关惠军，荀想伟，等. 2022. 岩溶隧道突涌水预警体系的建立. 灾害学，37（1）：41-46.

中华人民共和国国家质量监督检验检疫总局，中国国家标准化管理委员会. 2008. 水土保持综合治理 规划通则：GB/T 15772—2008. 北京：中国标准出版社.

中华人民共和国建设部，中华人民共和国国家质量监督检验检疫总局. 2008. 开发建设项目水土保持技术规范：GB 50433—2008. 北京：中国计划出版社.

中华人民共和国水利部. 2008. 土壤侵蚀分类分级标准：SL190—2007. 北京：中国水利水电出版社.

中华人民共和国住房和城乡建设部，中华人民共和国国家质量监督检验检疫总局. 2014. 建筑边坡工程技术规范：GB 50330—2013. 北京：中国建筑工业出版社.

中华人民共和国住房和城乡建设部，中华人民共和国国家质量监督检验检疫总局. 2014. 水土保持工程设计规范：GB 51018—2014. 北京：中国计划出版社.

中铁第四勘察设计院集团有限公司. 2019. 一种弃渣场危险性多指标体系评价方法：中国，CN109359820A.

钟康健，马超凡. 2021. 建筑信息模型＋数字化＋物联网技术引领下的智慧桥梁施工管理分析. 公路，66（7）：203-208.

钟晓春. 2017. 云浮市生态安全格局构建方法研究. 赣州：江西理工大学.

钟晓英，冉龙华，张镀光，等. 2018. 复杂艰险山区铁路项目施工期环境监理重点分析：以成兰线成都至黄胜关段工程为例. 环境影响评价，40（3）：30-35.

周汝佳，张永战，何华春. 2016. 基于土地利用变化的盐城海岸带生态风险评价. 地理研究，35（6）：1017-1028.

周文欢，郭大进，李兴海. 2011. 基于一致性校验方法的沥青路面施工质量过程控制. 公路交通科技，28（4）：31-35.

周旭，石佩琪，周书宏，等. 2019. 武汉市土地利用/覆被变化（LUCC）时空特征研究. 国土资源科技管理，36（1）：58-68.

周杨. 2020. 铁路建设项目弃渣场过程管理方法探讨. 铁路节能环保与安全卫生，10（4）：28-31.

朱庆，张利国，丁雨淋，等. 2022. 从实景三维建模到数字孪生建模. 测绘学报，51（6）：1040-1049.

诸大建，张帅. 2022. 中国生态文明实践如何检验和深化可持续性科学. 中国人口·资源与环境，32（9）：1-10.

资西阳. 2021. 断层破碎带隧道突涌水灾害风险等级评价研究. 公路，66（12）：410-416.

邹丽雪，王丽，刘细文. 2019. 利用引文构建的主题模型研究进展.图书情报工作，63（23）：

131-138.

邹鹏. 2020. 12 年艰难奋战大瑞铁路大柱山隧道贯通. 云岭先锋，（11）：2.

邹远华，王朋，周航，等. 2022. 藏东南某隧道水文地质特征及突涌水危险性评价. 高速铁路技术，13（2）：37-42.

Abebe Y，Kabir G，Tesfamariam S. 2018. Assessing urban areas vulnerability to pluvial flooding using GIS applications and Bayesian Belief Network model. Journal of Cleaner Production，174：1629-1641.

Abidin N Z. 2010. Investigating the awareness and application of sustainable construction concept by Malaysian developers. Habitat International，34（4）：421-426.

Abidin N Z，Pasquire C L. 2005. Delivering sustainability through value management：concept and performance overview. Engineering，Construction and Architectural Management，12（2）：168-180.

Adner R. 2006. Match your innovation strategy to your innovation ecosystem. Harvard Business Review，84（4）：98-107，148.

Adner R. 2017. Ecosystem as structure：an actionable construct for strategy. Journal of Management，43（1）：39-58.

Adner R，Kapoor R. 2010. Value creation in innovation ecosystems：how the structure of technological interdependence affects firm performance in new technology generations. Strategic Management Journal，31（3）：306-333.

Adner R，Kapoor R. 2016. Innovation ecosystems and the pace of substitution：re-examining technology S-curves. Strategic Management Journal，37（4）：625-648.

Aguinis H，Glavas A. 2012. What we know and don't know about corporate social responsibility：a review and research agenda. Journal of Management，38（4）：932-968.

Ahola T，Ruuska I，Artto K，et al. 2014. What is project governance and what are its origins?. International Journal of Project Management，32（8）：1321-1332.

Ainamo A，Artto K，Levitt R E，et al. 2010. Global projects：strategic perspectives. Scandinavian Journal of Management，26（4）：343-351.

Alexy O，George G，Salter A J. 2013. Cui bono? The selective revealing of knowledge and its implications for innovative activity. The Academy of Management Review，38（2）：270-291.

Amaranthus M P，Rice R M，Barr N R，et al. 1985. Logging and forest roads related to increased debris slides in southwestern Oregon. Journal of Forestry，83（4）：229-233.

Amiri-Pebdani S，Alinaghian M，Safarzadeh S. 2022. Time-Of-Use pricing in an energy sustainable supply chain with government interventions：a game theory approach. Energy，255：124380.

Antoniadis D N，Edum-Fotwe F T，Thorpe A. 2011. Socio-organo complexity and project performance. International Journal of Project Management，29（7）：808-816.

Aronson J，le Floc'h E. 1996. Vital landscape attributes：missing tools for restoration ecology. Restoration Ecology，4（4）：377-387.

Atkinson R. 1999. Project management：cost，time and quality，two best guesses and a phenomenon，its time to accept other success criteria. International Journal of Project Management，17（6）：337-342.

Autio E, Thomas L D W. 2014. Innovation ecosystems: implications for innovation management? //Dodgson M, Gann D M, Phillips N. The Oxford Handbook of Innovation Management. Oxford: Oxford University Press.

Baccarini D. 1996. The concept of project complexity: a review. International Journal of Project Management, 14 (4): 201-204.

Bamgbade J A, Kamaruddeen A M, Nawi M N M. 2015. Factors influencing sustainable construction among construction firms in Malaysia: a preliminary study using PLS-SEM. Revista Tecnica De La Facultad De Ingenieria Universidad Del Zulia, 38 (3): 132-142.

Barlow J. 2000. Innovation and learning in complex offshore construction projects. Research Policy, 29 (7/8): 973-989.

Barrett P, Sexton M. 2006. Innovation in small, project-based construction firms. British Journal of Management, 17 (4): 331-346.

Berry M A, Rondinelli D A. 1998. Proactive corporate environmental management: a new industrial revolution. The Academy of Management Perspectives, 12 (2): 38-50.

Blei D M, Kucukelbir A, McAuliffe J D. 2017. Variational inference: a review for statisticians. Journal of the American Statistical Association, 112 (518): 859-877.

Blei D M, Ng A Y, Jordan M I. 2003. Latent dirichlet allocation. The Journal of Machine Learning Research, 3: 993-1022.

Blindenbach-Driessen F, van den Ende J. 2006. Innovation in project-based firms: the context dependency of success factors. Research Policy, 35 (4): 545-561.

Bosch-Rekveldt M, Jongkind Y, Mooi H, et al. 2011. Grasping project complexity in large engineering projects: the TOE (Technical, Organizational and Environmental) framework. International Journal of Project Management, 29 (6): 728-739.

Bossink B A G. 2004. Managing drivers of innovation in construction networks. Journal of Construction Engineering and Management, 130 (3): 337-345.

Bouamrane A, Bouamrane A, Abida H. 2021. Water erosion hazard distribution under a Semi-arid climate condition: case of Mellah Watershed, North-eastern Algeria. Geoderma, 403: 115381.

Brockmann C, Brezinski H, Erbe A. 2016. Innovation in construction megaprojects. Journal of Construction Engineering and Management, 142 (11): 04016059.

Brusoni S, Prencipe A. 2013. The organization of innovation in ecosystems: problem framing, problem solving, and patterns of coupling//Adner R, Oxley J E, Silverman B S. Collaboration and Competition in Business Ecosystems (Advances in Strategic Managemen, Volume 30). Leeds: Emerald Group Publishing Limited: 167-194.

Bull J W, Hardy M J, Moilanen A, et al. 2015. Categories of flexibility in biodiversity offsetting, and their implications for conservation. Biological Conservation, 192: 522-532.

Bullock J M, Aronson J, Newton A C, et al. 2011. Restoration of ecosystem services and biodiversity: conflicts and opportunities. Trends in Ecology & Evolution, 26 (10): 541-549.

Caldas C, Gupta A. 2017. Critical factors impacting the performance of mega-projects. Engineering, Construction and Architectural Management, 24 (6): 920-934.

Capra F, Luisi P L. 2014. The Systems View of Life: A Unifying Vision. Cambridge: Cambridge

University Press.

Carson R. 1962. Silent Spring. Boston: Houghton Mifflin.

Carter C K, Kohn R. 1994. On Gibbs sampling for state space models. Biometrika, 81 (3): 541-553.

Ceccagnoli M, Forman C, Huang P, et al. 2012. Cocreation of value in a platform ecosystem: the case of enterprise software. MIS Quarterly, 36 (1): 263-290.

Charkham J P. 1992. Corporate governance: lessons from abroad. European Business Journal, 4 (2): 8-17.

Chen H Q, Jin Z Z, Su Q K, et al. 2020. The roles of captains in megaproject innovation ecosystems: the case of the Hong Kong-Zhuhai-Macau Bridge. Engineering, Construction and Architectural Management, 28 (3): 662-680.

Chen H Q, Su Q K, Zeng S X, et al. 2018. Avoiding the innovation island in infrastructure mega-project. Frontiers of Engineering Management, 5 (1): 109-124.

Chen J F, Zhao S F, Shao Q, et al. 2012. Risk assessment on drought disaster in China based on integrative cloud model. Research Journal of Applied Sciences, Engineering and Technology, 4 (9): 1137-1146.

Chen W T, Hu Z H. 2018. Using evolutionary game theory to study governments and manufacturers' behavioral strategies under various carbon taxes and subsidies. Journal of Cleaner Production, 201: 123-141.

Chen Y F, Li L M. 2023. Differential game model of carbon emission reduction decisions with two types of government contracts: green funding and green technology. Journal of Cleaner Production, 389: 135847.

Chung J K H, Kumaraswamy M M, Palaneeswaran E. 2009. Improving megaproject briefing through enhanced collaboration with ICT. Automation in Construction, 18 (7): 966-974.

Clarkson M E. 1995. A stakeholder framework for analyzing and evaluating corporate social performance. Academy of Management Review, 20 (1): 92-117.

Costanza R, d'Arge R, de Groot R, et al. 1997. The value of the world's ecosystem services and natural capital. Nature, 387: 253-260.

Courtice G, Bauer B, Cahill C, et al. 2022. Suspended sediment releases in rivers: toward establishing a safe sediment dose for construction projects. Science of the Total Environment, 848: 157685.

Crawford L, Pollack J, England D. 2006. Uncovering the trends in project management: journal emphases over the last 10 years. International Journal of Project Management, 24 (2): 175-184.

Davies A, Gann D, Douglas T. 2009. Innovation in megaprojects: systems integration at London heathrow terminal 5. California Management Review, 51 (2): 101-125.

Davies A, MacAulay S, DeBarro T, et al. 2014. Making innovation happen in a megaproject: London's crossrail suburban railway system. Project Management Journal, 45 (6): 25-37.

de Faria P, Lima F, Santos R. 2010. Cooperation in innovation activities: the importance of partners. Research Policy, 39 (8): 1082-1092.

de Vasconcelos Gomes L A, Facin A L F, Salerno M S, et al. 2018. Unpacking the innovation ecosystem construct: evolution, gaps and trends. Technological Forecasting and Social Change, 136: 30-48.

Dedehayir O，Mäkinen S J，Roland Ortt J. 2018. Roles during innovation ecosystem genesis：a literature review. Technological Forecasting and Social Change，136：18-29.

DeFillippi R，Sydow J. 2016. Project networks：governance choices and paradoxical tensions. Project Management Journal，47（5）：6-17.

Dematteis A. 2015. Proposal for guidelines on sustainable water management in tunnels//Lollino G，Giordan D，Thuro K，et al. Engineering Geology for Society and TerritoryVolume 6.Berlin：Springer：985-987.

Demetriades P O，Mamuneas T P. 2000. Intertemporal output and employment effects of public infrastructure capital：evidence from 12 OECD economies. The Economic Journal，110（465）：687-712.

Dempster A P，Laird N M，Rubin D B. 1977. Maximum likelihood from incomplete data via the EM algorithm. Journal of the Royal Statistical Society：Series B（Methodological），39（1）：1-22.

Derakhshan R，Turner R，Mancini M. 2019. Project governance and stakeholders：a literature review. International Journal of Project Management，37（1）：98-116.

di Maddaloni F，Davis K. 2017. The influence of local community stakeholders in megaprojects：Rethinking their inclusiveness to improve project performance. International Journal of Project Management，35（8）：1537-1556.

Diamond J. 1985. Ecology：how and why eroded ecosystems should be restored. Nature，313：629-630.

Dickie I，Howard N. 2000. Assessing Environmental Impacts of Construction：Industry Consensus，BREEAM and UK Ecopoints. London：HIS BRE Press.

Djokoto S D，Dadzie J，Ohemeng-Ababio E. 2014. Barriers to sustainable construction in the Ghanaian construction industry：consultants' perspectives. Journal of Sustainable Development，7（1）：134-143.

Dodgson M. 2014. Collaboration and Innovation Management//Dodgson M，Gann D M，Phillips N.The Oxford Handbook of Innovation Management. Oxford：Oxford University Press.

Dodgson M，Gann D，MacAulay S，et al. 2015. Innovation strategy in new transportation systems：the case of Crossrail. Transportation Research Part A：Policy and Practice，77：261-275.

Donaldson T，Preston L E. 1995. The stakeholder theory of the corporation：concepts，evidence，and implications. Academy of Management Review，20（1）：65-91.

Dosi G，Nelson R R. 1994. An introduction to evolutionary theories in economics. Journal of Evolutionary Economics，4：153-172.

Duan H，Yu X，Zhang L，et al. 2022. An evaluating system for wetland ecological risk：case study in coastal mainland China. Science of the Total Environment，828：154535.

Engwall M. 2003. No project is an island：linking projects to history and context. Research Policy，32（5）：789-808.

Eriksson P E. 2013. Exploration and exploitation in project-based organizations：development and diffusion of knowledge at different organizational levels in construction companies. International Journal of Project Management，31（3）：333-341.

Eriksson P E，Leiringer R，Szentes H. 2017. The role of co-creation in enhancing explorative and exploitative learning in project-based settings. Project Management Journal，48（4）：22-38.

Eskerod P，Ang K. 2017. Stakeholder value constructs in megaprojects：a long-term assessment case study. Project Management Journal，48（6）：60-75.

Fan R，Wang Y，Chen F，et al. 2022. How do government policies affect the diffusion of green innovation among peer enterprises? -An evolutionary-game model in complex networks. Journal of Cleaner Production，364：132711.

Fan S G，Zhang X B. 2004. Infrastructure and regional economic development in rural China. China Economic Review，15（2）：203-214.

Fan W，Wang S，Gu X，et al. 2021. Evolutionary game analysis on industrial pollution control of local government in China. Journal of Environmental Management，298：113499.

Fang D P，Huang X Y，Hinze J. 2004. Benchmarking studies on construction safety management in China. Journal of Construction Engineering and Management，130（3）：424-432.

Flyvbjerg B. 2014. What you should know about megaprojects and why：an overview. Project Management Journal，45（2）：6-19.

Flyvbjerg B，Bruzelius N，Rothengatter W. 2003. Megaprojects and Risk：An Anatomy of Ambition. Cambridge：Cambridge University Press.

Flyvbjerg B，Garbuio M，Lovallo D. 2009. Delusion and deception in large infrastructure projects：two models for explaining and preventing executive disaster. California Management Review，51（2）：170-194.

Foss N J，Lyngsie J，Zahra S A. 2013. The role of external knowledge sources and organizational design in the process of opportunity exploitation. Strategic Management Journal，34（12）：1453-1471.

Freeman C. 1987. Technology，Policy，and Economic Performance：Lessons from Japan. London：Pinter Publishers.

Freeman R E. 1984. Strategic Management：A Stakeholder Approach. Cambridge：Cambridge University Press.

Freeman R E. 1994. The politics of stakeholder theory：some future directions. Business Ethics Quarterly，4（4）：409-421.

Frenkel A，Maital S. 2014. Mapping National Innovation Ecosystems：Foundations for Policy Consensus. London：Edward Elgar Publishing.

Friedman J H，Tukey J W. 1974. A projection pursuit algorithm for exploratory data analysis. IEEE Transactions on Computers，23（9）：881-890.

Frooman J. 1999. Stakeholder influence strategies. Academy of Management Review，24（2）：191-205.

Fussler C，James P. 1996. Driving Eco-Innovation：A Break Thorough Discipline for Innovation and Sustainability. London：Pitman Publishing.

Gann D M，Davies A，Dodgson M. 2017. Innovation and flexibility in megaprojects：a new delivery model//Flyvbjerg B. The oxford Handbook of Megaproject Management. Oxford：Oxford University Press.

Gann D M，Salter A J. 2000. Innovation in project-based，service-enhanced firms：the construction of complex products and systems. Research Policy, 29 (7/8): 955-972.

Gao X, Zeng S X, Zeng R C, et al. 2022. Multiple-stakeholders' game and decision-making behaviors in green management of megaprojects. Computers & Industrial Engineering, 171: 108392.

Gawer A. 2014. Bridging differing perspectives on technological platforms: toward an integrative framework. Research Policy, 43 (7): 1239-1249.

Gawer A, Cusumano M A. 2002. Platform Leadership: How Intel, Microsoft, and Cisco Drive Industry Innovation. Boston: Harvard Business School Press.

Gawer A, Cusumano M A. 2014. Industry platforms and ecosystem innovation: platforms and innovation. Journal of Product Innovation Management, 31 (3): 417-433.

Giezen M. 2012. Keeping it simple? A case study into the advantages and disadvantages of reducing complexity in mega project planning. International Journal of Project Management, 30 (7): 781-790.

Gil N, Beckman S. 2009. Infrastructure meets business: building new bridges, mending old ones. California Management Review, 51 (2): 6-29.

Gil N, Miozzo M, Massini S. 2012. The innovation potential of new infrastructure development: an empirical study of Heathrow Airport's T5 project. Research Policy, 41 (2): 452-466.

Giunta M. 2020. Assessment of the environmental impact of road construction: modelling and prediction of fine particulate matter emissions . Building and Environment, 176: 106865.

Gobble M M. 2014. Charting the innovation ecosystem. Research-Technology Management, 57: 55-59.

Gokdemir C, Rubin Y, Li X J, et al. 2019. Vulnerability analysis method of vegetation due to groundwater table drawdown induced by tunnel drainage. Advances in Water Resources, 133: 103406.

Gollnow F, Göpel J, deBarros Viana Hissa L, et al. 2018. Scenarios of land-use change in a deforestation corridor in the Brazilian Amazon: combining two scales of analysis. Regional Environmental Change, 18 (1): 143-159.

Grebenshchikova E, Shelkovkina N, Gorbacheva N. 2020. Biological remediation of roadside areas. E3S Web of Conferences, 203: 05008.

Guo R, Wu T, Liu M R, et al. 2019. The construction and optimization of ecological security pattern in the Harbin-Changchun urban agglomeration, China. International Journal of Environmental Research and Public Health, 16 (7): 1190.

Han L N, Ma Q, Zhang F, et al. 2019. Risk assessment of an earthquake-collapse-landslide disaster chain by Bayesian network and Newmark models. International Journal of Environmental Research and Public Health, 16 (18): 3330.

Hargadon A. 2003. How Breakthroughs Happen: the Surprising Truth About How Companies Innovate. Boston: Harvard Business School Press.

He Q, Gao T C, Gao Y, et al. 2023. A bi-objective deep reinforcement learning approach for low-carbon-emission high-speed railway alignment design. Transportation Research Part C: Emerging Technologies, 147: 104006.

Helfat C E，Raubitschek R S. 2018. Dynamic and integrative capabilities for profiting from innovation in digital platform-based ecosystems. Research Policy，47（8）：1391-1399.

Hill R C，Bowen P A. 1997. Sustainable construction：principles and a framework for attainment. Construction Management and Economics，15（3）：223-239.

Hinings C R，Greenwood R. 2002. ASa forum：disconnects and consequences in organization theory?. Administrative Science Quarterly，47（3）：411-421.

Hoerbinger S，Immitzer M，Obriejetan M，et al. 2018. GIS-based assessment of ecosystem service demand concerning green infrastructure line-side vegetation. Ecological Engineering，121：114-123.

Hopfenbeck W. 1993. The Green Management Revolution：Lessons in Environmental Excellence. Upper Saddle River：Prentice Hall.

Hossain M U，Sohail A，Ng S T. 2019. Developing a GHG-based methodological approach to support the sourcing of sustainable construction materials and products. Resources，Conservation and Recycling，145：160-169.

Hosseini A，Faheem A，Titi H N，et al. 2020. Evaluation of the long-term performance of flexible pavements with respect to production and construction quality control indicators. Construction and Building Materials，230：116998.

Hu J L，Tang X W，Qiu J N. 2016. Assessment of seismic liquefaction potential based on Bayesian network constructed from domain knowledge and history data. Soil Dynamics and Earthquake Engineering，89：49-60.

Hu W，Huang B S，Shu X，et al. 2017. Utilising intelligent compaction meter values to evaluate construction quality of asphalt pavement layers. Road Materials and Pavement Design，18（4）：980-991.

Huang L Z，Bohne R A，Bruland A，et al. 2015. Environmental impact of drill and blast tunnelling：life cycle assessment. Journal of Cleaner Production，86：110-117.

Huang P S，Shih L H. 2009. Effective environmental management through environmental knowledge management. International Journal of Environmental Science & Technology，6：35-50.

Huang R Y，Hsu W T. 2011. Framework development for state-level appraisal indicators of sustainable construction. Civil Engineering and Environmental Systems，28（2）：143-164.

Hung K P，Chou C. 2013. The impact of open innovation on firm performance：The moderating effects of internal R&D and environmental turbulence. Technovation，33（10/11）：368-380.

Huovila P. 2002. Sustainable construction procurement：a guide to delivering environmentally responsible projects. Construction Management & Economics，0（8）：725-725.

Iansiti M，Levien R. 2004. Strategy as ecology. Harvard Business Review，82（3）：68-78，126.

Iligan R，Irga P. 2021. Are green wall technologies suitable for major transport infrastructure construction projects? Urban Forestry & Urban Greening，65：127313.

Ioannidis R，Mamassis N，Efstratiadis A，et al. 2022. Reversing visibility analysis：towards an accelerated a priori assessment of landscape impacts of renewable energy projects. Renewable and Sustainable Energy Reviews，161：112389.

Jackson S T，Hobbs R J. 2009. Ecological restoration in the light of ecological history. Science，325

（5940）: 567-569.

Jacobides M G, Cennamo C, Gawer A. 2018. Towards a theory of ecosystems. Strategic Management Journal, 39 （8）: 2255-2276.

Jarup L, Dudley M L, Babisch W, et al. 2005. Hypertension and exposure to noise near airports （HYENA）: study design and noise exposure assessment. Environmental Health Perspectives, 113 （11）: 1473-1478.

Jensen M C. 2010. Value maximization, stakeholder theory, and the corporate objective function. Journal of Applied Corporate Finance, 22 （1）: 32-42.

Jin X G, Li Y Y, Luo Y J, et al. 2016. Prediction of city tunnel water inflow and its influence on overlain lakes in Karst valley. Environmental Earth Sciences, 75 （16）: 1162.

Jones T M. 1995. Instrumental stakeholder theory: a synthesis of ethics and economics.The Academy of Management Review, 20 （2）: 404-437.

Kaplan S, Vakili K. 2015. The double-edged sword of recombination in breakthrough innovation. Strategic Management Journal, 36 （10）: 1435-1457.

Kapoor R, Karvonen M, Mohan A, et al. 2016. Patent citations as determinants of grant and opposition: case of European wind power industry. Technology Analysis & Strategic Management, 28 （8）: 950-964.

Kapoor R, Lee J M. 2013. Coordinating and competing in ecosystems: how organizational forms shape new technology investments. Strategic Management Journal, 34 （3）: 274-296.

Kardes I, Ozturk A, Cavusgil S T, et al. 2013. Managing global megaprojects: complexity and risk management. International Business Review, 22 （6）: 905-917.

Keast R, Hampson K. 2007. Building constructive innovation networks: role of relationship management. Journal of Construction Engineering and Management, 133 （5）: 364-373.

Keegan A, Turner J R. 2002. The management of innovation in project-based firms. Long Range Planning, 35 （4）: 367-388.

Kellogg C H, Zhou X B. 2014. Impact of the construction of a large dam on riparian vegetation cover at different elevation zones as observed from remotely sensed data. International Journal of Applied Earth Observation and Geoinformation, 32: 19-34.

Kenny C. 2009. Measuring corruption in infrastructure: evidence from transition and developing countries. The Journal of Development Studies, 45 （3）: 314-332.

Keshavarz N, Nutbeam D, Rowling L et al. 2010. Schools as social complex adaptive systems: a new way to understand the challenges of introducing the health promoting schools concept. Social Science & Medicine, 70 （10）: 1467-1474.

Khalid S, Shahid M, Niazi N K, et al. 2017. A comparison of technologies for remediation of heavy metal contaminated soils. Journal of Geochemical Exploration, 182: 247-268.

Kibert C J. 1994. Establishing Principles and A Model for Sustainable Construction. https://www.irbnet.de/daten/iconda/CIB_DC24773.pdf [2023-12-04].

Kibert C J. 2016. Sustainable Construction: Green Building Design and Delivery. New York: John Wiley & Sons.

Kibwami N, Tutesigensi A. 2016. Enhancing sustainable construction in the building sector in

Uganda. Habitat International, 57: 64-73.

Koulinas G K, Xanthopoulos A S, Sidas K A, et al. 2021. Risks ranking in a desalination plant construction project with a hybrid AHP, risk matrix, and simulation-based approach. Water Resources Management, 35: 3221-3233.

Kumar P, Druckman A, Gallagher J, et al. 2019. The nexus between air pollution, green infrastructure and human health. Environment International, 133: 105181.

Laborde A, Habit E, Link O, et al. 2020. Strategic methodology to set priorities for sustainable hydropower development in a biodiversity hotspot. Science of the Total Environment, 714: 136735.

Lan M, Zhu J P, Lo S. 2021. Hybrid Bayesian network-based landslide risk assessment method for modeling risk for industrial facilities subjected to landslides. Reliability Engineering & System Safety, 215: 107851.

Laplume A O, Sonpar K, Litz R A. 2008. Stakeholder theory: reviewing a theory that moves us. Journal of Management, 34 (6): 1152-1189.

Larsson J, Eriksson P E, Olofsson T, et al. 2014. Industrialized construction in the Swedish infrastructure sector: core elements and barriers. Construction Management and Economics, 32 (1/2): 83-96.

Laurance W F, Clements G R, Sloan S, et al. 2014. A global strategy for road building. Nature, 513 (7517): 229-232.

Laurance W F, Cochrane M A, Bergen S, et al. 2001. The future of the Brazilian Amazon. Science, 291 (5503): 438-439.

Laursen K, Salter A. 2006. Open for innovation: the role of openness in explaining innovation performance among U.K. manufacturing firms. Strategic Management Journal, 27 (2): 131-150.

Law J, Zhuo H H, He J, et al. 2017. LTSG: latent topical skip-gram for mutually learning topic model and vector representations//Lai J H, Liu C L, Chen X L, et al. Pattern Recognition and Computer Vision. Berlin: Springer: 357-387.

Lehmann S. 2013. Low carbon construction systems using prefabricated engineered solid wood panels for urban infill to significantly reduce greenhouse gas emissions. Sustainable Cities and Society, 6: 57-67.

Lehtinen J, Peltokorpi A, Artto K. 2019. Megaprojects as organizational platforms and technology platforms for value creation. International Journal of Project Management, 37 (1): 43-58.

Levitt R E. 2007. CEM research for the next 50 years: maximizing economic, environmental, and societal value of the built environment. Journal of Construction Engineering and Management, 133 (9): 619-628.

Li H J. 2020. Soil and water conservation measures in mountain highway. IOP Conference Series: Earth and Environmental Science, 446 (3): 032077.

Li J, Hong A H, Yuan D X, et al. 2021. A new distributed Karst-tunnel hydrological model and tunnel hydrological effect simulations. Journal of Hydrology, 593: 125639.

Li K K, Xu Z F. 2006. Overview of Dujiangyan Irrigation Scheme of ancient China with current theory. Irrigation and Drainage, 55 (3): 291-298.

Li S C, Liu C, Zhou Z Q, et al. 2021. Multi-sources information fusion analysis of water inrush disaster in tunnels based on improved theory of evidence. Tunnelling and Underground Space Technology, 113: 103948.

Li S C, Shi S S, Bu L. 2017. China: rail network must protect giant pandas. Nature, 545 (7654): 289.

Li S C, Zhou Z Q, Li L P, et al. 2013. Risk assessment of water inrush in Karst tunnels based on attribute synthetic evaluation system. Tunnelling and Underground Space Technology, 38: 50-58.

Li T H Y, Ng S T, Skitmore M. 2013. Evaluating stakeholder satisfaction during public participation in major infrastructure and construction projects: a fuzzy approach. Automation in Construction, 29: 123-135.

Li T Z, Gong W P, Tang H M. 2021. Three-dimensional stochastic geological modeling for probabilistic stability analysis of a circular tunnel face. Tunnelling and Underground Space Technology, 118: 104190.

Li X H, Zhang Q S, Zhang X, et al. 2018. Detection and treatment of water inflow in Karst tunnel: a case study in Daba tunnel. Journal of Mountain Science, 15: 1585-1596.

Li Y R. 2009. The technological roadmap of Cisco's business ecosystem. Technovation, 29 (5): 379-386.

Lin H, Zeng S X, Ma H Y. 2016. Water scheme acts as ecological buffer. Nature, 529 (7586): 283.

Lin J Y, Wang Z L, Wang Y C, et al. 2015. Monitoring abandoned dreg fields of high-speed railway construction with UAV remote sensing technology https://ui.adsabs.harvard.edu/abs/2015SPIE.9808E..08L/abstract[2024-05-20].

Liu J, Zuo J, Sun Z Y, et al. 2013. Sustainability in hydropower development: a case study. Renewable and Sustainable Energy Reviews, 19: 230-237.

Liu Z M, Wang L Y, Sheng Z H, et al. 2018. Social responsibility in infrastructure mega-projects: a case study of ecological compensation for Sousa chinensis during the construction of the Hong Kong-Zhuhai-Macao Bridge. Frontiers of Engineering Management, 5 (1): 98-108.

Liu Z Z, Zhu Z W, Wang H J, et al. 2016. Handling social risks in government-driven mega project: an empirical case study from West China. International Journal of Project Management, 34 (2): 202-218.

Locatelli G, Mancini M, Romano E. 2014. Systems Engineering to improve the governance in complex project environments. International Journal of Project Management, 32(8): 1395-1410.

Lombardi P L. 2001. Responsibilities toward the coming generation forming a new creed. Urban Design Studies, 7: 89-102.

Lorimer J, Sandom C, Jepson P, et al. 2015. Rewilding: science, practice, and politics. Annual Review of Environment and Resources, 40: 39-62.

Lyu H M, Zhou W H, Shen S L, et al. 2020. Inundation risk assessment of metro system using AHP and TFN-AHP in Shenzhen. Sustainable Cities and Society, 56: 102103.

Ma H Y, Zeng S X, Lin H, et al. 2017. The societal governance of megaproject social responsibility. International Journal of Project Management, 35 (7): 1365-1377.

Manley K, McFallan S, Kajewski S. 2009. Relationship between construction firm strategies and innovation outcomes. Journal of Construction Engineering and Management, 135 (8): 764-771.

Mansfield E. 1961. Technical change and the rate of imitation. Econometrica, 29 (4): 741-766.

Margolis J D, Walsh J P. 2003. Misery loves companies: rethinking social initiatives by business. Administrative Science Quarterly, 48 (2): 268-305.

Maron M, Brownlie S, Bull J W, et al. 2018. The many meanings of no net loss in environmental policy. Nature Sustainability, 1: 19-27.

Mateus R, Bragança L. 2011. Sustainability assessment and rating of buildings: developing the methodology SBTool^{PT}-H. Building and Environment, 46 (10): 1962-1971.

Menegaki M, Damigos D. 2018. A review on current situation and challenges of construction and demolition waste management. Current Opinion in Green and Sustainable Chemistry, 13: 8-15.

Merino-Martín L, Commander L, Mao Z, et al. 2017. Overcoming topsoil deficits in restoration of semiarid lands: designing hydrologically favourable soil covers for seedling emergence. Ecological Engineering, 105: 102-117.

Mihm J, Loch C H, Wilkinson D, et al. 2010. Hierarchical structure and search in complex organizations. Management Science, 56 (5): 831-848.

Mikolov T, Sutskever I, Chen K, et al. 2013. Distributed representations of words and phrases and their compositionality. //Burges C J C, Bottou L, Welling M, et al. Proceedings of the 26th International Conference on Neural Information Processing Systems-Volume 2. New York: ACM: 3111-3119.

Miller R, Hobbs B. 2005. Governance regimes for large complex projects. Project Management Journal, 36 (3): 42-50.

Miller R, Lessard D R, Sakhrani V. 2016. Megaprojects as Games of Innovation//Flyvbjerg B. The Oxford Handbook of Megaproject Management. Oxford: Oxford University Press.

Miller R, Lessard D. 2001. Understanding and managing risks in large engineering projects. International Journal of Project Management, 19 (8): 437-443.

Miozzo M, Dewick P. 2002. Building competitive advantage: innovation and corporate governance in European construction. Research Policy, 31 (6): 989-1008.

Mitchell R K, Agle B R, Wood D J. 1997. Toward a theory of stakeholder identification and salience: defining the principle of who and what really counts. Academy of Management Review, 22 (4): 853-886.

Moilanen A, Kotiaho J S. 2018. Fifteen operationally important decisions in the planning of biodiversity offsets. Biological Conservation, 227: 112-120.

Mok K Y, Shen G Q, Yang J. 2015. Stakeholder management studies in mega construction projects: a review and future directions. International Journal of Project Management, 33 (2): 446-457.

Moore J F. 1993. Predators and prey: a new ecology of competition. Harvard Business Review, 71 (3): 75-86.

Murtagh N, Roberts A, Hind R. 2016. The relationship between motivations of architectural designers and environmentally sustainable construction design. Construction Management and Economics, 34 (1): 61-75.

Nair A, Reed-Tsochas F. 2019. Revisiting the complex adaptive systems paradigm: leading perspectives for researching operations and supply chain management issues. Journal of Operations Management, 65 (2): 80-92.

Nambisan S, Baron R A. 2013. Entrepreneurship in innovation ecosystems: entrepreneurs' self-regulatory processes and their implications for new venture success. Entrepreneurship Theory and Practice, 37 (5): 1071-1097.

Negash Y T, Hassan A M, Tseng M L, et al. 2021. Sustainable construction and demolition waste management in Somaliland: regulatory barriers lead to technical and environmental barriers. Journal of Cleaner Production, 297: 126717.

Newmark W D, Jenkins C N, Pimm S L, et al. 2017. Targeted habitat restoration can reduce extinction rates in fragmented forests. Proceedings of the National Academy of Sciences of the United States of America, 114 (36): 9635-9640.

Ng S T, Wong J M W, Wong K K W. 2013. A public private people partnerships (P4) process framework for infrastructure development in Hong Kong. Cities, 31: 370-381.

OECD. 2009. Sustainable manufacturing and eco-innovation: framework, practices and measurement. Paris: OECD.

Ogunbiyi O, Goulding J S, Oladapo A. 2014. An empirical study of the impact of lean construction techniques on sustainable construction in the UK. Construction Innovation, 14 (1): 88-107.

Oh D S, Phillips F, Park S, et al. 2016. Innovation ecosystems: a critical examination. Technovation, 54: 1-6.

Okagbue C O. 1986. An investigation of landslide problems in spoil piles in a strip coal mining area, West Virginia (U.S.A.). Engineering Geology, 22 (4): 317-333.

Oliveira R R, Fernandes G, Pardini D J. 2023. Stakeholder engagement as a determinant of the governance in projects. Procedia Computer Science, 219: 1564-1573.

Ottino J M. 2004. Engineering complex systems. Nature, 427: 399-399.

Ou Y, Luo J Q, Li B L, et al. 2019. A classification model of railway fasteners based on computer vision. Neural Computing and Applications, 31: 9307-9319.

Ozgen E, Baron R A. 2007. Social sources of information in opportunity recognition: effects of mentors, industry networks, and professional forums. Journal of Business Venturing, 22 (2): 174-192.

Ozorhon B, Abbott C, Aouad G. 2014. Integration and leadership as enablers of innovation in construction: case study. Journal of Management in Engineering, 30 (2): 256-263.

Ozorhon B, Oral K, Demirkesen S. 2016. Investigating the components of innovation in construction projects. Journal of Management in Engineering, 32 (3): 04015052.

Palmeirim A F, Gibson L. 2021. Impacts of hydropower on the habitat of jaguars and tigers. Communications Biology, 4 (1): 1358.

Park J C, Song Y I, Jung Y M, et al. 2015. Assessment of the environmental, social and economic benefits of a water transfer tunnel in the Nakdong River, Korea. International Journal of Water Resources Development, 31 (4): 618-629.

Parmar B L, Freeman R E, Harrison J S, et al. 2010. Stakeholder theory: the state of the art. Academy of Management Annals, 4 (1): 403-445.

Pauget B, Wald A. 2013. Relational competence in complex temporary organizations: the case of a French hospital construction project network. International Journal of Project Management, 31 (2): 200-211.

Peng C H, Ouyang H, Gao Q, et al. 2007. Building a "green" railway in China. Science, 316 (5824): 546-547.

Peng W. 2019. Waste on the roof of the world. Science, 365 (6458): 1090.

Phillips R A, Reichart J. 2000. The environment as a stakeholder? A fairness-based approach. Journal of Business Ethics, 23: 185-197.

PMI. 2008. A Guide to the Project Management Body of Knowledge: PMBOK Guide. New York: Project Management Institute.

Priem R L, Butler J E, Li S L. 2013. Toward reimagining strategy research: retrospection and prospection on the 2011 AMR decade award article. Academy of Management Review, 38 (4): 471-489.

Puddicombe M S. 2012. Novelty and technical complexity: critical constructs in capital projects. Journal of Construction Engineering and Management, 138 (5): 613-620.

Qin Y H, Zheng B. 2010. The Qinghai-Tibet Railway: a landmark project and its subsequent environmental challenges. Environment, Development and Sustainability, 12: 859-873.

Qiu J L, Lu Y Q, Lai J X, et al. 2020. Experimental study on the effect of water gushing on loess metro tunnel. Environmental Earth Sciences, 79 (11): 261.

Qiu J. 2007. Environment: riding on the roof of the world. Nature, 449 (7161): 398-402.

Qiu W G, Liu Y, Lu F, et al. 2020. Establishing a sustainable evaluation indicator system for railway tunnel in China. Journal of Cleaner Production, 268: 122150.

Qiu Y M, Chen H Q, Sheng Z H, et al. 2019. Governance of institutional complexity in megaproject organizations. International Journal of Project Management, 37 (3): 425-443.

Raia M R, Ruba M, Nemes R O, et al. 2021. Artificial neural network and data dimensionality reduction based on machine learning methods for PMSM model order reduction. IEEE Access, 9: 102345-102354.

Rangel-Buitrago N, Neal W J, de Jonge V N. 2020. Risk assessment as tool for coastal erosion management. Ocean & Coastal Management, 186: 105099.

Remington K, Pollack J. 2008. Tools for Complex Projects. London: Routledge.

Rennings K. 2000. Redefining innovation: eco-innovation research and the contribution from ecological economics. Ecological Economics, 32 (2): 319-332.

Rose T M, Manley K. 2012. Adoption of innovative products on Australian road infrastructure projects. Construction Management and Economics, 30 (4): 277-298.

Roumboutsos A, Saussier S. 2014. Public-private partnerships and investments in innovation: the influence of the contractual arrangement. Construction Management and Economics, 32 (4): 349-361.

Rowley T J. 1997. Moving beyond dyadic ties: a network theory of stakeholder influences. Academy of Management Review, 22 (4): 887-910.

Saaty R W. 1987. The analytic hierarchy process: what it is and how it is used. Mathematical

Modelling，9（3/4/5）：161-176.

Said I，Salman S A E R，Samy Y，et al. 2019. Environmental factors controlling potentially toxic element behaviour in urban soils，El Tebbin，Egypt. Environmental Monitoring and Assessment，191（5）：267.

Salet W，Bertolini L，Giezen M. 2013. Complexity and uncertainty：problem or asset in decision making of mega infrastructure projects?. International Journal of Urban and Regional Research，37（6）：1984-2000.

Salter A，Alexy O. 2014. The Nature of Innovation//Dodgson M，Gann D M，Phillips N. The Oxford Handbook of Innovation Management. Oxford：Oxford University Press.

Sang K，Fontana G L，Piovan S E. 2022. Assessing railway landscape by AHP process with GIS：a study of the Yunnan-Vietnam railway. Remote Sensing，14（3）：603.

Sawyer R K. 2001. Emergence in sociology：contemporary philosophy of mind and some implications for sociological theory. American Journal of Sociology，107（3）：551-585.

Saynisch M. 2010. Mastering complexity and changes in projects，economy，and society via project management second order（PM-2）. Project Management Journal，41（5）：4-20.

Sergeeva N，Zanello C. 2018. Championing and promoting innovation in UK megaprojects. International Journal of Project Management，36（8）：1068-1081.

Sharifzadeh M，Karegar S，Ghorbani M. 2013. Influence of rock mass properties on tunnel inflow using hydromechanical numerical study. Arabian Journal of Geosciences，6：169-175.

Sharma S，Henriques I. 2005. Stakeholder influences on sustainability practices in the Canadian forest products industry. Strategic Management Journal，26（2）：159-180.

Shehab Z N，Jamil N R，Aris A Z，et al. 2021. Spatial variation impact of landscape patterns and land use on water quality across an urbanized watershed in Bentong，Malaysia. Ecological Indicators，122：107254.

Shen L Y，Tam V W Y，Tam L，et al. 2010. Project feasibility study：the key to successful implementation of sustainable and socially responsible construction management practice. Journal of Cleaner Production，18（3）：254-259.

Sheng Z H. 2018. Fundamental Theories of Mega Infrastructure Construction Management. Berlin：Springer.

Sheng Z H，Lin H. 2018. From systematicness to complexity：fundamental thinking of mega-project management. Frontiers of Engineering Management，5（1）：125-127.

Shenhar A J，Dvir D. 2007. Reinventing Project Management：The Diamond Approach to Successful Growth and Innovation. Boston：Harvard Business Review Press.

Shi H，Shi T G，Yang Z P，et al. 2018. Effect of roads on ecological corridors used for wildlife movement in a natural heritage site. Sustainability，10（8）：2725.

Shi W F，Zeng W H. 2014. Application of k-means clustering to environmental risk zoning of the chemical industrial area. Frontiers of Environmental Science & Engineering，8：117-127.

Shrestha M，Piman T，Grünbühel C. 2021. Prioritizing key biodiversity areas for conservation based on threats and ecosystem services using participatory and GIS-based modeling in Chindwin River Basin，Myanmar. Ecosystem Services，48：101244.

Siew R Y J. 2016. Integrating sustainability into construction project portfolio management. KSCE Journal of Civil Engineering, 20: 101-108.

Silva F B, de Almeida L T, de Oliveira Vieira E, et al. 2020. Pluviometric and fluviometric trends in association with future projections in areas of conflict for water use. Journal of Environmental Management, 271: 110991.

Sjölander-lindqvist A. 2005. Conflicting perspectives on water in a Swedish railway tunnel project. Environmental Values, 14 (2): 221-239.

Sommer S C, Loch C H. 2004. Selectionism and learning in projects with complexity and unforeseeable uncertainty. Management Science, 50 (10): 1334-1347.

Stern R N, Barley S R. 1996. Organizations and social systems: organization theory's neglected mandate. Administrative Science Quarterly, 41 (1): 146.

Steurer R, Langer M E, Konrad A, et al. 2005. Corporations, stakeholders and sustainable development I: a theoretical exploration of business-society relations. Journal of Business Ethics, 61 (3): 263-281.

Stone R. 2008. China's environmental challenges: three gorges dam: into the unknown. Science, 321 (5889): 628-632.

Stuart Chapin F, Matson P A, Vitousek P M. 2011. Principles of Terrestrial Ecosystem Ecology. Berlin: Springer-Verlag.

Sun H, Wang L C, Yang Z L, et al. 2023. Research on construction engineering quality management based on building information model and computer big data mining. Arabian Journal for Science and Engineering, 48: 2583.

Tabassi A A, Argyropoulou M, Roufechaei K M, et al. 2016. Leadership behavior of project managers in sustainable construction projects. Procedia Computer Science, 100: 724-730.

Tang Q, Wang J M, Jing Z R. 2021. Tempo-spatial changes of ecological vulnerability in resource-based urban based on genetic projection pursuit model. Ecological Indicators, 121: 107059.

Teece D J. 2007. Explicating dynamic capabilities: the nature and microfoundations of (sustainable) enterprise performance. Strategic Management Journal, 28 (13): 1319-1350.

Thiry M, Deguire M. 2007. Recent developments in project-based organisations. International Journal of Project Management, 25 (7): 649-658.

Tian Q Y, Zhang J T, Zhang Y L. 2018. Similar simulation experiment of expressway tunnel in Karst area. Construction and Building Materials, 176: 1-13.

Tian S M, Wang W, Li G. 2021. Design concept and main principles of tunnel on Sichuan Tibet Railway. Tunnel Construction, 41 (4): 519-530.

Trussart S, Messier D, Roquet V, et al. 2002. Hydropower projects: a review of most effective mitigation measures. Energy Policy, 30 (14): 1251-1259.

Uhl-Bien M, Arena M. 2018. Leadership for organizational adaptability: a theoretical synthesis and integrative framework. The Leadership Quarterly, 29 (1): 89-104.

Uyarra E, Edler J, Garcia-Estevez J, et al. 2014. Barriers to innovation through public procurement: a supplier perspective. Technovation, 34 (10): 631-645.

Vakili K, Zhang L. 2018. High on creativity: the impact of social liberalization policies on innovation. Strategic Management Journal, 39 (7): 1860-1886.

van Bueren E M, Priemus H. 2002. Institutional barriers to sustainable construction. Environment and Planning B: Planning and Design, 29 (1): 75-86.

van Marrewijk A, Clegg S R, Pitsis T S, et al. 2008. Managing public-private megaprojects: Paradoxes, complexity, and project design. International Journal of Project Management, 26 (6): 591-600.

van Marrewijk A. 2007. Managing project culture: the case of Environ Megaproject. International Journal of Project Management, 25 (3): 290-299.

van Wee B, van den Brink R, Nijland H. 2003. Environmental impacts of high-speed rail links in cost–benefit analyses: a case study of the Dutch Zuider Zee line. Transportation Research Part D: Transport and Environment, 8 (4): 299-314.

Vidal L A, Marle F, Bocquet J C. 2011. Using a Delphi process and the Analytic Hierarchy Process (AHP) to evaluate the complexity of projects. Expert Systems with Applications, 38 (5): 5388-5405.

Wang M Z, Xu Z Y, Yang C. Y. 2002. Effect of Qinghai-Tibet railway construction on plateau eco-environment. Environmental Protection in Transportation, 23 (3): 2-4.

Wang Q C, Wang L S, Zeng L, et al. 2006. Benign adjusting effects of long tunnel on environment and slope hazards: taking erlang mountain tunnel as an example. Wuhan University Journal of Natural Sciences, 11: 813-819.

Wang X T, Yang W M, Xu Z H, et al. 2019. A normal cloud model-based method for water quality assessment of springs and its application in Jinan. Sustainability, 11 (8): 2248.

Wang Y, Guan L, Chen J D, et al. 2018. Influences on mammals' frequency of use of small bridges and culverts along the Qinghai-Tibet railway, China. Ecological Research, 33 (5): 879-887.

Wang Z F, Hartemink A E, Zhang Y L, et al. 2016. Major elements in soils along a 2.8-km altitudinal gradient on the Tibetan Plateau, China. Pedosphere, 26 (6): 895-903.

Wanjiru E, Xia X H. 2017. Optimal energy-water management in urban residential buildings through grey water recycling. Sustainable Cities and Society, 32: 654-668.

WCED. 1987. Our Common Future. London: London University Press.

Weick K E. 1999. That's moving theories that matter. Journal of Management Inquiry, 8(2): 134-142.

West J, Wood D. 2014. Evolving an open ecosystem: the rise and fall of the symbian platform//Adner R, Oxley J E, Silverman B S. Collaboration and Competition in Business Ecosystems. Leeds: Emerald Group Publishing Limited.

Wheeler D, Sillanpää M. 1998. Including the stakeholders: the business case. Long Range Planning, 31 (2): 201-210.

Willar D, Waney E V Y, Pangemanan D D G, et al. 2020. Sustainable construction practices in the execution of infrastructure projects: the extent of implementation. Smart and Sustainable Built Environment, 10 (1): 106-124.

Williams T, Klakegg O J, Magnussen O M, et al. 2010. An investigation of governance frameworks for public projects in Norway and the UK. International Journal of Project Management, 28 (1):

40-50.

Williamson P J, de Meyer A. 2012. Ecosystem advantage: how to successfully harness the power of partners. California Management Review, 55 (1): 24-46.

Winter M, Smith C, Morris P, et al. 2006. Directions for future research in project management: the main findings of a UK government-funded research network. International Journal of Project Management, 24 (8): 638-649.

Wissel S, Wätzold F. 2010. A conceptual analysis of the application of tradable permits to biodiversity conservation. Conservation Biology, 24 (2): 404-411.

Woldesenbet W G. 2021. Stakeholder participation and engagement in the governance of waste in Wolkite, Ethiopia. Environmental Challenges, 3: 100034.

Woodhead R, Stephenson P, Morrey D.2018. Digital construction: from point solutions to IoT ecosystem. Automation in Construction, 93: 35-46.

Worsnop T, Miraglia S, Davies A. 2016. Balancing open and closed innovation in megaprojects: insights from crossrail. Project Management Journal, 47 (4): 79-94.

Wu J G, Huang J H, Han X G, et al. 2003. Three-gorges dam: experiment in habitat fragmentation?. Science, 300 (5623): 1239-1240.

Wu Z Z, Zhang X L, Wu M. 2016. Mitigating construction dust pollution: state of the art and the way forward. Journal of Cleaner Production, 112: 1658-1666.

Xu L Y, Yu B, Li Y. 2015. Ecological compensation based on willingness to accept for conservation of drinking water sources. Frontiers of Environmental Science & Engineering, 9: 58-65.

Xue X L, Zhang R X, Zhang X L, et al. 2015. Environmental and social challenges for urban subway construction: an empirical study in China. International Journal of Project Management, 33 (3): 576-588.

Yang Q S, Xia L. 2008. Tibetan wildlife is getting used to the railway. Nature, 452 (7189): 810-811.

Yang X, Liu S, Jia C, et al. 2021. Vulnerability assessment and management planning for the ecological environment in urban wetlands. Journal of Environmental Management, 298: 113540.

Yau K, Paraskevopoulou C, Konstantis S. 2020. Spatial variability of Karst and effect on tunnel lining and water inflow. A probabilistic approach. Tunnelling and Underground Space Technology, 97: 103248.

Yin B C L, Laing R, Leon M, et al. 2018. An evaluation of sustainable construction perceptions and practices in Singapore. Sustainable Cities and Society, 39: 613-620.

Yu B, Xu L Y. 2016. Review of ecological compensation in hydropower development. Renewable and Sustainable Energy Reviews, 55: 729-738.

Yu H, Song S Y, Liu J Z, et al. 2017. Effects of the Qinghai-Tibet railway on the landscape genetics of the endangered Przewalski's gazelle (Procapra przewalskii). Scientific Reports, 7 (1): 17983.

Yu W, Li B Z, Yang X C, et al. 2015. A development of a rating method and weighting system for green store buildings in China. Renewable Energy, 73: 123-129.

Zeiger S J, Hubbart J A. 2021. Measuring and modeling event-based environmental flows: an assessment of HEC-RAS 2D rain-on-grid simulations. Journal of Environmental Management, 285: 112125.

Zeng S X, Chen H Q, Ma H Y, et al. 2022. Governance of social responsibility in international infrastructure megaprojects. Frontiers of Engineering Management, 9: 343-348.

Zeng S X, Ma H Y, Lin H, et al. 2015. Social responsibility of major infrastructure projects in China. International Journal of Project Management, 33 (3): 537-548.

Zeng S X, Xie X M, Tam C M. 2010. Relationship between cooperation networks and innovation performance of SMEs. Technovation, 30 (3): 181-194.

Zhang G H, Jiao Y Y, Ma C X, et al. 2018. Alteration characteristics of granite contact zone and treatment measures for inrush hazards during tunnel construction: a case study. Engineering Geology, 235: 64-80.

Zhang H, Wang Z F, Zhang Y L, et al. 2012. The effects of the Qinghai-Tibet railway on heavy metals enrichment in soils. Science of the Total Environment, 439: 240-248.

Zhang H, Zhang Y L, Wang Z F, et al. 2013. Heavy metal enrichment in the soil along the Delhi-Ulan section of the Qinghai-Tibet railway in China. Environmental Monitoring and Assessment, 185: 5435-5447.

Zhang J X, Hu R Z, Cheng X L, et al. 2023. Assessing the landscape ecological risk of road construction: the case of the Phnom Penh-Sihanoukville Expressway in Cambodia . Ecological Indicators, 154: 110582.

Zhang L L, Huang J P, Wang S. 2021. Comprehensive evaluation method for asphalt pavement construction quality based on internet of things technology//2021 IEEE Asia-Pacific Conference on Image Processing, Electronics and Computers (IPEC), April 14-16, 2021, Dalian. Piscataway: IEEE: 11-15.

Zhao X, Wang J F, Wang Y, et al. 2019. Influence of proximity to the Qinghai-Tibet highway and railway on variations of soil heavy metal concentrations and bacterial community diversity on the Tibetan Plateau. Sciences in Cold and Arid Regions, 11 (6): 407-418.

Zheng J W, Gu Y, Luo L, et al. 2022. Identifying the definition, measurement, research focuses, and prospects of project complexity: a systematic literature review. Engineering, Construction and Architectural Management, 30 (7): 3043-3072.

Zheng S Q, Kahn M E. 2013. China's bullet trains facilitate market integration and mitigate the cost of megacity growth. Proceedings of the National Academy of Sciences of the United States of America, 110 (14): E1248-E1253.

Zhong B T, Pan X, Love P E D. 2020. Deep learning and network analysis: classifying and visualizing accident narratives in construction. Automation in Construction, 113: 103089.

Zhu Y, Zhang J, Gao X. 2018. Construction management and technical innovation of the main project of Hong Kong-Zhuhai-Macao Bridge. Frontiers of Engineering Management, 5 (1): 128-132.